高等职业教育精品工程规划教材

数字电子技术及应用项目教程

李　鹏　主　编

姜永华　白春涛
郭迎娣　张　静　赵洪涛　参　编

電子工業出版社
Publishing House of Electronics Industry
北京 · BEIJING

内 容 简 介

本书以电子信息类专业就业岗位所需的职业技能和知识为依据，融合数字电子技术的主干内容和Multisim软件仿真技术、电子制作技术设计学习项目，具体内容包括简单会议表决器（逻辑代数基本知识、门电路应用等）、键盘与显示电路（编码、译码器等）、BCD加法器（加法器及其他中规模器件）、四人竞赛抢答器（时序电路及触发器应用）、100秒计时与显示电路（计数器、寄存器的应用）、多功能数字钟电路（综合应用）、简单数字电压表（A/D/、D/A转换）等项目的设计与制作。同时本书还介绍了EWB、Multisim仿真软件、电路焊接等知识和技能，使学生能够更全面地掌握有关数字电子技术应用的知识和技能。

本书主要作为职业技术院校和成人教育院校的应用电子技术、电子信息工程、机电一体化、电气自动化、计算机应用技术等专业的教材，也可供从事电子技术方面的工程技术人员和自学者参考。

图书在版编目（CIP）数据

数字电子技术及应用项目教程 / 李鹏主编. —北京：电子工业出版社，2016.3

ISBN 978-7-121-27611-8

Ⅰ. ①数… Ⅱ. ①李… Ⅲ. ①数字电路—电子技术—高等职业教育—教材 Ⅳ. ①TN79

中国版本图书馆CIP数据核字（2015）第277741号

策划编辑：郭乃明
责任编辑：郭乃明　特约编辑：范　丽
印　　刷：三河市鑫金马印装有限公司
装　　订：三河市鑫金马印装有限公司
出版发行：电子工业出版社
　　　　　北京市海淀区万寿路173信箱　邮编　100036
开　　本：787×1 092　1/16　印张：15　字数：384千字
版　　次：2016年3月第1版
印　　次：2016年3月第1次印刷
印　　数：3 000册　　定价：35.00元

凡所购买电子工业出版社图书有缺损问题，请向购买书店调换。若书店售缺，请与本社发行部联系，联系及邮购电话：（010）88254888。

质量投诉请发邮件至zlts@phei.com.cn，盗版侵权举报请发邮件至dbqq@phei.com.cn。

服务热线：（010）88258888。

前　　言

《数字电子技术及应用项目教程》是在传统数字电子技术课程基础上，融合电子仿真技术，经过项目化改造而来。数字电子技术是电子信息类各专业的一门重要技术基础课，课程的理论性、实践性、应用性都很强，学习好本课程对后续单片机技术等多门课程的学习大有裨益。因此，职业院校的电子信息大类各专业（如应用电子技术、电子信息工程、机电一体化、计算机应用技术等）的学生都开设这门课程。数字电子技术及其学习方式的发展很快，教学的内容和方式也要跟着发展的形式变化。本教材根据教育部对现代高等职业教育的要求，在广泛调研的基础上，以项目为主导、以任务为驱动，设计了 7 个教学项目，打破传统的专业知识体系，将各知识技能点打乱重构，分配到各项目及其任务中去，使学习者在教师的引导下，完成各学习任务和项目的同时完成知识、技能的学习，在做中学，在学中做。书中所设计的项目既能保证学习专业知识的全面性又便于教与学，在项目及任务的组织上，符合学习者的认知发展规律，从简单到复杂，从单一到综合，在学习中，教师的指导也应从多到少，学生的自主学习从少到多。

本书包含 7 个教学项目，教师可根据情况选择学习。每个项目包含若干学习任务，在每个学习任务中都明确了学习的技能目标、知识目标和学生的实践活动与指导、知识链接与扩展、巩固与提高等内容。每个任务的知识链接与扩展都是完成本任务必需的知识，保证学以致用，理论适度够用，重点培养学生的分析设计能力和电路制作能力，坚持培养学生的实践操作能力。同时，书中大量使用 EWB 和 Multisim 仿真软件，进行电路的仿真设计和测试，使学生逐步掌握 1～2 种电子仿真软件的使用，同时通过这种方式拓展学生的学习时空。本书有完善的配套课程设计材料和教学资源、远程学习网站，有助于培养学员的自学能力和可持续发展能力。

本书主编为李鹏，负责全书的设计与规划、教学资源的组织和建设，并主笔编写了项目 1～3 的内容，同时也参与其他项目的编写。本书参编人员有：姜永华、白春涛、郭迎娣、张静（分别完成 4～7 项目的编写任务并协助完成全书校稿、组织教学辅助材料，建立课程网站资源等工作）。本书的规划以及项目的筛选、电路设计等得到栾春光教授和多位企业专家的帮助，在此向为本书提供帮助的朋友表示衷心的感谢。

由于编者水平和实践经验有限，书中难免有错漏与不妥之处，欢迎广大读者提出宝贵意见，批评指正，联系邮箱 ytlip@126.com。

目 录

项目一　简易会议表决器电路设计与制作……1

任务一　数字逻辑认识与交流……1

■　技能目标……1

■　知识目标……1

■　实践活动与指导……2

■　知识链接与扩展……2

■　巩固与提高……4

任务二　表示与使用逻辑……4

■　技能目标……4

■　知识目标……4

■　实践活动与指导……5

■　知识链接与扩展（一）……5

一、数制及其相互转化……5

二、常见二进制编码……8

三、基本逻辑运算及简单复合逻辑运算……10

四、逻辑代数的常用公式及规则……14

■　巩固与提高……16

■　知识链接与扩展（二）……17

一、逻辑代数的基本规则……17

二、卡诺图化简……18

■　巩固与提高……23

任务三　3人会议表决器的设计……25

■　技能目标……25

■　知识目标……25

■　实践活动……25

■　知识链接与扩展……25

一、逻辑函数及其表示方法……25

二、组合逻辑电路的设计步骤与方法……28

■　巩固与提高……28

任务四　三人会议表决器的Multisim仿真……30

■　技能目标……30

■　知识目标……30

■　实践活动与指导……30

■　知识链接与扩展……30

一、Multisim软件的初步使用……30

二、电路输入输出部分……32

三、电路仿真 …… 35
四、逻辑转换仪的使用 …… 36
■ 巩固与提高 …… 37
任务五 三人会议表决器的电路搭建与测试 …… 37
■ 技能目标 …… 37
■ 知识目标 …… 37
■ 实践活动与指导 …… 38
■ 知识链接与扩展 …… 38
一、实训台基本情况介绍 …… 38
二、简易会议表决电路的搭建 …… 38
三、集成门电路的分类及电气特性 …… 39
■ 巩固与提高 …… 51
项目二 数字键盘与显示电路设计与制作 …… 54
任务一 二进制及BCD编码器的初识和功能测试 …… 54
■ 技能目标 …… 54
■ 知识目标 …… 55
■ 实践活动与指导 …… 55
■ 知识链接与扩展 …… 55
一、组合逻辑电路 …… 55
二、编码器分类及其功能测试 …… 58
■ 巩固与提高 …… 63
任务二 数字键盘设计与电路制作 …… 64
■ 技能目标 …… 64
■ 知识目标 …… 64
■ 实践活动与指导 …… 64
■ 知识链接与扩展 …… 64
一、键盘显示电路的框图 …… 64
二、键盘和编码电路设计 …… 65
■ 巩固与提高 …… 66
任务三 常用译码器的认识和应用 …… 66
■ 技能目标 …… 66
■ 知识目标 …… 66
■ 实践活动与指导 …… 67
■ 知识链接与扩展——译码器 …… 67
■ 巩固与提高 …… 74
任务四 数字键盘设计与显示电路设计、制作 …… 75
■ 技能目标 …… 75
■ 知识目标 …… 75
■ 实践活动与指导 …… 75
■ 知识链接与扩展 …… 75

一、数字键盘与显示电路原理图……75
二、电路制作材料与工具……76
三、数字键盘与显示电路的制作……82
■ 巩固与提高……82
任务五 二进制译码器电路的应用扩展……83
■ 技能目标……83
■ 知识目标……83
■ 实践活动与指导……83
■ 知识链接与扩展……83
一、二进制译码器功能扩展……83
二、二进制译码器作为函数发生器……86
■ 巩固与提高……87
项目三 BCD 加法器设计与制作……88
任务一 一位二进制加法器的设计与仿真……88
■ 技能目标……88
■ 知识目标……88
■ 实践活动与指导……89
■ 知识链接与扩展……89
一、半加器的设计……89
二、全加器的设计与仿真……90
■ 巩固与提高……92
任务二 多位二进制加法器的设计与电路仿真……92
■ 技能目标……92
■ 知识目标……92
■ 实践活动与指导……92
■ 知识链接与扩展……92
一、四位二进制加法器的设计和仿真……92
二、集成加法器的功能和测试……95
三、用加法器设计 8421BCD 码和余 3 码的互换电路……96
■ 巩固与提高……98
任务三 一位 8421BCD 十进制加法器的设计与制作……98
■ 技能目标……98
■ 知识目标……98
■ 实践活动与指导……98
■ 知识链接与扩展……98
一、8421BCD 码加法的特点……98
二、BCD 加法器电路框图……99
三、BCD 加法器电路设计和仿真……100
四、BCD 加法器电路的搭建……101
■ 巩固与提高……101

项目四　四人竞赛抢答器的设计与制作……102

任务一　简单自动蓄水池控制电路分析……102
■　技能目标……102
■　知识目标……102
■　实践活动与指导……103
■　知识链接与扩展……103
一、简单自动蓄水池的基本情况……103
二、简单自动蓄水池控制电路的工作……104
三、基本 RS 触发器的功能和表示……105
■　巩固与提高……108
任务二　各类触发器的功能测试与比较……109
■　技能目标……109
■　知识目标……110
■　实践活动与指导……110
■　知识链接与扩展……110
一、触发器的分类……110
二、时钟触发器……110
■　巩固与提高……124
任务三　四人竞赛抢答器的设计与仿真、制作……127
■　技能目标……127
■　知识目标……127
■　实践活动与指导……127
■　知识链接与扩展……127
一、电路设计框图……127
二、电路各部分的设计与仿真……128
三、电路的制作……130
■　巩固与提高……131

项目五　100 秒计时与显示电路设计与制作……134

任务一　计数器设计与功能仿真……134
■　技能目标……134
■　知识目标……134
■　实践活动与指导……135
■　知识链接与扩展……135
一、时序逻辑电路特点及计数器的分类……135
二、用二分频电路构成二进制计数器……136
三、十进制计数器的设计与仿真……141
四、时序逻辑电路的分析方法……142
■　巩固与提高……146
任务二　集成计数器的功能比较与测试……147
■　技能目标……147

■ 知识目标 147
■ 实践活动与指导 147
■ 知识链接与扩展 148
一、二进制集成计数器 148
二、十进制集成计数器 156
三、可逆集成计数器 159
四、构成任意进制计数器的方法 162
■ 巩固与提高 168
任务三　100 秒计时与显示电路设计与制作 169
■ 技能目标 169
■ 知识目标 170
■ 实践活动与指导 170
■ 知识链接与扩展 170
一、一百进制计数器的设计与仿真 170
二、脉冲信号的产生电路 172
三、100 秒计时显示电路与抢答器的联调 177
■ 巩固与提高 179

项目六　多功能数字钟电路设计与制作 180

任务一　多功能数字钟的功能分析与框图设计 180
■ 技能目标 180
■ 知识目标 180
■ 实践活动与指导 181
■ 知识链接与扩展 181
一、电路功能分析 181
二、数字钟功能框图 181
■ 巩固与提高 181
任务二　时钟脉冲电路的认识与测试 182
■ 技能目标 182
■ 知识目标 182
■ 实践活动与指导 182
■ 知识链接与扩展 182
一、脉冲电路的类型和脉冲波形的基本参数 182
二、555 定时器的认识 183
三、施密特触发器（Schmitt Trigger） 185
四、单稳态触发器（Monostable Trigger） 190
■ 巩固与提高 194
任务三　数字钟电路的原理设计 196
■ 技能目标 196
■ 知识目标 196
■ 实践活动 196

■ 知识链接与扩展 ······ 196
一、振荡与分频电路设计 ······ 197
二、时、分、秒计时部分设计 ······ 199
三、显示电路 ······ 201
四、校时电路 ······ 203
五、整点报时电路设计 ······ 205
■ 巩固与提高 ······ 209
任务四　数字钟电路的制作与调试 ······ 209
■ 技能目标 ······ 209
■ 知识目标 ······ 209
■ 实践活动与指导 ······ 209
■ 知识链接与扩展 ······ 209
一、列写元器件清单 ······ 209
二、制作并测试电路 ······ 211
■ 巩固与提高 ······ 211

项目七　简单数字电压表的设计 ······ 212

任务一　A/D 和 D/A 转换器件认识与交流 ······ 212
■ 技能目标 ······ 212
■ 知识目标 ······ 212
■ 实践活动与指导 ······ 212
■ 知识链接与扩展 ······ 213
一、A/D 和 D/A 转换的概念和应用领域 ······ 213
二、D/A 转换器的基本工作原理和参数 ······ 213
三、A/D 转换器的基本工作原理和参数 ······ 217
四、ADC 和 DAC 的发展趋势和应用前景 ······ 220
■ 巩固与提高 ······ 221
任务二　设计数字式电压表 ······ 221
■ 技能目标 ······ 221
■ 知识目标 ······ 222
■ 实践活动与指导 ······ 222
■ 知识链接与扩展 ······ 222
一、MC14433 的基本情况 ······ 222
二、电路设计框图 ······ 224
三、三位半数字电压表的设计原理图 ······ 225
■ 巩固与提高 ······ 227

附录　常用集成电路逻辑符号对照表 ······ 228

项目一　简易会议表决器电路设计与制作

请使用逻辑电路设计一个简易会议表决器，要求每位参会人员的桌上有一个表决按钮，会议表决结果用一个红色 LED 指示灯表示。参会人员在对会议研讨问题进行不记名表决时，按下表决器按钮表示同意，否则表示不同意。当多数人同意时，红色 LED 指示灯亮，否则，LED 指示灯不亮。请按 3 人参加会议来设计本表决器。

项目分五个任务进行实施，通过本项目的实施，达到如下目标。

1. 能清楚识别数字、模拟信号并能理解其意义。
2. 能熟练应用逻辑代数的基本运算、公式、规则进行逻辑问题的分析、化简。
3. 能用 5 种方法表示逻辑问题并能实现 5 种表示方法的转换。
4. 能理解各类门电路的逻辑意义和电气特性，会合理选用集成门电路并正确连接使用。
5. 会综合运用逻辑代数、门电路、组合电路分析设计方法进行小规模组合逻辑电路分析和设计。
6. 初步学会使用 Multisim 进行原理图绘制和仿真及基本仪表的使用。
7. 会使用实训室设备进行数字电路搭建并会使用仪表进行参数和逻辑功能测试。

任务一　数字逻辑认识与交流

■ 技能目标

1. 能正确区分数字信号和模拟信号，数字电路与模拟电路。
2. 能借助教材、电子材料、网络等手段查询并整理筛选有价值的信息。
3. 能有条理地整理信息并撰写小论文。

■ 知识目标

1. 了解数字信号/电路和模拟信号/电路的特点。
2. 掌握脉冲波形的主要参数。

■ 实践活动与指导

教师搜集与电子生产、数字化设备相关的视频资料在课堂上与学生分享并进行讲解和讨论。教师展示有关脉冲及参数的课件或动画资料，让学生对此有直观的认识和理解。教师组织学生阅读教材并指导学生通过查阅图书资料和上网搜索获取资料，撰写关于数字电子技术发展和应用的技术文章。

■ 知识链接与扩展

1. 数字电路与模拟电路

在近代电子工程中，按照所处理的信号形式，通常将电子线路分成两大类：模拟电路和数字电路。

模拟信号（Analog Signal）通常是指模拟物理量的信号形式，它在时间上及数值上都是连续的，可以在一定范围内任意取值，如图 1.1.1（a）所示。模拟电路是以模拟信号作为研究对象的电路，主要分析输入、输出信号在频率、幅度、相位等方面的不同，如交、直流放大器（AC、DC Amplifier）、信号发生器（Signal Generator）、滤波器（Filter）等。在模拟电路中，三极管（Transistor）工作在放大状态。

数字信号（Digital Signal）是指时间上和数值上都是离散的信号。它们的变化在时间上是不连续的，它们的数值大小和增减变化，都是采取数字的形式，如图 1.1.1（b）所示。

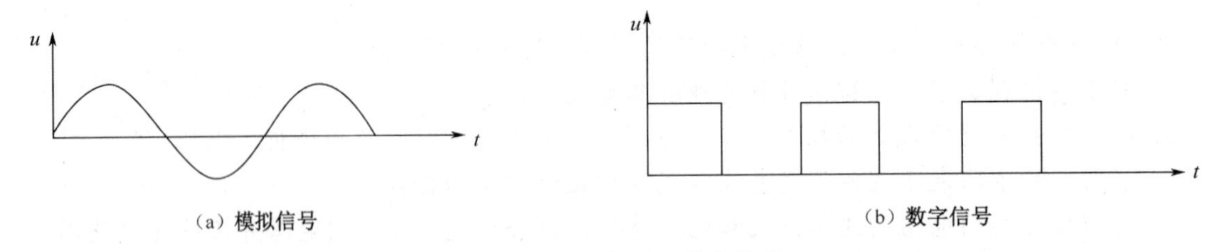

（a）模拟信号　　（b）数字信号

图 1.1.1　模拟信号与数字信号

数字电路是处理数字信号并能完成数字运算的电路。在电子计算机、电动机、通信设备、自动控制系统、雷达、家用电器、日常电子小产品、汽车电子等许多领域得到了广泛的应用。在数字电路中，电压或电流通常只有两个状态，用逻辑 1 和逻辑 0 表示。数字信号通常是以 0、1 符号组成的序列来表示的。数字电路输入与输出的 0、1 符号序列间的逻辑关系，便是数字电路的逻辑功能。因此，数字电路也可认为是实现各种逻辑关系的电路，也称为逻辑电路。

数字电路通常由逻辑门、触发器、计数器及寄存器等逻辑部件构成，数字电路分析的重点已不是输入、输出波形间的数值关系，而是输入、输出序列间的逻辑关系。数字电路的一般框图如图 1.1.2 所示，其输入与输出的信息以及控制与操作的变量都是数字信号。电路中含有对数字信号进行传送、逻辑运算、控制、计数、寄存、显示以及信号的产生、整形、变换等不同功能的数字部件。

数字电路的分析和设计中采用的主要方法是逻辑分析和逻辑设计，数学工具是逻辑代数。基本分析方法与手段有功能表、真值表、逻辑表达式、波形图、卡诺图。常用的设计仿真软件有 EWB（Electronics WorkBench）、Multisim、Proteus 等。数字电路的制作与测试中常用的仪器仪表有数字电压表、电子示波器、逻辑分析仪、万用表等。

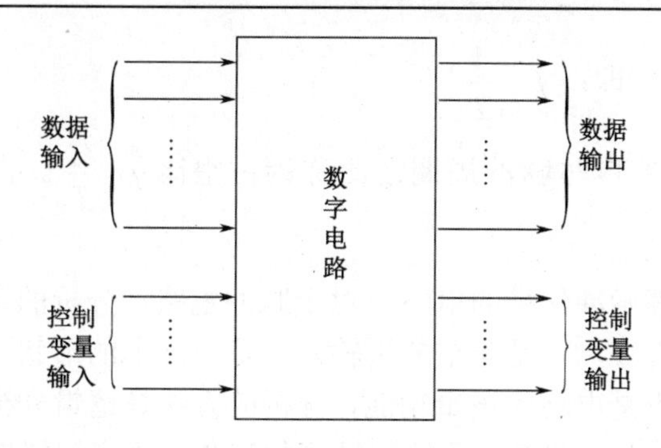

图 1.1.2　数字电路一般结构框图

2. 数字电路特点

（1）工作信号是二进制的数字信号，在时间上和数值上是离散的（不连续），反映在电路上就是低电平和高电平两种状态（即 0 和 1 两个逻辑值）。

（2）电路中晶体管工作于开关状态，对组成数字电路的元器件的精度要求不高，只要在工作时能够可靠地区分 0 和 1 两种状态即可。

（3）抗干扰能力强，可靠性和准确性高。

（4）集成度高，通用性强，保密性好，电路设计、维修灵活方便。

（5）在数字电路中，研究的主要问题是电路的逻辑功能，即输入信号的状态和输出信号的状态之间的关系，遇到的问题是逻辑电路的分析与设计，工具有逻辑代数等。

3. 脉冲信号及其参数

脉冲信号是指一种持续时间极短的电压或电流波形。从广义上讲，凡不具有连续正弦形状的波形，几乎都可以称为脉冲信号。

相对于零电平或某一基准电平，幅值为正的脉冲叫正脉冲，反之则为负脉冲。

理想的矩形脉冲突变部分是瞬时的，但实际上，脉冲电压从零值跃升到最大值，或从最大值降到零值，都要经历一定的时间，如图 1.1.3 所示。其主要参数如下。

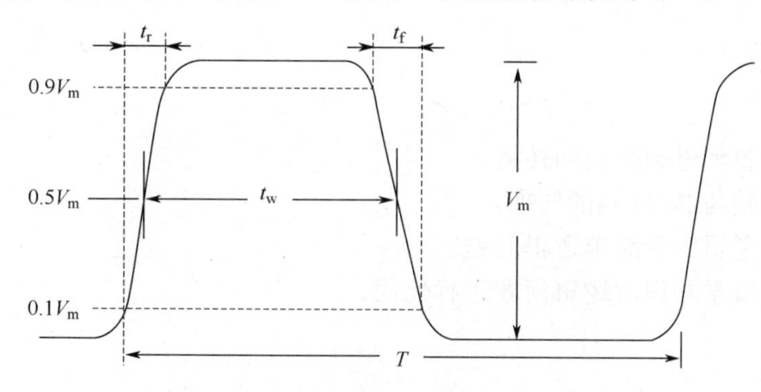

图 1.1.3　矩形脉冲实际波形及其参数

1）脉冲幅度 V_m：脉冲幅度表示一个脉冲电压波从底部到顶部之间的数值大小。

2）脉冲上升时间 t_r：上升时间表示脉冲从 $0.1V_m$ 上升至 $0.9V_m$ 所经历的时间。

3）脉冲下降时间 t_f：下降时间表示脉冲从 $0.9V_m$ 下降至 $0.1V_m$ 所经历的时间。

4）脉冲宽度 t_w：脉冲宽度是脉冲的持续时间。通常取脉冲前、后沿 $0.5V_m$ 的时间间隔作为脉冲宽度。

5）脉冲周期 T：一个周期性的脉冲序列，两相邻脉冲重复出现的时间间隔称为脉冲周期 T。

其倒数为脉冲重复频率 f。即：$f=\frac{1}{T}$

6）占空比 q：脉冲宽度与脉冲周期之比称为占空比 $q=\frac{t_w}{T}$。占空比 $q=\frac{1}{2}$ 的矩形波即为方波。

脉冲电路是用来处理脉冲信号的电路。对于脉冲电路，分析的重点不在于电路的放大倍数、频率响应以及非线性失真等，而是着重分析输入、输出波形的形状、幅度及周期等。

数字电路分析的重点是电路的逻辑功能，分析的方法是逻辑分析，使用的数学工具是逻辑代数；脉冲电路分析的重点是电路输入、输出波形的形状、幅度和周期等，分析方法采用模拟电路的分析方法。

■ 巩固与提高

1．知识巩固

1.1 模拟信号的最显著特点是____，模拟电路主要分析输入、输出信号的_______、_________、_________等参数。

1.2 数字信号的最显著特点是____，它用逻辑____和逻辑____表示。数字电路是实现各种逻辑关系的电路，也称为_________电路。

1.3 某矩形波信号的频率是 10Hz，1 秒的时间内高电平的累计时间是 0.3 秒，该矩形波的占空比是_________。

2．任务作业

课下各学习小组利用图书资料和网络资料整理一篇小论文，主题是数字电路的发展、应用、特点及展望，在同学中进行交流与展示。

任务二　表示与使用逻辑

■ 技能目标

1．能正确进行各种进制数值的转换。
2．能进行十进制与 BCD 码的转换。
3．能应用基本逻辑表示简单逻辑问题。
4．能运用逻辑数学知识对逻辑问题进行化简。

■ 知识目标

1．掌握各种进制的相互转化。
2．认识常用二进制代码。
3．掌握基本逻辑门的逻辑功能。
4．掌握复合逻辑运算。
5．掌握逻辑数学的基本公式和规则。

■　实践活动与指导

教师组织学生自学和互助学习逻辑代数的知识并给予指导。当学生基本掌握逻辑代数以后，组织一次公式法化简的小组竞赛和一次卡诺图化简的小组竞赛。每次竞赛设置题目分和速度分，竞赛完成与学生一起批改并讲解，最后评出成绩给予点评。

■　知识链接与扩展（一）

一、数制及其相互转化

1．常用数制

数制就是计数的制度，进位计数制是按照进位的方式进行计数的制度。常用的计数制度有日常生活中常用的十进制、数字电路及设备中使用的二进制、为方便表示二进制而在技术文档和书籍材料中使用的八进制和十六进制。除此之外，还有计时用的十二进制、二十四进制、六十进制、还有每周的七进制等很多进制形式。

进位计数制的三要素是数据元素、基数、权重。

数据元素就是构成一种进制所使用的计数符号，如十进制中使用 0、1、2、…、9 共十个元素来计数，十六进制中使用 0～9、A、B、C、D、E、F 这些元素。如表 1.2.1 所示。

基数就是一种进位计数制逢几进位。如十进制的基数是 10，二进制的基数是 2，如表 1.2.1 所示。

权重是指每种进位计数制中不同位置的数值所代表的数值，在 N 进制中，其整数部分从最低位向高位看，权重分别是 N^0，N^1，N^2，N^n，…如表 1.2.1 所示。例如，十进制的 111，三个不同位置的“1”所代表的实际值是不同的，最后一个“1”代表的就是 1，也即 1 个 10^0，最高位的“1”所代表的是 100，也即 1 个 10^2。

表 1.2.1　常用数制的三要素比较表

进制	数据元素	基数	权重	举例
十进制	0、1、2、3、4、5、6、7、8、9	10	10^n（n 是整数）	$(111)_{10}$，0.123D，3.321D
二进制	0、1	2	2^n（n 是整数）	$(101)_2$，0.1001B，10.01B
八进制	0、1、2、3、4、5、6、7	8	8^n（n 是整数）	$(754)_8$，567O，3.567O
十六进制	0～9、A、B、C、D、E、F	16	16^n（n 是整数）	$(1A2)_{16}$，3C2DH，1.AH

任何一个数值，都可以写成数据元素乘以权重然后求和的形式，这种表达式称为按权展开式。如下例：

$(5555)_{10}=5\times10^3+5\times10^2+5\times10^1+5\times10^0$

$(209.04)_{10}=2\times10^2+0\times10^1+9\times10^0+0\times10^{-1}+4\times10^{-2}$

任意一个 N 进制数 $(a_m a_{m-1}\cdots\cdots a_3a_2a_1a_0.a_{-1}a_{-2}\cdots\cdots a_{-k})_N$，其按权展开式为：

$(a_m a_{m-1}\cdots\cdots a_3a_2a_1a_0.a_{-1}a_{-2}\cdots\cdots a_{-k})_N=a_m\times N^m+a_{m-1}\times N^{m-1}+\ldots\ldots+a_3\times N^3+a_2\times N^2+a_1\times N^1+a_0\times N^0+a_{-1}\times N^{-1}+a_{-2}\times N^{-2}+a_{-2}\times N^{-2}+\ldots\ldots+a_{-k}\times N^{-K}$

$=\sum_{i=-k}^{m}a_i\times N^i$（$k$，$m$ 为正整数或 0）

因此，二进制的按权展开式如下所示：

$(101.01)_2=1\times2^2+0\times2^1+1\times2^0+0\times2^{-1}+1\times2^{-2}=(5.25)_{10}$

八进制数的按权展开式如下所示：

$(207.04)_8=2\times8^2+0\times8^1+7\times8^0+0\times8^{-1}+4\times8^{-2}=(135.0625)_{10}$

十六进制数的按权展开式如下所示：

$(D8.A)_2=13\times16^1+8\times16^0+10\times16^{-1}=(216.625)_{10}$

由此可见，按权展开式可以将任意进制的任何数转换成十进制。这是非十进制转换成十进制的通用方法。

2．不同进制数的相互转换

（1）非十进制转换成十进制

非十进制转换成十进制的统一做法就是按权展开式进行运算。

如二进制（1001.111）转换成十进制如下：

$(1001.111)_2=1\times2^3+0\times2^2+0\times2^1+1\times2^0+1\times2^{-1}+1\times2^{-2}+1\times2^{-3}=(9.875)_{10}$

（2）十进制转换成非十进制

十进制转换成非十进制（任意 N 进制），整数部分和小数部分要分别进行转换。整数部分采用短除法，小数部分采用短乘法。

短除法：用十进制整数除以目标进制的基数，取出余数，一直进行到商为 0 为止，所得余数倒序排。简记为：除基取余，直至商 0，余数倒排。

例 1.2.1 将 $(43)_{10}$ 转换成二进制，八进制，十六进制

解：十进制整数转换成二进制，八进制，十六进制采用短除法，如下所示。

```
2 | 43
2 | 21 -------- 1   ↑
2 | 10 -------- 1   |
2 |  5 -------- 0   |      8 | 43             16 | 43
2 |  2 -------- 1   |      8 |  5 ------- 3   16 |  2 ------- 11
2 |  1 -------- 0   |          0 ------- 5         0 ------- 2
     0 -------- 1   ●
```

因此 $(43)_{10}=(101011)_2$　　$(43)_{10}=(53)_8$　　$(43)_{10}=(2B)_{16}$

短乘法：用十进制小数乘以目标进制的基数，取出整数，一直进行到满足精度要求为止，所得整数正序排列。简记为：乘基取整，直至足精，整数正序排。

例 1.2.2 请将 0.875D 转换成二进制、八进制、十六进制数。

解：十进制小数转换成二进制、八进制、十六进制数采用短乘法，如下所示。

```
  0.875
×     2
-------
  1.75 ------ 1  |
  0.75           |
×     2          |        0.875              0.875
-------          |      ×     8            ×    16
  1.50 ------ 1  |      --------           --------
  0.50           |        7.0 ------ 7       14.0 ------ E
×     2          |        0                  0
-------          |
  1.0 ------- 1  ↓
  0
```

因此，0.875D=0.111B　　$0.875D=(0.7)_8$　　$0.875D=(0.E)_{16}$

需要说明的是，并不是每一次使用短乘法进行数制转换都能出现小数部分为 0 的情况，很多时候达不到小数为 0，但是越往后运算，所得的整数的权重越低，因此，只要是转化后的数据满

足精度要求，即可停止运算而获得结果。

十进制的实数转换成非十进制时，只要将整数部分和小数部分分别转换，然后将整数部分和小数部分的结果拼接在一起即可。

例如：$(43.875)_{10}=(101011.111)_2=(53.7)_8=(2B.E)_{16}$

（3）二进制与八进制和十六进制间的互相转换

① 二进制数转换为八进制数：将二进制数由小数点开始，整数部分向左，小数部分向右，每3位分成一组，不够3位补零，则每组二进制数便是一位八进制数。简记为：整数从右向左，三位一段，分别转化；小数从左向右，三位一段，分别转化。

例如：将$(1010101.11011)_2$转换成八进制数。

$$(001,\ 010,\ 101.110,\ 110)_2$$
$$1\quad 2\quad 5\ .\ 6\quad 6$$

因此$(1010101.11011)_2=(125.66)_8$

思考：$(10101011110.100000111)_2=(?)_8$

八进制数转换成二进制数，过程是相反的，即：将八进制的每一个位变成三位二进制数，最前面的0可以去掉，小数部分最后边的0可以去掉。

例如：将八进制数$(543.21)_8$转换成二进制数。

$$\begin{array}{ccccc} (5 & 4 & 3\ . & 2 & 1)_8 \\ \downarrow & \downarrow & \downarrow & \downarrow & \downarrow \\ =(101 & 100 & 011\ . & 010 & 001)_2 \end{array}$$

因此，$(543.21)_8=(101100011.010001)_2$

② 二进制数转换为十六进制数：将二进制数由小数点开始，整数部分向左，小数部分向右，每4位分成一组，不够4位补零，则每组二进制数便是一位十六进制数。简记为：整数从右向左，四位一段，分别转化；小数从左向右，四位一段，分别转化。

例如：将$(1010101.11011)_2$转换成十六进制数。

$$0101,\ 0101.1101,\ 1000$$
$$5\quad 5\ .\ D\quad 8$$

因此$(1010101.11011)_2=(55.D8)_{16}$

思考：$(11101.011000111)_2=(?)_{16}$

十六进制数转换成二进制数，过程是相反的，即：将十六进制的每一个位变成四位二进制数，最前面的0可以去掉，小数部分最后边的0可以去掉。

例如：将十六进制数$(5A3.21)_{16}$转换成二进制数。

$$\begin{array}{ccccc} (5 & A & 3\ . & 2 & 1)_{16} \\ \downarrow & \downarrow & \downarrow & \downarrow & \downarrow \\ =(0101 & 1010 & 0011\ . & 0010 & 0001)_2 \end{array}$$

因此，$(5A3.21)_{16}=(10110100011.00100001)_2$

（4）八进制和十六进制之间的转换，可以通过二进制作为中间过渡进行转换。

例如：$(5A3.21)_{16}=(10,\ 110,\ 100,\ 011.001,\ 000,\ 01)_2=(2643.102)_8$

对于0～15范围内常用的二进制、八进制、十六进制、十进制的转换关系需要熟悉，如表1.2.2所示。

表 1.2.2　0～15 范围内二进制、八进制、十六进制、十进制对照表

十进制（D）	二进制（B）	八进制（O）	十六进制（H）
0	0000	0	0
1	0001	1	1
2	0010	2	2
3	0011	3	3
4	0100	4	4
5	0101	5	5
6	0110	6	6
7	0111	7	7
8	1000	10	8
9	1001	11	9
10	1010	12	A
11	1011	13	B
12	1100	14	C
13	1101	15	D
14	1110	16	E
15	1111	17	F

二、常见二进制编码

码制即编码方式，编码即按一定规则组合成二进制码去表示数或字符等信息。主要分数值码和非数值码，数值码是对数值的二进制编码，有大小的区分，也有多种编码形式，如原码、反码、补码等，BCD 码也是一种数值码；非数值码是信息编码，不代表数量的多少，常用的非数值码有奇偶校验码、海明码、格雷码等很多种。有些代码有时可表示数值意义，也可以表示非数值意义。

1. BCD 码

BCD 码是用二进制表示的十进制代码（Binary Coded Decimal），即用 10 个四位二进制代码分别代表 0～9 这十个阿拉伯数字符号。它也有多种形式，如 8421BCD 码、余 3BCD 码、2421BCD 码等。本课程中最常用的是 8421BCD 码和余 3BCD 码，如表 1.2.3 所示。

表 1.2.3　BCD 编码表

十进制数	8421	2421	5211	余 3 码
0	0000	0000	0000	0011
1	0001	0001	0001	0100
2	0010	0010	0100	0101
3	0011	0011	0101	0110
4	0100	0100	0111	0111
5	0101	1011	1000	1001
6	0110	1100	1001	1001
7	0111	1101	1110	1011
8	1000	1110	1101	1011
9	1001	1111	1111	1100

表 1.2.3 中 8421BCD、2421BCD、5211BCD 都是有权码，其中 8421BCD 的四位代码从高位到低位的权重分别是 8、4、2、1，这种代码的有效码是 0000～1001，1010～1111 六个代码是伪码。余 3 码是无权码，其对应十进制数的代码是相应的 8421BCD 码+0011 所得，因此称为余 3 码。

2．格雷码

格雷码（Gray Code），又叫循环二进制码或反射二进制码。格雷码是一种无权码，采用绝对编码方式，典型格雷码是一种具有反射特性和循环特性的单步自补码，它的循环、单步特性消除了随机取数时出现重大误差的可能，它的反射、自补特性使得求反非常方便。格雷码属于可靠性编码，是一种错误最小化的编码方式。

表 1.2.4 为自然二进制码与格雷码的对照表，图 1.2.1 是自然二进制码与格雷码的示意图。从表和图中不难获得以下认识。

（1）具有逻辑相邻性。两个代码如果只有一位不同而其他位都是相同的，称为逻辑相邻。格雷码中任意两个相邻代码都具有逻辑相邻性，即所有相邻的格雷码中只有一个数位不同。它在任意两个相邻的数之间转换时，只有一个数位发生变化。这样大大地减少了由一个状态到下一个状态时逻辑的混淆。

（2）具有循环性。格雷码的最大数和最小数之间也只有一位不同，具有循环性。可以看成这些代码是写在一个循环纸带上的，因此也称为循环码。

（3）具有反射性。4 位格雷码中以 7 和 8 为中间对称轴进行对折，会发现 7 和 8，6 和 9，…，0 和 15 是逻辑相邻的。

（4）无权码。格雷码是一种数字排序系统，属于无权码。

表 1.2.4　自然二进制码与格雷码的对照表

十进制数	自然二进制数	格雷码
0	0000	0000
1	0001	0001
2	0010	0011
3	0011	0010
4	0100	0110
5	0101	0111
6	0110	0101
7	0111	0100
8	1000	1100
9	1001	1100
10	1010	1111
11	1011	1110
12	1100	1010
13	1101	1011
14	1110	1001
15	1111	1000

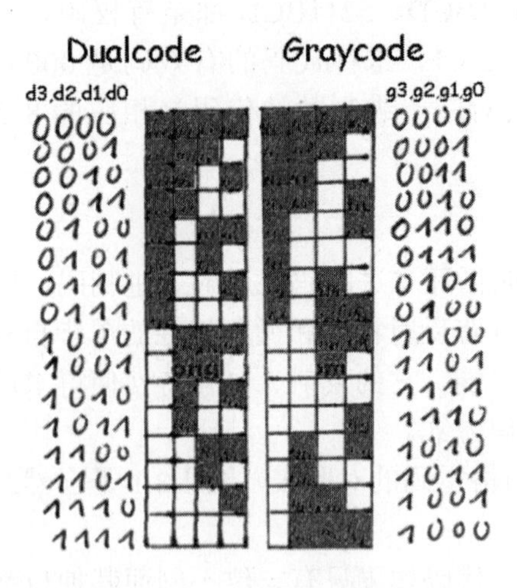

图 1.2.1　自然码与格雷码示意图

格雷码的编码规则。格雷码可以有三位、四位、五位等。格雷码可以使用卡诺图来进行编码。卡诺图是按照位置相邻逻辑也相邻的原则绘出的包含一个逻辑问题全部变量的方格图。如图 1.2.2 所示，用 ABCD 代表四位格雷码的四位，这样在每个方格中可以获得一个由左侧和上侧代码拼接组合而成的四位代码（需要注意的是左侧和上侧的代码编码顺序是 00-01-11-10），格雷码就是沿着（b）图路径获得的代码。

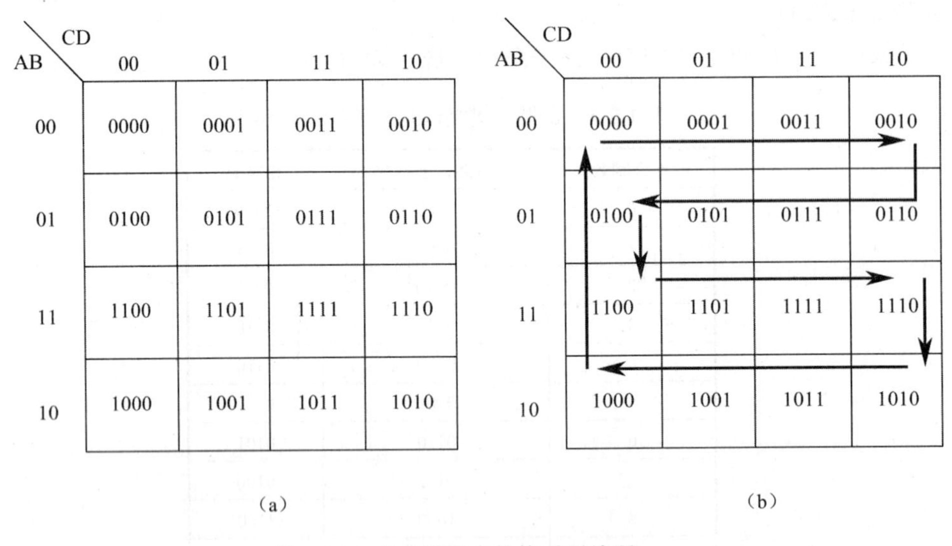

图 1.2.2　在卡诺图中的格雷码编码

卡诺图是数字电子技术中一种很方便有效的逻辑表达和化简方法，将会给后续的学习带来重要的影响。数字电子技术中所要学习的内容是很有规律的，学习过程中希望读者能积极思考，把握规律，避免死记硬背。

三、基本逻辑运算及简单复合逻辑运算

逻辑是指人们思维的一种规律性。逻辑代数和普通代数一样，也是用字母代表变量，逻辑变量只有 0 和 1 两个取值。0 和 1 不表示数量的大小，只表示对立的两种逻辑状态，如电位的低高（0 表示低电位，1 表示高电位）、开关的开合、电路元件的通断等。数字电路从其工作过程上看，

总是体现一定条件下的因果关系，即输出与输入之间一定的逻辑关系，这就是逻辑函数，其表达形式有逻辑表达式、真值表、逻辑符号（逻辑电路）、波形图，卡诺图。因此，逻辑代数是分析和设计数字电路的数学工具。

1. 逻辑代数中基本的逻辑运算

逻辑代数中基本的逻辑运算是非（NOT）、与（AND）、或（OR）运算。

（1）或运算

教室锁 L 有两把钥匙，分别由 A、B 两位同学保管，请分析锁 L 是否打开和 A、B 两位同学是否到来的逻辑关系，并填写到表 1.2.5 中。

表 1.2.5　简单或逻辑问题分析表

A	B	L
不在	不在	
不在	在	
在	不在	
在	在	

用 0、1 分别代表不同的事物状态填表 →

A	B	L
0	0	
0	1	
1	0	
1	1	

首先我们定义带钥匙的人在用 1 表示，不在用 0 表示，锁打开用 1 表示，打不开用 0 表示，这个过程是逻辑定义，对于逻辑问题的分析，都要进行逻辑定义，这样才能够有明确的逻辑关系。读者也可以反过来定义，比如带钥匙的人在用 0 表示，不在用 1 表示，那样获得的表格和结果是不同的。

通过表 1.2.5 的分析不难发现，这个逻辑问题的结果是锁是否打开，条件是两个人 A、B 是否到来，显然，当条件 A、B 中具备一个条件或两个条件时，问题的结果为“真”（锁打开），也即 A 条件具备“或者” B 条件具备，结果为真，这种逻辑关系我们称为逻辑或。可以用表达式 1.2.1 来表示。

$$L=A+B \quad \text{式 1.2.1}$$

注意，此处“+”不同与普通代数的加法运算，此处是逻辑“或”运算符，从表 1.2.5 的右边表可以看出，当 A、B 中有 1 时，L=1；当 A、B 全 0 时，L=0，该表是这个逻辑问题的真值表。

问题扩展：如果钥匙有 3 把、4 把……会怎样？请读者总结或逻辑规律，写出逻辑式。

（2）与运算

某保险柜 Y 必须由 M、N 两把钥匙同时解锁才可打开，请读者分析保险柜锁是否打开和两把钥匙的逻辑关系并填写表 1.2.6。

我们还是先进行逻辑定义：带钥匙的人在用 1 表示，不在用 0 表示，锁打开用 1 表示，打不开用 0 表示，显然可以得到表 1.2.6 中的结果，并从中发现，只有当条件 M 具备“并且”条件 N 具备时，保险柜锁 Y 打开的结果才为真。这种条件必须同时具备结果才为真的逻辑就是与逻辑。与逻辑的表达式见式 1.2.2。

$$Y=M \cdot N \quad \text{式 1.2.2}$$

上式可以简写为 Y=MN。

问题扩展：如果钥匙有 3 把、4 把……会怎样？请读者自己总结与逻辑的规律，并写出逻辑式。

表 1.2.6 简单与逻辑问题分析表

M	N	Y
不在	不在	
不在	在	
在	不在	
在	在	

用 0、1 分别代表不同的事物状态填表

M	N	Y
0	0	
0	1	
1	0	
1	1	

（3）非运算

非运算就是求反，如锁打开用 1 表示，打不开用 0 表示，1 的非就是 0，0 的非就是 1。非运算的表达式见式 1.2.3。

$$Y=\overline{A} \qquad \text{式 1.2.3}$$

（4）逻辑运算的电路表示

请读者在 EWB 软件中绘制如图 1.2.3 所示电路并分析，填写表 1.2.7。

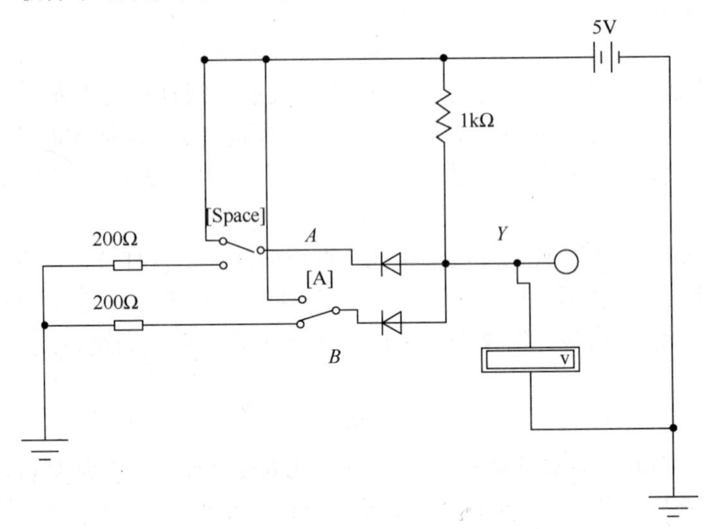

图 1.2.3 简单的逻辑电路

表 1.2.7 对图 1.2.4 分析的记录表

U_A	U_B	U_Y	D_A	D_B

A	B	Y

如规定 A 点、B 点及 Y 点的电压高于 2.5V 时，用 1 表示，低于 2.5V 时用 0 表示，可以获得表 1.2.7 右边的真值表，不难看出，这是一个逻辑与的关系。因此，逻辑的问题可以用电路进行表示与运算，这种电路称为逻辑电路，如图 1.2.3 所示电路可以用图 1.2.4（a）的逻辑符号来表示，

同样的，逻辑或、逻辑非的逻辑符号可以使用图 1.2.4 的（b）和（c）来表示。

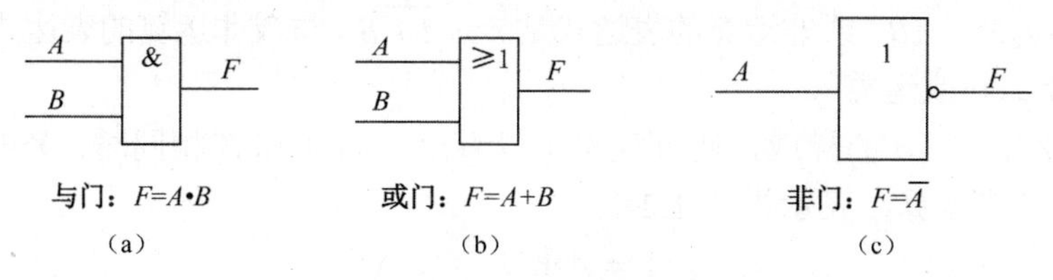

图 1.2.4　基本逻辑运算的逻辑符号

逻辑符号表示有多种标准，有国内常用符号，有国际符号，有国外常用符号等。图 1.2.5 中逻辑符号是国外常用符号，这是大多数仿真软件和原理图绘制软件中普遍采用的符号。三类符号的对比请参考附录。

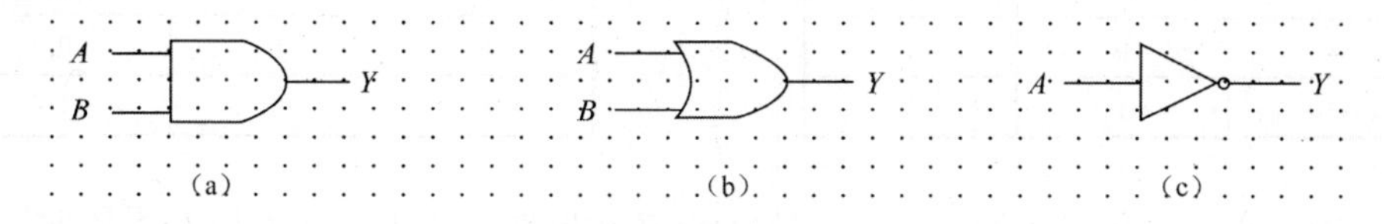

图 1.2.5　国外常用基本逻辑运算的逻辑符号

2．逻辑代数中常用的复合逻辑运算

（1）与非运算、或非运算、与或非运算

与非运算是先与运算后非运算，或非运算是先或运算后非运算的复合逻辑运算。与或非运算是先与运算，再或运算，最后再非运算的逻辑运算。这三种运算及其逻辑门符号如图 1.2.6 所示。

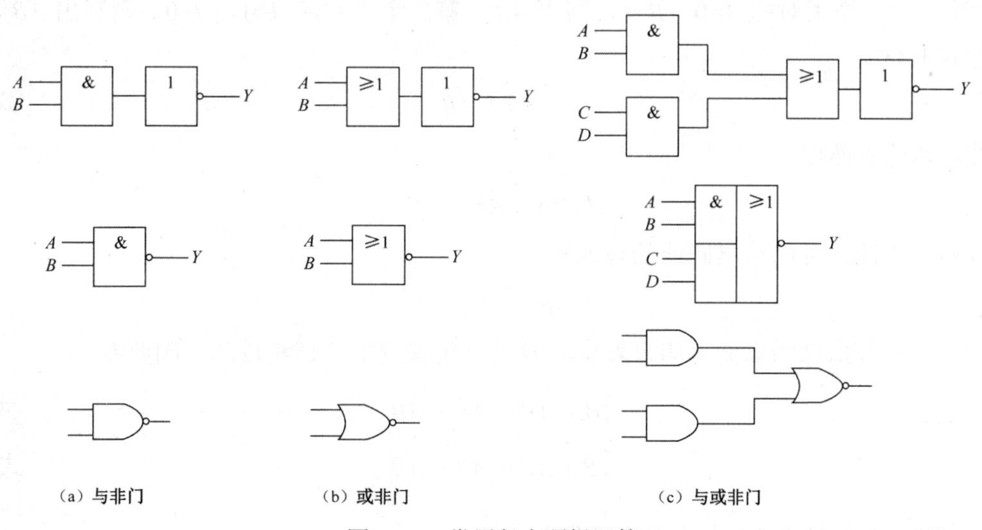

图 1.2.6　常用复合逻辑运算

请读者观察表 1.2.8 与非门的真值表，并自己画出或非门、与或非门的真值表。

表 1.2.8　与非门真值表

A	B	Y
0	0	1
0	1	1
1	0	1
1	1	0

由表 1.2.8 可以看出，与非运算的结果和与运算是相反的，当输入中全为 1 时，输出才为 0，

否则输出为 1。

与非的表达式为 $Y=\overline{AB}$，或非运算的表达式是 $Y=\overline{A+B}$，与或非运算的表达式是 $Y=\overline{AB+CD}$。

（2）异或运算、同或运算

表 1.2.9 中，Y 是 A、B 的异或，通过观察可以看出，当 A 和 B 相同时，Y=0，当 A 和 B 不同时，Y=1，这就是异或运算，表示为式 1.2.4。

$$Y=A\oplus B \qquad \text{式 1.2.4}$$

表 1.2.9　异或运算真值表

A	B	Y
0	0	0
0	1	1
1	0	1
1	1	0

表 1.2.10　同或运算真值表

A	B	Y
0	0	1
0	1	0
1	0	0
1	1	1

由表 1.2.10 可知，Y 是 A、B 的同或；当 A 和 B 相同时，Y=1，当 A 和 B 不同时，Y=0，这就是同或运算，表示为式 1.2.5。

$$Y=A\odot B \qquad \text{式 1.2.5}$$

通过观察真值表，我们可以写出逻辑关系的与或表达式（也称为最小项表达式），方法是：观察真值表中结果一栏里面的 1，每个 1 所对应的输入如果是 0 则写出输入逻辑变量的非，如果是 1 则写出输入变量的原变量，将输入变量按规则写成与式，然后将各个与式相或。表 1.2.9 中，Y=1 有两个，第一个 1 对应 A=0，B=1，写出 $\overline{A}B$；第二个 1 对应 A=1，B=0，则写出 $A\overline{B}$，然后，可以得到式 1.2.6。

$$Y=\overline{A}B+A\overline{B} \qquad \text{式 1.2.6}$$

由此，请读者熟记：

$$A\oplus B=\overline{A}B+A\overline{B} \qquad \text{式 1.2.7}$$

用同样的方法，可以写出同或的与或式：

$$A\odot B=\overline{A}\,\overline{B}+AB \qquad \text{式 1.2.8}$$

从同或和异或运算的真值表明显看出同或运算和异或运算是相反的，因此有：

$$\overline{A}B+A\overline{B}=\overline{\overline{A}\,\overline{B}+AB} \qquad \text{式 1.2.9}$$

$$\overline{A}\,\overline{B}+AB=\overline{\overline{A}B+A\overline{B}} \qquad \text{式 1.2.10}$$

四、逻辑代数的常用公式及规则

逻辑代数的运算有常量的运算、常量与变量的运算、变量的运算，由于常量的运算极简单，不再赘述。含逻辑变量的运算公式有如下 4 种。

0-1 律：　$A\cdot 0=0$　　$A\cdot 1=A$

　　　　$A+0=A$　　$A+1=1$

重叠律：　$A\cdot A=A$　　$A+A=A$

互补律：　$A\cdot\overline{A}=0$　　$A+\overline{A}=1$

还原律：　$\overline{\overline{A}}=A$

逻辑代数中的交换律、结合律、分配律和普通代数极相似，如表 1.2.11 所示。

表 1.2.11　逻辑代数中的交换律、结合律、分配律

交换律	$A+B=B+A$	$A\cdot B=B\cdot A$
结合律	$A+B+C=A+(B+C)$	$A\cdot B\cdot C=A\cdot(B\cdot C)$
分配律	$A(B+C)=AB+AC$	
	$A+BC=(A+B)\cdot(A+C)$	

分配律的 $A(B+C)=AB+AC$ 告诉我们，逻辑运算也可以像普通代数一样提取公因子，也可以将括号外的变量或因子与括号内的变量或因子分别进行相与。这一点可以用来证明 $A+BC=(A+B)\cdot(A+C)$，如下所示：

$(A+B)\cdot(A+C)=(A+B)\cdot A+(A+B)\cdot C$　　$(A+B)$ 分别和 A、C 相与

$=AA+AB+AC+BC$　　继续利用 $A(B+C)=AB+AC$

$=A(1+B+C)+BC$　　利用 $A+1=1$ 和 $A\cdot 1=1$

$=A+BC$

=左边

逻辑代数中常用的公式还有以下 4 个：

① $A+AB=A$

② $AB+A\overline{B}=A$

③ $A+\overline{A}B=A+B$

④ $AB+\overline{A}C+BC=AB+\overline{A}C$

请读者认真看每个公式的形式，要记住其特点并灵活运用。公式 $A+\overline{A}B=A+B$ 的特点是一个变量（因子）“加”上它的反变量与另外变量的“乘积”，那么这个反变量可以去掉。公式 $AB+\overline{A}C+BC=AB+\overline{A}C$ 的特点是互反的变量分别和另外的变量相与，另外的变量组合出的第三项是多余的。这个公式可以扩展为式 1.2.11：

$$AB+\overline{A}C+BCDEF=AB+\overline{A}C \qquad \text{式 1.2.11}$$

对这个公式，我们可以证明。

证明：左边$=AB+\overline{A}C+BCDEF$

$=AB+\overline{A}C+BCDEF(A+\overline{A})$

$=AB+\overline{A}C+ABCDEF+\overline{A}BCDEF$

$=AB(1+CDEF)+\overline{A}C(1+BDEF)$

$=AB+\overline{A}C$

=右边

这个公式的证明采用的是配项法，从上面的证明过程可以看出，在第三项上面有多少变量都会和“1”相或成为“1”。

摩根（Morgan）定理：摩根定理是求反的逻辑关系，内容如下：

① $\overline{A\cdot B}=\overline{A}+\overline{B}$

② $\overline{A+B}=\overline{A}\cdot\overline{B}$

摩根定理也可以扩展，如式 1.2.12 和式 1.2.13 所示。

$$\overline{A \cdot B \cdot C \cdot D} = \overline{A} + \overline{B} + \overline{C} + \overline{D} \qquad \text{式 1.2.12}$$

$$\overline{A + B + C + D} = \overline{A} \cdot \overline{B} \cdot \overline{C} \cdot \overline{D} \qquad \text{式 1.2.13}$$

灵活地综合运用以上各公式和定理可以方便地对逻辑函数进行化简和变形。化简的结果形式常用的有与或式、与非式等形式，化简可以使逻辑关系更加明显，也能够简化电路，化简的方法有配项法、吸收法、并项法等，读者只要灵活应用以上公式就可以将各种式子化简到要求的形式，不必拘泥于化简的方法叫什么。

例 1.2.3 化简逻辑式 $P = A + A\overline{B}\,\overline{C} + \overline{A}CD + \overline{C}E + \overline{D}E$

解：

$$P = A + A\overline{B}\,\overline{C} + \overline{A}CD + \overline{C}E + \overline{D}E \qquad \text{（利用 } A+AB=A\text{）}$$

$$= A + \overline{A}CD + \overline{C}E + \overline{D}E \qquad \text{（利用 } A+\overline{A}B=A+B\text{）}$$

$$= A + CD + \overline{C}E + \overline{D}E$$

这还不是最简式，还可进一步化简：

$$P = A + CD + (\overline{C} + \overline{D})E$$

$$= A + CD + \overline{CD}E$$

$$= A + CD + E$$

这是进一步使用摩根定理使 $\overline{C} + \overline{D}$ 变换成 $\overline{CD}$，请读者注意这个技巧，在化简中会经常遇到。

例 1.2.4 化简逻辑式 $P = A + AB + \overline{A}C + BD + ACFE + \overline{B}E + EDF$

解：

$$P = A + AB + \overline{A}C + BD + ACFE + \overline{B}E + EDF$$

$$= A + \overline{A}C + BD + \overline{B}E + EDF$$

$$= A + C + BD + \overline{B}E + EDF \qquad \text{（利用式 1.2.11）}$$

$$= A + C + BD + \overline{B}E$$

例 1.2.5 化简逻辑式 $P = \overline{A}\,\overline{C} + \overline{A}\,\overline{B} + BC + \overline{A}\,\overline{C}\,\overline{D}$

解：

$$P = \overline{A}\,\overline{C} + \overline{A}\,\overline{B} + BC + \overline{A}\,\overline{C}\,\overline{D}$$

$$P = \overline{A}\,\overline{C} + \overline{A}\,\overline{B} + BC + \overline{A}\,\overline{C}\,\overline{D}$$

$$= \overline{A}\,\overline{C} + \overline{A}\,\overline{B} + BC$$

$$= \overline{A}(\overline{B} + \overline{C}) + BC$$

$$= \overline{A} \cdot \overline{BC} + BC$$

$$= \overline{A} + BC$$

■ 巩固与提高

1. 知识巩固

1.1 用按权展开式表示下列各数。

$(1528)_{10}$，$(1011)_2$，$(375)_8$，$(10F)_{16}$，$(010100)_2$

1.2 将下列各数转换成二进制数。

$(403)_{10}$，$(376)_8$，$(3A)_{16}$，$(F3B)_{16}$

1.3 比较下列数值，找出最大数和最小数。

$(369)_{10}$，$(107)_{16}$，$(100100011)_2$，$(467)_8$，$(1101011001)_{BCD}$，$(FA)_{16}$

1.4 将下列二进制数转换为十进制数。

10101　0.10101　1010.101

1.5 将下列十六进制数转换为十进制数。

$(6BD)_{16}$　$(0.7A)_{16}$　$(8E.D)_{16}$

1.6 将下列十进制数转换为二进制数，小数部分精确到小数点后第四位。

$(47)_{10}$　$(0.786)_{10}$　$(53.634)_{10}$

1.7 将下列二进制数转换为八进制数和十六进制数。

$(10111101)_2$　$(0.11011)_2$　$(1101011.1101)_2$　$(1101111011)_2$

1.8 用真值表证明下列等式成立。

（1）$\overline{A\cdot B\cdot C} = \overline{A}+\overline{B}+\overline{C}$　　（2）$\overline{A+B+C} = \overline{A}\cdot\overline{B}\cdot\overline{C}$

（3）$A\oplus 0 = A$　　（4）$A\oplus 1 = \overline{A}$

2．任务作业

小组知识竞赛：

教师组织学生完成题表 1.2.1 四组题目的小组知识竞赛，练习公式法化简。

题表 1.2.1　学生分组进行公式法化简竞赛的题目

第一组	第二组
$AB+A\overline{B}$	$A+AB$
$A+\overline{A}B$	$C+\overline{C}D$
$AB+\overline{A}C+BCD$	$CA+B\overline{C}+BC$
$\overline{ABC}+\overline{AB}$	$\overline{A+B+C}+\overline{A+B}$
$ABC+\overline{A}D+\overline{C}D+BD$	$\overline{A}\overline{B}C+\overline{A}BC+ABC+AB\overline{C}$
$AB+\overline{B}\overline{C}+A\overline{C}D$	$AB\overline{C}+\overline{ABC}\bullet\overline{AB}$
第三组	第四组
$CD+C\overline{D}$	$\overline{C}D+CD$
$AB+\overline{ABC}$	$D+\overline{D}A$
$CD+A\overline{D}+ABC$	$AB+\overline{B}C+ABC$
$\overline{ABCD}+\overline{AB}$	$\overline{A+B}\bullet(\overline{A}+\overline{B})$
$AB+\overline{A}C+CB$	$A\overline{B}+\overline{A}B+ABCD+\overline{A}\overline{B}CD$
$AD+A\overline{D}+AB+\overline{A}C+\overline{C}D+A\overline{B}EF$	$\overline{A\overline{B}+B\overline{C}+C\overline{D}+D\overline{A}}$

■　知识链接与扩展（二）

一、逻辑代数的基本规则

1．代入规则

我们在利用逻辑代数的公式时，公式中的一个变量可以用一个因式来代入即为代入规则。例如化简 $Y=\overline{A}B+A\overline{B}+\overline{A}\overline{B}C+ABC$，过程如下：

$$
\begin{aligned}
Y&=\overline{A}B+A\overline{B}+\overline{A}\overline{B}C+ABC\\
&=\overline{A}B+A\overline{B}+(\overline{A}\overline{B}+AB)C\\
&=\overline{A}B+A\overline{B}+\overline{\overline{A}B+A\overline{B}}\cdot C\\
&=\overline{A}B+A\overline{B}+C
\end{aligned}
$$

上面化简的过程中，是将$\overline{A}B+A\overline{B}$代入到公式 $A+\overline{A}B=A+B$ 中，以$\overline{A}B+A\overline{B}$替换 A，同时利用了同或和异或相反的特性。

2. 反演规则

如果给函数 $Y=AB+\overline{A}C$ 求反，在逻辑代数中，可以直接给等号两边直接加非号，变为：$\overline{Y}=\overline{AB+\overline{A}C}$即可，然后可以使用摩根定理继续变形或化简。

反演规则提供了另外一种求反函数的方法，其实质仍然是摩根定理，规则内容为：将原式中的原变量变成反变量，将“0”变为“1”，将“1”变为“0”，将“+”变为“•”，将“•”变为“+”。可以简记为下面的形式：

$$A\Leftrightarrow\overline{A}；1\Leftrightarrow 0；+\Leftrightarrow\cdot$$

按照这种方法求 $Y=AB+\overline{A}C$ 的反函数为$\overline{Y}=(\overline{A}+\overline{B})\cdot(A+\overline{C})$

使用反演规则，还要注意两点：

（1）求反函数时，需要保证原先变量的运算顺序不变，上式中加（）就是为了保证运算顺序不变。

（2）求反函数时，两个或两个以上变量共同使用的公共非号不变。

例 1.2.6 求 $Y=\overline{ABC}+\overline{A+\overline{B}}$的反函数。

解：$\overline{Y}=\overline{\overline{A}+\overline{B}+\overline{C}}\cdot\overline{\overline{A}\cdot B}$

3. 对偶规则

对偶规则提供了一个为逻辑函数求对偶式的方法：将原式中的“0”变为“1”，将“1”变为“0”，将“+”变为“•”，将“•”变为“+”。可以简记为下面的形式：

$$1\Leftrightarrow 0；+\Leftrightarrow\cdot$$

函数 Y 的对偶式用 Y' 表示，如果 $Y_1=Y_2$，则$Y_1'=Y_2'$，我们可以利用这一特性对逻辑函数的等量关系进行证明。

例 1.2.7 证明 $A+BC=(A+B)(A+C)$

证明：∵左边的对偶式$=A(B+C)$

$=AB+AC$

右边的对偶式$=AB+AC$

显然原式两边的对偶式相等。

∴ 原式 $A+BC=(A+B)(A+C)$ 成立。

二、卡诺图化简

前面认识的卡诺图是进行逻辑化简的利器，但是只适合于变量数比较少的情况。如图 1.2.7（a）、（c）所示分别是二变量、三变量逻辑的卡诺图，（b）、（d）是用逻辑值组合表示的卡诺图。从图中可以看出，每个方格中都包含了一个相与项，其中包含了该函数中所有的变量，并且可以是原变量也可以是反变量，这种相与项称为最小项。例如两个变量中的$\overline{A}\,\overline{B}$、$\overline{A}B$、$A\overline{B}$、$AB$；三变量中的$\overline{A}\,\overline{B}\,\overline{C}$等都是最小项。请读者注意，在图（c）、图（d）中 BC 和 $B\overline{C}$、11 和 10 的顺序。

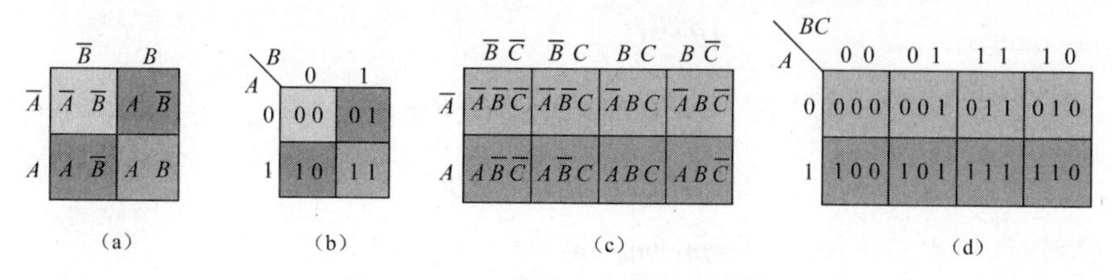

图 1.2.7　二变量和三变量卡诺图

1．最小项的特性

在卡诺图中位置上相邻的最小项，有且只有一个变量不同，读者可以任意选取两个相邻的最小项，如$\overline{A}\ \overline{B}\ \overline{C}$和$\overline{A}\ \overline{B}$C，这种情况称为两个最小项逻辑相邻。将逻辑相邻的两个最小项相或运算，可得：

$$\overline{A}\ \overline{B}\ \overline{C}+\overline{A}\ \overline{B}C=\overline{A}\ \overline{B}\ (\overline{C}+C)=\overline{A}\ \overline{B} \qquad 式 1.2.14$$

由式 1.2.14 可以得到最小项的一个性质：两个逻辑相邻最小项相或，可以去掉不同变量而保留相同变量。因此在卡诺图中位置相邻的最小项相或时，可以去掉不同变量而保留相同变量，这是用卡诺图化简的基本原理。

最小项还具有以下特性：

（1）n 个变量具有 2^n 个最小项。

（2）使最小项为 1 的逻辑取值有且只有一组。

（3）所有最小项之和为 1，所有最小项之积为 0。

2．最小项的表示及用最小项表示逻辑函数

表 1.2.12 是三个变量 A、B、C 的所有逻辑组合以及最小项，从表中可以清楚看到使任一个最小项为 1 的逻辑取值只有一组，最小项可以用 m 加一个数字下标来表示。这样对于最小项构成的表达式的写法将变得很简洁，如：

$$\overline{A}\overline{B}\overline{C}+\overline{A}\overline{B}C+\overline{A}B\overline{C}$$
$$=m_0+m_1+m_2$$
$$=\sum^{\mathrm{m}}(0,1,2)$$

表 1.2.12　三变量的最小项及符号

十进制数	A	B	C	为 1 的最小项	最小项的符号
0	0	0	0	$\overline{A}\overline{B}\overline{C}$	m_0
1	0	0	1	$\overline{A}\overline{B}C$	m_1
2	0	1	0	$\overline{A}B\overline{C}$	m_2
3	0	1	1	$\overline{A}BC$	m_3
4	1	0	0	$A\overline{B}\overline{C}$	m_4
5	1	0	1	$A\overline{B}C$	m_5
6	1	1	0	$AB\overline{C}$	m_6
7	1	1	1	ABC	m_7

任意一个逻辑函数，都可以用最小项之和的形式来表示，方法是给没有包含全部变量的相与项用配项法配上缺少的变量，如将 $AB+AC$ 写成最小项之和的表达式做法如下。

$$
\begin{aligned}
& AB+AC \\
&= AB(C+\overline{C})+AC(B+\overline{B}) \\
&= ABC+AB\overline{C}+A\overline{B}C \\
&= m_5+m_6+m_7 \\
&= \sum\nolimits_m (5,6,7)
\end{aligned}
$$

由于卡诺图中每一个方格对应一个最小项，所以可以将表达式在卡诺图中表示出来，表达式 $AB+AC$ 在卡诺图中表示出来如图 1.2.8 所示。

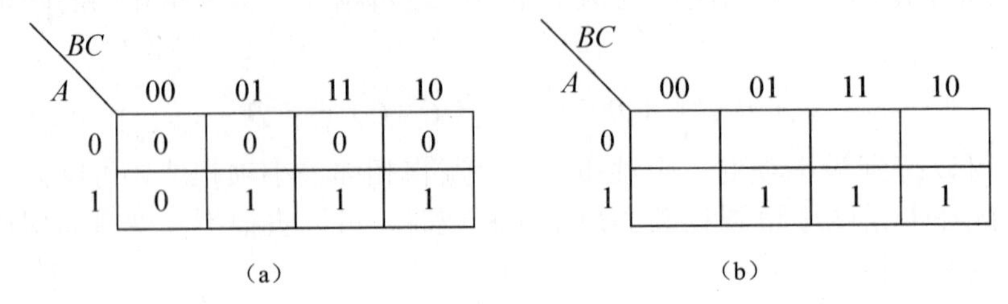

图 1.2.8　$AB+AC$ 的卡诺图表示

任意一个逻辑函数都可以用最小项的形式来表示，也可以用卡诺图来表示，但是对于变量数较多的情况下，画卡诺图比较麻烦，一般我们将这种方法应用在 5 变量以内的逻辑问题上。

3．卡诺图化简的方法

卡诺图化简适合于变量数不多于 5 个的情况，当变量数较多时，卡诺图将变得十分复杂，应用不便。

化简的原则：在逻辑函数的卡诺图中，2^n 个相邻且构成矩形的“1”可以合并在一起消去不同变量，保留相同变量。请读者特别注意，不是 $2n$ 个“1”，而是 2 的 n 次方个“1”可以合并在一起。例如由图 1.2.9（a）的卡诺图写出相应的逻辑式 P。把 m_3 和 m_7 两个小方格圈在一起，它占有二行一列，二行中互为反变量的变量可以消去，即：

$$
\begin{aligned}
m_3+m_7 &= \overline{A}\overline{B}CD+\overline{A}BCD=\overline{A}CD(\overline{B}+B) \\
&= \overline{A}CD
\end{aligned}
$$

把 m_{13} 和 m_{15} 圈在一起，它占二列一行，二列中互为反变量的变量可以消去，处于同一行中的变量不能消去。于是有：

$$
\begin{aligned}
m_{13}+m_{15} &= AB\overline{C}D+ABCD \\
&= ABD(\overline{C}+C)=ABD
\end{aligned}
$$

$$
P=m_3+m_7+m_{13}+m_{15}=\overline{A}CD+ABD
$$

所以，当相邻方格占据两行或两列时，变量相同的则保留，变量之间互为反变量的则消去，即卡诺图中圈在一起的最小项外面“0”、“1”标号不同者，所对应的变量应消去。

在卡诺图中如果有 2^n（n=0，1，…k）个取 1 的小方格连成一个矩形带，这样的一个矩形带就代表一个与项。实际上，一个与或型逻辑式的每个与项都对应一个包含 2^n 个小格的矩形带。不同的 n 值与最小项小格数的对应关系为：

当 n=0 时，对应一个小方格，即最小项，不能化简。

当 n=1 时，一个矩形带含有两个小方格，可消去一个变量。

当 n=2 时，一个矩形带含有四个小方格，可消去二个变量。

当 n=3 时，一个矩形带含有八个小方格，可消去三个变量。

因此，一个矩形带中含有 2^n 个小方格时，可消去 n 个变量。

在卡诺图中，如图 1.2.9（b）所示，处在同一行的最左边和最右边的两个最小项也是相邻的，此时，可以将卡诺图卷成一个竖立的圆筒，最左边和最右边的最小项在位置上也是相邻的。同样，一列中最上边和最下边的最小项也是逻辑相邻的，此时可以将卡诺图卷成一个横放的圆筒，最上边和最下边的也是位置相邻的。对于四个变量的最小项图，实际上是可以看成一个圆球面展开图，展开铺平后的四个角的顶点在圆球面上是一个点。

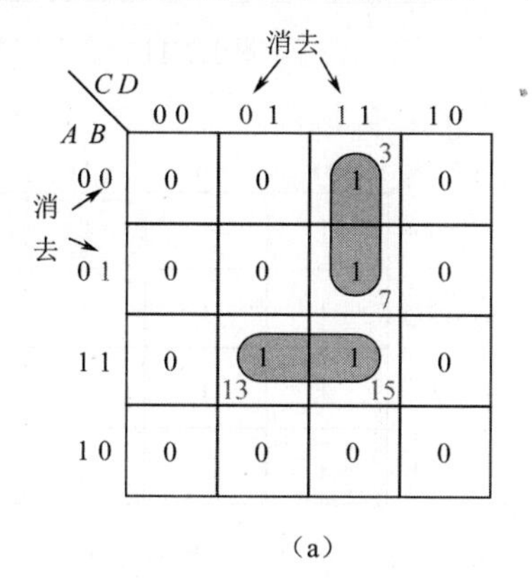

（a）

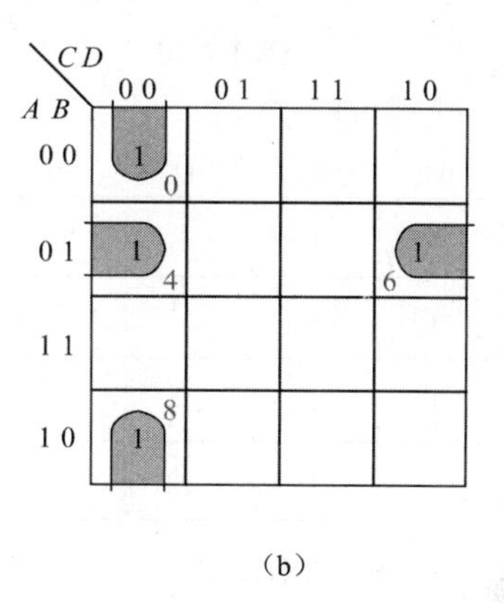

（b）

图 1.2.9

写出如图 1.2.9（b）所示卡诺图对应的逻辑式，如果将 m_0 与 m_4 圈在一起，那么 m_6 与 m_4 就无法圈在一起。若把 m_0 与 m_8 圈在一起，m_4 就可以与 m_6 圈在一起。则有：

$$m_0 + m_8 = \overline{A}\overline{B}\overline{C}\,\overline{D} + A\overline{B}\overline{C}\overline{D}$$

$$= \overline{B}\overline{C}\overline{D}$$

$$m_4 + m_6 = \overline{A}B\overline{C}\overline{D} + \overline{A}BC\overline{D} = \overline{A}B\overline{D}$$

$$P = \overline{B}\overline{C}\overline{D} + \overline{A}B\overline{D}$$

熟练后，应根据卡诺图直接写出结果。m_0+m_8 占一列二行，消去行上的变量 A，剩下 $\overline{BCD}$；m_4+m_6 占一行二列，消去列上的变量 C，剩下 $\overline{A}B\overline{D}$。

对卡诺图化简的方法，总结如下：

1）2 的 n 次方个相邻且为矩形的 1 可以合并在一起消去 n 个不同项，保留相同因子。

2）最左边和最右边的，最上边和最下边的，四角的 1 可以合并在一起。

3）卡诺图中的 1 可以重复使用，但是每个卡诺圈中至少有一个 1 只被用一次。

4）划 0 比较方便的时候可以划 0 求反函数，对反函数求反得到正确的结果。

例 1.2.8 将图 1.2.10 中的逻辑函数化为最简与或式。

解：如图 1.2.11 所示，给卡诺图画上正确的卡诺圈。

$$Y=\overline{C}D + \overline{A}B + CD + AB$$

注意，此处中间的 4 个 1 如果还划到一个圈中，就会出现多余项 BD。另外，在图中，可以将填 0 的地方空白。

例 1.2.9 将图 1.2.12 中的逻辑函数用卡诺图法化简为与或式。

解：如图 1.2.13 所示，由于图中的 0 比较少，可以采取将 0 划在一起的方法求解。

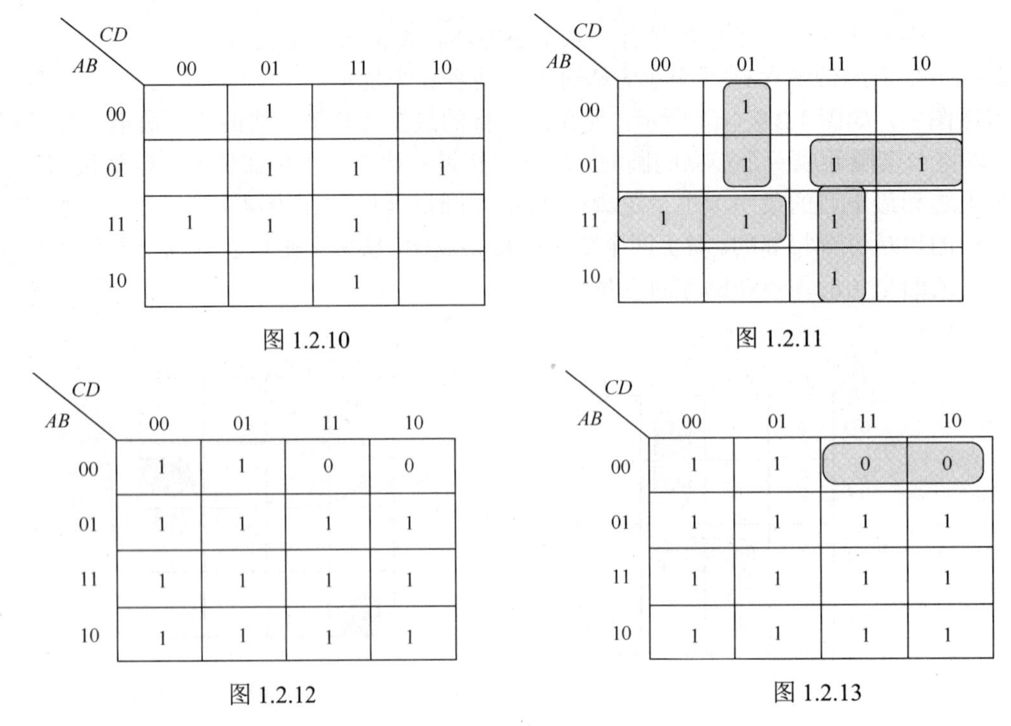

图 1.2.10　　图 1.2.11

图 1.2.12　　图 1.2.13

$$\overline{Y}=\overline{A}\,\overline{B}C$$

使用摩根定律可以求得：$Y=A+B+\overline{C}$

如果改为将 1 划在一起，可以如图 1.2.14 所示，得到相同的结果。

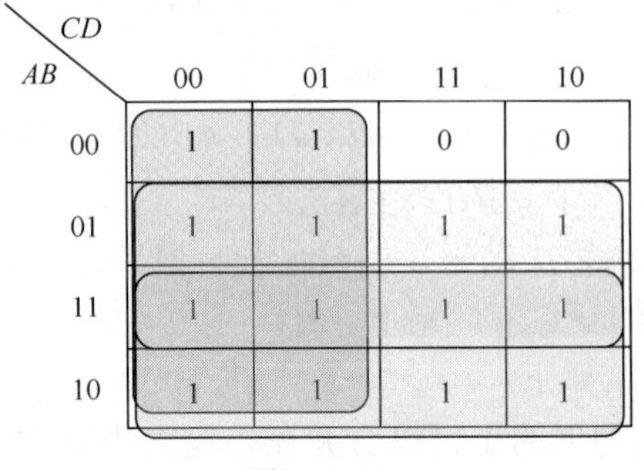

图 1.2.14

4．带有无关项卡诺图的化简

现有一个代码检测电路，能够检测出输入的 8421BCD 码是奇数还是偶数，如果输入的 8421BCD 码是奇数，电路输出 1，否则输出 0。

分析：4 位二进制代码的范围是 0000～1111，而 8421BCD 码只有 0000～1001，因此，有 1010～1111 六个伪码，在这个代码检测电路中，伪码是不会出现的。对于这种不会出现的代码，所对应的最小项也不会出现，将 0000～1001 带入这些最小项，结果都是 0，所以这些最小项写在表达式中或是不写在表达式中对最后的结果没有影响。这些对电路没有影响的或是不会出现的最小项，就是无关项。

如果 8421BCD 代码用 *A*、*B*、*C*、*D* 来表示，输出用 *Y* 表示，那么可以画出该电路的真值表，如表 1.2.13 所示。

表 1.2.13　8421BCD 码代码检测电路真值表

序号	ABCD	Y
0	0000	0
1	0001	1
2	0010	0
3	0011	1
4	0100	0
5	0101	1
6	0110	0
7	0111	1
8	1000	0
9	1001	1
10	1010*	伪码不出现
11	1011*	
12	1100*	
13	1101*	
14	1110*	
15	1111*	

由该真值表可以得到电路的表达式

$$Y=m_1+m_3+m_5+m_7+m_9 \qquad \text{式 1.2.15}$$

由于表中带*的代码不会出现，即 $m_{10}\sim m_{15}$ 是无关项，不会出现在这个电路中，因此在 Y 的表达式中可以任意加入这些无关项而不改变 Y 的值。

化简式 1.2.15 可以采用卡诺图法。在卡诺图中，无关项用×表示，化简时，可以根据情况将无关项当成 1 来使用，也可以当成 0 来使用。如图 1.2.15 所示。

由图 1.2.15 可以得到：$Y=D$

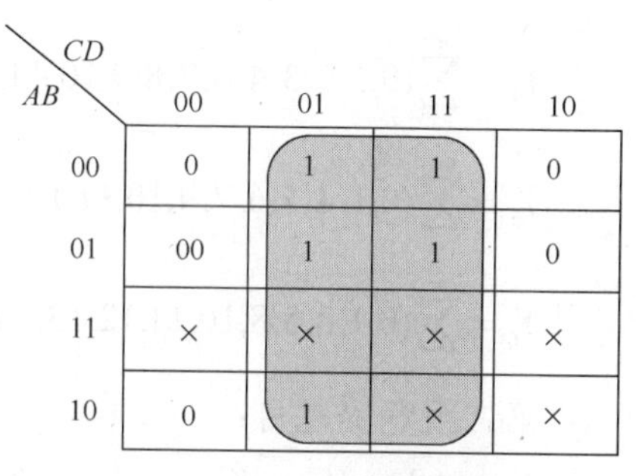

图 1.2.15　带无关项的卡诺图

■　巩固与提高

1. 知识巩固

1.1 请总结卡诺图化简的步骤和规则、技巧。

1.2 将下列函数写成最小项表达式，并用卡诺图化简成最简与或表达式。

（1）$Y=\bar{A}\bar{B}\bar{C}+\bar{A}B\bar{C}+\bar{A}C$

（2）$Y=A\bar{B}CD+A\bar{B}+A\bar{D}+\bar{A}\bar{D}$

（3）$Y=\bar{A}\bar{B}C+\bar{A}BC+ABC+AB\bar{C}$

（4）$Y=AB+ABD+\bar{A}C+BCD$

1.3 请按要求完成下面问题。

（1）求反演式：$Y=\overline{\overline{AB}+ABC(A+BC)}$　　$Y=(A+(B\bar{C}+CD)E)+F$

（2）求对偶式：$Y=\overline{AB+\bar{D}+(AC+BD)E}$　　$Y=ACD+BCD+E$

1.4 请将下列带有无关项逻辑函数用卡诺图化简为最简与或式。

（1）$Y_1=\sum^{m}(0,1,3,5,8)+\sum^{d}(10,11,12,13,14,15)$

（2）$Y_2=\sum^{m}(0,2,3,4,7,8,9)+\sum^{d}(10,11,12,13,14,15)$

（3）$Y_3 = \sum^{m}(2,3,4,7,12,13,14) + \sum^{d}(5,6,8,9,10,11)$

（4）$Y_4 = \sum^{m}(0,2,7,8,13,15) + \sum^{d}(1,5,6,9,10,11,12)$

2．任务作业

小组知识竞赛：

教师组织学生分组完成小组知识竞赛，练习卡诺图化简。学生分 4 组，每组 6 个题目，每个题目 20 分，根据完成的顺序，依次加 60、40、20 分，学生在比赛过程中，可以讨论和发挥小组团队的力量。

第一组竞赛题目：

$Y_1 = A\overline{C} + \overline{A}C + B\overline{C} + \overline{B}C$

$Y_2 = ABC + AD + \overline{C}\,\overline{D} + A\overline{B}C + \overline{A}C\overline{D} + A\overline{C}D$

$Y_3 = \sum^{m}(0,2,4,6)$

$Y_4 = \sum^{m}(0,1,2,3,4,6,7,8,9,10,11,14)$

$Y_5 = \sum^{m}(0,1,4,5,6,7,9,10,11,12,13.14.15)$

$Y_6 = \sum^{m}(0,1,3,5,8,10,11,12,13,14,15)$

第二组竞赛题目：

$Y_1 = \overline{A}\,\overline{B} + AC + \overline{B}C$

$Y_2 = \overline{\overline{A}\,\overline{B} + ABD} + \overline{C}\,\overline{D} + A\overline{B}C + \overline{A}C\overline{D} + A\overline{C}D$

$Y_3 = \sum^{m}(0,1,2,4,5,6)$

$Y_4 = \sum^{m}(0,2,5,7,8,10,13,15)$

$Y_5 = \sum^{m}(0,2,6,8,10,14)$

$Y_6 = \sum^{m}(0,1,2,3,4,7,8,9,10,11,12)$

第三组竞赛题目：

$Y_1 = \overline{A}\,\overline{B}\,\overline{C} + \overline{A}B\overline{C} + A\overline{C}$

$Y_2 = AB + ABD + \overline{A}C + BCD$

$Y_3 = \sum^{m}(3,5,6,7)$

$Y_4 = \sum^{m}(0,6,8,10,11,12,13,14)$

$Y_5 = \sum^{m}(0,1,8,9,10,11)$

$$Y_6 = \sum^{m}(2,3,4,5,6,7,12,13,14,15)$$

第四组竞赛题目：

$$Y_1 = \overline{A}C + A\overline{B} + \overline{C}A + BC$$

$$Y_2 = A\overline{B}CD + A\overline{B} + A\overline{D} + \overline{A}\overline{D}$$

$$Y_3 = \sum^{m}(0,1,3,5,6,7,8)$$

$$Y_4 = \sum^{m}(0,2,3,4,5,6,8,14)$$

$$Y_5 = \sum^{m}(3,4,5,7,9,13,14,15)$$

$$Y_6 = \sum^{m}(0,1,2,5,6,8,9,10,11,12)$$

任务三　3 人会议表决器的设计

■ 技能目标

1．能用 5 种方法表示逻辑问题并能实现 5 种表示方法的转换。

2．能理解各类门电路的逻辑意义和电气特性，会合理选用集成门电路并正确连接使用。

3．会综合运用逻辑代数、门电路、组合电路分析设计方法进行门电路构成的小规模组合逻辑电路分析和设计。

■ 知识目标

1．掌握逻辑函数的 5 种表示方法和相互的转化方法。

2．学会一般组合逻辑电路的设计步骤和方法。

3．掌握基本门电路的逻辑功能和使用方法。

■ 实践活动

在教师的指导下，按照组合逻辑电路设计的基本步骤，设计出简单的 3 人会议表决器的原理图。

■ 知识链接与扩展

一、逻辑函数及其表示方法

我们通过三变量判奇电路来研究逻辑函数及其表示方法。有三个逻辑变量 A、B、C，输入一个逻辑电路，如果 A、B、C 中“1”的个数为奇数个，则电路的输出 Y 为逻辑 1，否则，电路的输出 Y 为逻辑 0。

我们将这种逻辑问题用一种数学的或是图表的形式表示出来，就是逻辑函数。在这里，函数的输入量（自变量）是 A、B、C，输出量（因变量）是 Y，它们都是逻辑变量，取值只能是逻辑的 0 和 1，在逻辑函数中，变量的值代表的是一种电路状态或是事物的状态，并不代表数量的多少。如用 1 代表电路通，用 0 代表电路不通；用 1 代表灯是亮的状态，用 0 表示灯是灭的状态；用 1 代表按键按下，用 0 表示按键弹起状态等。

逻辑函数的表示可以用 5 种方法，即真值表、逻辑表达式（函数式）、逻辑图（电路图）、卡诺图、波形图。每种表达形式不同，各有其特点，但是表达的逻辑意义是相同的。下面列出这个三变量判奇逻辑的 5 种表达形式。

（1）真值表

真值表就是根据逻辑问题的输入变量和输出变量的关系，将所有的输入情况列举出来，然后对应列出输出的逻辑值。这是一种用穷举法表示逻辑问题的方法。表 1.3.1 就是三变量判奇问题的真值表。

表 1.3.1　三变量判奇问题的真值表

ABC	*Y*
000	0
001	1
010	1
011	0
100	1
101	0
110	0
111	1

在画真值表的时候，要注意按照二进制组合的顺序来列举输入逻辑的所有组合情况，这样可以有效避免列举时产生重复和遗漏，而且每一个输入逻辑的组合，都对应了一个最小项，也方便写出最小项。

真值表的特点是按照顺序列举出所有的逻辑组合情况，并对应列出输出逻辑值，不能看出在某一时段实际情况中，哪种逻辑情况会出现，以及出现的时间长短和先后顺序。

（2）逻辑表达式（函数式）

根据逻辑函数的真值表，可以方便地写出逻辑表达式。方法是：在结果中找“1”，其对应的输入变量构成一个最小项，将这些最小项相或，即得到该逻辑的表达式。观察表 1.3.1 中，第一个 Y 为“1”对应的 ABC=001，可以写出最小项为 $\overline{A}\,\overline{B}C$，第二个 Y 为“1”对应的 ABC=010 可以写出最小项为 $\overline{A}B\overline{C}$，依次写出第三个和第四个 Y 为“1”时对应的输入变量构成的最小项为 $A\overline{B}\,\overline{C}$、$ABC$，因此该逻辑函数的表达式为：

$$Y=\overline{A}\,\overline{B}C+\overline{A}B\overline{C}+A\overline{B}\,\overline{C}+ABC$$

由真值表直接写出的逻辑式是最小项之和的形式，一般情况下可以采用公式法或卡诺图法进行化简。逻辑函数表达式显然是一个数学形式的函数式，可以由此看出输入变量和输出变量之间的逻辑关系。

（3）卡诺图

任何一个逻辑函数都可以表示成卡诺图的形式，只是当变量数多于 5 时，卡诺图会变得比较复杂。这个三变量判奇电路只有三个变量，可以方便地用卡诺图进行表示。

在卡诺图中，每个方格对应了真值表中的一行，将输入列写在左侧和上方，将输出填写在所对应的方格中。如图 1.3.1 所示。卡诺图除具有前面学习的特性外，它还是一种经过变形的真值表，但是它更加适合于用卡诺图法化简。

A \ BC	00	01	11	10
0	0	1	0	1
1	1	0	1	0

图 1.3.1　三变量判奇电路的卡诺图

（4）逻辑图

用逻辑图表达逻辑函数，就是用逻辑符号将逻辑关系表达出来，逻辑符号同时也是相应单元电路的电路符号，因此这种逻辑图其实就是实现这个逻辑函数的逻辑电路图。如图 1.3.2 所示是三变量判奇电路的逻辑图。

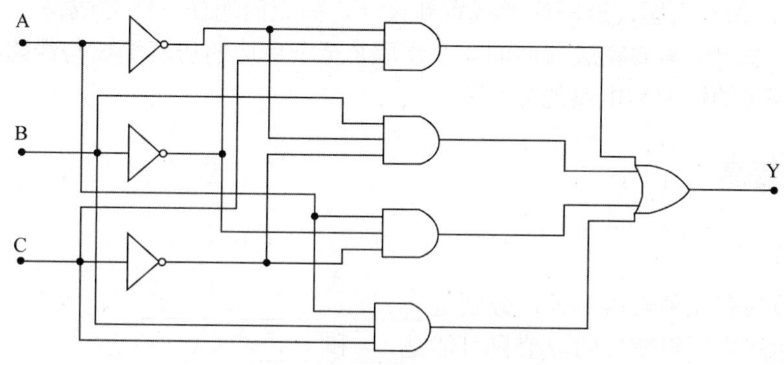

图 1.3.2　三变量判奇电路的逻辑图

（5）波形图

波形图是按照时间的发展顺序，根据输入信号的变化，输出信号相应发生变化的图形。一般用高水平线段表示“1”，用低水平线段表示“0”。波形图能够清晰地看出电路工作的时序性，但是其逻辑关系不太明显，而且在一个时间段内，不一定能看到所有可能的情况。图 1.3.3 是三变量判奇电路某一时段的波形图。

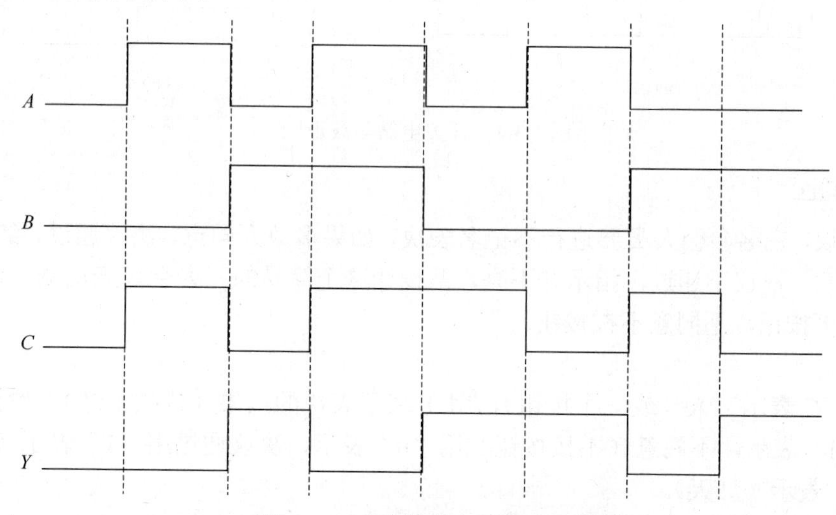

图 1.3.3　三变量判奇电路波形图

逻辑函数的五种表达形式可以相互转化，其实进行组合逻辑电路的设计和分析的过程就是这 5 种表达形式的转换过程。

二、组合逻辑电路的设计步骤与方法

进行组合逻辑电路的设计时，首先要和客户方或是任务的布置者沟通，清楚设计目的和设计的逻辑要求、参数要求，然后开始设计。基本步骤如下。

1）逻辑定义，明确设计中用到的逻辑变量的含义及逻辑值。

2）画真值表，根据逻辑要求，画出真值表。

3）写表达式并化简变形，根据真值表写出最小项之和形式的逻辑式，然后进行化简或是变形。

4）画逻辑图，根据化简或变形后的表达式可以画出逻辑图，这也是电路原理图。

5）电路仿真测试，利用仿真软件对电路进行逻辑功能仿真并测试其电气参数是否符合要求。

6）电路布线设计和制板，利用设计软件进行线路板布线设计并制作电路板。

7）电路测试，将使用的元器件焊接到电路板上进行功能测试和参数测试。

8）经过测试，如有问题，返回修改或重新设计，如无问题任务即完成。

一般情况下，学习中需要完成前面的 4 个步骤，至于后边的仿真测试与线路板制作测试是否需要，要看整个任务的情况和电路的复杂程度。

■　巩固与提高

1．知识巩固

1.1　逻辑函数共有 5 种表达形式，分别是______、______、_______、______、______。

1.2　逻辑表达式中逻辑变量的取值只可能是___和_____。

1.3　图 1.3.4（a）给出两种开关电路，写出反映 Y 和 A、B、C 之间逻辑关系的真值表函数式和逻辑图。若 A、B、C 变化规律如图 1.3.4（b）所示，画出 Y_1、Y_2 波形图。

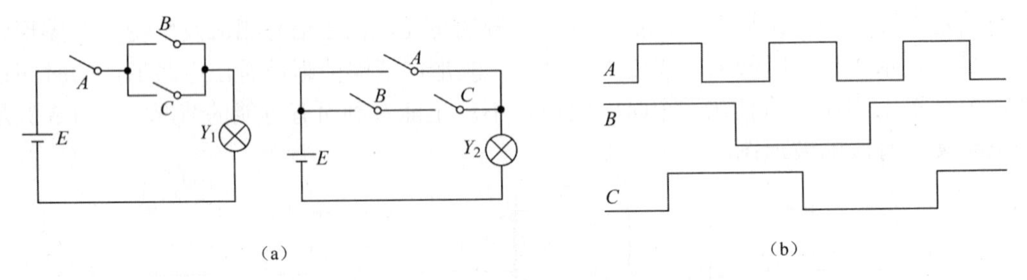

图 1.3.4　开关电路与波形图

2．任务作业

有一个会议，三名参会人员要进行不记名表决，如果多数人同意，决议通过，红色指示灯亮，如果少数人同意，决议不通过，指示灯不亮，请设计这个简易的三人会议表决器，每个人有一个按钮，同意按下按钮，不同意不按按钮。

参考方案：

用 A，B，C 表示三人（或三个按钮），用 Y 表示表决的结果（或指示灯），参会人同意（按下按钮）用“1”表示，不同意（不按按钮）用“0”表示，决议通过用“1”表示（灯亮），决议不通过用“0”表示（灯灭）。

根据设计要求，可以画出真值表，如表 1.3.2 所示。

表 1.3.2　简易会议表决器的真值表

ABC	*Y*
000	0
001	0
010	0
011	1
100	0
101	1
110	1
111	1

根据真值表，可以写出表达式：

$$Y = \overline{A}BC + A\overline{B}C + AB\overline{C} + ABC \qquad \text{式 1.3.1}$$

可以将式 1.3.1 进行化简，得到 $Y=AB+BC+AC$

将上面逻辑表达式用逻辑图表示出来，如图 1.3.5 所示。

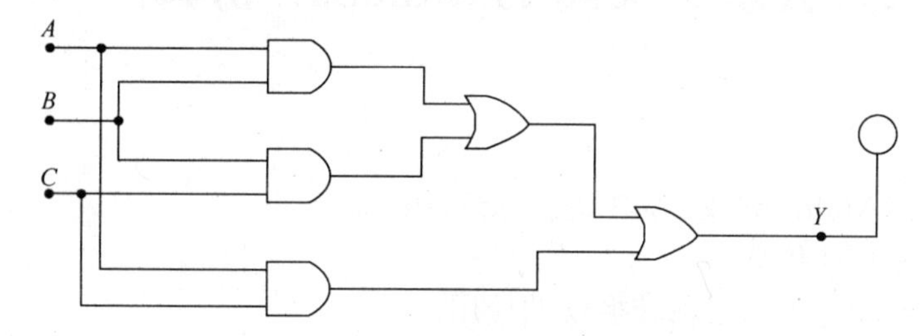

图 1.3.5　简易会议表决器的逻辑电路

请读者注意，这并不是唯一的电路，实际上很多时候最简式子获得的电路并不一定是最简的，在设计中，我们会尽量采用同一型号或同一个集成块上的集成门电路，这样会使实际电路变得简单，使用的集成块的型号减少。比如，这个电路可以完全用与非门来实现，此时，要应用摩根定律将表达式进行变形为：

$$Y=\overline{\overline{AB}\bullet\overline{BC}\bullet\overline{AC}}$$

这样，就可以选用四个三输入端的与非门来实现，例如 74LS10 是三-3 输入与非门，可以使用两个 74LS10 来实现该电路，这样需要两个相同的集成块就可以了，能减少采购的麻烦和成本。图 1.3.6 是用 74LS10 实现该电路的逻辑图。图 1.3.7（a）、（b）、（c）分别是 74LS10 的实物照片、引脚图、内部结构图。

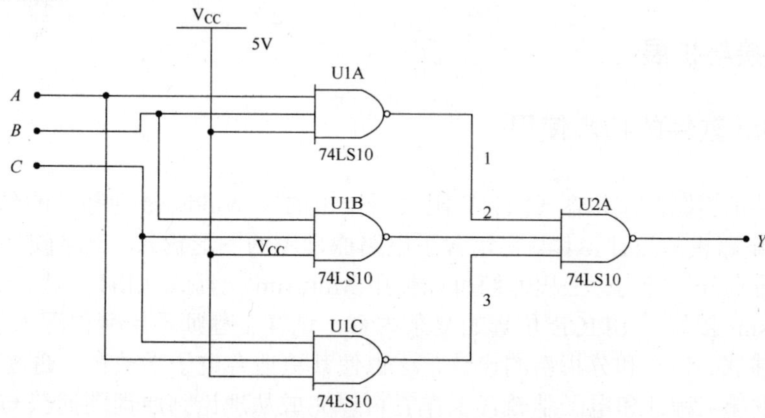

图 1.3.6　用 74LS10 实现表决电路的原理图

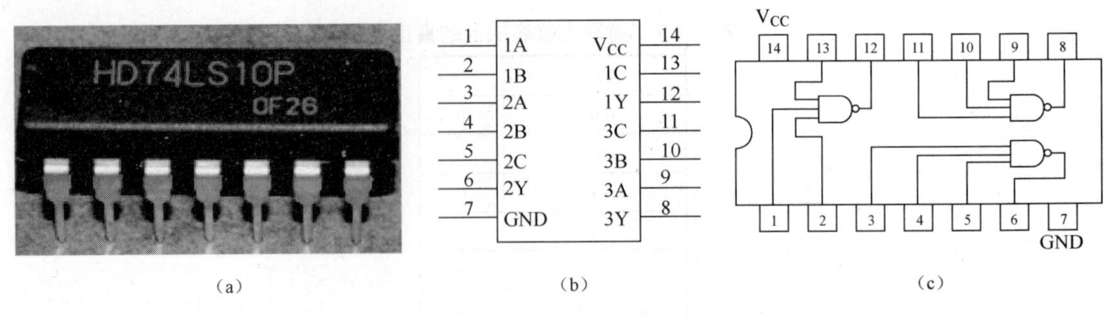

图 1.3.7　74LS10 的相关图

请注意，U_{1A}，U_{1B}，U_{1C} 三个与非门的输入端有三个，而表达式中是两个变量相与非，此时多出的一个输入端可以连接逻辑 1，相当于给“*AB* 与 1”再求非，和 *AB* 直接求非是一样的。与门和与非门的多余端接逻辑 1 不会影响门电路的工作，或门和或非门的多余端要接逻辑 0，不会影响门电路的工作。

任务四　三人会议表决器的 Multisim 仿真

■　技能目标

1．初步学会使用 Multisim 或 EWB 进行原理图绘制。
2．初步学会电路功能仿真。
3．初步学会仿真软件中的逻辑转换仪的使用。

■　知识目标

1．深入理解门电路的逻辑功能。
2．Multisim 或 EWB 软件的基本使用知识。

■　实践活动与指导

本任务中教师指导学生自主选择电路器件并绘制电路原理图，选择适当的方法进行逻辑功能测试和电气参数测试。教师根据学生在实践过程中出现的问题有针对性地指导和讲解，引导学生正确设计输入电路和显示电路，并引导学生使用逻辑转换仪进行快速逻辑设计。

■　知识链接与扩展

一、Multisim 软件的初步使用

Multisim 软件是美国国家仪器（NI）有限公司推出的以 Windows 为基础的仿真工具，适用于板级的模拟/数字电路板的设计工作。它包含了电路原理图的图形输入、电路硬件描述语言输入方式，具有丰富的仿真分析能力。工程师们可以使用 Multisim 交互式地搭建电路原理图，并对电路进行仿真。Multisim 提炼了 SPICE 仿真的复杂内容，这样工程师不用懂得深入的 SPICE 技术就可以很快地进行捕获、仿真和分析新的设计，这也使其更适合电子学教育。通过 Multisim 和虚拟仪器技术，PCB 设计工程师和电子学教育工作者可以完成从理论到原理图捕获与仿真再到原型设计和测试这样一个完整的综合设计流程。

绘制简易会议表决器的简要步骤和操作如下。

1. 放置元件（Place Component）

打开软件后，开始绘制原理图，首先是放置所需的元器件。方法有四个，可以先熟悉使用一种，如图 1.4.1 所示是 Multisim 的主界面。

（1）使用 Place 菜单，选用 Component 命令。

（2）使用器件库工具栏，根据选用元器件的类型直接单击工具栏中的元器件库类型符号。

（3）在空白工作区单击鼠标右键，使用 Place Component 命令。

（4）使用快捷键 Ctrl + W。

在简易会议表决器中，我们用与非门来实现进行操作。如图 1.3.6 所示，先放置 74LS10。

单击工具栏下边的元器件库里的 按钮，调出 Select a Component 对话框，选择 74LS10D，单击 OK，如图 1.4.2 所示。其中元器件功能说明框中显示“THREE 3-INPUT NAND”，即为三-3 输入与非门，表示该元器件中含有三个 3 输入端的与非门。元器件符号栏中的 A、B、C 表示该集成块中有三个功能相同的组成部件。

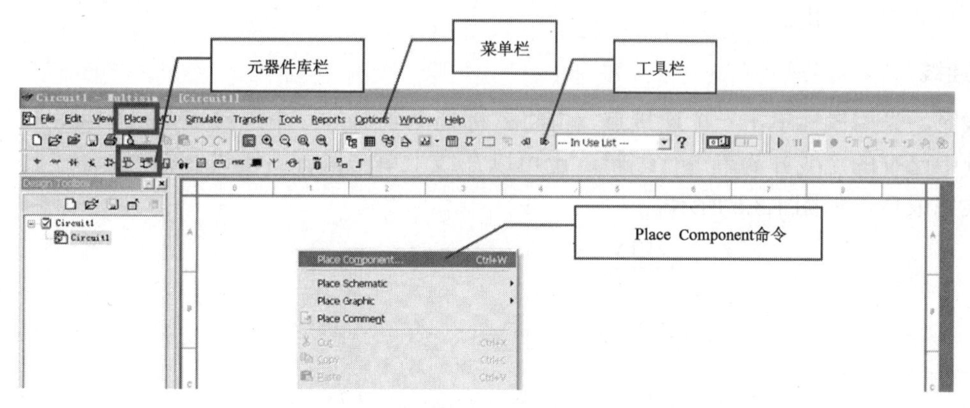

图 1.4.1　multisim 的主界面

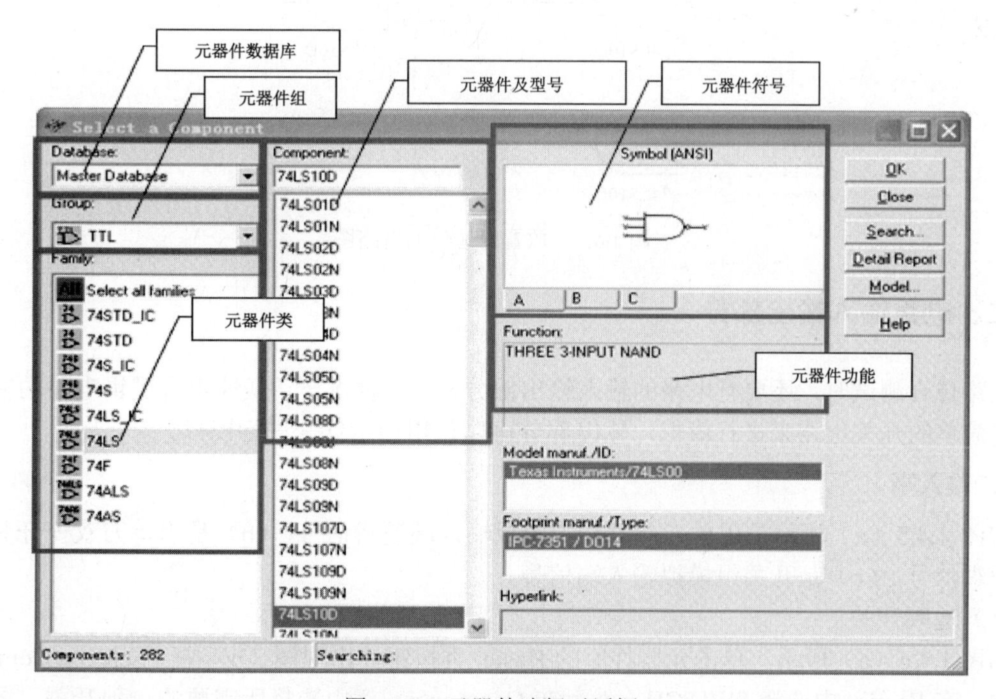

图 1.4.2　元器件选择对话框

回到主界面后，在工作区会如图 1.4.3 所示，单击其中的一个字母，便可以获得集成块中的一个与非门，同时，图 1.4.3（a）变成图（b）的样子。U1 表示一个集成块，其元器件标号名是 U1，New 是指一个新的 74LS10 集成块。在原理图中，元器件标号相同的原件在同一个集成块上，在绘制布线图和制作电路时，需要注意这点。

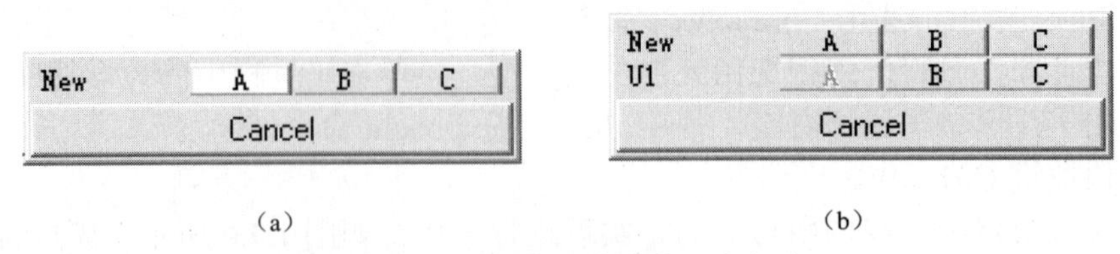

（a）　　（b）

图 1.4.3　选择集成块中的一个部分

这样，连续放置 4 个与非门（两个集成块），单击 Cancel 按钮，结束本次放置元器件，如图 1.4.4 所示，然后用鼠标单击选中某个与非门，通过拖动调整元件的位置，使之美观且便于连线。其中 U1A～U1C 是第一个集成块上的与非门，U2A 是第二个集成块上的与非门，这时它的另外两个与非门未使用。

2. 连线

连线时，先用鼠标单击一个连接点，再将鼠标拖动到另外一个连接点单击即可，可以通过鼠标单击选中已有的连线并简单进行编辑，也可以在线上单击鼠标右键进行编辑。

连线完成后，如图 1.3.6 所示。

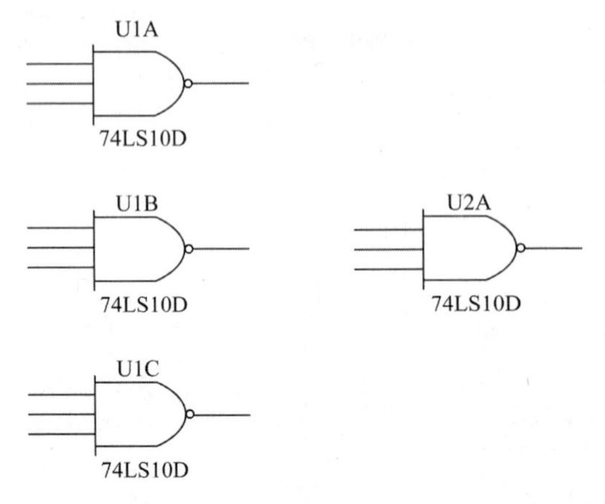

图 1.4.4　放置好元件的电路图

二、电路输入输出部分

电路仿真测试时，还要有电路的输入输出部分，一般情况下，低速组合逻辑电路的输入端可以使用简单的开关电路来进行模拟，输出部分可以使用指示灯来进行模拟。

1. 输入端

如图 1.4.5（a）所示是用单刀单掷开关模拟输入端逻辑信号，（b）是用单刀双掷开关模拟输入端逻辑信号，（c）是开关组模拟输入端信号。

（1）选取开关

如图 1.4.6（a）所示，单击元器件库的 Basic 类按钮，出现图（b）中“Select a Component”对话框，在 Family 中选择 SWITCH，然后在 Component 栏中选择所需要的一种开关，图中选中的是一个含有 3 个单刀单掷开关的开关组。开关的类型很多，读者在使用过程中可以浏览一下所有的开关，以便在今后使用过程中合理选用。图 1.4.5 中电阻是在 RESISTOR 类中选择的。

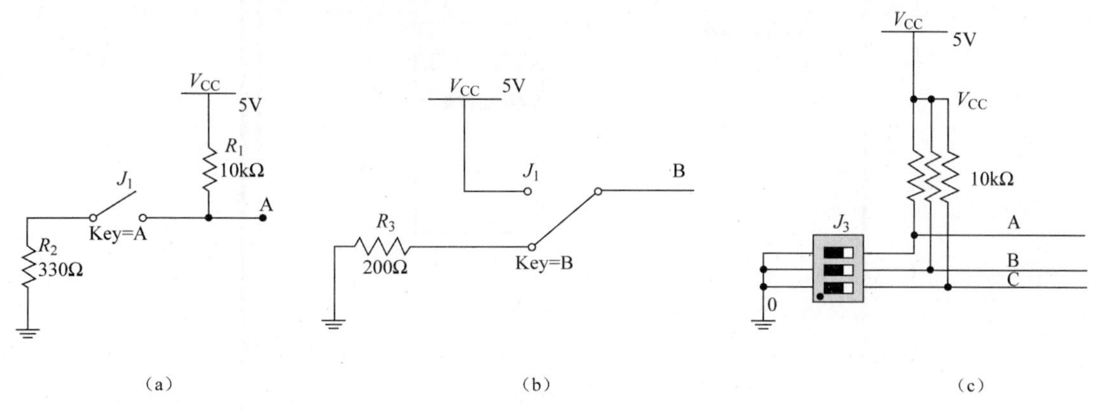

图 1.4.5　模拟输入端的开关电路

（2）开关的基本操作

电路仿真时，用户可以设置、操作这些开关或按键。在开关元件上双击鼠标左键或使用右键选择 Properties Ctrl+M 命令，调出元件属性对话框（请注意，不同的元器件，属性对话框的内容也不尽相同），如图 1.4.7 所示，单击 Value 选项标签，可以设置这个开关的热键，如“B”键，在仿真时，我们按键盘的“B”键，就可以拨动开关，在仿真时，用鼠标单击开关也可以操作开关。

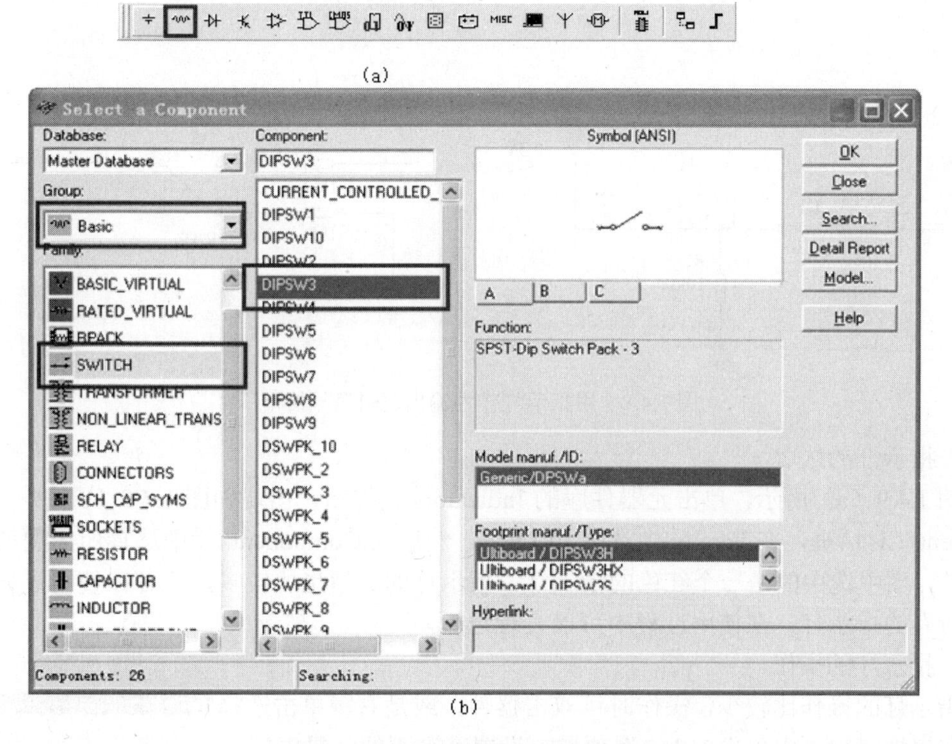

图 1.4.6　放置开关元件的操作图

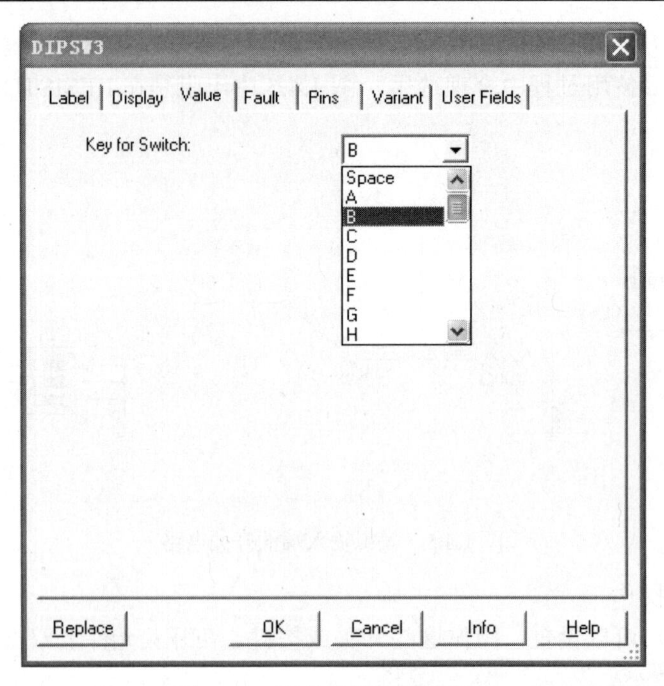

图 1.4.7　开关元件的属性窗口

2. 输出端

电路仿真时，对于低速且输出端数量不多的电路经常使用指示灯来显示输出结果。如图 1.4.8 所示。当指示灯连接点是逻辑 1 时（高于 2.5V），灯亮否则灯灭。

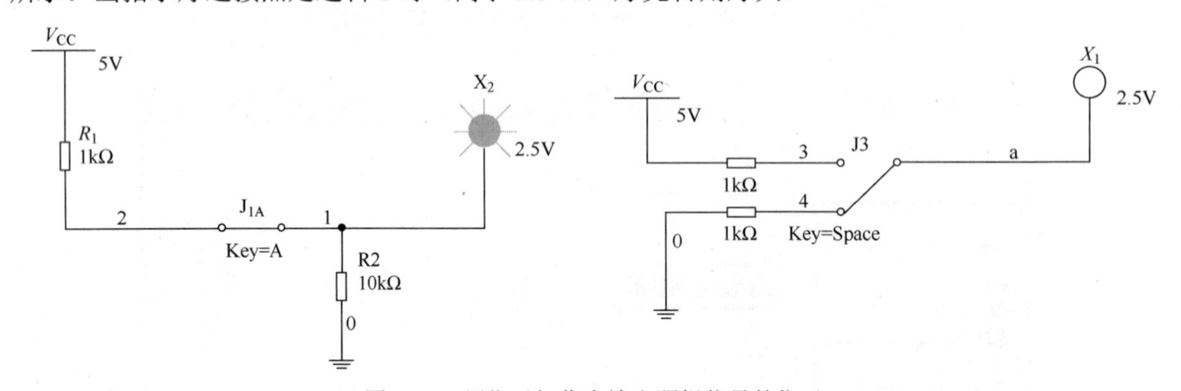

图 1.4.8　用指示灯作为输出逻辑信号的指示

（1）指示灯的选取

如图 1.4.9（a）所示，单击元器件库的 Indicators 类按钮，出现如图 1.4.9（b）所示“Select a Component”对话框，在 Family 中选择 PROBE，然后在 Component 栏中选择所需要的一种发光显示器件，图中选中的是一个红色的指示灯。指示灯的类型也比较多，读者在使用过程中可以浏览一下所有的指示灯，在使用过程中可以合理选用。

（2）指示灯的操作

对指示灯的操作比较少，操作时可双击器件，或是右键单击选择 Properties　Ctrl+M 命令，在属性对话框中单击 Value 选项卡，设置其亮灭的临界电压。

（a）

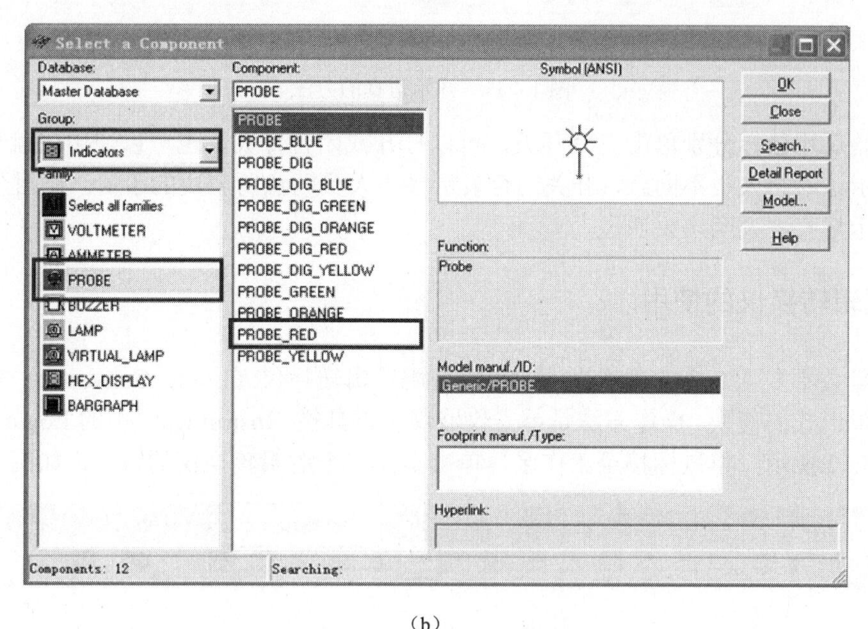

（b）

图 1.4.9　选取指示灯的操作图

三、电路仿真

先将图 1.3.6 所示电路加上输入输出部分，如图 1.4.10 所示，做成一个完整的电路来仿真测试。开始测试的方法有四个。

（1）快捷键 F5。

（2）如图 1.4.11（a）所示，在工具栏中单击仿真按钮。

（3）如图 1.4.11（b）所示，在仿真工具栏中单击运行按钮。

（4）如图 1.4.11（c）所示，使用 Simulate 菜单，选择 Run 命令。

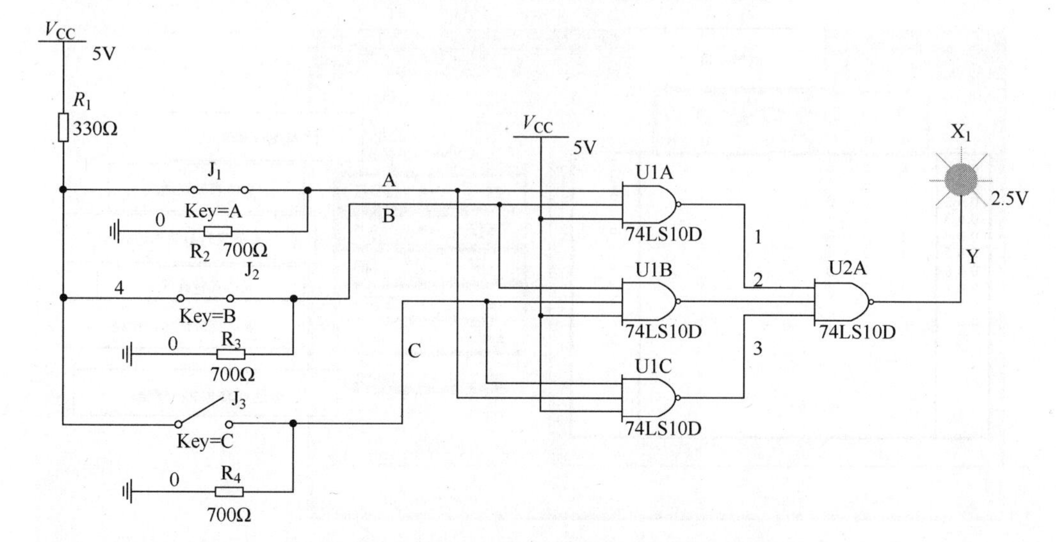

图 1.4.10　加上输入输出部分后的完整仿真电路

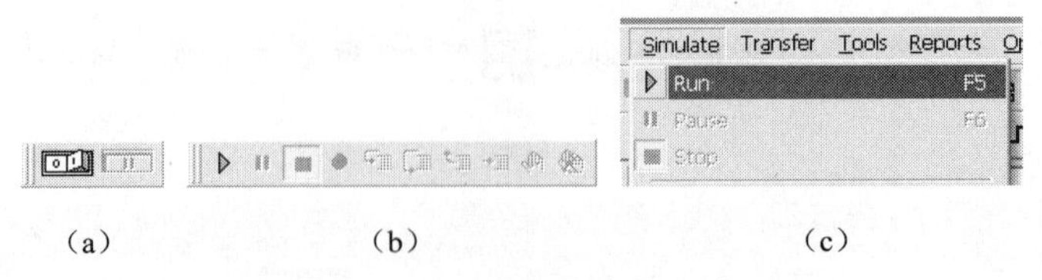

（a）　（b）　（c）

图 1.4.11　开始仿真的方法

仿真开始后用鼠标分别单击三个开关，可以打开或闭合开关，也可以使用键盘热键来操作，开关打开表示该参会人员不同意，开关闭合表示参会人员同意所表决的事情。在两个或三个开关闭合时，指示灯亮，说明决议通过。

四、逻辑转换仪的使用

对于变量数不多于 8 个的逻辑设计，可以使用逻辑转换仪（Logic Converter）实现快速的逻辑设计和逻辑形式的变换。操作方法是单击仪器仪表工具栏（Instrument）中的 Logic Converter 按钮，如图 1.4.12 所示，将鼠标移至工作区，单击出现一个逻辑转换仪的符号，如图 1.4.13 所示。

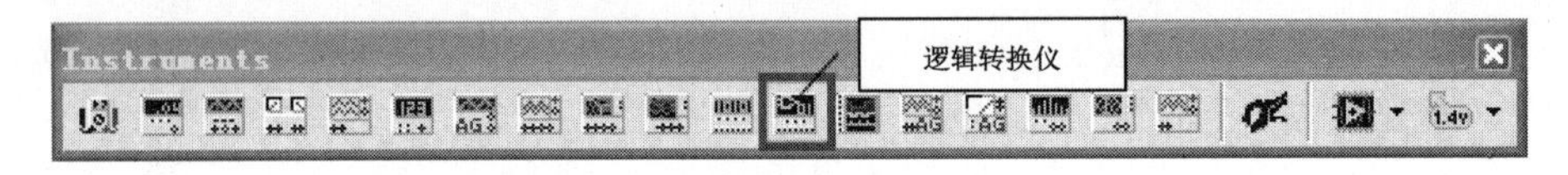

图 1.4.12　仪器仪表工具栏

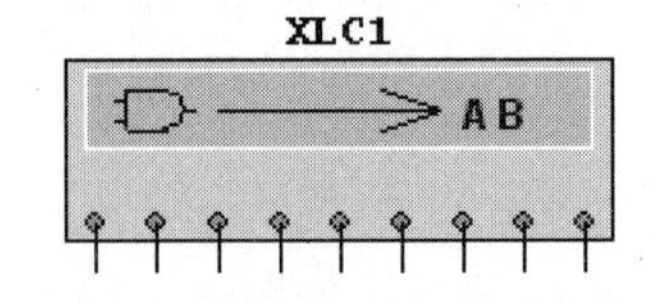

图 1.4.13　逻辑转换仪符号

双击逻辑转换仪符号，可以打开如图 1.4.14 所示的操作面板，单击所要使用的变量，并将输出修改成正确的 0 和 1 即可完成一个逻辑问题的真值表。单击右侧第三个按钮可以得到本逻辑问题的最简与或式，继续单击第五个按钮，可以在工作区得到一个由与门和或门实现的电路，单击第六个按钮可以得到一个由与非门实现的电路，如图 1.4.15 所示。

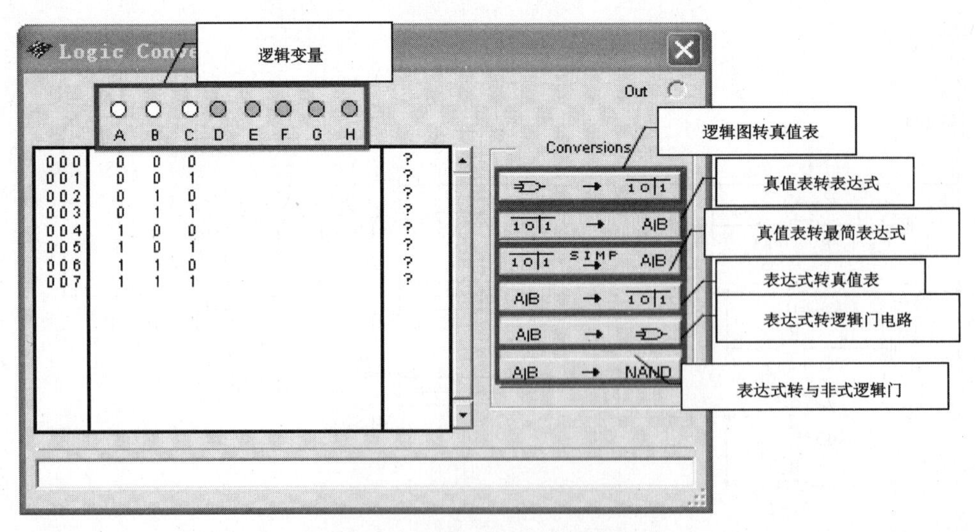

	A	B	C	Out
000	0	0	0	?
001	0	0	1	?
002	0	1	0	?
003	0	1	1	?
004	1	0	0	?
005	1	0	1	?
006	1	1	0	?
007	1	1	1	?

图 1.4.14　逻辑转换仪的操作界面

请注意，在逻辑转换仪生成的表达式中，用单引号表示非号，如 A' 代表 $\overline{A}$。在真值表的输出栏，单击问号变成 0，再次单击变成 1。

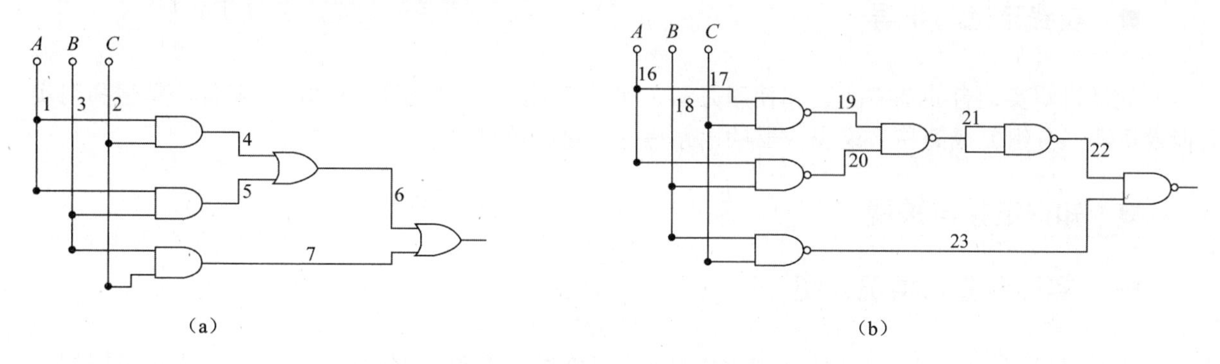

图 1.4.15　用逻辑转换仪生成的电路

使用逻辑转换仪可以快速实现真值表、表达式（最简表达式）、逻辑图的转换。

■　巩固与提高

1．知识巩固

请在 Multisim 中绘制如题图 1.4.1 所示电路。

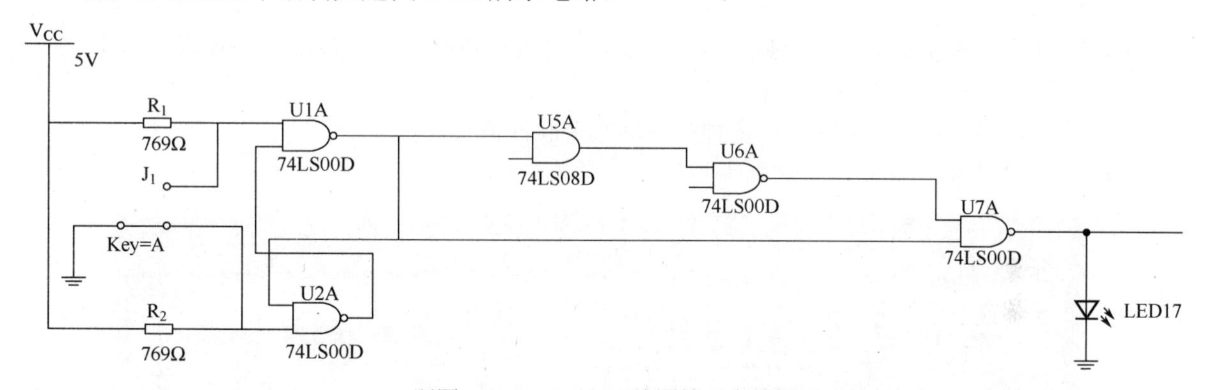

题图 1.4.1　Multisim 绘图练习电路图

2．任务作业

请将三人会议表决电路仿真中所做的电路图和仿真的中间过程、结果进行截图，组织成一篇较完整的技术文章，以电子稿的形式提交给老师或交打印稿。

任务五　三人会议表决器的电路搭建与测试

■　技能目标

会使用实训室设备进行数字电路搭建，并会使用仪表进行参数和功能测试。

■　知识目标

1．掌握门电路（集成）的识别和使用方法。

2．掌握集成门电路的基本电气参数和特性。

■　实践活动与指导

教师讲解实训台的基本配置和使用方法、注意事项，给学生提供基本的元器件，学生利用实训台资源，分组完成简易会议表决器的电路搭建并进行测试。

■　知识链接与扩展

一、实训台基本情况介绍

本教材以图 1.5.1 所示天煌教仪 DZX-3 型电子学综合实验装置实训台为例，读者可以根据自己的实训条件合理选用。本实训台包括数字逻辑电路（左边）和模拟电路（右边）两部分，本课程主要使用左边部分。图 1.5.1 中数字标出主要构成部分如下。

1）电源部分。提供 5V 和 0～18V 电源。

2）16 位逻辑开关输出部分，提供 16 路数字信号。

3）中规模集成电路连接区，可以插接双列直插 14 引脚和 16 引脚集成块。

4）16 路信号输入指示区，可以连接 16 路数字信号进行 LED 显示。

5）拨码开关，可以提供 8421BCD 码。

6）LED 数码管显示区，可以接收 8421BCD 信号进行数码显示，最多显示 6 位。

7）大型集成电路（单片机）连接区。

8）脉冲信号提供区，可以提供多种频率的数字脉冲信号。

另外还有继电器、蜂鸣器、短路保护报警、开关等。

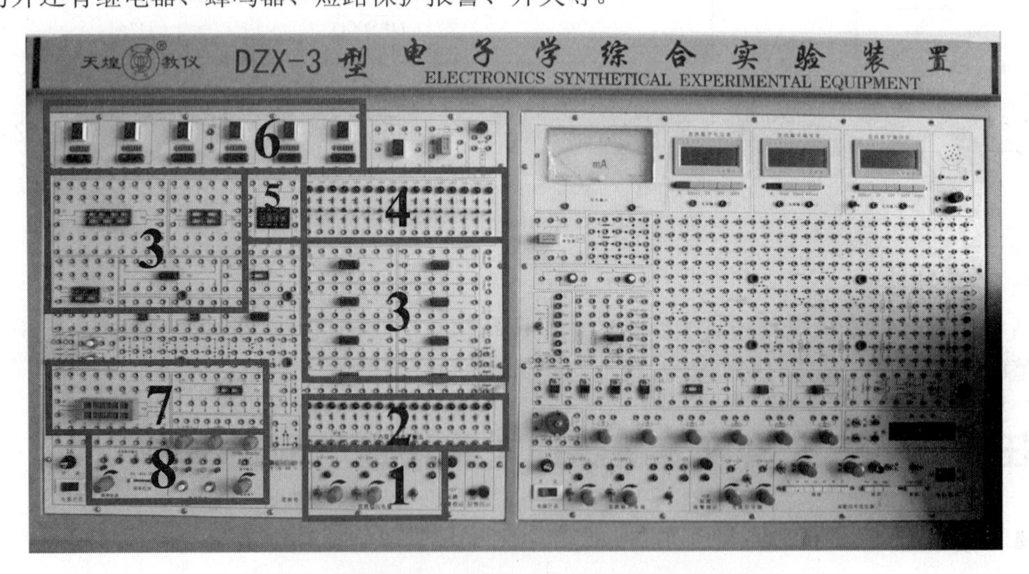

图 1.5.1　天煌 DZX-3 型电子学综合实验装置实训台

二、简易会议表决电路的搭建

根据简易会议表决器的输出表达式和电路仿真的情况，可以选用适当的器件在实训台上搭建电路，电路采用 5V 电源，可以从实训台上的电源区获得；三人输入开关可以利用实训台的逻辑开关中的任意三个代表 A、B、C 输入；主电路采用与非门 74LS00 和 74LS20 实现，或是采用与门和或门，在中规模组合电路连接区进行连接；输出的结果接到 LED 显示部分，在 16 路中任意选用 1 路即可。图 1.5.2 是用 74LS00 和 74LS20 实现的电路情况。

图 1.5.2 简易会议表决器电路的搭建

当输入开关中有两个或三个打到逻辑 1 时，输出指示灯亮。

三、集成门电路的分类及电气特性

逻辑门电路是构成数字电路的基本单元。在数字电路中，信号的传输和变换都由门电路来完成。

门电路按构成方式不同，可分为分立元件门电路和集成门电路两类。随着集成电路技术的不断发展，具有体积小、重量轻、功耗小、价格低、可靠性高等特点的集成门电路逐步代替了有体积大、可靠性不高等固有缺点的分立元件门电路。

由单极型场效应管（MOS 管）组成的集成门电路称为 MOS 门电路，其中以 CMOS 门电路的应用最为普遍；由双极型三极管组成的集成门电路有 TTL 门电路、ECL 门电路等多种类型，其中以 TTL 门电路的应用最为广泛。不论是哪种电路工艺的逻辑门，都有与门、非门、或门，也有组合逻辑的与非门、或非门、与或非门、同或门和异或门等，还有一些特殊的门，如三态门、OC 门、传输门等。

（一）TTL 电路

1．TTL 门的电气特性

TTL 门电路的内部主要由三极管构成，其基本特性如下。

（1）电压传输特性与关门电压、开门电压、阈值电压

TTL 门电路（T1000 系列和普通 74LS 系列）输入的关门电压（可靠的低电平，逻辑 0）U_{off} 约 1V，开门电压（可靠的高电平，逻辑 1）大约为 1.4V，因此输入端电压 U_i <1V 为逻辑 0，U_i>1.4V 为逻辑 1，介于 1V 和 1.4V 之间的部分为转折区，在工作中尽量避免输入电压落在此区间，在这个区间中，有一个转折电压 U_{TH}（阈值电压），一般我们认为 U_i<U_{TH} 为 0，U_i>U_{TH} 为 1。如图 1.5.3 所示。

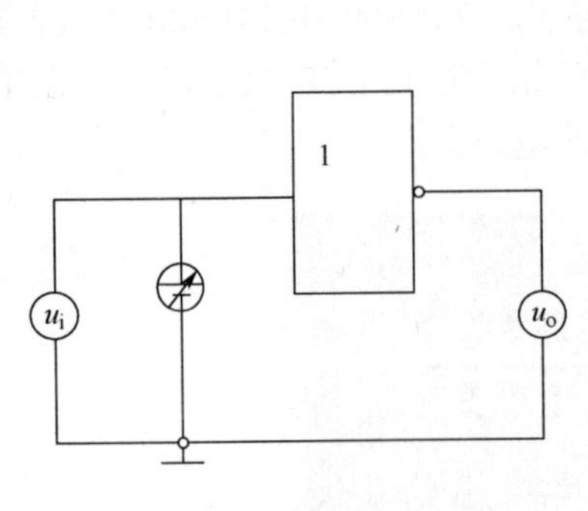

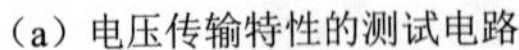
（a）电压传输特性的测试电路

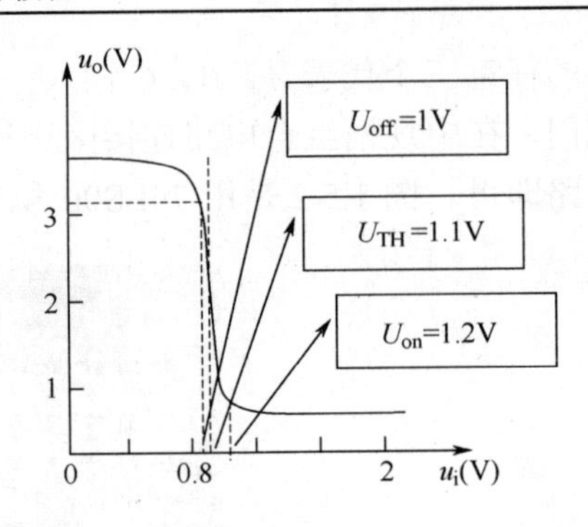

（b）TTL 门电压传输特性

图 1.5.3　TTL 门电路的电压传输特性

74LS 系列门电路标准规定：

输入低电平电压 U_{ILmax}=0.8V　　　输入高电平电压 U_{IHmin}=2V

输出低电平电压 U_{OLmax}=0.5V　　　输出高电平电压 U_{OHmin}=2.7V

输入端的高电平和低电平各是一个电压范围，这样可提高电路的抗干扰能力，使电路工作稳定。表示门电路抗干扰能力的指标是噪声容限，即保证电路逻辑正确前提下，电路输入端能容忍的电压波动范围。计算噪声容限要分输出高电平和低电平两种情况分别计算，示意图如图 1.5.4 所示。

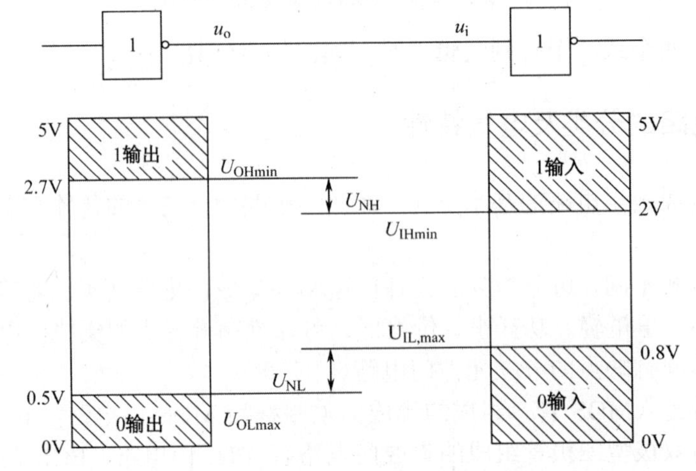

图 1.5.4　门电路噪声容限示意图

低电平噪声容限是指在保证门电路输出低电平的前提下，允许叠加在输入低电平上的最大噪声电压（正向干扰），用 U_{NL} 表示：$U_{NL} = U_{ILmax} - U_{OLmax}$

高电平噪声容限是指在保证门电路输出高电平的前提下，允许叠加在输入高电平上的最大噪声电压（负向干扰），用 U_{NH} 表示：$U_{NH} = U_{OHmin} - U_{IHmin}$

例如，74LS 系列门电路的噪声容限是：

$$U_{NL}=0.8V-0.5V=0.3V$$

$$U_{NH}=2.7V-2.0V=0.7V$$

（2）输入负载特性

TTL 电路输入端有电流，因此，输入端的等效电阻上会有分压，如果电阻接地，这个电阻上的分压就是门电路的输入端电压，如果负载较大，会使得输入端电压较高而使输入端为逻辑 1。输入电压 U_I 随输入端对地外接电阻 R_i 变化的曲线，称为输入负载特性，如图 1.5.5 所示。

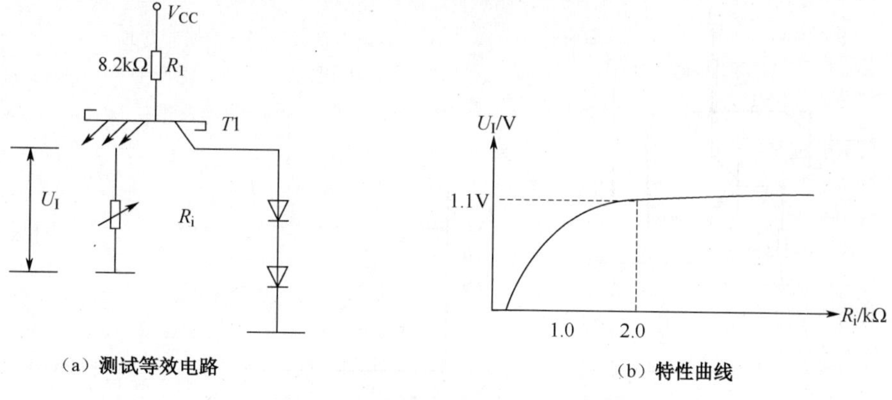

（a）测试等效电路　（b）特性曲线

图 1.5.5　TTL 电路的输入负载特性

74LS 系列的 TTL 电路 R_{ON}=2.1kΩ，R_{OFF}=0.7kΩ，所以要使输入端为 0，应取 R_i≤0.7kΩ，使输入端为 1，应取 R_i≥2.1kΩ。

（3）输出电压与电流特性

输出端为低电平时带负载能力大，输出端电流可以达到十几到二十几毫安，输出端为高电平的时候带负载能力较弱，其工作电流不大于 400μA。

输出特性是输出电压 U_O 随输出电流 I_O 变化的特性曲线。分为输出高电平和输出低电平两种情况。

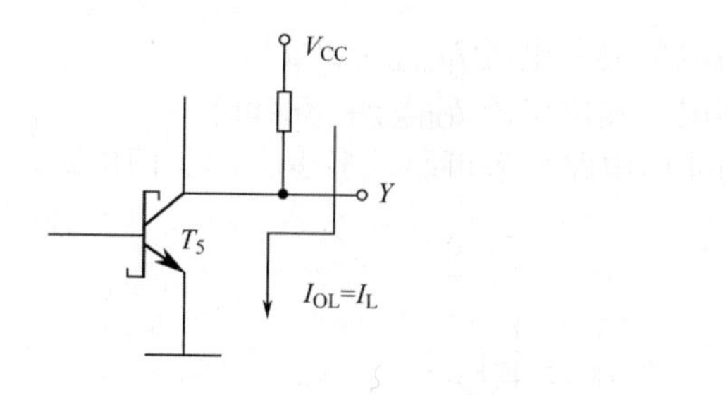

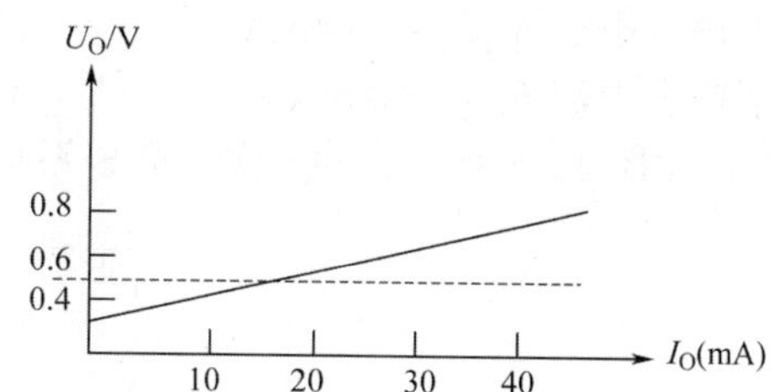

（a）TTL 电路输出低电平的输出等效图　（b）TTL 电路输出低电平时的输出伏安特性

图 1.5.6　电路输出低电平的输出特性

如图 1.5.6 所示，当 TTL 集成电路输出为低电平（逻辑 0）时，输出端三极管 T_5 是饱和导通，输出电压 U_{OL}≤0.3V，此时输出端电流的实际流向是从后级电路流入前级电路，称此电流为灌电流，对应的负载称为灌电流负载。由图（b）可以看出，随着输出端电流的增加，输出端的电压值也会升高，最终会超出输出端为低电平电压上限，因此对电流是有限定的，74LS 系列集成电路的输出端为低电平时的输出端电流 I_{OL} 上限是 8mA。

如图 1.5.7 所示，当 TTL 集成电路输出高电平时，三极管 T_5 截止，相应的 T_3 和 T_4 导通，输出端 Y 的电压大约是 3.6V。此时的电流实际流向是从门电路流出到后级负载，此电流称为拉电流，此时的负载称为拉电流负载。由图（b）可以看出，当输出端的电流增大时，输出的电压在下降，74LS 系列的集成门电路在输出端为高电平时，允许的最大输出电流是 400μA。

输出端带负载的能力反映了电路对后级电路的驱动能力，可以用扇出系数来表示，扇出系数就是一个门电路驱动同类门电路输入信号端脚的数量，计算扇出系数需要根据前级电路输出端输出低电平和高电平两种情况分别计算。如图 1.5.8 所示，以 TTL 非门为例来进行说明。

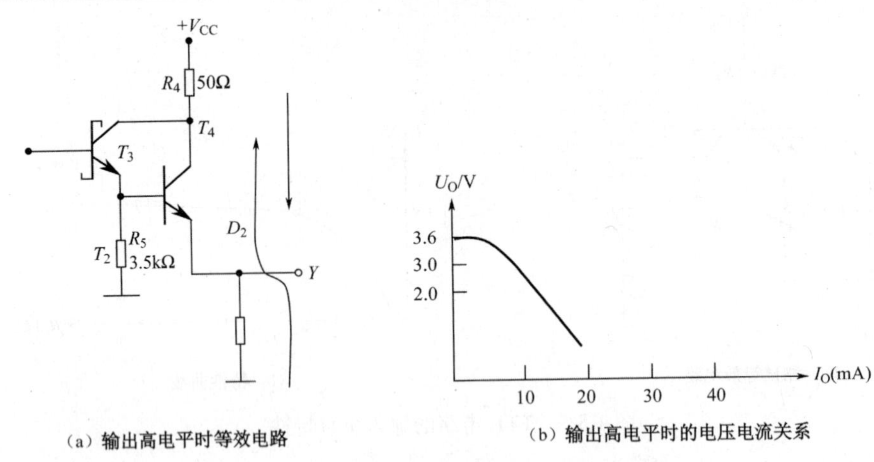

（a）输出高电平时等效电路　（b）输出高电平时的电压电流关系

图 1.5.7　TTL 电路输出高电平的输出特性

输出低电平时的扇出系数：$N_{OL}=\frac{I_{OL}}{I_{IL}}$

输出高电平时的扇出系数：$N_{OH}=\frac{I_{OH}}{I_{IH}}$

TTL 门电路的扇出系数为：$N=\text{MIN}(N_{OL},N_{OH})$

74LS 系列门电路标准规定：

低电平输入电流 $I_{ILmax}=-0.4mA$　高电平输入电流 $I_{IHmax}=20\mu A$

低电平输出电流 $I_{OLmax}=8mA$　高电平输出电流 $I_{OHmax}=-0.4mA$

例 1.5.1 如图 1.5.8 所示，试计算 74LS 系列非门电路最多可驱动多少个同类门电路。

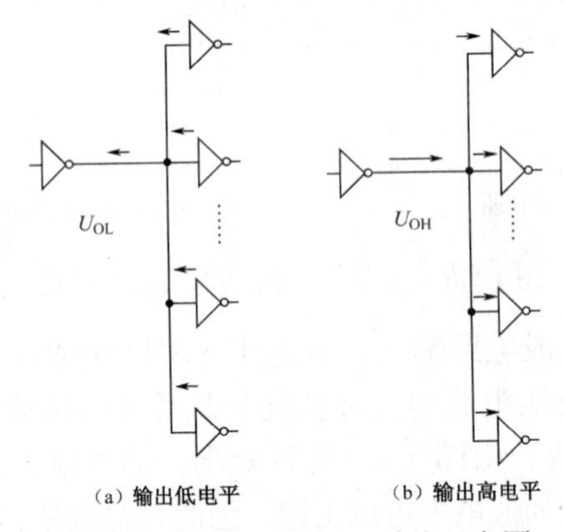

（a）输出低电平　（b）输出高电平

图 1.5.8　TTL 电路扇出系数示意图

解：① 输出为低电平时，可以驱动 N_1 个同类门，应满足：

$I_{OL}\geqslant N_1\cdot|I_{IL}|$

$N_1\leqslant I_{OL}/|I_{IL}|=8mA/0.4mA=20$

② 输出为高电平时，可以驱动 N_2 个同类门，应满足：

$|I_{OH}|\geqslant N_2\cdot I_{IH}$

$N_2\leqslant|I_{OH}|/I_{IH}=0.4mA/20\mu A=20$

③ $N=\text{MIN}（N_1，N_2）=20$

所以，TTL 非门的扇出系数是 20，可以驱动 20 个同类门。

2. TTL 数字集成电路系列

（1）CT54 系列和 CT74LS 系列

CT54 系列和 CT74LS 系列具有完全相同的电路结构和电气性能参数。所不同的是 CT54 系列 TTL 集成电路更适合在温度条件恶劣、供电电源变化大的环境中工作，常用于军品；而 CT74LS 系列 TTL 集成电路则适合在常规条件下工作，常用于民品，两系列的对比如表 1.5.1 所示。

表 1.5.1 CT54 系列和 CT74LS 系列的对比

参数	CT54 系列			CT74 系列		
	最小	一般	最大	最小	一般	最大
电源电压/V	4.5	5.0	5.5	4.75	5	5.25
工作温度/℃	−55	258	125	0	25	70

（2）TTL 集成逻辑门电路的子系列

CT54 系列和 CT74LS 系列的几个子系列的主要区别在它们的平均传输延迟时间和平均功耗这两个参数上。下面以 CT74LS 系列为例说明它的各子系列。

① CT74LS 标准系列。又称标准 TTL 系列，工作速度不高，其平均传输延迟时间为 9ns / 门，平均功耗约为 10mW / 门。

② CT74LSH 高速系列。又称 HTTL 系列，该系列的平均传输延迟时间为 6ns / 门，平均功耗约为 22.5mW / 门。

③ CT74LSL 低功耗系列。又称 LTTL 系列，电路的平均功耗约为 lmW / 门，平均传输延迟约为 33ns / 门。

④ CT74LSS 肖特基系列。又称 STTL 系列。其平均传输延迟时间为 3ns / 门，平均功耗约为 19mW。

⑤ CT74LS 低功耗肖特基系列。又称 LSTTL 系列。其平均传输延迟时间为 9.5ns / 门，平均功耗约为 2mW / 门。

⑥ CT74LSAS 先进肖特基系列。又称 ASTTL 系列，其平均传输延迟时间为 3ns / 门，平均功耗较大，约为 8mW / 门。

⑦ CT74LSALS 先进低功耗肖特基系列。又称 ALSTTL 系列，其平均传输延迟时间约为 3.5ns / 门，平均功耗约为 1.2mW / 门。

（3）各系列 TTL 集成逻辑门电路性能的比较

表 1.5.2 TTL 集成逻辑门各子系列重要参数比较

TTL 子系列	标准 TTL	LTTL	HTTL	STTL	LSTTL	ASTTL	ALSTTL
系列名称	CT7400	CT74L00	CT74H00	CT74S00	CT74LS00	CT74AS00	CT74ALS00
工作电压/V	5	5	5	5	5	5	5
平均功耗（每门）/mW	10	1	22.5	19	2	8	1.2
平均传输延迟时间（每门）/ns	9	33	6	3	95	3	3.5
功耗 延迟积/mW-ns	90	33	135	57	19	24	4.2
最高工作频率/MHz	40	13	80	130	50	230	100
典型噪声容限/V	1	1	1	10.5	0.6	0.5	0.5

3．TTL 集成逻辑门的使用注意事项

（1）电源电压及电源干扰的消除

电源电压的变化对 54 系列应满足 5V×（1±10%），对 74LS 系列应满足 5V×（1±5%）的要求，电源的正极和接地不可接错。为了防止外来干扰通过电源串入电路，需要对电源进行滤波，通常在印制电路板的电源输入端接入 10～100μF 的电容进行滤波，在电路板上每隔 6～8 个门接一个 0.01～0.1μF 的电容进行高频滤波。

（2）输出端的连接

TTL 门电路的输出端不能直接并联使用，也不可以直接接电源和接地，使用中输出端的最大工作电流要小于参考手册给出的最高电流值，输出端带负载要在扇出系数允许的范围内。三态门的输出端并联时，每一时刻只有一个门在工作，其他门处于高阻态；OC 门的输出端可以并联使用，但是要有适当的上拉电阻。

（3）闲置输入端的处理

闲置输入端是门电路的输入端多于实际使用的输入变量时出现的多余端，与（与非）门多余端接 1，或（或非）门多余端接 0。

① 对于与非门的闲置输入端可直接接电源电压，或通过 1～10kΩ 的电阻接电源；或者通过大于 2kΩ 的电阻接地，使多余端输入逻辑 1，如图 1.5.9（a）所示。

② 如前级驱动能力允许时，可将闲置输入端与有用输入端并联使用，如图 1.5.9（b）所示。

③ 在外界干扰很小时，与非门的闲置输入端可以剪断或悬空，如图 1.5.9（c）所示。但不允许接开路长线，以免引入干扰而产生逻辑错误。

④ 或非门不使用的闲置输入端应通过小于 500Ω 的电阻接地或直接接地，也可以和有用输入端并联连接，如图 1.5.9（d）所示，对与或非门中不使用的与门至少有一个输入端接地，如图 1.5.9（e）所示。

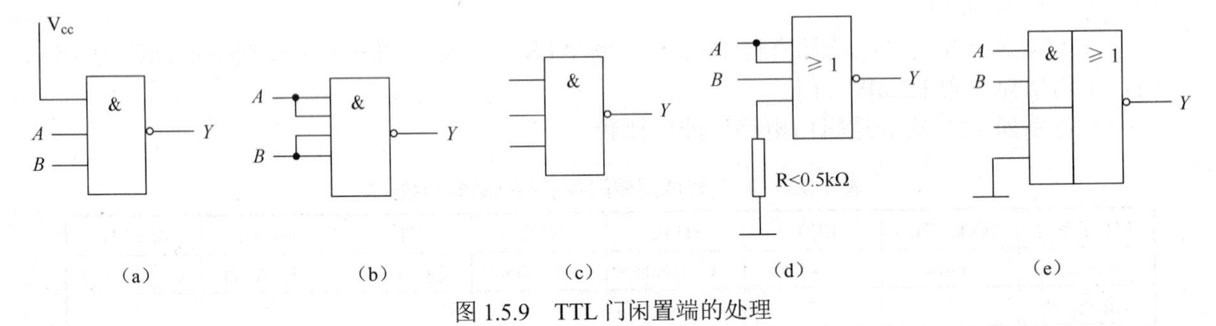

图 1.5.9　TTL 门闲置端的处理

对闲置端处理的方法，请读者在 EWB 或 Multisim 中进行验证，如图 1.5.10 所示是参考电路。

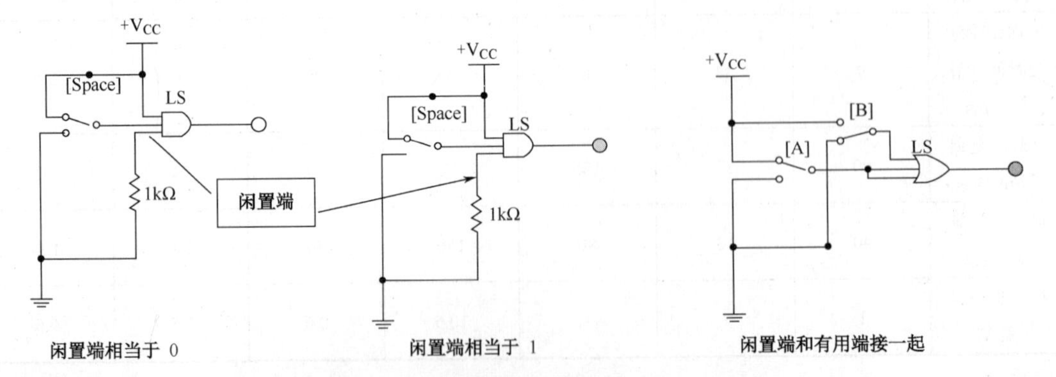

图 1.5.10　闲置端使用的测试参考电路

（4）电路安装接线和焊接应注意的问题

① 安装时要注意集成电路外引脚的排列顺序，不要从外引脚根部弯曲，以防折断。

② 焊接时用 25W 电烙铁较合适，焊接时间不要超过 3s，焊后用酒精擦干净，以防焊剂腐蚀引线。

③ 在调试及使用时，要注意电源电压的大小和极性，以保证 V_{cc} 在 4.75～5.25V 之间，尽量稳定在 5V，不要超过 7V，以免损坏集成电路。

④ 输入电压不要高于 6V，否则输入管易发生击穿损坏。输入电压也不要低于-0.7V，否则输入管易发生过热损坏。

⑤ 输出为高电平时，输出端绝对不允许碰地，否则输出管会过热损坏，输出为低电平时，输出端绝对不允许接 V_{cc}，否则输出管会过热损坏。几个普通 TTL 与非门的输出端不能接在一起。

⑥ 要注意防止外界电磁干扰的影响，引线要尽量短。若引线不能缩短，要考虑加屏蔽措施或用绞合线。

4. TTL 门举例

（1）非门 74LS04 和 74LS05

74LS04 和 74LS05 都是六反相器（Hex Inverter），在集成块中集成了 6 个反相器，但是 74LS05 是 OC 门输出的，使用时需要在输出端加上拉电阻。具体情况请参考后续内容。如图 1.5.11 所示。

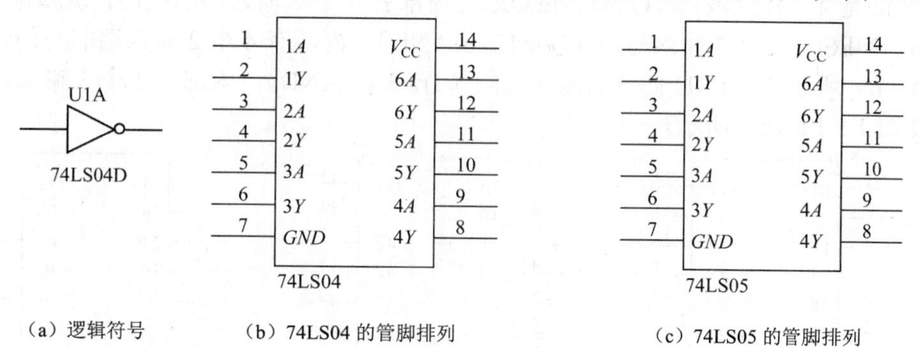

图 1.5.11　集成非门举例

（2）与非门 74LS00、74LS03、74LS20

74LS00 是 4-2 输入与非门（Quad 2-In NAND），即包含 4 个 2 输入端的与非门，端脚排列如图 1.5.12（a）所示。74LS03 也是 4-2 输入与非门，但是 OC 门输出的，使用时需要在输出端接上拉电阻。74LS20 是 2-4 输入与非门（Dual 4-In NAND），它内部集成了两个与非门，每个都是四输入端，其引脚排列如图 1.5.12（c）所示，其中 NC 端是空余端，没有任何电路连接，在使用中空出不用。

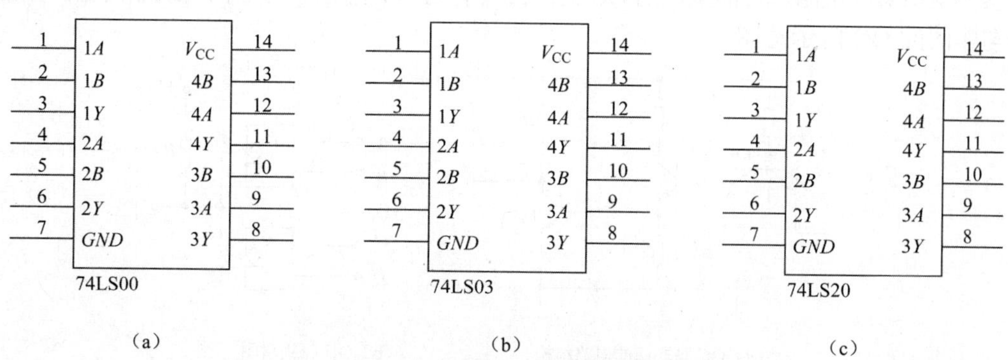

图 1.5.12　与非门管脚排列图

（3）或非门 74LS02、74LS27、74LS28

74LS02 是 4-2 输入或非门（Quad 2-In NOR），它内部集成了 4 个或非门，每个都是两输入端，引脚排列如图 1.5.13（a）所示。74LS27 是 3-3 输入或非门（Tri 3-In NOR），内含 3 个 3 输入端的或非门，引脚排列如图 1.5.13（b）所示。74LS28 是 4-2 输入或非门（Quad 2-In NOR），引脚排列如图 1.5.13（c）所示。

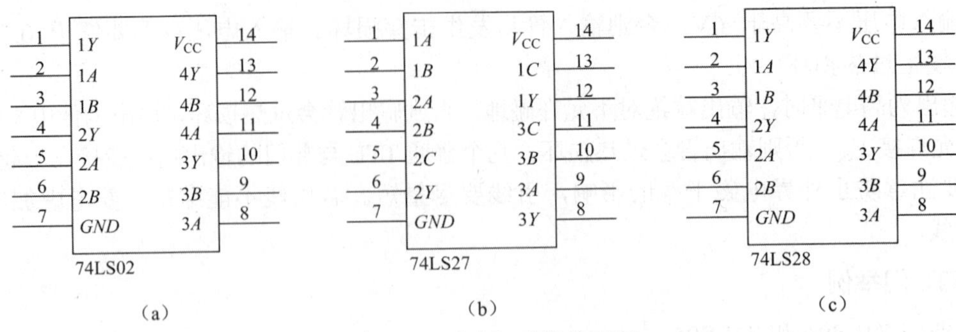

（a）　（b）　（c）

图 1.5.13　或非门引脚排列图

（4）或门 74LS32 和与门 74LS08、74LS11

74LS32 是 4-2 输入或门（Quad 2-In OR），内部有 4 个 2 输入端的或门，引脚排列如图 1.5.14（a）所示。74LS08 是 4-2 输入与门（Quad 2-In AND），内部有 4 个 2 输入端的与门，引脚排列如图 1.5.14（b）所示。74LS11 是 3-3 输入与门（Tri 3-In AND），内部有 3 个 3 输入端的与门，引脚排列如图 1.5.14（c）所示。

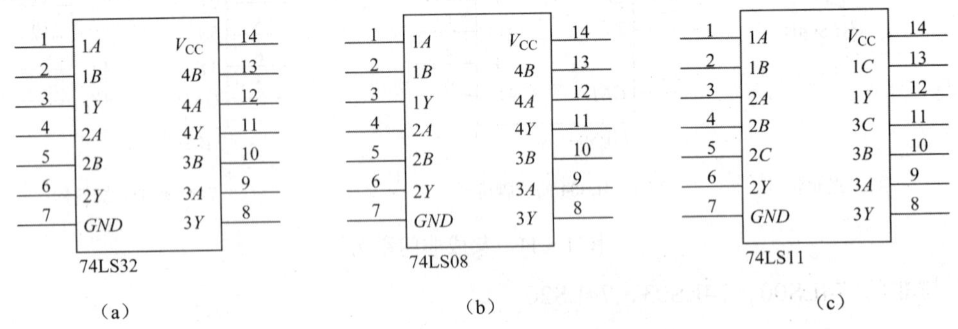

（a）　（b）　（c）

图 1.5.14　TTL 与门和或门引脚排列图

5. 特殊功能 TTL 电路

（1）OC 门（集电极开路门）

所谓 OC 门是指将典型 TTL 门输出级晶体管集电极开路，不含负载管的集成电路。使用 OC 门时须外接集电极负载电阻。目前生产的 OC 门的品种有与门、非门、与非门、或非门等，如图 1.5.15 所示是与非门的 OC 门示意图。

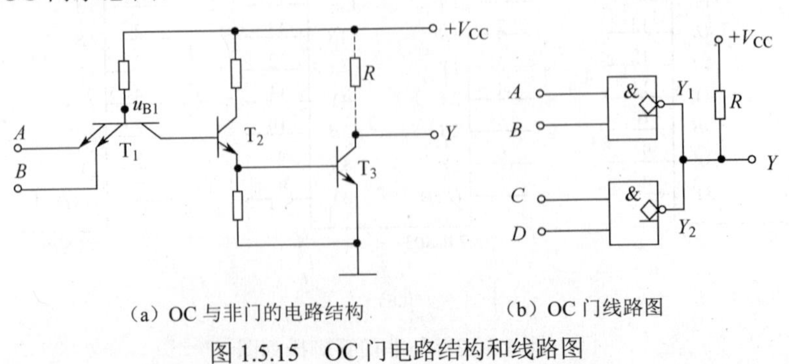

（a）OC 与非门的电路结构　　（b）OC 门线路图

图 1.5.15　OC 门电路结构和线路图

图 1.5.15 中，接入外接电阻 R（称为上拉电阻）后：

① A、B 不全为 1 时，u_{B1}=1V，T_2、T_3 截止，Y=1。

② A、B 全为 1 时，u_{B1}=2.1V，T_2、T_3 饱和导通，Y=0。

OC 门在使用过程中必须加上拉电阻，否则不能正常工作。

将 OC 门的输出端接上拉电阻后连接到一起，如图 1.5.15（b）所示，$Y=Y_1 \cdot Y_2$，称为线与，这与前面所述的 TTL 门电路输出端不能直接相连不同，只要上拉电阻选择适当，就能保证电路安全并实现相与运算。OC 门有以下优点。

① 可以线与，将输出端接在一起。

② 提高带负载的能力。因为将负载接到输出端，当三极管饱和导通时，可以有较大电流流过负载。如图 1.5.16 所示，图（a）是当与非门输出 0 时负载 LED 导通，图（b）是当非门输出 1 时负载 LED 导通。

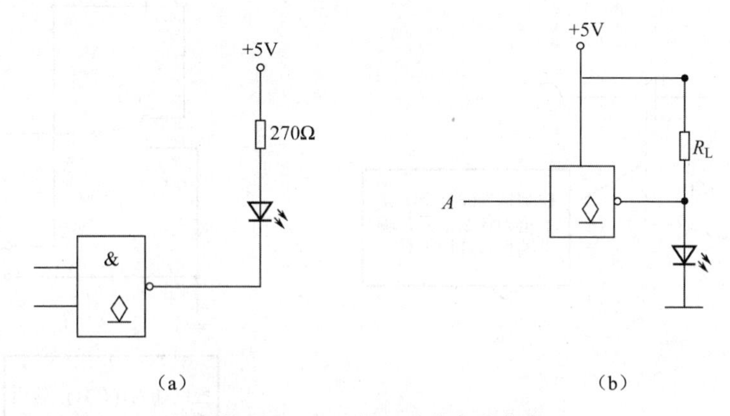

图 1.5.16　OC 门驱动大大流负载

③ 可以进行电平转换。当前级电路和后级电路的电压不同时，可以使用 OC 门进行电平转换，如图 1.5.17 所示。当前级电路输出为 1 时，前级电路最后的三极管（类似图 1.5.15 中 T_3）截止，后级电路的输入端通过 R_L 接到后级电路的电源，使之输入为 1，并且这个逻辑 1 是相对于后级电路电源的，保证逻辑正确。

（2）三态门

所谓三态门是指它的输出除了高、低电平两种低阻输出外，还有第三种输出状态，即高阻状态，用 Z 表示。高阻状态时，从输出端向门内电路看是处于开路状态，类似门电路内是一个开关，处于打开状态。

如图 1.5.18 所示为三态“非”门，与普通“非”门相比较，多了一个控制端 EN，称为使能端。使能端可分为低电平有效和高电平有效。当使能端为有效值时，门电路正常工作，输出高电平或低电平；当使能端无效时，输出为高阻态，相当于中间开关断路。

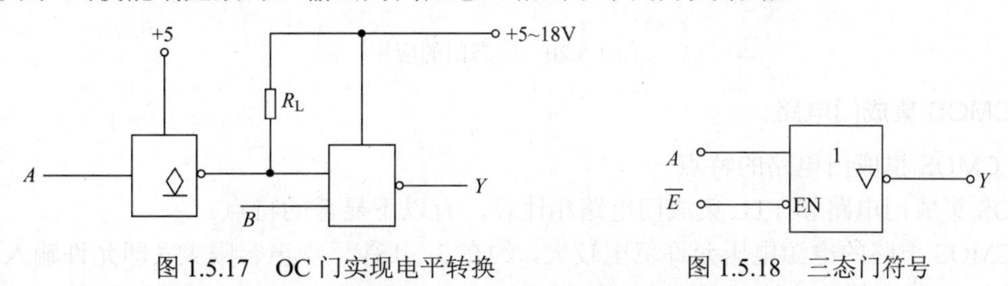

图 1.5.17　OC 门实现电平转换　　图 1.5.18　三态门符号

如图 1.5.19 所示是在 EWB 中做的三态门控制端功能测试，图（a）中使能端接“0”，三态门处于高阻态，灯不亮；图（b）中使能端接“1”，三态门正常导通，当 A 输入高电平“1”时，三态门输出“1”，灯亮。

在数字系统中大量使用三态门电路，可以实现时分多路复用和数据的双向传输等作用。如图 1.5.20（a）所示，如有多个设备共用一个数据总线，可以将每个设备和总线的连接用三态门实现，在工作时，可以由控制信号控制仅有两个设备和总线接通进行数据传输，完成工作后，进入高阻态释放总线从而允许其他设备占用总线，实现一条总线的多设备分时复用。图 1.5.20（b）中一条数据线路可以实现数据从 *A* 到 *B* 传输和反过来从 *B* 到 *A* 传输，当 *E*=1 时可以从 *A* 到 *B* 方向传输数据，当 *E*=0 时，反过来从 *B* 到 *A* 传输数据，从而实现数据的双向传输。

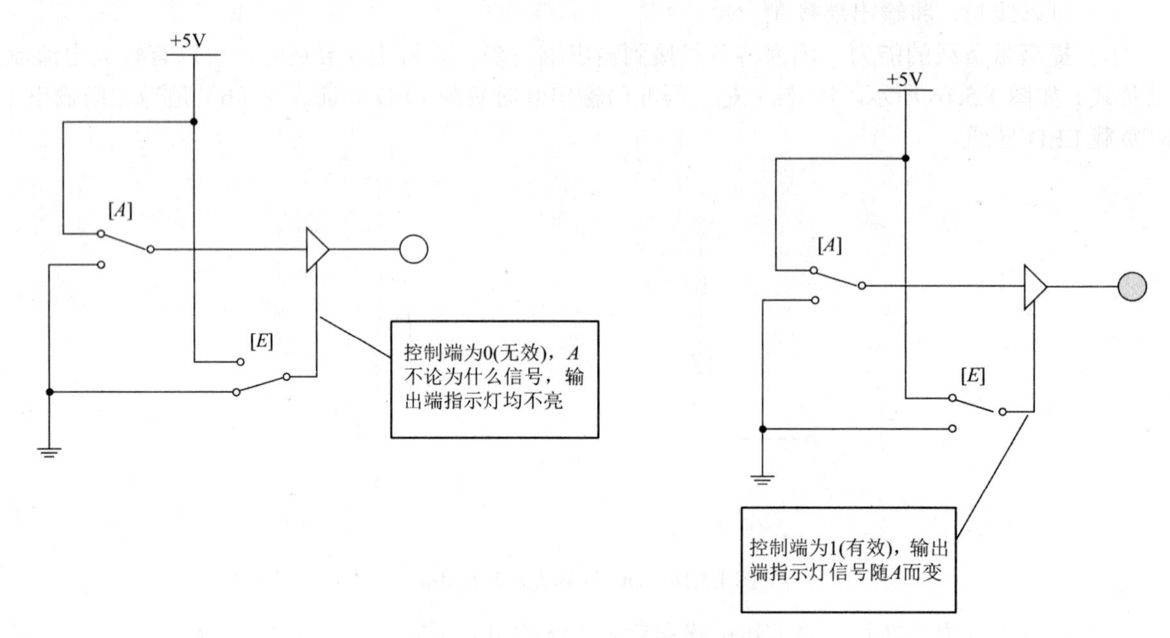

图 1.5.19　三态门功能测试仿真电路

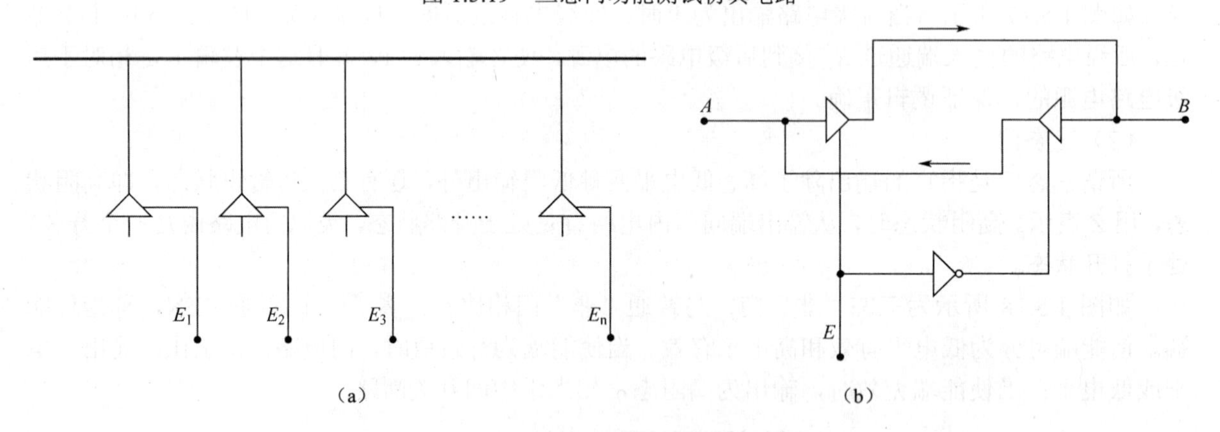

图 1.5.20　三态门的应用

6．CMOS 集成门电路

（1）CMOS 集成门电路的特点

CMOS 集成门电路和 TTL 集成门电路相比较，有以下显著的特点。

① CMOS 电路的电源电压允许范围较大，约在 3～18V，噪声容限大（即允许输入端电压变动的范围大），抗干扰能力比 TTL 电路强。

② 由于 CMOS 电路输入阻抗高（在 $10^9\Omega$ 以上），输入端电流可以认为是 0，极容易驱动，输入端电阻不影响输入电压。

③ CMOS 电路的工作速度比 TTL 电路的低，传输延时为 50ns～100ns。

④ CMOS 集成电路的集成度比 TTL 电路高，带负载的能力比 TTL 电路强。

⑤ 绝大多数情况下，内部 MOS 管都是截止的，输入端电流为 0，因此 CMOS 电路的功耗比 TTL 电路小得多。门电路的功耗只有千分之几毫瓦，中规模集成电路的功耗也不会超过 100μW。

⑥ CMOS 电路容易受静电感应而击穿，在使用和存放时应注意静电屏蔽，焊接时电烙铁应接地良好，尤其是 CMOS 电路多余不用的输入端不能悬空，应根据需要接地或接高电平。

（2）CMOS 集成门电路的基本工作原理

如图 1.5.21（a）所示 CMOS 反相器是由 NMOS 管 T_N 和 PMOS 管 T_P 组成的互补式电路。T_P、T_N 参数对称，输入高电平和低电平时，总是一个导通，一个截止，即处于互补状态，所以把这种电路结构称为互补对称结构。通常以 PMOS 管作为负载管，NMOS 管作为驱动管。采用单一正电源供电。T_P 和 T_N 的栅极 G 并联为反相器的输入端，漏极 D 并联作为反相器的输出端。工作时，T_P 的源极接电源正极，T_N 的源极接地。

如该电路的工作电压 V_{DD}=10V，T_N 的开启电压 V_{TN} 为 4V，T_P 的开启电压 V_{TP} 为−4V，给 CMOS 反相器输入端送入如图（b）所示波形，高电平为 10V，低电平为 0V。当输入信号 $V_I=V_{IL}=0V$ 时，NMOS 管的栅源电压 $V_{GSN}=0<V_{TN}$，所以 T_N 管截止，内阻高达 $10^9\Omega$ 以上；PMOS 管的栅源电压 $V_{SGP}=V_{DD}>-V_{TP}$，即 $|V_{GSP}|>|V_{TP}|$，T_P 管导通，导通电阻小于 1kΩ，其等效电路图如图（c）所示，此时 $V_{OH}=V_{DD}$，输入为低电平，输出为高电平，其逻辑表达式为：$Y=\overline{A}$。当输入电压是 $V_I=V_{IH}=10V$ 时，NMOS 管的栅源电压 $V_{GSN}=V_{DD}>V_{TN}$，所以 T_N 管导通，导通电阻小于 1kΩ；PMOS 管的栅源电压 $|V_{GSP}|=0<|V_{TP}|$，T_P 管截止，内阻高达 $10^9\Omega$ 以上，其等效电路图如图（d）所示，此时 $V_{OL}=0V$，输入为高电平，输出为低电平，其逻辑表达式为：$Y=\overline{A}$。

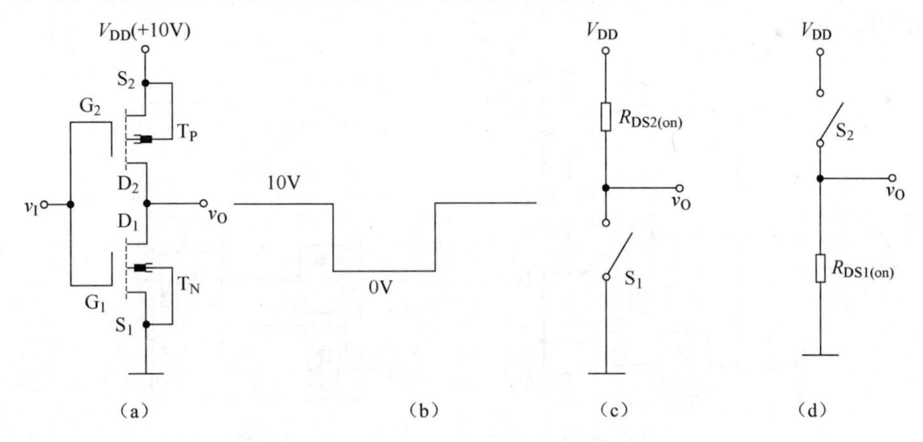

图 1.5.21　CMOS 集成反相器的工作原理

（3）CMOS 集成门电路举例

CMOS 的集成门电路型号和厂家众多，如 CMOS 非门 CC4009 是 6 反相器；CC4000 是 3-3 或非门；CC4011 是 4-2 输入与非门；CC4073 是 3-3 输入与门；CC4030 是 4 异或门。读者在使用时可以查阅资料，根据电路的电源大小、频率进行选用。

（4）CMOS 传输门和三态门

CMOS 传输门是一种受电压控制的传输信号的模拟开关。其电路如图 1.5.22 所示。

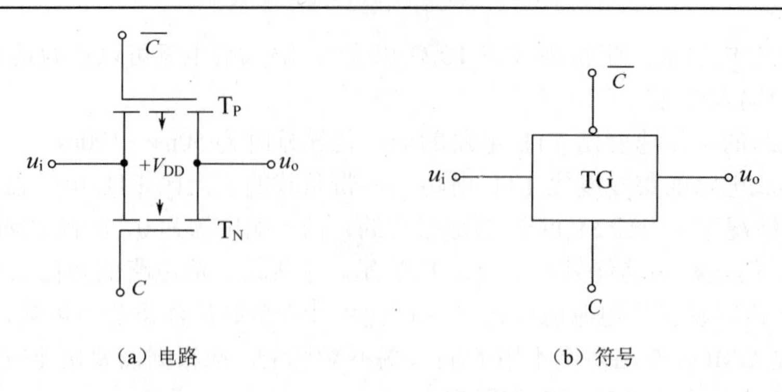

图 1.5.22　CMOS 传输门

它由一个增强型 PMOS 管和一个增强型 NMOS 管相对连接而成。两个管子的源极和漏极连在一起，分别作为传输门的输入端和输出端。PMOS 管的栅极接控制信号 $\overline{C}$，衬底接 E；NMOS 管的栅极接控制信号 C，衬底接地。两管栅极上的控制信号电平必须是相反的。

设两管的开启电压数值相等，当 C=1，$\overline{C}$=0，A=E 时，因为$U_{GS1}=0$，$U_{GS2}=-E$，则V_2导通，V_1截止；反之，若 A=0，则V_1导通，V_2截止；若 A=E /2 时，则V_1和V_2同时导通。所以，当 A 在 0～E 之间变化时，V_1、V_2至少有一管导通，由于 MOS 管导通时，漏、源极间等效电阻极小，相当于开关闭合，即传输门接通，信号可以通过。

当 C=0，$\overline{C}$=1 时，只要 A 在 0～E 范围内变化，则V_1、V_2都截止，传输门不通，信号不能通过。

由于 MOS 管结构对称，源极和漏极可以互换使用，即具有双向性，所以 CMOS 传输门是一种受电压控制的传输信号的双向开关，它不仅可以用来传输数字信号，也可以用来传输模拟信号。

CMOS 电路也有三态门，如图 1.5.23 所示是一个 CMOS 三态门的原理图和符号，其使用方法与作用同 TTL 电路。

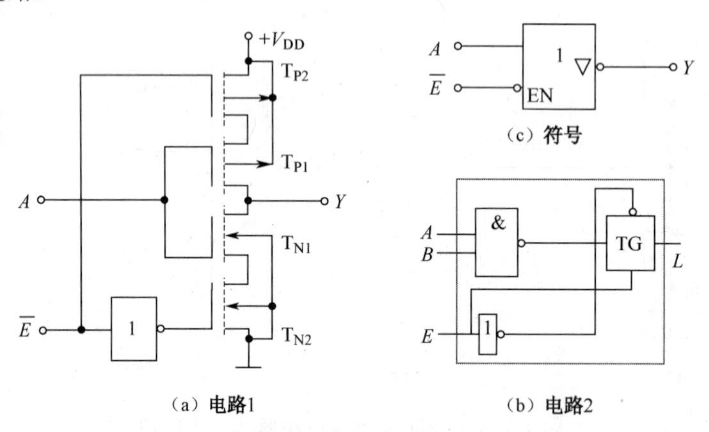

图 1.5.23　CMOS 三态门

（5）CMOS 集成门电路的使用注意事项

① CMOS 的栅极和源极之间容易被静电击穿，因此在存放和运输时，必须将电路组件用铝箔包好，置于金属屏蔽盒内。

② CMOS 电路的安装、测试工作台应当用金属材料覆盖，并良好接地。焊接使用的电烙铁外壳要接地，焊接时烙铁不要带电。

③ CMOS 电路的输入端绝对不许悬空，也不能直接接高阻态。

④ 输出端不要直接驱动电感性元件。

（6）多余端的处理

① COMS 门多余端的处理与 TTL 门类似，与门、与非门、与或非门的多余端要接高电平“1”，或门和或非门要接低电平“0”。但是在实现高电平“1”时和 TTL 略有不同。

② CMOS 门的输入端是 MOS 管的绝缘栅极，它与其他电极间的绝缘层很容易被击穿。虽然内部设置有保护电路，但它只能防止稳态过压，对瞬变过压保护效果差，因此 CMOS 门的多余端不允许悬空。

③ 由于 CMOS 门的输入端是绝缘栅极，所以通过一个电阻将其接地时，不论阻值多大，该端都相当于输入低电平。除此以外，CMOS 门的多余输入端处理方法与 TTL 门相同。

■ 巩固与提高

1. 知识巩固

1.1 试在题图 1.5.1（b）中画出题图 1.5.1（a）所示电路的输出波形、输入信号 A、B 的波形。

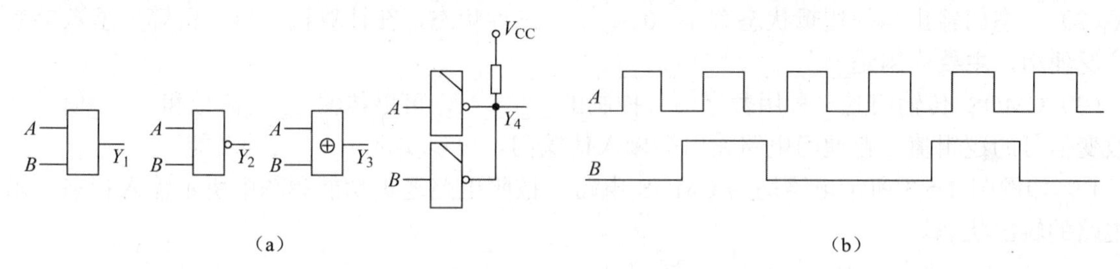

题图 1.5.1　题 1.1 练习图

1.2 对于 TTL 逻辑电路，描述输出端和输入端电压关系的特性是_____特性；描述电路输入电压和输入负载之间关系的特性称为______特性；描述输出端电流与输出电压之间关系的特性是______特性，在输出高电平时，输出电流称为___电流，此时所驱动的负载称为______负载，输出低电平时，输出电流称为______电流，此时所驱动的负载称为______负载。

1.3 74LS 系列门电路标准规定：

输入低电平电压 U_{ILmax}=_______　　输入高电平电压 U_{IHmin}=_______

输出低电平电压 U_{OLmax}=______　　输出高电平电压 U_{OHmin}=______

低电平输入电流 I_{ILmax}=________　　高电平输入电流 I_{IHmax}=________

低电平输出电流 I_{OLmax}=_______　　高电平输出电流 I_{OHmax}=_______

1.4 扇出系数是描述门电路______________________________能力的参数，计算方法是先计算____，然后选取_____（大/小）数。

1.5 OC 门和 OD 门是特殊的门电路，其特殊功能是可以进行_____连接，并能进行电路的_____转换，适当连接，还可以提高______能力。

1.6 现有 4-2 输入与非门（CC4011）和 4-2 输入或非门（CC4001）各一块，试问如何连接电路实现 $Y_1 = A \cdot B \cdot C \cdot D$ 和 $Y = A + B + C + D$？画出逻辑图。

1.7 如题图 1.5.2 所示电路均为 TTL 门电路，说明实现表达式的逻辑功能，在电路连接上有何错误？如何改正？

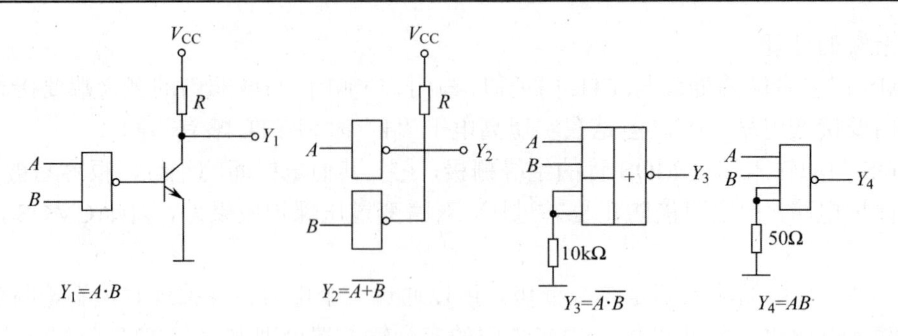

题图 1.5.2

1.8 请归纳总结 CMOS 特殊门（OD 门、三态门、传输门）的特点和功能，并完成下面问题。

（1）OD 门使用时必须增加_____电阻，可以实现____功能，从而使得同类门的输出端连接到一起，实现与运算，OD 门还可以实现________功能，保证不同工作电压的门电路前后级联时电压特性的匹配。

（2）三态门输出端的逻辑状态有 1、0、_____三种状态，在计算机、单片机等大型数字系统中广泛使用，主要作用是________、________。

（3）CMOS 传输门是一种用数字信号控制的_______，可以传输_____信号和_____信号，不会改变信号的逻辑值。普通门电路输出端接入传输门，可以实现_____门的功能。

1.9 如题图 1.5.3 所示电路均为 CMOS 电路，按照电路逻辑功能和图中所示输入状态，求出各电路的输出状态。

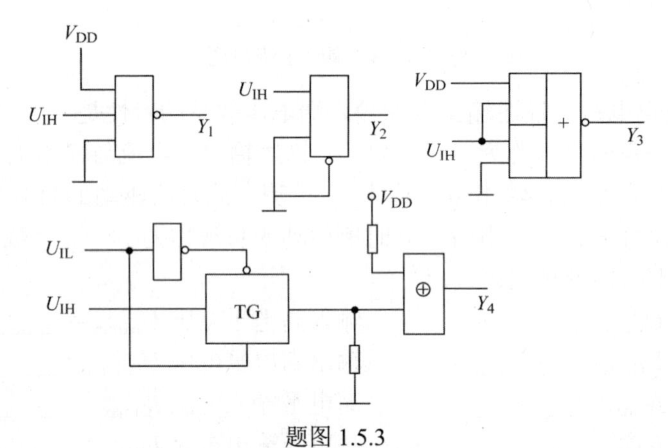

题图 1.5.3

1.10 题图 1.5.4 画出了用 TTL 电路驱动 CMOS 电路和用 CMOS 电路驱动 TTL 电路的几组连线图。试问图中连接方式是否有问题，若有问题应如何解决？并说明道理，画出正确的连接图。

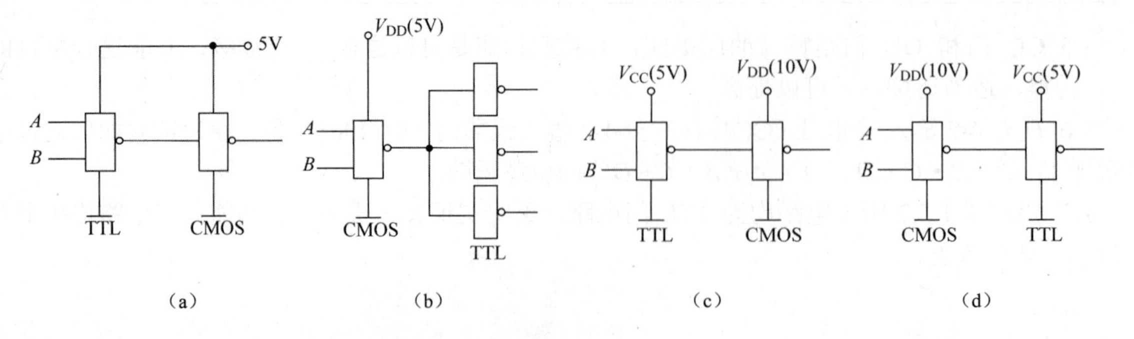

题图 1.5.4

2. 任务作业

请对项目中完成的简易会议表决器的学习过程认真回顾并梳理思路，完成一份项目报告，要求内容包括：项目要求、项目实施的总体过程、项目所涉及到的知识及内容介绍、项目实施的具体步骤和每一步的结果或成果、项目的最终成果、项目总结等。

项目二　数字键盘与显示电路设计与制作

请设计一个简单的键盘电路，要求有 0～9 共 10 个数字按键和一个七段显示数码管，当按下一个按键后，能用数码管显示出相应的数字。设计要求采用编码器对按键进行 8421BCD 码编码，显示部分采用 LED 七段数码管。学生自主选择并购买元器件，用万能电路板制作出电路并相互展示。

项目分五个任务进行实施，通过本项目的实施，达到如下目标。

1. 能区别各种二进制编码并能根据电路设计要求正确选用，能根据需要进行代码的转换。
2. 能运用编码器电路进行二进制和十进制编码，能正确处理编码器芯片周边电路，进行编码器相关的设计。
3. 能正确应用显示译码器和数码管，进行数码显示电路的设计。
4. 能运用集成编码、译码器进行电路设计，能使用最小项译码器进行其他功能的中规模组合逻辑电路设计与分析。
5. 能熟练使用 Multisim 进行原理图绘制并合理选用虚拟仪表进行测试与仿真。
6. 能将中规模组合电路在实训台上搭建出来并进行测试。
7. 能自己动手焊接中规模组合逻辑电路及附属电路。

任务一　二进制及 BCD 编码器的初识和功能测试

■ 技能目标

1. 能认识常用二进制代码并能正确选用。
2. 能理解译码器的功能含义并能正确选用。
3. 能读懂集成译码器芯片的功能说明并能正确使用集成块。
4. 能使用 Multisim 进行原理图绘制和仿真及基本仪表的使用。
5. 会使用实训室设备进行译码器电路搭建并会使用仪表进行参数和功能测试。

■ 知识目标

1．组合逻辑电路的特点及分析、设计的步骤。
2．集成二进制编码器的功能及使用方法。
3．集成 BCD 编码器的功能及使用方法。
4．集成编码器功能表的阅读方法和功能测试。

■ 实践活动与指导

学生在知道编码器及其功能的前提下，选择一款编码器并进行功能测试，从而真正掌握编码器的应用。

■ 知识链接与扩展

一、组合逻辑电路

1．组合逻辑电路的特点

按照逻辑功能的不同，数字电路分成两大类，一类是组合逻辑电路，另一类是时序逻辑电路。组合逻辑电路是具有一组输出和一组输入的非记忆性逻辑电路，它的基本特点是任何时刻的输出信号状态仅取决于该时刻各个输入信号状态的组合，而与电路在输入信号作用前的状态无关。组合逻辑电路的示意图如图 2.1.1 所示。

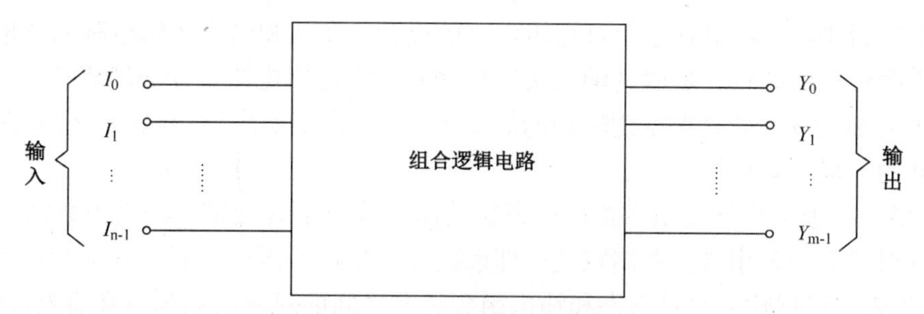

图 2.1.1　组合逻辑电路示意图

组合电路是由门电路组成的，但不包含存储信号的记忆单元，输出与输入间无反馈通路，信号单向传输，且存在传输延迟。组合逻辑电路的功能描述方法是上一个项目学习的真值表、逻辑表达式、逻辑图、卡诺图和波形图五种方式。

2．组合逻辑电路的分析

对于已经给出的一个组合逻辑电路，用逻辑代数原理去分析它的性质，判断它的逻辑功能，称为组合逻辑电路的分析，其分析步骤如下。

1）根据给定的组合电路写出它的输出函数逻辑表达式。

2）对逻辑表达式进行化简（代数法或卡诺图法）。

3）根据最简逻辑表达式列真值表。

4）根据真值表中逻辑变量和函数的取值规律来分析电路的逻辑功能。

在实际工作中，可以用实验的方法测出输出与输入逻辑状态的对应关系，从而确定电路的逻辑功能。

例 2.1.1：分析如图 2.1.2 所示电路的逻辑功能。

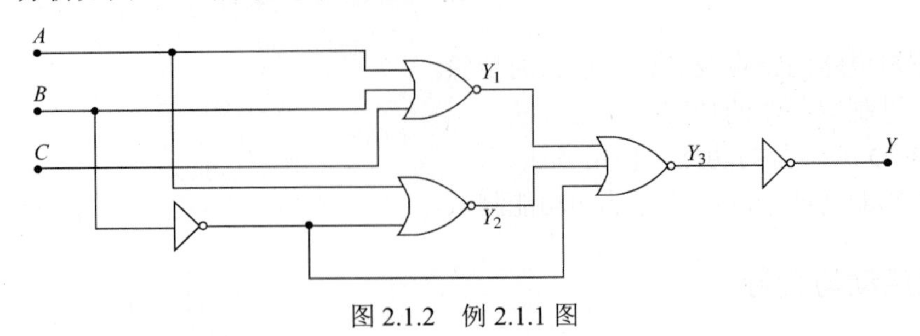

图 2.1.2　例 2.1.1 图

解：第一步：写出函数表达式

$$\left.\begin{aligned} Y_1 &= \overline{A+B+C} \\ Y_2 &= \overline{A+\overline{B}} \\ Y_3 &= \overline{Y_1+Y_2+\overline{B}} \end{aligned}\right\} Y=\overline{Y_3}=Y_1+Y_2+\overline{B}=\overline{A+B+C}+\overline{A+\overline{B}}+\overline{B}$$

第二步：化简表达式

$$Y=\overline{A}\overline{B}\overline{C}+\overline{A}B+\overline{B}=\overline{A}B+\overline{B}=\overline{A}+\overline{B}$$

电路的输出 Y 只与输入 A、B 有关，而与输入 C 无关。Y 和 A、B 的逻辑关系为：A、B 中只要一个为 0，Y=1；A、B 全为 1 时，Y=0。所以 Y 和 A、B 的逻辑关系为与非运算的关系。

3. 组合逻辑电路的设计

在上一个项目中，已经进行了组合逻辑电路的设计，在此和组合逻辑电路的分析相比较，再总结一下组合逻辑电路的设计步骤并辅以实例加深对组合逻辑电路设计的理解和应用能力。

组合逻辑电路的设计就是根据逻辑功能的要求，设计出能实现该功能的采用器件数最少的最佳电路。设计的一般步骤如下。

1）分析要求。根据设计要求中提出的逻辑功能，确定输入变量、输出函数以及它们之间的相互关系，并对输入与输出进行逻辑赋值，即确定什么情况是逻辑“1”，什么情况是逻辑“0”。

2）列真值表。根据输入信号状态和输出函数状态之间的对应关系列出真值表。列真值表时，凡不会出现或不允许出现的输入信号状态组合和输入变量取值组合可以不列出，如果列出，则应在相应输出处记上×号。

3）写出逻辑表达式并化简。根据真值表写出逻辑表达式，用代数法或卡诺图法进行化简，并转换成所要求的逻辑表达式。

4）画逻辑图。

5）根据化简和变换后的输出函数逻辑表达式画出逻辑图。

例 2.1.2 用与非门设计一个举重裁判表决电路。设举重比赛有 3 个裁判，一个主裁判和两个副裁判。举重是否成功的裁决由每一个裁判按一下自己面前的按钮来确定。只有当两个或两个以上裁判认为成功，并且其中有一个为主裁判时，表明成功的灯才亮。

解：设主裁判为变量 A，副裁判分别为 B 和 C；表示成功与否的灯为 Y，根据逻辑要求列出真值表如表 2.1.1 所示。

表 2.1.1　举重裁判表决电路的真值表

A	B	C	Y	A	B	C	Y
0	0	0	0	1	0	0	0
0	1	0	0	1	1	0	1
0	1	0	0	1	0	1	1
0	1	1	0	1	1	1	1

根据真值表，列出表达式如下：

$$Y = m_5 + m_6 + m_7 = A\overline{B}C + AB\overline{C} + ABC$$

化简可以得到最简表达式（与非式）：

$$Y = \overline{\overline{AB} \cdot \overline{AC}}$$

画出与非门实现电路如图 2.1.3 所示。

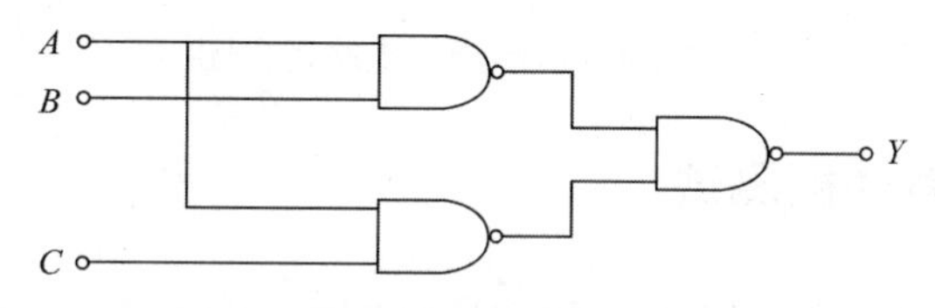

图 2.1.3　举重裁判表决电路

例 2.1.3 某实验室有红、黄两个故障指示灯，用以表示三台设备的工作情况。当只有一台设备有故障时，黄灯亮；当有两台设备同时有故障时，红灯亮；当三台设备同时有故障时，红灯和黄灯都亮。试设计控制灯亮的逻辑电路。

解：① 分析要求：设输入信号 A、B、C 为三台设备有无故障的信号，1 表示有故障，0 表示无故障。输出信号 X、Y 分别表示黄灯、红灯是否亮的信号，1 表示灯亮，0 表示灯不亮。

② 根据逻辑功能要求列出真值表，如表 2.1.2 所示。

表 2.1.2　故障指示电路真值表

ABC	X	Y
000	0	0
001	1	0
010	1	0
011	0	1
100	1	0
101	0	1
110	0	1
111	1	1

③ 由真值表写出逻辑表达式并对逻辑式化简：

$$X = \overline{A}\overline{B}C + \overline{A}B\overline{C} + A\overline{B}\overline{C} + ABC$$

$$Y = \overline{A}BC + A\overline{B}C + AB\overline{C} + ABC$$

化简变形后：$X = A \oplus B \oplus C$

$$Y = AB + BC + AC = \overline{\overline{AB} \cdot \overline{BC} \cdot \overline{AC}}$$

根据化简后的逻辑表达式画出图 2.1.4。

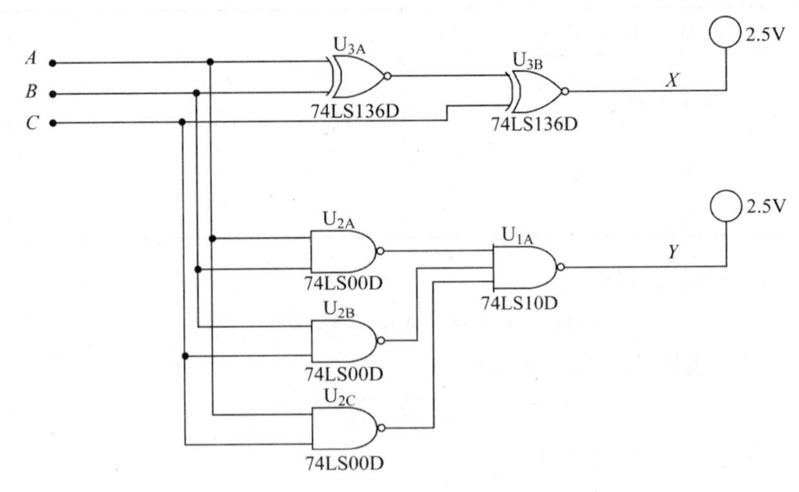

图 2.1.4　故障指示电路逻辑图

二、编码器分类及其功能测试

编码器（Encoder）是将信号或数据、状态进行编制，转换为可用于通信、传输和存储的二进制信号形式的器件。在数字系统中，把二进制码按一定的规律编排，使每组代码具有一特定的含义，称为编码。具有编码功能的逻辑电路称为编码器。根据被编码信号的不同特点和要求，编码器可分为二进制编码器、二—十进制编码器、优先编码器等。

二进制编码器就是用二进制代码对特定对象进行编码的电路。其输入端数目 n 与输出端的数目 m 满足 $n=2^m$，例如有 8 个输入端，3 个输出端，这样的编码器称为 8 线—3 线二进制编码器。

二—十进制编码器又称 BCD 编码器，它是用 4 位二进制代码表示 1 位十进制代码的电路，也称为 10 线—4 线编码器。

上述两种编码器共同特点是输入信号相互排斥，但在实际应用中，经常存在两个以上的输入信号同时有效，若要求输出编码不出现混乱，必须采用优先编码器。优先编码器中输入信号的优先级别是由设计人员根据需要决定的。一般情况下，我们使用集成的编码器。

1．集成二进制优先编码器

（1）74LS148 的基本功能

以 8 线—3 线优先编码器（简称 8-3 编码器）74LS148 为例来学习。如图 2.1.5 所示是 74LS148 的示意图（DIN 符号）、管脚图。74LS148 是一个具有优先权的 8-3 编码器，能保证只对出现有效信号的输入端中优先权最高的那个输入端进行编码，并且输出端形成的编码的权分别是 4-2-1。

表 2.1.3 是 74LS148 的真值表，由表可以看出来：$\overline{D_0}\sim\overline{D_7}$ 为 8 位输入端，$\overline{A_2}\sim\overline{A_0}$ 为 3 位输出端，且均为低电平有效。$\overline{D_7}$ 优先级别最高。电路工作时输入端“0”（低电平）有效，输出端形成代码是反码，如 $\overline{D_7}$ 有效时，形成的代码是 $\overline{A_2}\ \overline{A_1}\ \overline{A_0}$=000。

$\overline{EI}$ 为使能输入端（工作控制端）。$\overline{EI}$=0 时允许编码；$\overline{EI}$=1 时禁止编码，此时无论输入为何种状态，输出均为 1。

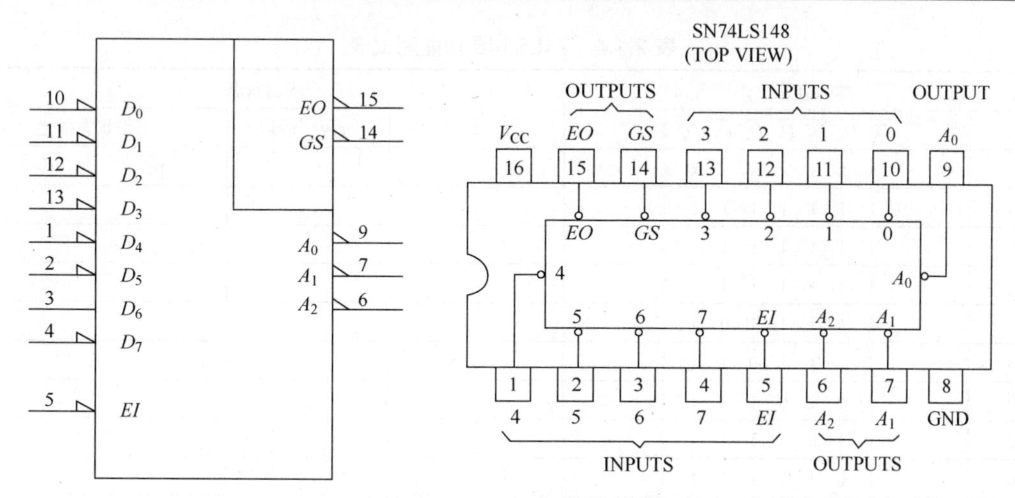

图 2.1.5　74LS148 管脚排列图

$\overline{GS}$ 为优先编码器输出端。$\overline{EI}$=0 时允许编码，且输入有信号时，$\overline{GS}$=0 表示该片编码器有输入信号（工作状态）；$\overline{EI}$=0，且输入无信号时，$\overline{GS}$=1 表示该片编码器无输入信号（待机状态）。

$\overline{EO}$ 为使能输出端。它受 $\overline{EI}$ 控制，当 $\overline{EI}$=1 时 $\overline{EO}$=1（不工作）。当 $\overline{EI}$=0 时，输入有信号时，$\overline{EO}$=1 表示本片工作；当 $\overline{EI}$=0，输入无信号时，$\overline{EO}$=0 表示本片不工作（待机状态）。

利用使能端可以将多块编码器连接，以扩展输入、输出的线数。

表 2.1.3　74LS148 的真值表

INPUTS									OUTPUTS				
EI	0	1	2	3	4	5	6	7	$\overline{A_2}$	$\overline{A_1}$	$\overline{A_0}$	*GS*	*EO*
1	×	×	×	×	×	×	×	×	1	1	1	1	1
0	1	1	1	1	1	1	1	1	1	1	1	1	0
0	×	×	×	×	×	×	×	0	0	0	0	0	1
0	×	×	×	×	×	×	0	1	0	0	1	0	1
0	×	×	×	×	×	0	1	1	0	1	0	0	1
0	×	×	×	×	0	1	1	1	0	1	1	0	1
0	×	×	×	0	1	1	1	1	1	0	0	0	1
0	×	×	0	1	1	1	1	1	1	0	1	0	1
0	×	0	1	1	1	1	1	1	1	1	0	0	1
0	0	1	1	1	1	1	1	1	1	1	1	0	1

（2）74LS148 功能测试

请按照图 2.1.6 绘制电路图并进行功能仿真测试。图中 J_1 开关拨到左边是接通，右边是断开，按照图 2.1.6 中连接方式，开关拨到左边是给 74LS148 输入一个“0”，拨到右边是给 74LS148 输入一个“1”，J_1 中的 8 个开关控制热键的设置如图 2.1.7 所示。J_2 控制 $\overline{EI}$，当 J_2 闭合时，74LS148 正常工作，打开时 $\overline{EI}$=1，74LS148 不工作，$\overline{A_2}$ $\overline{A_1}$ $\overline{A_0}$ 输出为“111”。请边操作边完成表格 2.1.4，并认真体会其功能。

表 2.1.4　74LS148 功能测试表

输入状态		输出状态		
$\overline{EI}$	$\overline{D_0}$ $\overline{D_1}$ $\overline{D_2}$ $\overline{D_3}$ $\overline{D_4}$ $\overline{D_5}$ $\overline{D_6}$ $\overline{D_7}$	$\overline{A_2}$ $\overline{A_1}$ $\overline{A_0}$	$\overline{GS}$ $\overline{EO}$	工作状态描述
1	x x x x x x x x	1 1 1	1 1	不工作，输出全 1
0	1 1 1 1 1 1 1 1	1 1 1	1 0	
0	1 1 1 1 1 1 1 0			
0	1 1 1 1 1 1 0 1			
0	1 1 1 1 1 0 1 1			
0	1 1 1 1 0 1 1 1			
0	1 1 1 0 1 1 1 1			
0	1 1 0 1 1 1 1 1			
0	1 0 1 1 1 1 1 1			
0	0 1 1 1 1 1 1 1			

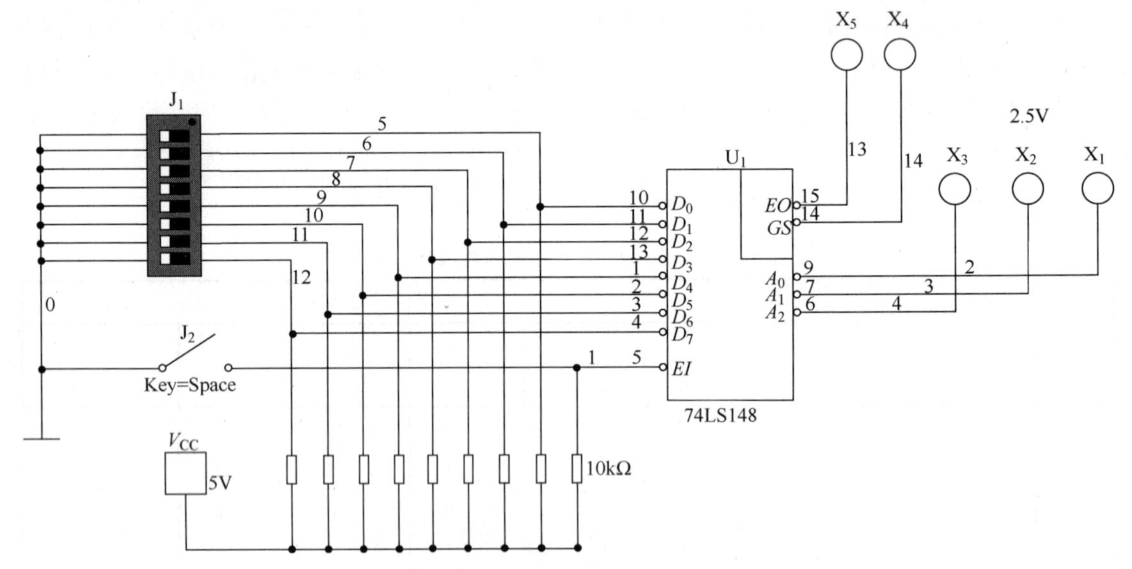

图 2.1.6　74LS148 功能测试电路

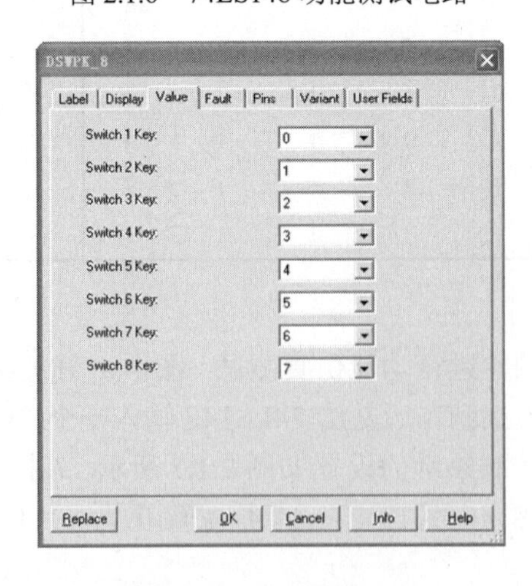

图 2.1.7　J_1 的热键设置

在进行 74LS148 功能测试时，可以使用字信号发生器（Word Generator），如图 2.1.8 所示。

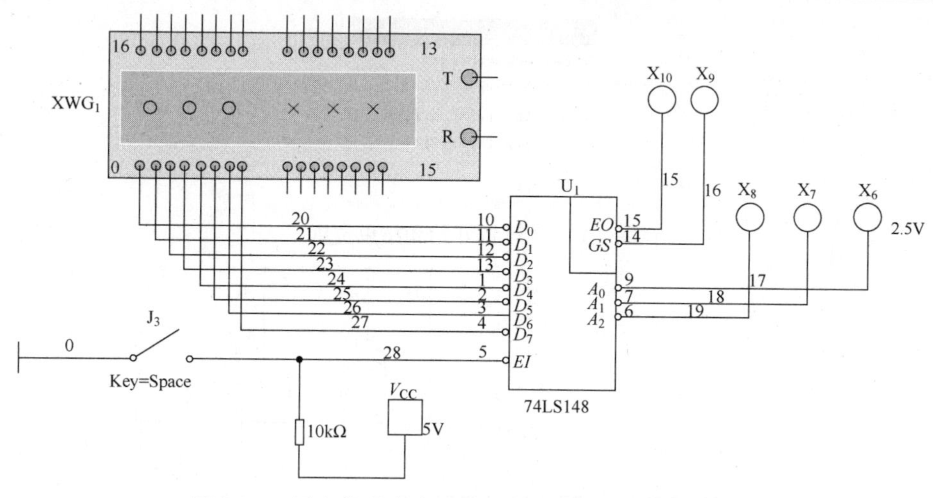

图 2.1.8　用字信号发生器作为输入测试 74LS148 功能

（3）字信号发生器的获得与使用

在仪器仪表工具栏中单击字信号发生器图标，如图 2.1.9 所示，在工作区单击左键即可获得字信号发生器图标，如图 2.1.8 中的 XWG_1。

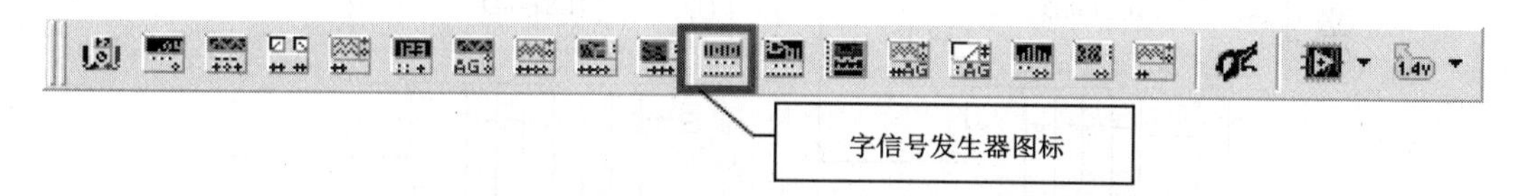

图 2.1.9　字信号发生器图标在仪器仪表工具栏中的位置

字信号发生器有 32 个输出端，最多可以同时输出 32 位二进制数据，因此有 32 个数据连接端。双击图标可以打开设置面板，如图 2.1.10 所示，设置好输出的字信号后，要确定开始的信号和结束的信号，方法是在开始信号的前面空格处单击鼠标，此时界面如图 2.1.11 所示，选择 Set Initial Position，在结束信号前面的空格处单击鼠标，使用 Set Final Position 即可。触发方式一般选用内部触发（Internal），单击一种控制方式，Cycle 表示循环输出设定的字信号，Burst 表示猝发输出，Step 代表单步输出。

（4）74LS148 的功能扩展

用两片 74LS148 可以扩展成 16 线—4 线的优先编码器，如图 2.1.12 所示，用四片 74LS148 可以继续扩展到 32 线—5 线的优先编码器，并且可以一直扩展下去，有兴趣的读者可以深入研究。

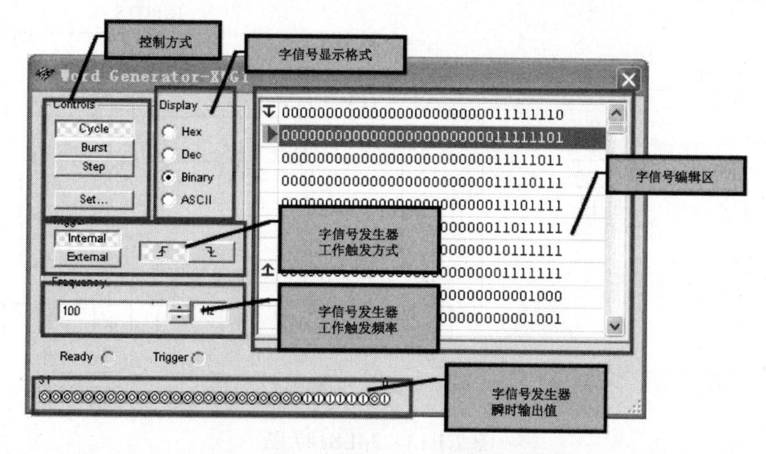

图 2.1.10　字信号发生器控制面板

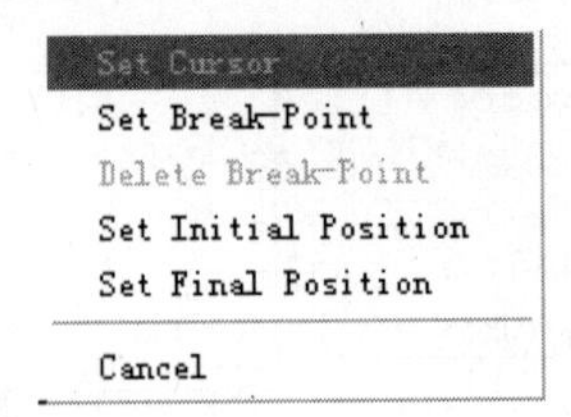

图 2.1.11　设置开始和结束位置

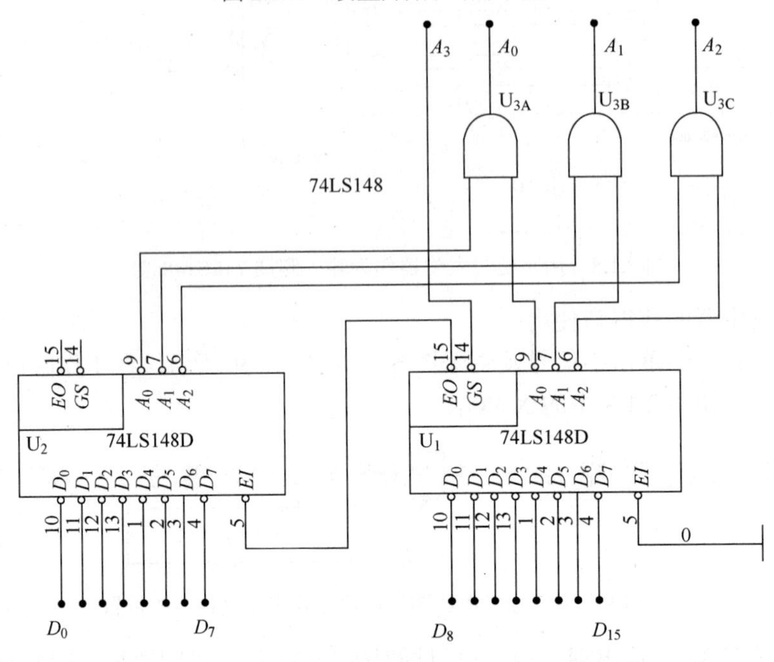

图 2.1.12　74LS148 扩展

2．集成 BCD 编码器

（1）74LS147 的基本功能

以 10 线—4 线优先编码器 74LS147 为例来学习。图 2.1.13 是 74LS147 的示意图、管脚图。74LS147 是一个具有优先权的 BCD 编码器，能保证只对出现有效信号的输入端中优先权最高的那个输入端进行编码，并且输出端形成的编码是 8421BCD 码。

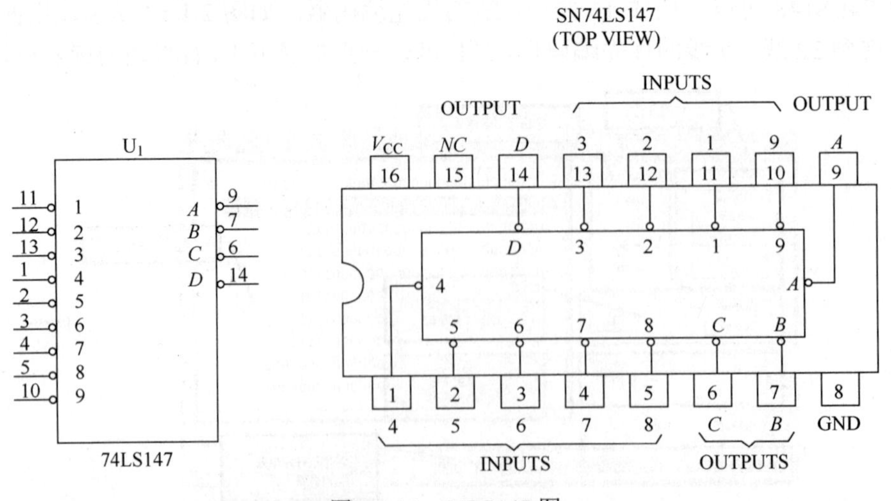

图 2.1.13　74LS147 图

表 2.1.5 是 74LS147 的真值表，由表可以看出来，I_1～I_9 为 9 位输入端，I_0 输入端为默认值，只要 I_1～I_9 无效，就认为 I_0 端有效，输入端低电平有效。I_9 优先级别最高。D～A 为 4 位输出端，输出端代码是 8421BCD 反码，如 I_0 有效时，形成的代码是 $DCBA$=1111。

表 2.1.5　74LS147 的真值表

INPUTS									OUTPUTS			
I_1	I_2	I_3	I_4	I_5	I_6	I_7	I_8	I_9	D	C	B	A
1	1	1	1	1	1	1	1	1	1	1	1	1
×	×	×	×	×	×	×	×	0	0	1	1	0
×	×	×	×	×	×	×	0	1	0	1	1	1
×	×	×	×	×	×	0	1	1	1	0	0	0
×	×	×	×	×	0	1	1	1	1	0	0	1
×	×	×	×	0	1	1	1	1	1	0	1	0
×	×	×	0	1	1	1	1	1	1	0	1	1
×	×	0	1	1	1	1	1	1	1	1	0	0
×	0	1	1	1	1	1	1	1	1	1	0	1
0	1	1	1	1	1	1	1	1	1	1	1	0

（2）74LS147 功能测试

请读者参考 74LS148 功能测试的方式进行 74LS147 的功能测试，在测试中，编码结果的显示可以采用如图 2.1.14 所示的方式。

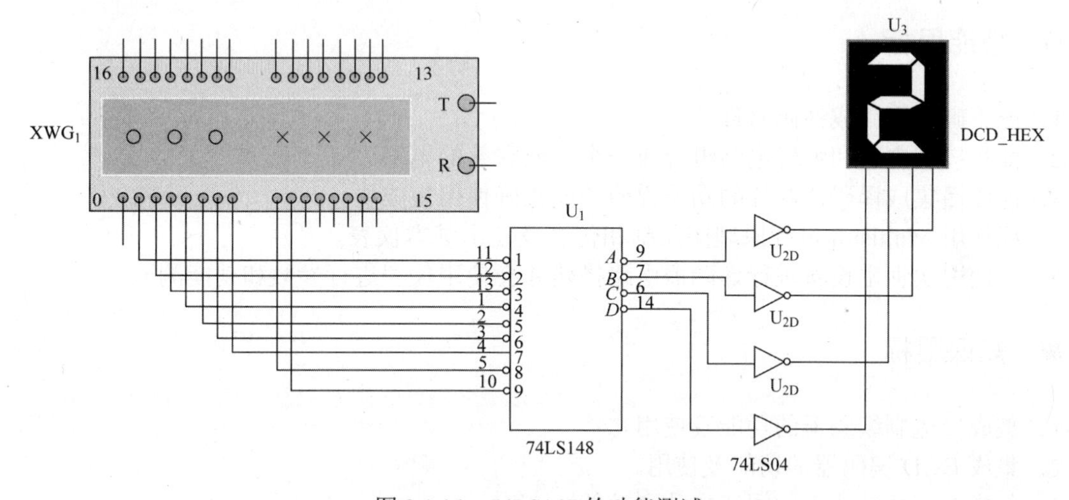

图 2.1.14　74LS147 的功能测试

由于 74LS147 形成的 BCD 码是反码，因此用 4 个非门使之求反，变成 BCD 码的原码，然后送给一个七段 LED 十六进制数码管来进行显示。

■ 巩固与提高

1. 知识巩固

1.1 请口述组合逻辑电路分析的方法和步骤，并分析如题图 2.1.1 所示逻辑电路的功能。

1.2 请口述组合逻辑电路的设计方法并进行如下设计。

（1）请用与非门设计能实现三变量一致判断（变量取值相同输出为 1，否则为 0）的逻辑电路。

（2）用门电路设计组合逻辑电路，要求输入 8421BCD 码，其数值被 2 整除时输出为 l，否则输出为 0。

（3）电话室需要对 4 种电话编码控制，按紧急次序排列优先权由高到低是：火警电话、急救电话、工作电话、生活电话，分别编码为 11、10、01、00。试用门电路设计该编码电路。

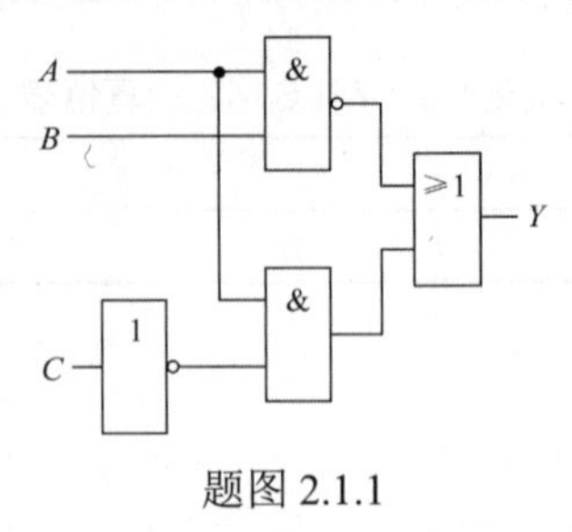

题图 2.1.1

2．任务作业

请使用 Multisim 10 进行 8 线—3 线优先编码器 74LS148 功能测试，要求用字信号发生器提供编码器输入信号，普通开关作为工作控制，输出端连接指示灯来直观反映输出的状态。认真观察输出结果，绘制出 74LS148 的功能表并总结其功能特点。

请将上面测试电路的输出端接四输入端的数码管，观察其输出的结果。

请将上面电路的 74LS148 换成 74LS147，对 74LS147 进行功能测试并总结 74LS147 的功能特点。

任务二　数字键盘设计与电路制作

■ 技能目标

1．能正确选用集成译码器件。
2．能将按键电路和编码电路组合成一个功能完整的电路。
3．能读懂集成译码器芯片的功能说明并能正确使用集成块。
4．能使用 Multisim 进行原理图绘制和仿真及使用基本仪表。
5．会使用实训室设备进行译码器电路搭建并会使用仪表进行参数和功能测试。

■ 知识目标

1．集成二进制编码器的功能及使用。
2．集成 BCD 编码器的功能及使用。
3．集成编码器功能表的阅读方法和功能。

■ 实践活动与指导

指导学生合理选择电路设计的器件，并绘制原理图，进行功能仿真，利用实训台提供的资源搭建电路。

■ 知识链接与扩展

一、键盘显示电路的框图

本项目要设计的键盘电路如图 2.2.1 所示。我们在进行电路设计的时候，要根据电路的规模和特点对电路各部分进行功能定义，绘制出电路框图，这样在设计过程中可使思路清晰并且适合于多人或多个开发团队进行电路开发。

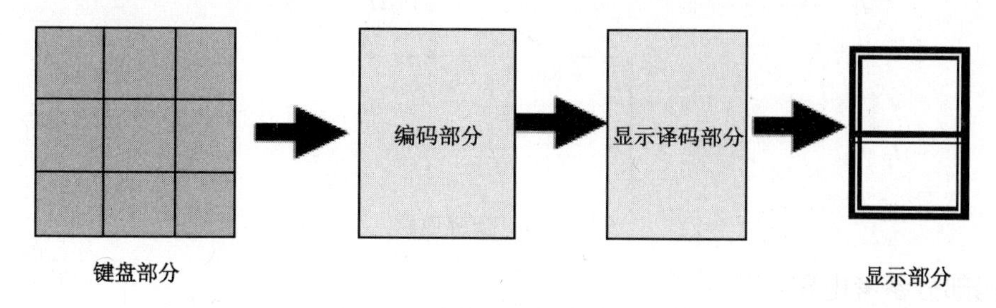

图 2.2.1　键盘电路的设计框图

这个框图不是很全面，缺少键盘去抖动电路、按键存储电路等部分。随着学习的深入，这些电路技术都会学习到，本项目中可以选用具有锁存功能的显示译码器进行设计。

二、键盘和编码电路设计

1．按键

看似简单的按键，其实很不简单，市场上有形形色色的按键，形状有圆形、正方形或长方形等，颜色有红色、黄色、绿色、黑色、橘黄色等，结构上可分为带指示灯和不带灯按键、滚珠开关，功能上可分为复位和自锁按钮、选择开关、钥匙开关、按停旋转开关、复位急停按钮、按键开关、自锁开关、微型开关、滑动开关、拨动开关、轻触开关、微动开关、叶片开关、直键开关、推动开关、限位开关、辅助开关、拨码开关、门锁开关、贴片开关等，如图 2.2.2 所示。按键/按钮被广泛用于各种家电、电子玩具、防盗器材等电器。

在小型弱电电路中，调控各种功能常用常开式微型按键开关，常见有长柄式、短柄式、两脚型及四脚型。

图 2.2.2　各种开关按键

本项目中，学生可以根据自己走访电子市场了解的情况选择适合自己的按键进行设计。选定按键后如果连接脚多于两个，需要自己用万用表测定管脚的连接情况。

2．按键参考电路

本项目中如果采用输入端低电平有效的编码器，如 74LS147，那么在设计的时候，应该使键盘部分按下时送出一个“0”，弹起时送出一个“1”，参考设计如图 2.2.3 所示。

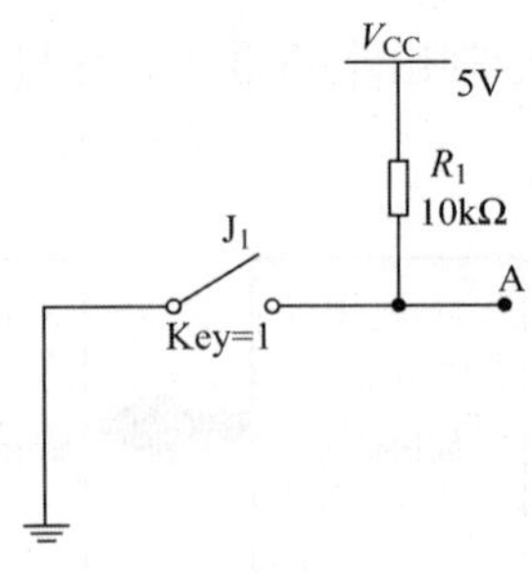

图 2.2.3　按键电路

3．编码部分参考电路

编码电路只要能将按键信息转化成 8421BCD 码（原码或反码）即可，可以采用 74LS147 编码器，也可以自己设计一套编码器或是采用其他型号的集成编码器（如 74HC147）。将键盘电路送出的逻辑信号直接送给编码器。

■　巩固与提高

1．知识巩固

在如图 2.2.3 所示按键电路中，电路右端连接指示灯，当 J_1 处于断开状态时，右端输出电压___V，指示灯____（亮/灭），反之当 J_1 处于闭合状态时，右端输出电压____V，指示灯_____（亮/灭）。

2．任务作业

（1）将键盘电路和编码电路设计出来并进行电路仿真或在实训台上将电路搭建出来。

（2）设计一个旋钮挡位显示电路，如题图 2.2.1 所示，当旋钮旋转到一个挡位触点时，在七段数码管上显示相应的数字。

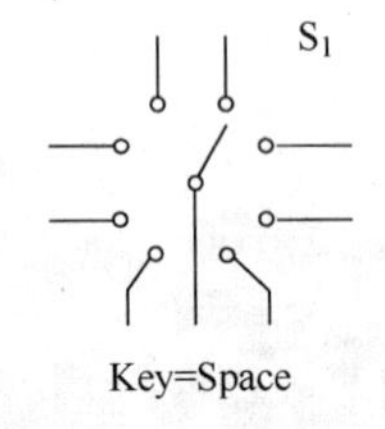

题图 2.2.1　八触点旋钮

任务三　常用译码器的认识和应用

■　技能目标

1．能正确区分各类译码器功能特点。
2．能正确应用显示译码器和数码管进行数码显示电路的设计。
3．能利用软件进行译码器功能仿真和测试。

■　知识目标

1．掌握各类译码器的功能、各特殊管脚的作用。

2．掌握显示译码器的用法。

3．会读取功能说明表。

■　实践活动与指导

指导学生合理选择电路设计的器件，并绘制整个译码器测试电路的原理图，进行功能仿真，在实训台上利用实训台提供的资源搭建出电路。

■　知识链接与扩展——译码器

译码是编码的反过程，即将代码所表示的信息翻译成高低电平的过程。实现译码功能的电路称为译码器。

译码器有多个输入端和多个输出端，每个输出端只对应于一种输出组合，即输入一个代码，对应一个输出端有效。假如输入端个数为 N，每个输入端只能有两个状态，则输出端个数最多有 2^N 个。译码器按其功能特点分为两大类，即通用译码器和显示译码器，通用译码器又分为完全译码器和不完全译码器（部分译码器）。在通用译码器中有 N 个输入端，M 个输出端，当 $2^N=M$ 时称为完全译码器；当 $2^N>M$ 时，称为不完全译码器。

集成译码器分为二进制译码器、二—十进制译码器（BCD 译码器）和显示译码器三种。

1．二进制译码器

集成二进制译码器由于其输入、输出端的数目满足 $2^N=M$，属完全译码器，故分为 2-4 线译码器、3-8 线译码器、4-16 线译码器等。

（1）集成二进制译码器 74LS138

以 3-8 线译码器 74LS138 为例进行学习，其逻辑图、管脚排列图及逻辑符号如图 2.3.1 所示。

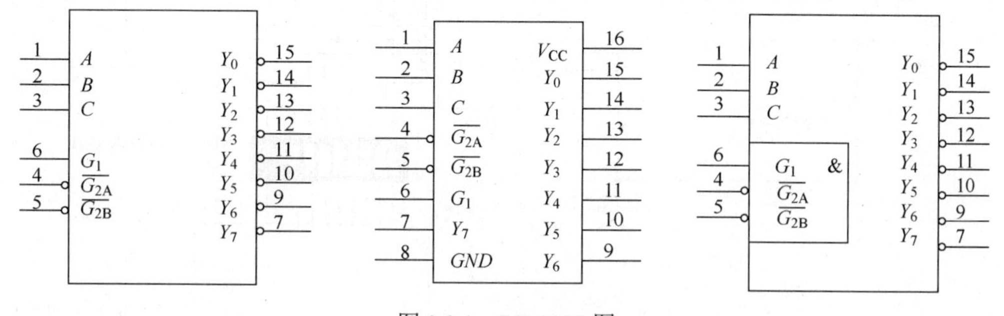

图 2.3.1　74LS138 图

C、B、A 为 3 位二进制代码输入端；$\overline{Y_0}\sim\overline{Y_7}$ 为 8 位输出端，低电平有效。当使能端 $G_1=1$，$\overline{G_{2A}}=\overline{G_{2B}}=0$ 时，译码器工作；当使能端 $G_1=0$ 或者 $\overline{G_{2A}}$、$\overline{G_{2B}}$ 任意一个为 1 时，译码器被禁止工作。利用三个使能端还可实现片选功能和扩展译码器的输入、输出线数的功能。如用两块 74LS138 实现 4-16 线译码器。74LS138 的功能表如表 2.3.1 所示。

表 2.3.1　74LS 的功能表

			SELECT										
$\overline{GL}$	G_1	$\overline{G_2}$	C	B	A	$\overline{Y_0}$	$\overline{Y_1}$	$\overline{Y_2}$	$\overline{Y_3}$	$\overline{Y_4}$	$\overline{Y_5}$	$\overline{Y_6}$	$\overline{Y_7}$
×	×	1	×	×	×	1	1	1	1	1	1	1	1
×	0	×	×	×	×	1	1	1	1	1	1	1	1
0	1	0	0	0	0	0	1	1	1	1	1	1	1
0	1	0	0	0	1	1	0	1	1	1	1	1	1
0	1	0	0	1	0	1	1	0	1	1	1	1	1
0	1	0	0	1	1	1	1	1	0	1	1	1	1
0	1	0	1	0	0	1	1	1	1	0	1	1	1
0	1	0	1	0	1	1	1	1	1	1	0	1	1
0	1	0	1	1	0	1	1	1	1	1	1	0	1
0	1	0	1	1	1	1	1	1	1	1	1	1	0
1	1	0	×	×	×	Output corresponding to stored address 0；all others 1							

（2）74LS138 的功能测试

测试 74LS138 集成译码器的功能，可以参考图 2.3.2（a）进行，其中字信号发生器的设置可以如图 2.3.2（b）所示。

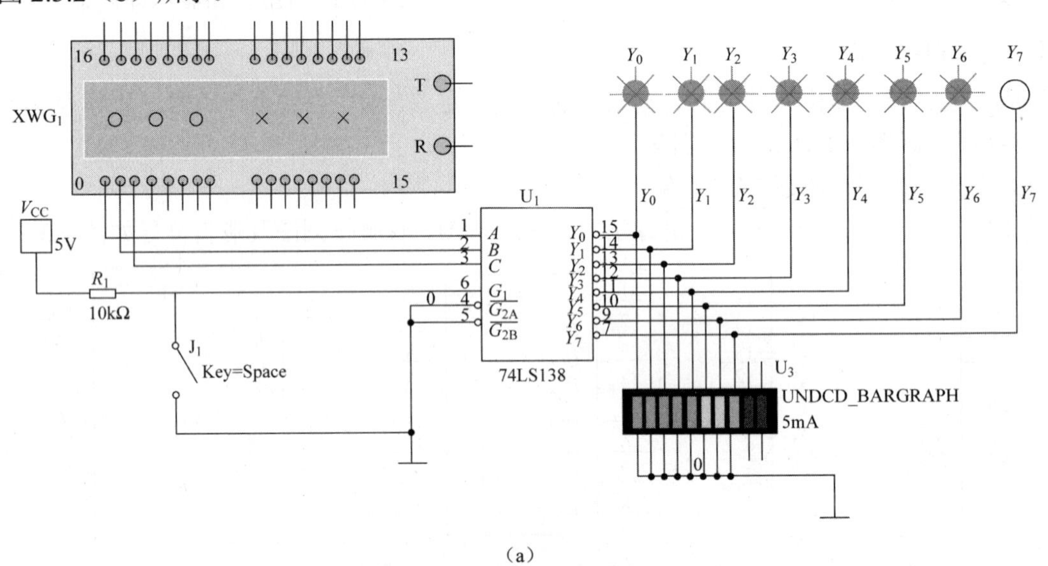

（a）

（b）

图 2.3.2　74LS138 功能测试

在图（a）中，74LS138 输出结果的显示形式除了使用了指示灯 Probe 外，还使用了 BARGRAPH，这是一种集成的显示棒，是由 10 个条形发光二极管整齐排列构成的，只要在每一个 LED 的阳极和阴极之间加上适当电压，这个 LED 就能发光。图 2.3.2 中，每个 LED 的阳极接 74LS138 的输出，阴极接地，这样如果 74LS138 的输出端上输出 1，相应的 LED 就亮，74LS138 的输出端上输出 0，相应的 LED 就不亮，由此来判断 74LS138 的输出情况。另外，可以通过修改三个控制端的信号，来改变 74LS138 的工作状态，读者可以试验一下各种组合情况下 74LS138 的工作情况。

2. 集成二—十进制译码器

集成二—十进制译码器又称 4-10 线译码器，属不完全译码器，例如 74LS42，其逻辑图、管脚排列如图 2.3.3 所示。其真值表（功能表）如表 2.3.2 所示。

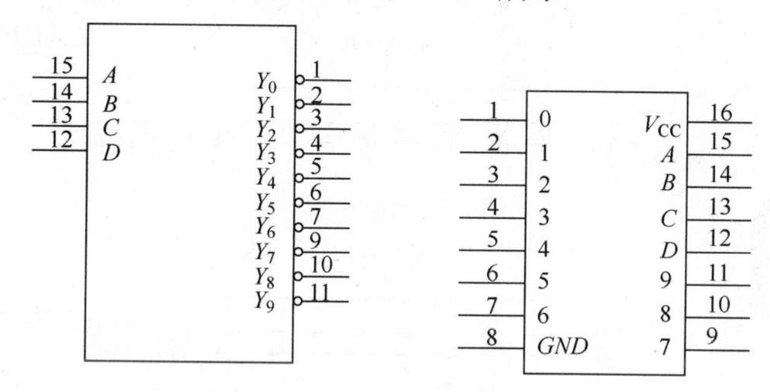

图 2.3.3　集成 BCD 译码器 74LS42 图

表 2.3.2　74LS42 的功能表

No.	BCD Inputs				Decimal Outputs									
	D	*C*	*B*	*A*	Y_0	Y_1	Y_2	Y_3	Y_4	Y_5	Y_6	Y_7	Y_8	Y_9
0	0	0	0	0	0	1	1	1	1	1	1	1	1	1
1	0	0	0	1	1	0	1	1	1	1	1	1	1	1
2	0	0	1	0	1	1	0	1	1	1	1	1	1	1
3	0	0	1	1	1	1	1	0	1	1	1	1	1	1
4	0	1	0	0	1	1	1	1	0	1	1	1	1	1
5	0	1	0	1	1	1	1	1	1	0	1	1	1	1
6	0	1	1	0	1	1	1	1	1	1	0	1	1	1
7	0	1	1	1	1	1	1	1	1	1	1	0	1	1
8	1	0	0	0	1	1	1	1	1	1	1	1	0	1
9	1	0	0	1	1	1	1	1	1	1	1	1	1	0
INVALID	1	0	1	0	1	1	1	1	1	1	1	1	1	1
	1	0	1	1	1	1	1	1	1	1	1	1	1	1
	1	1	0	0	1	1	1	1	1	1	1	1	1	1
	1	1	0	1	1	1	1	1	1	1	1	1	1	1
	1	1	1	0	1	1	1	1	1	1	1	1	1	1
	1	1	1	1	1	1	1	1	1	1	1	1	1	1
					1	1	1	1	1	1	1	1	1	1

从功能表可以看出，*DCBA* 是电路的输入端，输入的信号是 8421BCD 码，输出信号是 $\overline{Y_0}\sim\overline{Y_9}$，低电平有效。由于 8421BCD 码只有 0000～1001 是有效码，1010～1111 是伪码，因此当输入为 1010～1111 时，输出均为 1。74LS42 上没有控制端，使用起来比较简单，其功能测试可以参考

74LS138 的测试方法进行。

3. 集成显示译码器

在数字系统中，经常需要将数字、文字和符号的二进制代码翻译成人们习惯的形式直观地显示出来，以便查看或读取，这就需要显示电路来完成。显示电路通常由译码器和显示器两部分组成。

（1）数码显示器

① 半导体显示器。半导体显示器又称 LED 显示器，它的基本单元是 PN 结。当外加正向电压时，就能发出清晰的光线。单个 PN 结可以封装成一个发光二极管；多个 PN 结也可以分段封装成半导体数码管，如七段发光二极管，它有共阴极和共阳极两种接法，前者某一段接高电平时发光；后者接低电平时发光，如图 2.3.4 所示。

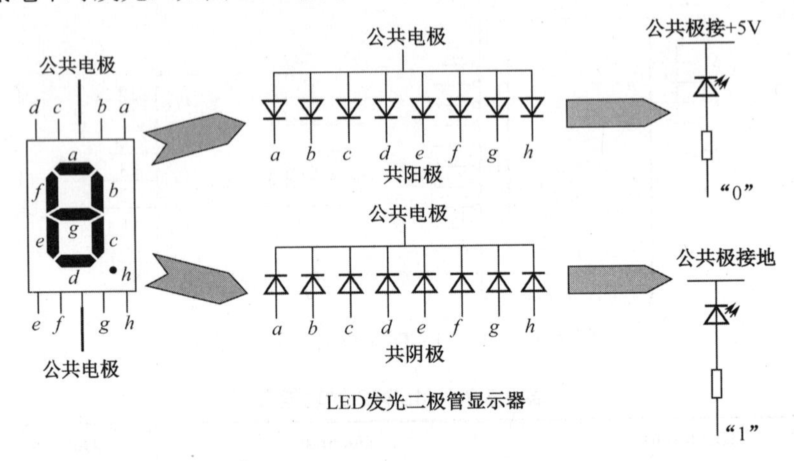

图 2.3.4 七段 LED 数码管

七段 LED 数码管的显示测试可用如图 2.3.5 所示的电路图来测试，图中是共阳极接法。

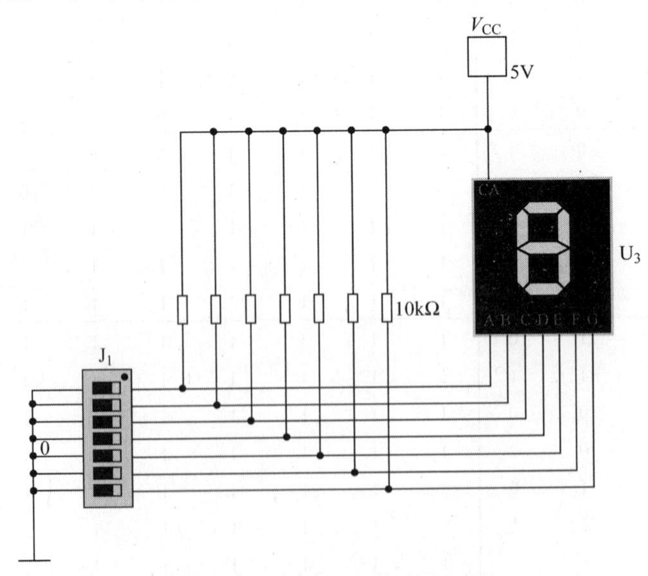

图 2.3.5 七段 LED 数码管的测试

② 液晶显示器。液晶是一种介于液体和晶态固体之间的半流体，它既像液体那样易于流动，又能像晶体那样进行有规则的排列。

（2）显示译码器

为了使显示器能够显示出我们所需要的信息，要将待显示的信息转换成显示器能显示的信号并使用满足需要的驱动电流，这就需要显示译码器（显示驱动电路）。74LS247、74LS47、74LS42、CD4511都是驱动七段LED数码管的显示译码器。74LS247和CD4511的逻辑图如图2.3.6所示，74LS247功能表如表2.3.3所示。

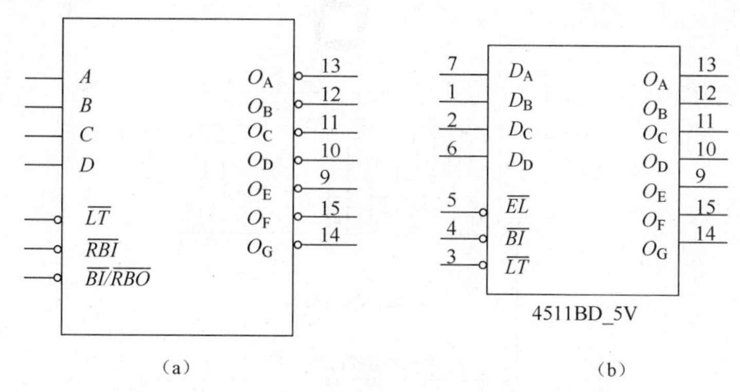

图2.3.6　显示译码器74LS247、CD4511逻辑图

显示译码器在使用时要注意是驱动共阴极数码管还是共阳极数码管。74LS247就是驱动共阳极数码管的，因此要让数码管的某一段亮，对应的输出信号应为“0”。CD4511是驱动共阴极数码管的，因此要让数码管的某一段亮，对应的输出信号应为“1”。

表2.3.3　74LS247功能表

功能区域十进制数	输入						输出							
	$\overline{LT}$	$\overline{RBI}$	A_3	A_2	A_1	A_0	$\overline{BI}/\overline{RBO}$	a	b	c	d	e	f	g
$\overline{BI}/\overline{RBO}$（灭灯）	×	×	×	×	×	×	0	1	1	1	1	1	1	1
$\overline{LT}$（试灯）	0	×	×	×	×	×	1	0	0	0	0	0	0	0
$\overline{RBI}$（动态灭零）	1	0	0	0	0	0	0	1	1	1	1	1	1	1
0	1	1	0	0	0	0	1	0	0	0	0	0	0	1
1	1	×	0	0	0	1	1	1	0	0	1	1	1	1
2	1	×	0	0	1	0	1	0	0	1	0	0	1	0
3	1	×	0	0	1	1	1	0	0	0	0	1	1	0
4	1	×	0	1	0	0	1	1	0	0	1	1	0	0
5	1	×	0	1	0	1	1	0	1	0	0	1	0	0
6	1	×	0	1	1	0	1	1	1	0	0	0	0	0
7	1	×	0	1	1	1	1	0	0	0	1	1	1	1
8	1	×	1	0	0	0	1	0	0	0	0	0	0	0
9	1	×	1	0	0	1	1	0	0	1	1	0	0	0
10	1	×	1	0	1	0	1	1	1	1	0	0	1	0
11	1	×	1	0	1	1	1	1	1	0	0	1	1	0
12	1	×	1	1	0	0	1	1	0	1	1	1	0	0
13	1	×	1	1	0	1	1	0	1	1	0	1	0	0
14	1	×	1	1	1	0	1	1	1	1	0	0	0	0
15	1	×	1	1	1	1	1	1	1	1	1	1	1	1

从表2.3.3可知，74LS247的*DCBA*是8421BCD原码输入端；$a\sim g$是七段译码器的输出端，低电平有效，例如a为0时，七段数码管的a段亮。74LS247和74LS47的输出属于集电极开路

形式，所以必须加上拉电阻驱动共阳极数码管，由于它的驱动能力可以到 24mA，如果你的数码管工作电流小于 24mA 就需要加限流电阻，如图 2.3.7 所示。

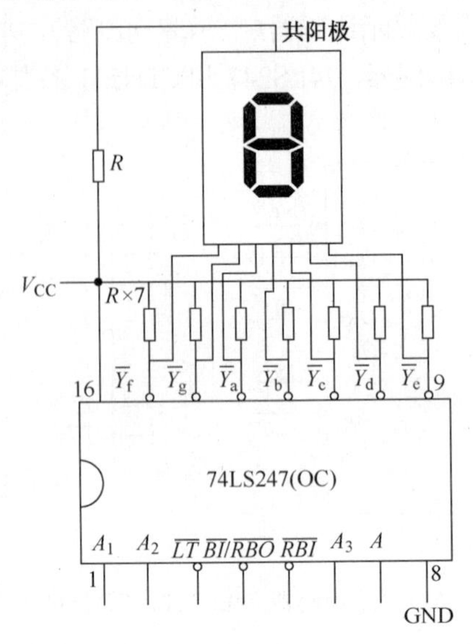

图 2.3.7　74LS247（OC 门）驱动共阳极七段 LED 数码管

另外 74LS247 还有三个控制端，其作用如下。

① 灯测试输入端 $\overline{LT}$。用来测试数码管的好坏。当 $\overline{LT}$ 为低电平，$\overline{BI}=1$ 时，数码管七段全亮，显示 8，说明数码管工作正常。当 $\overline{LT}$ 为高电平时，电路正常显示。

② 灭灯输入/灭零输出端 $\overline{BI}/\overline{RBO}$。$\overline{BI}$ 是为了降低显示系统功耗而设置的。$\overline{BI}$ 为低电平时，无论其他输入端为何值，所有输出端均为“0”，七段全灭；当 $\overline{BI}=1$，$\overline{LT}=1$ 时，电路正常显示。若用一串间歇脉冲信号由 $\overline{BI}$ 输入端送入，且与输入数码同步，则所显示的数字可间歇地闪烁，当闪烁的频率超过 25Hz 时，我们看起来是一直亮着的。

$\overline{RBO}$ 作为灭零指示，可将多位显示中的无用零熄灭。当该片熄灭时，$\overline{RBO}$ 为 0，作为控制低一位的灭零信号，允许低一位灭零。反之，若 $\overline{RBO}$ 为 1，则说明本位处于显示状态，不允许低一位灭零。$\overline{RBO}$ 和 $\overline{BI}$ 是“线与”关系，起着熄灭输入和灭零输出作用。其应用如图 2.3.8 所示。

③ 灭零输入端 $\overline{RBI}$。接受来自高位的灭零控制信号。$\overline{RBI}$ 为低电平有效，当 $\overline{RBI}$ 为 0 时，且输入均为 0，输出为 0，此时的 0 不被显示出来，而 $\overline{RBI}$ 为 1 时，0 就显示出来。

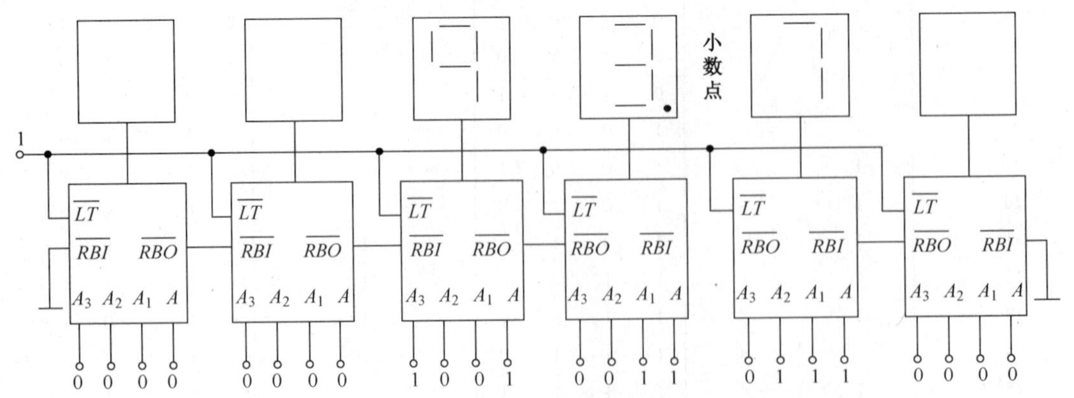

图 2.3.8　多位显示时灭无效 0 的控制方式图

（3）显示译码器的功能测试

可以用如图 2.3.9 所示电路测试 74LS247 的功能，但是在 Multisim 中，经过测试 74LS247 的输出端却未有信号输出，实际是因为软件设置中使 74LS247 的输出电流太小，以至于不能将 LED 点亮，需要增加三极管放大电路进行电流放大，这样做可以使 LED 数码管正常亮起来，但是三极管电路起到倒相的作用，因此显示的结果是相反的，连接形式如图 2.3.10 所示。实际用 74LS247 测试是正确的，建议读者用实际集成电路在实训台上进行功能测试。

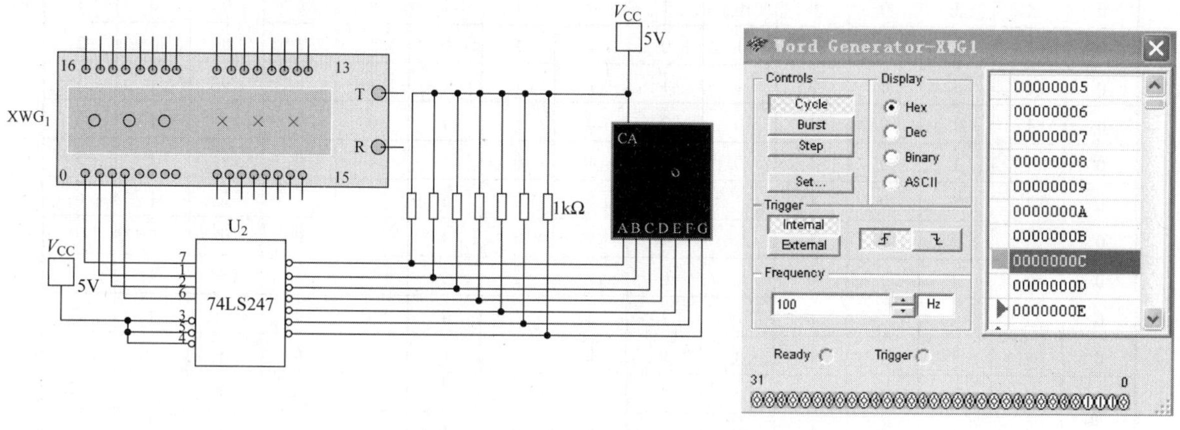

图 2.3.9　74LS247 功能测试电路

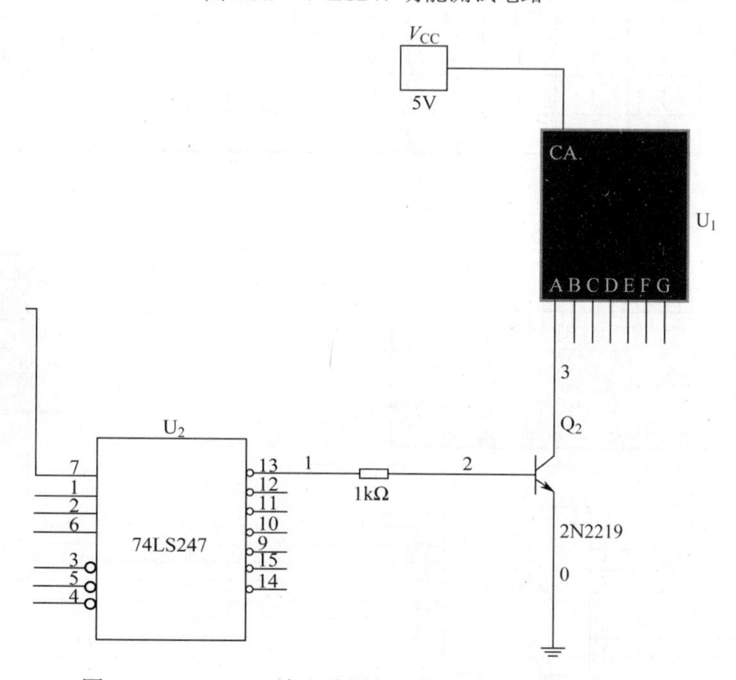

图 2.3.10　74L247 输出端增加三极管驱动电路连接形式

表 2.3.4 是 CD4511 的功能表，图 2.3.11 是 CD4511 功能测试电路图，CD4511 集成块是驱动共阴极数码管的器件，因此选用共阴极数码管进行测试。CD4511 芯片驱动能力较强，使用时最好在显示译码器的输出端和 LED 数码管之间串接 300Ω 左右的电阻进行限流。建议在仿真测试时采用 CD4511 芯片。

CD4511 的功能和 74LS247 有许多相似之处，也有不同的地方，CD4511 具有信号锁存功能。当 LE=1 并且 BI 和 LT 为 1 时，CD4511 的输出是由在 LE 变成 1 之前的 $DCBA$ 决定的，也即将 LE 变成 1 前的那一刻显示的信息锁存起来一直显示，直至 LE 再次变成 0。

表 2.3.4　CD4511 功能表

输入							输出							
LE	*BI*	*LI*	*D*	*C*	*B*	*A*	*a*	*b*	*c*	*d*	*e*	*f*	*g*	显示
×	×	0	×	×	×	×	1	1	1	1	1	1	1	8
×	0	1	×	×	×	×	0	0	0	0	0	0	0	消隐
0	1	1	0	0	0	0	1	1	1	1	1	1	0	0
0	1	1	0	0	0	1	0	1	1	0	0	0	0	1
0	1	1	0	0	1	0	1	1	0	1	1	0	1	2
0	1	1	0	0	1	1	1	1	1	1	0	0	1	3
0	1	1	0	1	0	0	0	1	1	0	0	1	1	4
0	1	1	0	1	0	1	1	0	1	1	0	1	1	5
0	1	1	0	1	1	0	0	0	1	1	1	1	1	6
0	1	1	0	1	1	1	1	1	1	0	0	0	0	7
0	1	1	1	0	0	0	1	1	1	1	1	1	1	8
0	1	1	1	0	0	1	1	1	1	0	0	1	1	9
0	1	1	1	0	1	0	0	0	0	0	0	0	0	消隐
0	1	1	1	0	1	1	0	0	0	0	0	0	0	消隐
0	1	1	1	1	0	0	0	0	0	0	0	0	0	消隐
0	1	1	1	1	0	1	0	0	0	0	0	0	0	消隐
0	1	1	1	1	1	0	0	0	0	0	0	0	0	消隐
0	1	1	1	1	1	1	0	0	0	0	0	0	0	消隐
1	1	1	×	×	×	×	锁存							锁存

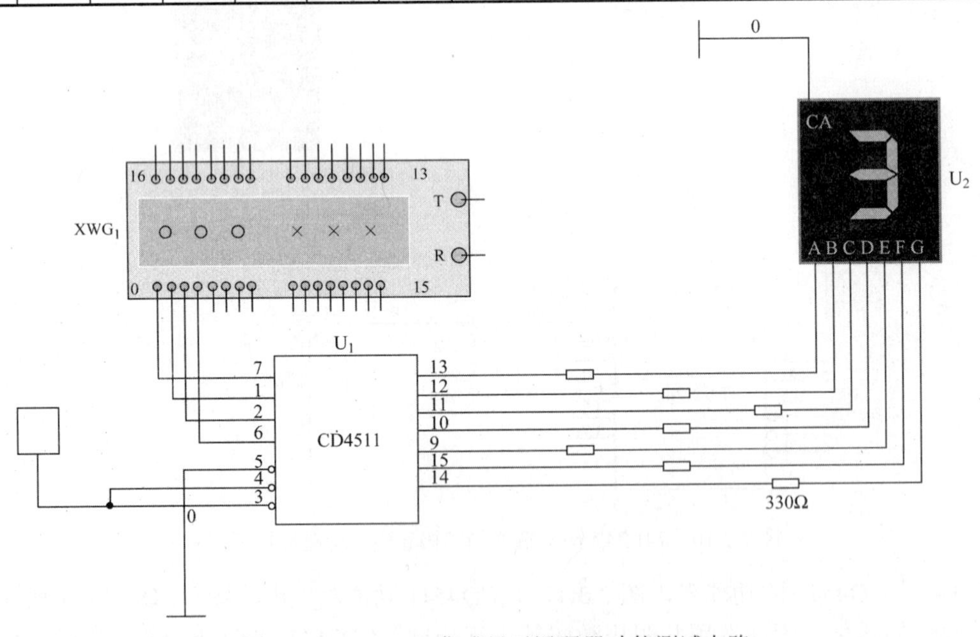

图 2.3.11　CD4511 集成显示译码器功能测试电路

■　巩固与提高

1. 知识巩固

1.1　一位 8421BCD 译码器的数据输入线与译码输出线的数目分别是_____和_____。

1.2 完全二进制译码器，输入端有 4 位代码，则输出端有_____条译码输出线。

1.3 二进制译码器 74LS138 输入的代码是三位二进制______码（原/反），输出端有___条译码输出线，输出端是_____电平有效（高/低）。

1.4 74LS138 的工作状态控制端 G_1、$\overline{G_{2A}}$、$\overline{G_{2B}}$ 取值为____时，芯片正常工作，否则芯片不工作，处于待机状态，输出端输出为_______。

1.5 集成二—十进制译码器又称______线译码器，74LS42 的输入端输入的有效代码是四位______码，输出端共___条，___电平有效。当输入非法代码时，输出端输出为_______。

1.6 七段 LED 数码管有________和________两种接法，前者某一段接____电平时发光；后者接_____电平时发光。

1.7 驱动七段 LED 数码管，需要使用_______译码器，其输入是________码，输出是七段______码。CD4511 是驱动共___极数码管的驱动器，如果显示 0，其输出的 a～g 段信号是________。

2．任务作业

2.1 请自行设计测试电路，测试 74LS138 的功能，并总结其功能特点。

2.2 请设计 CD4511 功能测试电路，总结其功能，并测试其锁存功能。

任务四　数字键盘设计与显示电路设计、制作

■ 技能目标

1．能熟练使用 Multisim 进行原理图绘制并合理选用虚拟仪表进行测试与仿真。
2．能使用一种 PCB 设计软件进行电路设计。
3．能将中规模组合电路在实训台上搭建出来并进行测试。
4．能自己动手焊接中规模组合逻辑电路及附属电路。

■ 知识目标

1．掌握 BCD 编码器的应用。
2．掌握显示译码器和显示数码管的功能和使用方法。
3．掌握中规模电路设计的思路和方法。

■ 实践活动与指导

学生在教师指导下，分组完成键盘电路和显示电路的设计，绘制出原理图并在万能板上将电路制作出来。

■ 知识链接与扩展

一、数字键盘与显示电路原理图

将前面任务中学习的键盘设计方法和显示电路设计方法进行组合，便可获得完整的数字键盘与显示电路的原理图，如图 2.4.1 所示，读者可以发挥创造性，做出不同形式的电路来。

如图 2.4.1 所示电路中 74LS147 是 BCD 编码器，将键盘 1～9 键按键信息进行编码，形成

8421BCD 的反码，输出后经过反相器 74LS04，变成 8421BCD 原码，送入显示译码器 CD4511，将 BCD 码转换成七段 LED 数码管的驱动信号，从而在显示器上显示出按下的键值。在 CD4511 和 LED 数码管之间串联了 330Ω 的电阻进行限流。这个电路的原理比较清楚，但是存在一些问题，如按键使用弹起式的按键，按下数字键后显示该数字，但是弹起后又变成了 0，不能长时间显示最后一次按下的键值；第二个问题是所有键都不按下时，显示 0，按下 0 也是显示 0，可以对这个电路继续改进，使之在不按键时不显示任何信息，按下 0 后显示 0，按下其他键显示相应的键值，不输入新的值，显示最后一次按下的键值。

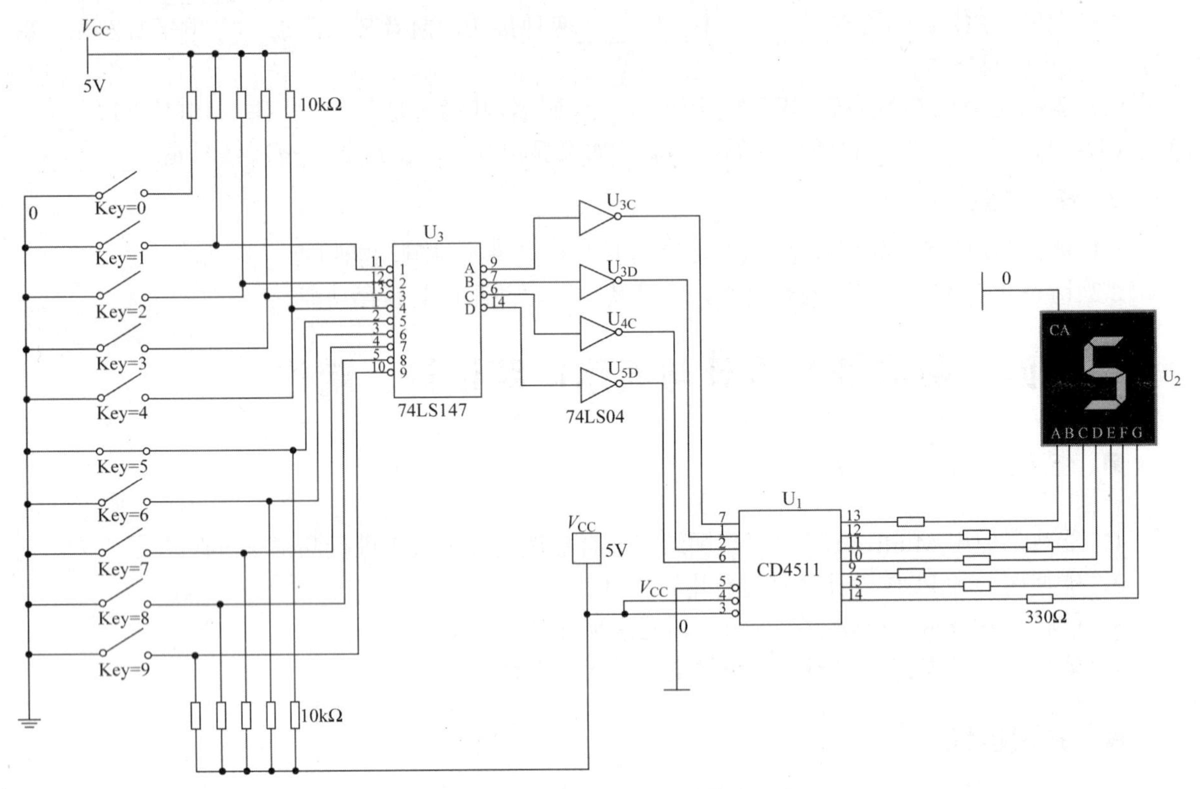

图 2.4.1　数字键盘与显示电路原理图

图 2.4.1 中未考虑信号锁存的问题，如图中所示如果 5 键弹起，就不再显示 5，而是显示 0 了，这样无法区分是否按下 0 键，因此请读者思考使用 *LE* 端的功能，实现信号的锁存，当 5 键弹起而未按其他键时，数码管继续显示 5。

提示：读者可以考虑使用与门实现对按键动作的组合运算，在需要显示按键的时候实现 *LE*=0，在需要锁存信号的时候 *LE*=1。

二、电路制作材料与工具

1. 电路板

电路板的别称有：线路板、铝基板、高频板、PCB、超薄线路板、超薄电路板、印刷（铜刻蚀技术）电路板等。电路板使电路迷你化、直观化，对于固定电路的批量生产和优化电气布局起重要作用。如图 2.4.2 所示。

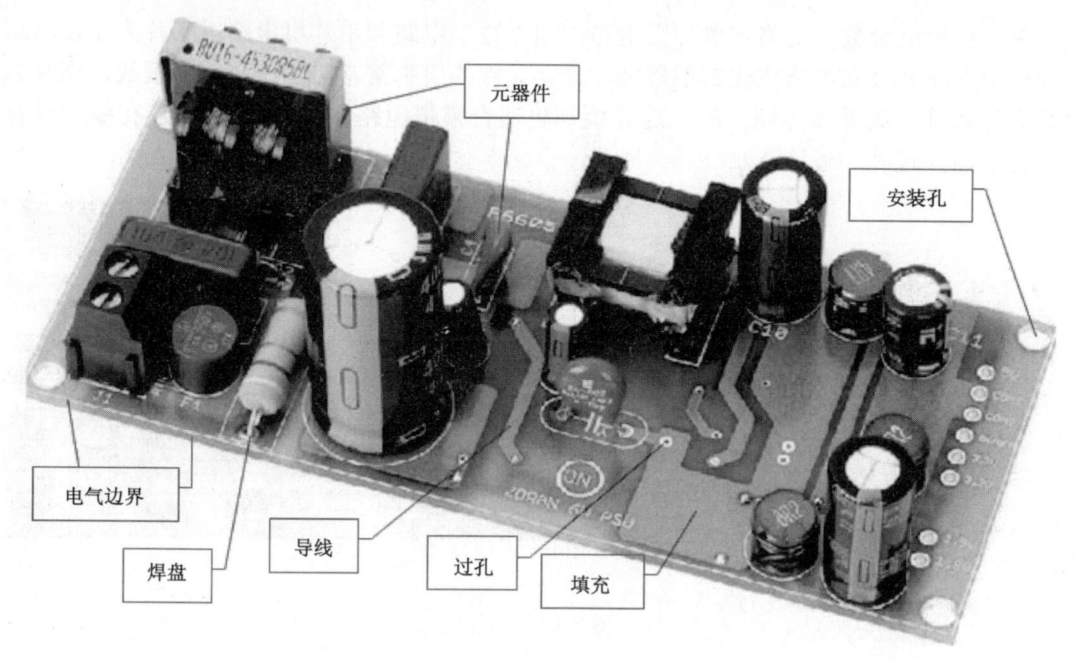

图 2.4.2　电路板

电路板主要由焊盘、过孔、安装孔、导线、元器件、接插件、填充、电气边界等组成，各组成部分的主要功能如下。

焊盘：用于焊接元器件引脚的金属孔。

过孔：用于连接各层之间元器件引脚的金属孔。

安装孔：用于固定电路板。

导线：用于连接元器件引脚的电气网络铜膜。

接插件：用于电路板之间连接的元器件。

填充：用于地线网络的敷铜，可以有效减小阻抗。

电气边界：用于确定电路板的尺寸，所有电路板上的元器件都不能超过该边界。

电路板系统分为三种：单面板（零件集中在其中一面，导线则集中在另一面上，因为单面板在设计线路上有许多严格的限制，所以只有早期的电路才使用这类的板子）、双面板（两面都有布线，两面电路间的连接桥梁称为导孔或过孔，双面板的有效面积比单面板大了一倍，而且因为布线可以互相交错，绕到另一面，它更适合用在比单面板更复杂的电路上）、多面板（在满足较复杂的应用需求时，电路可以被布置成多层的结构并压合在一起，并在层间布建通孔连通各层电路）。

（1）特殊的电路板——万能板

万能板是一种将插孔按照标准 IC 间距（2.54mm）布满焊盘、可按自己的意愿插装元器件及连线的印制电路板。相比专业的 PCB 制板，“洞洞”板（万能板亦称“洞洞”板）具有以下优势：使用门槛低，成本低廉，使用方便，扩展灵活。比如在学生电子设计竞赛中，作品通常需要在几天时间内争分夺秒地完成，所以大多使用万能板。万能板别名：万用板、实验板、学习板、洞洞板、点阵板、面包板。如图 2.4.3 所示，其中（a）是单孔的万能板，（b）是连孔板，（c）是用万能板制作的数字电路板。

市场上万能板有多种，选用的时候要根据电路情况灵活选用。按照线路来选用，目前市场上出售的万能板主要有两种，一种焊盘各自独立，叫单孔板，另一种是多个焊洞连接在一起，叫连孔板。单孔板较适合数字电路和单片机电路，因为数字电路和单片机电路以芯片为主，电路较规则。而模拟电路和分立电路往往较不规则，分立元件的引脚常常需要连接很多根线，这时如果有多个焊孔连接在一起就要方便一些，连孔板则更适合模拟电路和分立电路。连孔板一般有双连孔、三连孔、四连孔和五连孔。

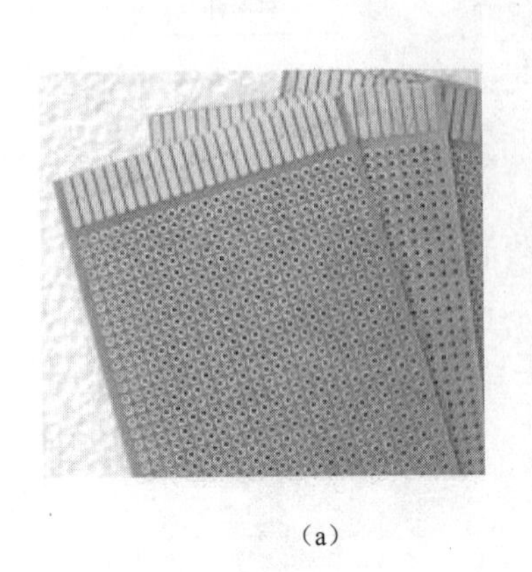

（a）

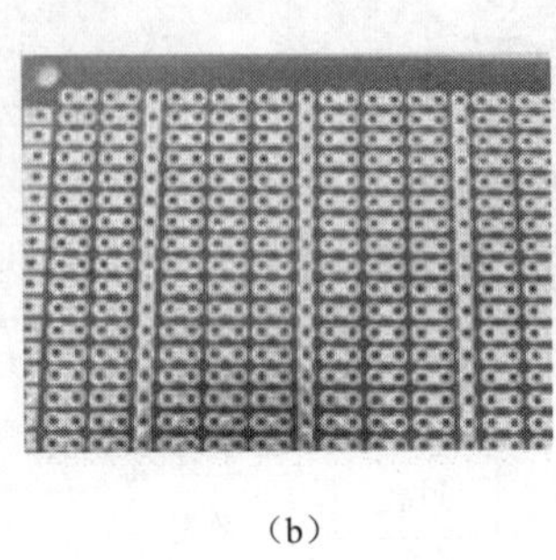

（b）

（c）

图 2.4.3　万能板

按材质选用，万能板分铜板和锡板两种。铜板的焊孔是裸露的铜，呈现金黄色，平时应该用报纸包好保存以防止焊孔氧化，万一焊孔氧化了（焊盘失去光泽、不好上锡），可以用棉棒蘸酒精或用橡皮擦拭。锡板焊孔表面镀了一层锡，焊孔呈现银白色，锡板的基板材质要比铜板坚硬，不易变形。它们的价格也有区别，以 100cm^2 的单面板为例：铜板价格 3～4 元，锡板 7～8 元，一般每平方厘米不超过 8 分钱。

（2）万能板焊接技术

用万能板进行电路焊接时，需要注意以下几点。

① 元器件布局要合理，事先一定要规划好，不妨在纸上先画画，模拟一下走线的过程。电流较大的信号要考虑接触电阻、地线回路、导线容量等方面的影响。单点接地可以解决地线回路的影响，这点容易被忽视。

② 用不同颜色的导线表示不同的信号（同一个信号最好用一种颜色）。

③ 按照电路原理，分步进行制作调试。做好一部分就可以进行测试、调试，不要等到全部电路都制作完成后再测试调试，否则不利于调试和排错。

④ 走线要规整，边焊接边在原理图上画出标记。

⑤ 注意焊接工艺。尤其是待焊引脚的镀锡处理。

- 假如万能板的焊盘上面已经氧化，那么需要用水纱皮过水打磨，磨亮为止，吹干后，涂抹酒精松香溶液，晾干后待用。
- 元器件引脚如果氧化，用刀片等工具刮掉氧化层后，进行镀锡处理后待焊接。
- 导线剥开后，绝缘层剥离长度要控制，以免焊接后和别的线短路。
- 导线两端需要进行镀锡处理后，待焊接。

2．焊料与焊剂

（1）焊料

焊料是一种易熔金属，它能使元器件引线与印制电路板的连接点连接在一起。锡（Sn）是一种质地柔软、延展性大的银白色金属，熔点为 232℃，在常温下化学性能稳定，不易氧化，不失金属光泽，抗大气腐蚀能力强。铅（Pb）是一种较软的浅青白色金属，熔点为 327℃，高纯度的铅耐大气腐蚀能力强，化学稳定性好，但对人体有害。锡中加入一定比例的铅和少量其他金属可制成熔点低、流动性好、对元件和导线的附着力强、机械强度高、导电性好、不易氧化、抗腐蚀性好、焊点光亮美观的焊料，一般称焊锡。

焊锡按含锡量的多少可分为15种，按含锡量和杂质的化学成分分为S、A、B三个等级。手工焊接常用丝状焊锡。

（2）焊剂

1）助焊剂

助焊剂一般可分为无机助焊剂、有机助焊剂和树脂助焊剂，能溶解去除金属表面的氧化物，并在焊接加热时包围金属的表面，使之和空气隔绝，防止金属在加热时氧化；可降低熔融焊锡的表面张力，有利于焊锡的湿润。

2）阻焊剂

限制焊料只在需要的焊点上进行焊接，把不需要焊接的印制电路板的板面部分覆盖起来，保护板面使其在焊接时受到的热冲击小，不易起泡，同时还可避免桥接、拉尖、短路、虚焊等情况。

使用焊剂时，必须根据被焊件的面积大小和表面状态适量施用，用量过小则影响焊接质量，用量过多，焊剂残渣将会腐蚀元件或使电路板绝缘性能变差。

3．电烙铁

（1）外热式电烙铁

一般由烙铁头、烙铁芯、外壳、手柄、插头等部分组成。烙铁头安装在烙铁芯内，用以热传导性好的铜为基体的铜合金材料制成。烙铁头的长短可以调整（烙铁头越短，烙铁头的温度就越高），且有凿式、尖锥形、圆面形、圆形、尖锥形和半圆沟形等不同的形状，以适应不同焊接面的需要。

（2）内热式电烙铁

由连接杆、手柄、弹簧夹、烙铁芯、烙铁头（也称铜头）五个部分组成，烙铁芯安装在烙铁头的里面。芯采用镍铬电阻丝绕在瓷管上制成，一般20W电烙铁其电阻为2.4kΩ左右，35W电烙铁其电阻为1.6kΩ左右。常用的内热式电烙铁的工作温度如表2.4.1所示。

表2.4.1　内热式电烙铁功率和温度的对应表

烙铁功率/W	端头温度 /°C
20	350
25	400
45	420
75	440
100	455

一般来说电烙铁的功率越大，热量越大，烙铁头的温度越高。焊接集成电路、印制线路板、CMOS电路一般选用20W内热式电烙铁。使用的烙铁功率过大，容易烫坏元器件（一般二、三极管节点温度超过200℃时就会烧坏）和使印制导线从基板上脱落；使用的烙铁功率太小，焊锡不能充分熔化，焊剂不能挥发出来，焊点不光滑、不牢固，易产生虚焊。焊接时间过长，也会烧坏器件，一般每个焊点在1.5～4s内完成。

（3）其他烙铁

① 恒温电烙铁：恒温电烙铁的烙铁头内装有磁铁式的温度控制器来控制通电时间，实现恒

温的目的。在焊接温度不宜过高、焊接时间不宜过长的元器件时，应选用恒温电烙铁，但它价格高。

② 吸锡电烙铁：吸锡电烙铁是将活塞式吸锡器与电烙铁合为一体的拆焊工具，它具有使用方便、灵活、适用范围宽等特点。不足之处是每次只能对一个焊点进行拆焊。

③ 气焊烙铁：一种用液化气、甲烷等可燃气体燃烧加热烙铁头的烙铁。适用于供电不便或无法供给交流电的场合。

（4）电烙铁的选用

选用电烙铁一般遵循以下原则。

① 烙铁头的形状要适应被焊件物面要求和产品装配密度。

② 烙铁头的顶端温度要与焊料的熔点相适应，一般要比焊料熔点高 30～80℃（不包括在电烙铁头接触焊接点时下降的温度）。

③ 电烙铁热容量要恰当。烙铁头的温度恢复时间要与被焊件物面的要求相适应。温度恢复时间是指在焊接周期内，烙铁头顶端温度因热量散失而降低后，再恢复到最高温度所需时间。它与电烙铁功率、热容量以及烙铁头的形状、长短有关。

选择电烙铁的功率原则如下。

① 焊接集成电路、晶体管及其他受热易损的元器件时，考虑选用 20W 内热式或 25W 外热式电烙铁。

② 焊接较粗导线及同轴电缆时，考虑选用 50W 内热式或 45～75W 外热式电烙铁。

③ 焊接较大元器件时，如金属底盘接地焊片，应选 100W 以上的电烙铁。

（5）电烙铁的使用

电烙铁的握法分为三种。

① 反握法：用五指把电烙铁的柄握在掌内。此法适用于大功率电烙铁，焊接散热量大的被焊件。

② 正握法：此法适用于较大的电烙铁，使用弯形烙铁头一般也用此法。

③ 握笔法：用握笔的方法握电烙铁，此法适用于小功率电烙铁，焊接散热量小的被焊件，如焊接收音机、电视机的印制电路板及其维修等。

电烙铁使用前的处理：在使用前先通电给烙铁头“上锡”。首先用挫刀把烙铁头按需要挫成一定的形状，然后接上电源，当烙铁头温度升到能熔锡时，将烙铁头在松香上沾涂一下，等松香冒烟后再沾涂一层焊锡，如此反复进行二至三次，使烙铁头的刃面全部挂上一层锡便可使用了。

电烙铁不宜长时间通电而不使用，这样容易使烙铁芯加速氧化而烧断，缩短其寿命，同时也会使烙铁头因长时间加热而氧化，甚至被“烧死”不再“吃锡”。

电烙铁使用注意事项：

① 根据焊接对象合理选用不同类型的电烙铁。

② 使用过程中不要任意敲击电烙铁头以免损坏。内热式电烙铁连接杆钢管壁厚度只有 0.2mm，不能用钳子夹以免损坏。在使用过程中应经常维护，保证烙铁头挂上一层薄锡。

4．其他工具

① 尖嘴钳：它的主要作用是在连接点上固定导线、元件引线及对元件引脚成形。

② 偏口钳：又称斜口钳、剪线钳，主要用于剪切导线，剪掉元器件多余的引线。不要用偏口钳剪切螺钉、较粗的钢丝，以免损坏钳口。

③ 镊子：主要用途是摄取微小器件；在焊接时夹持被焊件以防止其移动和帮助散热。

④ 旋具：又称改锥或螺丝刀。分为十字旋具、一字旋具。主要用于拧动螺钉及调整可调元

器件的可调部分。

⑤ 小刀：主要用来刮去导线和元件引线上的绝缘物和氧化物，使之易于上锡。

5．手工焊接基本技巧

（1）电子元器件的引线成形要求

手工插装焊接的元器件引线加工形状有卧式和竖式。 引线加工注意以下几点。

① 引线不应该在根部弯曲。

② 弯曲处的圆角半径应大于两倍的引线直径。

③ 弯曲后的两根引线要与元件本体垂直。

④ 元气件的符号标志应方向一致。

（2）电子元器件的插装方法

电子元器件的插装有手工插装和自动插装两种，元器件在印制电路板上插装的原则如下。

① 电阻、电容、晶体管和集成电路的插装应使标记和色码朝上，易于辨认。

② 有极性的元器件由极性标记方向决定插装方向。

③ 插装顺序应该先轻后重、先里后外、先低后高。

④ 元器件间的间距不能小于 1mm，引线间隔要大于 2mm。

（3）对焊接点的基本要求

① 焊点要有足够的机械强度，保证被焊件在受振动或冲击时不致脱落、松动。

② 不能用过多焊料堆积，这样容易造成虚焊、焊点与焊点的短路。

③ 焊接可靠，具有良好导电性，必须防止虚焊。虚焊是指焊料与被焊件表面没有形成合金结构，只是简单地依附在被焊金属表面上。

④ 焊点表面要光滑、清洁，焊点表面应有良好光泽，不应有毛刺、空隙、污垢，尤其是焊剂的有害残留物质，要选择合适的焊料与焊剂。

（4）手工焊接的基本操作方法

手工焊接前要准备好电烙铁以及镊子、剪刀、斜口钳、尖嘴钳、焊料、焊剂等工具，将电烙铁及焊件搪锡，左手握焊料，右手握电烙铁，保持随时可焊状态。

焊接时，先用电烙铁加热备焊件然后送入焊料，熔化适量焊料，再移开焊料，当焊料流动覆盖焊接点，迅速移开电烙铁。

焊接时要掌握好焊接的温度和时间，要有足够的热量和温度。如温度过低，焊锡流动性差，很容易凝固，形成虚焊；如温度过高，将使焊锡流淌，焊点不易存锡，焊剂分解速度加快，使金属表面加速氧化，并导致印制电路板上的焊盘脱落，尤其在使用天然松香作为助焊剂时，焊锡温度过高，很易氧化脱皮而产生炭化，造成虚焊。

（5）印制电路板的焊接工艺

① 焊前准备。首先要熟悉所焊印制电路板的装配图，并按图纸配料，检查元器件型号、规格及数量是否符合图纸要求，并做好装配前元器件引线成形等准备工作。

② 焊接顺序。元器件装焊顺序依次为：电阻器、电容器、二极管、三极管、集成电路、大功率管，其他元器件为先小后大。

③ 对元器件焊接要求。

电阻器焊接：要求标记向上，字向一致，装完同一种规格后再装另一种规格，尽量使电阻器的高低一致。焊完后将露在印制电路板表面多余引脚齐根剪去。

电容器焊接：将电容器装入规定位置，并注意有极性电容器其“＋”与“－”极不能接错，电容器上的标记方向要易看可见。先装玻璃釉电容器、有机介质电容器、瓷介电容器，最后装电解电容器。

二极管的焊接：二极管焊接要注意极性，不能装错；型号标记要易看可见；焊接立式二极管时，对最短引线焊接时间不能超过 2s。

三极管焊接：注意 e、b、c 三引线位置插接正确；焊接时间尽可能短，焊接时用镊子夹住引脚，以利于散热。焊接大功率三极管时，若要加装散热片，应将接触面平整、打磨光滑后再紧固，若要求加垫绝缘薄膜时，切勿忘记加薄膜。管脚与电路板连接时，要用塑料导线。

集成电路焊接：首先按图纸要求，检查型号、引脚位置是否符合要求。焊接时先焊边沿的二只引脚，以使其定位，然后再从左到右、自上而下逐个焊接。

对于电容器、二极管、三极管露在印制电路板面上多余引脚均须齐根剪去。

（6）拆焊

在调试、维修过程中，或由于焊接错误对元器件进行更换时就须拆焊。拆焊方法不当，往往会造成元器件的损坏、印制导线的断裂或焊盘的脱落。良好的拆焊技术，能保证调试、维修工作顺利进行，避免由于更换器件不得法而增加产品故障率。

普通元器件的拆焊：选用合适的医用空心针头拆焊；用铜编织线进行拆焊；用气囊吸锡器进行拆焊；用专用拆焊电烙铁拆焊；用吸锡烙铁拆焊。

三、数字键盘与显示电路的制作

本项目采用万能板作为电路板，学生根据自己小组的设计选择其他的材料并结伴到电子市场或网上购买电子元器件材料，教师提供工具和耗材在实训室中进行制作。学生制作后要进行调试并交流和展示。制作后的一个样品如图 2.4.4 所示。

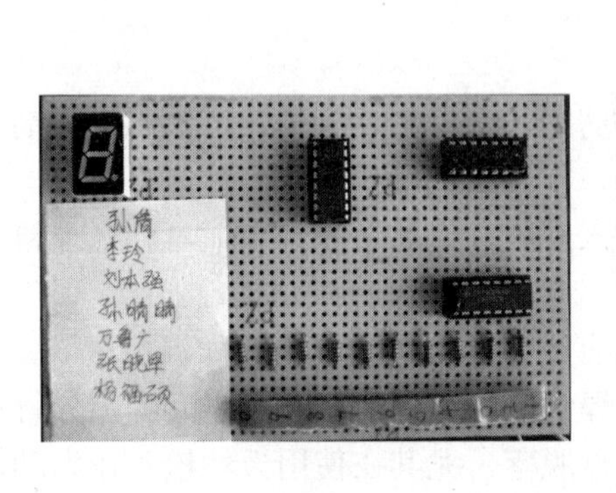
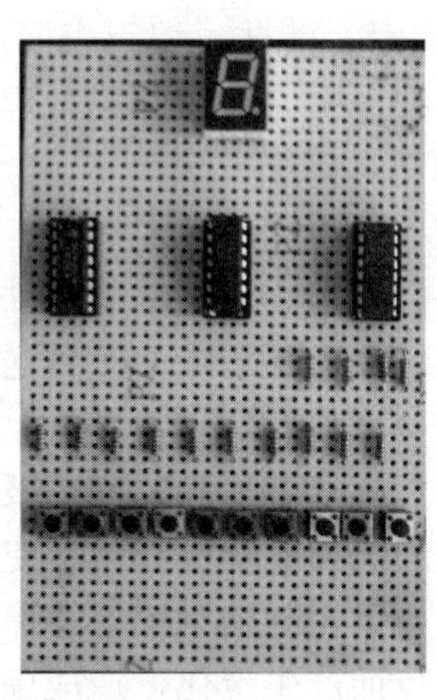

图 2.4.4　学生作品：键盘与显示电路

■　巩固与提高

1．知识巩固

1.1 编码器 74LS147 输出的代码是 8421BCD 码的___码，在将其送给显示译码器之前，_____（需要/不需要）进行按位求反，电路中也就_______（需要/不需要）接入 4 个反相器。

1.2 PCB 板主要由______、______、安装孔、_____、_______、接插件、填充、电气边界等组成，使电路迷你化、直观化，对于固定电路的批量生产和优化电气布局起重要作用。

1.3 焊接电路板用的焊料，一般称_____，是在锡中加入一定比例的_____和少量其他金属制成的，具有______低、流动性好、对元件和导线的附着力强、机械强度高、导电性好、不易氧化、抗腐蚀性好、焊点光亮美观的特点。

1.4 常用的焊剂有_____和_____两种。前者的作用是________________________，后者的作用是____________________________________。

1.5 手工焊接电路常用的焊接工具称为________，焊接集成电路、晶体管及其他受热易损的元器件时，考虑选用_____W 内热式或_____W 外热式电烙铁。

1.6 电烙铁的握法分为_________、_________和_________三种。

2. 任务作业

2.1 请选用万能板（洞洞板）或印刷电路板进行焊接练习。

2.2 请使用万能板自己选择元器件，焊接按键显示电路。

2.3 请设计 74LS138 的功能测试电路，确定元器件，使用万能板焊接出 74LS138 的功能测试电路。

任务五 二进制译码器电路的应用扩展

■ 技能目标

1. 能运用集成编码、译码器进行电路设计。
2. 能使用最小项译码器进行其他功能的中规模组合逻辑电路设计与分析。

■ 知识目标

掌握最小项译码器实现任意逻辑函数的方法。

■ 实践活动与指导

学生在教师指导下，分组完成二进制译码器的功能扩展仿真电路，用二进制译码器完成一个中规模组合逻辑电路设计并进行仿真。

■ 知识链接与扩展

一、二进制译码器功能扩展

二进制译码器有功能控制端，利用这些功能端，可以实现二进制译码器的功能扩展，如两个 2-4 线译码器级联可以实现 3-8 线译码器，两个 3-8 线译码器级联可以实现 4-16 译码器。

一个简单的 2-4 线译码器，其功能表如表 2.5.1 所示。$\overline{S}$ 是功能控制端（使能端），A_1A_0 是输入的二进制代码，Y_0～Y_3 是 4 个输出端，低电平有效。当 $\overline{S}$ 为 1 时，2-4 线译码器不工作，输出全部为 1，当 $\overline{S}$ 为 0 时，译码器正常工作。

表 2.5.1　2-4 线译码器功能表

输　入			输　出			
$\overline{S}$	A_0	A_1	Y_0	Y_1	Y_2	Y_3
1	×	×	1	1	1	1
0	0	0	0	1	1	1
0	0	1	1	0	1	1
0	1	0	1	1	0	1
0	1	1	1	1	1	0

2-4 线二进制译码器 4 个输出端的表达式为：

$$Y_0=\overline{S\overline{A_1}\,\overline{A_0}}\qquad Y_1=\overline{S\overline{A_1}A_0}\qquad Y_2=\overline{SA_1\overline{A_0}}\qquad Y_3=\overline{SA_1\overline{A_0}}$$

如果 $\overline{S}$=0，则表达式可以写成：

$$Y_0=\overline{\overline{A_1}\,\overline{A_0}}=\overline{m_0}\qquad Y_1=\overline{\overline{A_1}A_0}=\overline{m_1}\qquad Y_2=\overline{A_1\overline{A_0}}=\overline{m_2}\qquad Y_3=\overline{A_1A_0}=\overline{m_3}$$

用两个 2-4 线二进制译码器级联可以实现 3-8 线译码器，请读者根据图 2.5.1 来做。图中 $A_2A_1A_0$ 是代码输入端，Y_0～Y_7 是输出端，当输入代码在 000～011 范围内，有效输出信号在 Y_0～Y_3 上，当代码在 100～111 范围内，有效输出信号在 Y_4～Y_7 上。

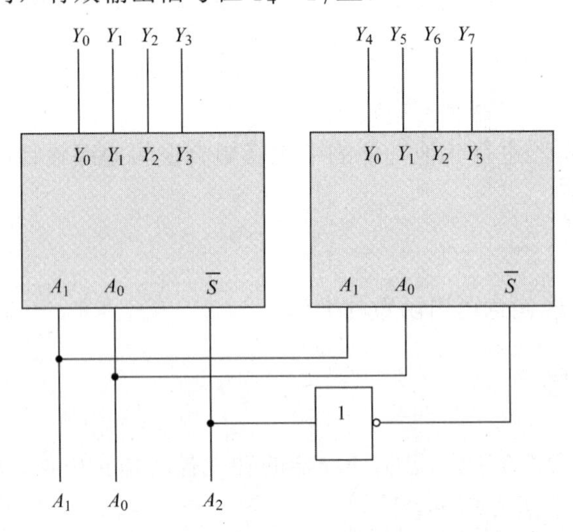

图 2.5.1　用 2-4 线译码器级联实现 3-8 线译码器的示意图

前面已经学习过 3-8 线译码器 74LS138 并测试其功能，如表 2.5.2 所示的功能表是 74LS138 的，尽管看起来对信号的表示与表 2.3.1 不完全相同。在我们应用集成块的时候，要学会读功能表，经常遇到相同的器件其输入输出端以及控制端用不同符号和变量表示的情况，请读者不要纠结于一个端脚用什么变量来表示，关键是要通过读功能表，把握其功能。

在表 2.5.2 中，G_{2A}、G_{2B} 就是表 2.3.1 中的 $\overline{GL}$ 和 $\overline{G_2}$，$A_2A_1A_0$ 就是表 2.3.1 中的 C、B、A。

当 G_1=1 且 $G_{2A}+G_{2B}$=0 时，译码器工作，输出低电平有效。此时输出逻辑函数式为：

$$\overline{Y_0}=\overline{\overline{A_2}\,\overline{A_1}\,\overline{A_0}}=\overline{m_0}\qquad \overline{Y_4}=\overline{A_2\overline{A_1}\,\overline{A_0}}=\overline{m_4}$$

$$\overline{Y_1}=\overline{\overline{A_2}\,\overline{A_1}A_0}=\overline{m_1}\qquad \overline{Y_5}=\overline{A_2\overline{A_1}A_0}=\overline{m_5}$$

$$\overline{Y_2}=\overline{\overline{A_2}A_1\overline{A_0}}=\overline{m_2}\qquad \overline{Y_6}=\overline{A_2A_1\overline{A_0}}=\overline{m_6}$$

$$\overline{Y_3}=\overline{\overline{A_2}A_1A_0}=\overline{m_3}\qquad \overline{Y_7}=\overline{A_2A_1A_0}=\overline{m_7}$$

表 2.5.2　74LS138 的功能表

输入						输出							
G_1	G_{2A}	G_{2B}	A_2	A_1	A_0	Y_0	Y_1	Y_2	Y_3	Y_4	Y_5	Y_6	Y_7
×	1	×	×	×	×	1	1	1	1	1	1	1	1
×	×	1	×	×	×	1	1	1	1	1	1	1	1
0	×	×	×	×	×	1	1	1	1	1	1	1	1
1	0	0	0	0	0	0	1	1	1	1	1	1	1
1	0	0	0	0	1	1	0	1	1	1	1	1	1
1	0	0	0	1	0	1	1	0	1	1	1	1	1
1	0	0	0	1	1	1	1	1	0	1	1	1	1
1	0	0	1	0	0	1	1	1	1	0	1	1	1
1	0	0	1	0	1	1	1	1	1	1	0	1	1
1	0	0	1	1	0	1	1	1	1	1	1	0	1
1	0	0	1	1	1	1	1	1	1	1	1	1	0

从表达式我们看出，在输出端获得了输入变量的所有最小项，因此，这种译码器又称为最小项译码器。

用两个 74LS138 进行级联，可以实现 4-16 线译码器，并且也是最小项译码器。如图 2.5.2 所示。其字信号发生器的输出信号设定为 0000～1111。结果用 Probe 指示灯和 Bargraph 两种显示器件来显示。

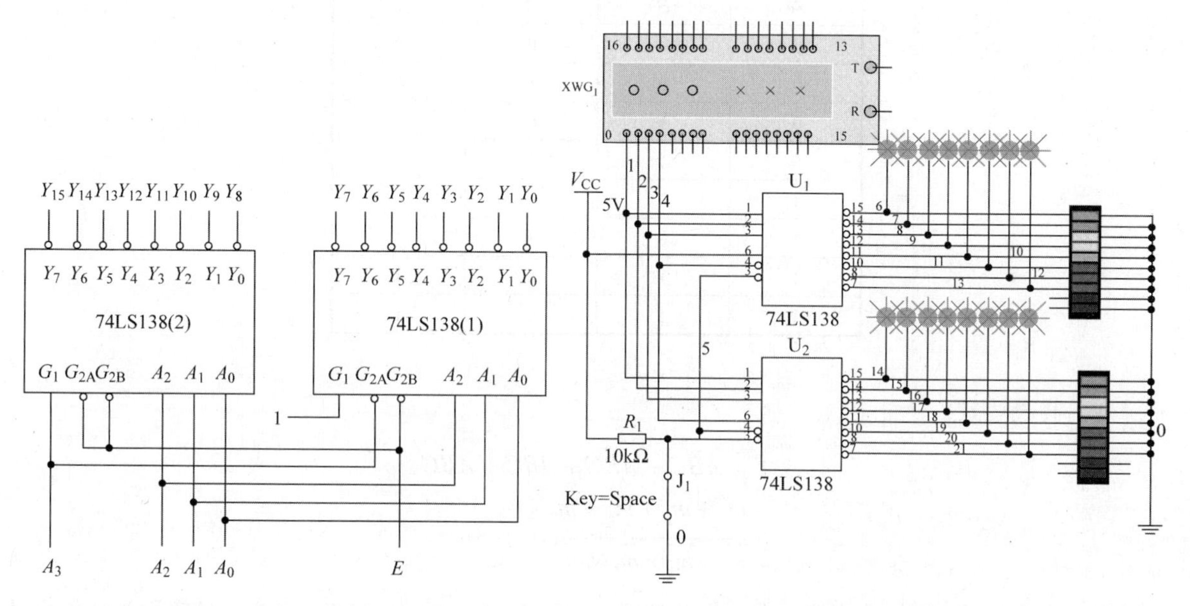

图 2.5.2　两个 74LS138 级联实现 4-16 线译码器

请读者在 Multisim 中进行功能仿真，并认真理解这种功能扩展的思路，输入信号中扩展出的代码高位 A_3 充当了芯片选择端（片选端），而代码中的低三位的作用是在 A_3 选中的芯片的输出端选择一个输出端有效（输出 0），即高位作为片选，低位作为片内选择。按照这种思路扩展下去，可以实现 5-32 线等更多输入端的译码器，并且都是最小项译码器。74LS138 的控制端有三个，主要是为了增加控制的灵活度，实际上实现 4-16 线译码器的电路连接形式不止这一种，请读者思考其他的实现方法。

二、二进制译码器作为函数发生器

从 2-4 线译码器和 3-8 线译码器的输出表达式，我们看到，在二进制译码器的输出端能够得到输入代码变量的所有最小项，因此这种译码器也称为最小项译码器，用 3-8 线译码器实现的 4-16 线译码器也是最小项译码器，如用 $A_3A_2A_1A_0$ 来表示输入的二进制代码，那么输出 Y_0～Y_{15} 的表达式为：

$$\overline{Y_0} = \overline{\overline{A_3}\,\overline{A_2}\,\overline{A_1}\,\overline{A_0}} = \overline{m_0}$$

$$\overline{Y_1} = \overline{\overline{A_3}\,\overline{A_2}\,\overline{A_1}\,A_0} = \overline{m_1}$$

$$\cdots$$

$$\overline{Y_{14}} = \overline{A_3A_2A_1\overline{A_0}} = \overline{m_{14}}$$

$$\overline{Y_{15}} = \overline{A_3A_2A_1A_0} = \overline{m_{15}}$$

因为任何一个逻辑表达式都可以用最小项之和的形式来表示，因此我们可以利用二进制译码器的输出端能够提供所有的最小项的特点来实现逻辑函数。例如以项目一中的简易会议表决器电路为例来说明用二进制译码器实现逻辑函数的方法。再次列出简易会议表决器电路真值表（见表 2.5.3）并写出表达式如下所示。

表 2.5.3　简易会议表决器电路真值表

A	*B*	*C*	*Y*
0	0	0	0
0	0	1	0
0	1	0	0
0	1	1	1
1	0	0	0
1	0	1	1
1	1	0	1
1	1	1	1

列出其表达式：

$$\begin{aligned} Y &= AB\overline{C} + A\overline{B}C + \overline{A}BC + ABC \\ &= m_3 + m_5 + m_6 + m_7 \\ &= \overline{\overline{m_3} \times \overline{m_5} \times \overline{m_6} \times \overline{m_7}} \end{aligned}$$

用 74LS138 来实现这个电路，我们令此处的 A=A_2，B=A_1，C=A_0，（请注意变量的等量关系是按照位置顺序相对应建立起来的，千万不能按名称相同），那么这里的 $\overline{m_3}$ 和 74LS138 输出端的 $\overline{m_3}$（也即 $\overline{Y_3}$）相同，$\overline{m_i}$ 和 74LS138 输出端的 $\overline{m_i}$（也即 $\overline{Y_i}$）相同，因此：$Y=\overline{\overline{m_3} \times \overline{m_5} \times \overline{m_6} \times \overline{m_7}}=\overline{\overline{Y_3} \times \overline{Y_5} \times \overline{Y_6} \times \overline{Y_7}}$，画出电路和电路示意图如图 2.5.3 所示。

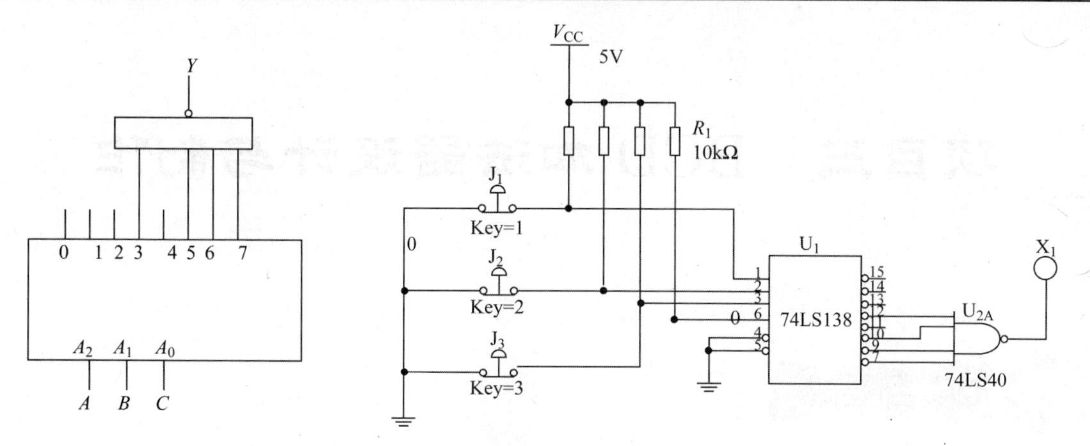

图 2.5.3　74LS138 实现简易会议表决器电路

用二进制译码器实现逻辑函数的简单步骤：

（1）根据逻辑问题描述，画出真值表。

（2）写出最小项表达式。

（3）建立逻辑问题变量和译码器输入代码端之间的等量关系。

（4）画出电路图（或电路示意图）。

3-8 译码器可以实现所有的三变量函数，4-16 译码器（“线”字习惯上可省略，余同）可以实现所有的四变量函数。一个译码器可以实现多个逻辑函数，关键是译码器的输出端的带负载能力要达到。

思考：如何用 3-8 译码器实现举重裁判电路？

■　巩固与提高

1. 知识巩固

1.1 二进制译码器每个输出端的表达式都是一个______的反变量，在输出端得到了输入变量的所有______，因此这类译码器称为_______译码器。

1.2 如果 2-4 译码器的输入端代码用 A 和 B 来表示，请默写出其 4 个输出端的表达式：$\overline{Y_0}=$______，$\overline{Y_1}=$______，$\overline{Y_2}=$______，$\overline{Y_3}=$______。

1.3 二进制译码器 74LS138 的输入代码是 $A_2A_1A_0$=011，输出端_____有效，输出值是_____，该输出端的表达式是_________。

1.4 最小项的基本性质是对应于输入信号任意一组取值，有且只有_____个最小项的值为____。

2. 任务作业

2.1 请在 Multisim 中设计一个 2-4 译码器，并用两个 2-4 译码器扩展成 3-8 译码器。

2.2 请用 74LS138 实现一位二进制全加器，并总结出用二进制译码器实现组合逻辑电路设计的方法和规律。

2.3 请用 4 片 74LS138 实现 5-32 线译码器。

项目三　BCD 加法器设计与制作

二进制加法器可以实现二进制数的加法运算，其结果也是二进制的结果。但是在数字设备中，经常使用 8421BCD 码进行运算，此时使用的运算器也是二进制加法器，结果有时会出现错误，这是因为结果是二进制的而不是 8421BCD 码。请设计电路，用二进制加法器实现两个 8421BCD 码的加法运算并能将结果调整为正确结果。

项目分三个任务进行实施，通过本项目的实施，达到如下目标。

1. 会用门电路、最小项译码器设计一位全加器并进行仿真。
2. 会用一位全加器构成多位二进制加法器并仿真功能。
3. 能认识集成加法器并能正确使用。
4. 能正确区分二进制加法与 BCD 加法的关系。
5. 能对二进制加法的结果进行 BCD 调整并能仿真测试电路功能。
6. 能制作出电路或在实训台上搭建电路，并进行验证和测试。

任务一　一位二进制加法器的设计与仿真

■ 技能目标

1. 会用门电路、最小项译码器设计一位全加器。
2. 会用仿真软件对全加器功能进行仿真。
3. 会进行二进制加法运算。

■ 知识目标

1. 掌握半加器的基本功能。
2. 掌握全加器的基本特点和功能。
3. 掌握用门电路设计全加器的方法。
4. 掌握用译码器设计全加器的方法。

■ 实践活动与指导

教师先引导学生讨论二进制的加法，并进行半加器的设计和仿真，在此基础上引入全加器的概念并引导学生进行设计和仿真。全加器的设计采用门电路和最小项译码器进行。

■ 知识链接与扩展

加法器是数字系统中运算的基础，在计算机中，加、减、乘、除四则运算都可以按照一定的算法规则转换成加法运算来完成。而任何复杂的加法器中，最基本的就是半加器和全加器。

一、半加器的设计

一位二进制数相加，若只考虑两个加数本身，而不考虑来自相邻低位的进位，如图 3.1.1（a）所示，称为半加，实现半加运算功能的电路称为半加器。根据加法法则可列出半加器的真值表如图 3.1.1（b）所示，半加器的逻辑电路和逻辑符号如图 3.1.1（c）所示。

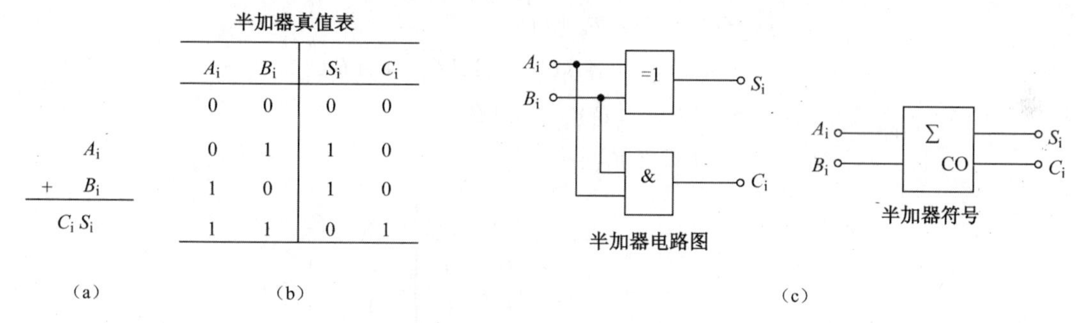

半加器真值表

A_i	B_i	S_i	C_i
0	0	0	0
0	1	1	0
1	0	1	0
1	1	0	1

图 3.1.1　半加器的相关图

由真值表可得出半加器的逻辑表达式：

$$S_i = \overline{A}_i B_i + A_i \overline{B}_i = A_i \oplus B_i$$
$$C_i = A_i B_i$$

对于半加器的功能，可以使用如图 3.1.2 所示电路进行仿真。

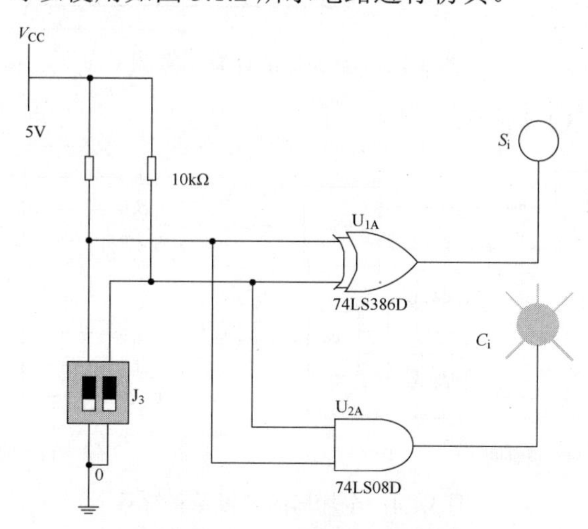

图 3.1.2　半加器的仿真图

半加器不能完全进行二进制的加法，但是可以作为构成全加器的元件，另外可以用半加器替代异或门和与门使用。

二、全加器的设计与仿真

若两个二进制数相加时在考虑本位的两个加数的同时，还考虑来自低位的进位数，称为全加，如图 3.1.3 所示。实现全加运算功能的电路称为全加器。根据二进制加法规则，列出全加器的真值表，由真值表可得出全加器的逻辑表达式为：

$$\begin{aligned} S_i &= m_1 + m_2 + m_4 + m_7 \\ &= \overline{A}_i\overline{B}_iC_{i-1} + \overline{A}_iB_i\overline{C}_{i-1} + A_i\overline{B}_i\overline{C}_{i-1} + A_iB_iC_{i-1} \\ &= \overline{A}_i(\overline{B}_iC_{i-1} + B_i\overline{C}_{i-1}) + A_i(\overline{B}_i\overline{C}_{i-1} + B_iC_{i-1}) \\ &= \overline{A}_i(B_i \oplus C_{i-1}) + A_i\overline{(B_i \oplus C_{i-1})} \\ &= A_i \oplus B_i \oplus C_{i-1} \end{aligned} \qquad \text{式 3.1.1}$$

$$\begin{aligned} C_i &= m_3 + m_5 + m_6 + m_7 \\ &= \overline{A}_iB_iC_{i-1} + A_i\overline{B}_iC_{i-1} + A_iB_i\overline{C_{i-1}} + A_iB_iC_{i-1} \\ &= (\overline{A}_iB_i + A_i\overline{B}_i)C_{i-1} + A_iB \\ &= (A_i \oplus B_i)C_{i-1} + A_iB_i \end{aligned} \qquad \text{式 3.1.2}$$

$$\begin{array}{r} A_i \\ +\quad B_iC_{i-1} \\ \hline C_iS_i \end{array}$$

A_i	B_i	C_{i-1}	S_i	C_i
0	0	0	0	0
0	0	1	1	0
0	1	0	1	0
0	1	1	0	1
1	0	0	1	0
1	0	1	0	1
1	1	0	0	1
1	1	1	1	1

图 3.1.3　全加器的计算示意图

其逻辑图和逻辑符号如图 3.1.4 所示。

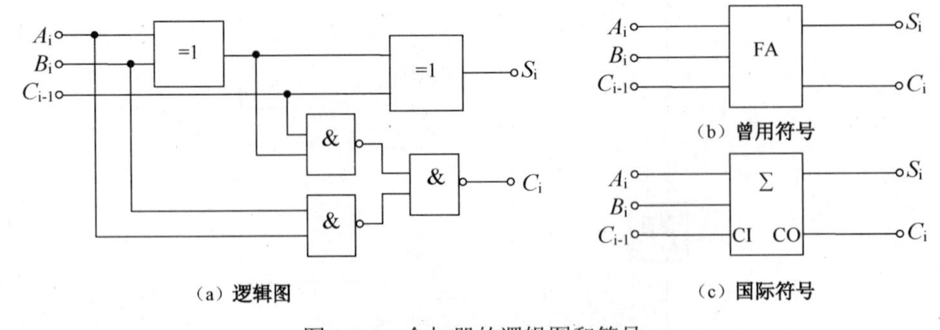

（a）逻辑图　（b）曾用符号　（c）国际符号

图 3.1.4　全加器的逻辑图和符号

利用半加器也可以实现全加器，如图 3.1.5 所示。

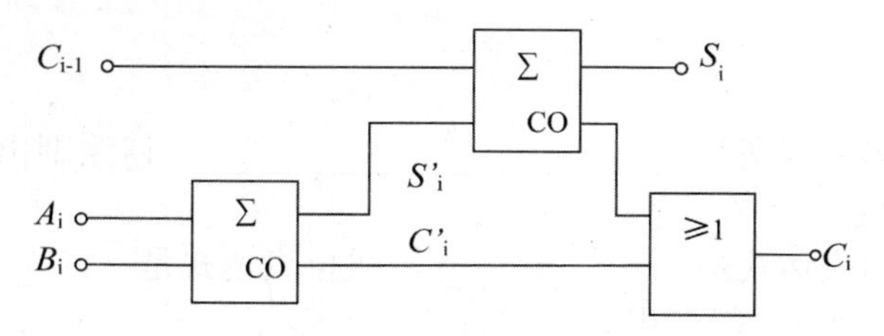

图 3.1.5　用半加器构成全加器

读者可以在 Multisim 软件中做出全加器的电路并进行仿真，如图 3.1.6 所示，请设计一个功能测试表格进行功能测试，并绘制由半加器实现全加器的电路图。

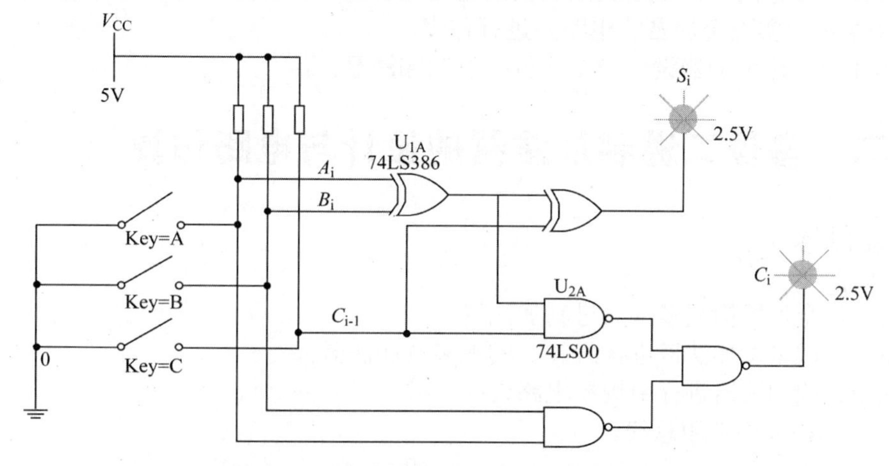

图 3.1.6　全加器的仿真电路（门电路实现）

根据前面学习的二进制译码器，可以用 74LS138 集成块来实现全加器。在真值表中认真观察，结果中"1"对应的最小项 m_i，在电路图中对应 $\overline{Y_i}$，因此可以根据逻辑问题的真值表快速做出电路来，如图 3.1.7 所示就是用 74LS138 实现全加器的电路，在全加器的真值表中，和 S_i 对应的最小项是 m_1、m_2、m_4、m_7，输出 S_i 的与非门的输入就是 $\overline{Y_1}$、$\overline{Y_2}$、$\overline{Y_4}$、$\overline{Y_7}$；和 C_i 对应的最小项是 m_3、m_5、m_6、m_7，输出 C_i 的与非门的输入就是 $\overline{Y_3}$、$\overline{Y_5}$、$\overline{Y_6}$、$\overline{Y_7}$。

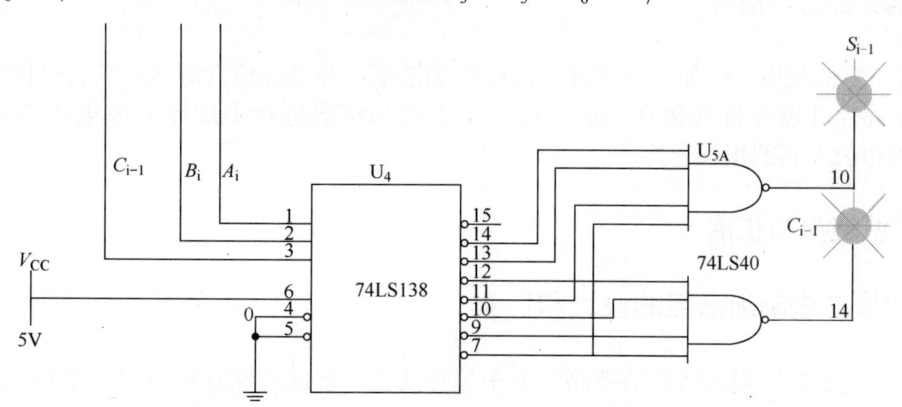

图 3.1.7　用 74LS138 实现全加器

■ 巩固与提高

1．知识巩固

1.1 半加器和全加器的区别是________________________。请绘制出半加器和全加器的逻辑符号，并比较其不同之处。

1.2 半加器的和输出表达式是_____________，进位表达式是 ______________，因此，半加器可以作为______门和_______门使用。

1.3 一位全加器的输入端有___个，分别是_____，输出有 2 个，分别是____端和_____端。

2．任务作业

2.1 请对你所设计的一位二进制全加器的电路进行整理和总结，写出电路设计和仿真的技术文章。设计由半加器实现全加器的电路并进行仿真。

2.2 请用 4 个一位全加器设计一个四位二进制加法器。

任务二　多位二进制加法器的设计与电路仿真

■ 技能目标

1．会用一位全加器构成多位二进制加法器。
2．会使用集成多位加法器进行级联，实现多位加法器。
3．会使用集成加法器进行中规模电路设计。
4．会在 Multisim 中使用总线。

■ 知识目标

1．掌握多位全加器的功能和特点。
2．掌握集成加法器的功能。
3．掌握加法器进行 8421BCD 码和余 3 码的转换。

■ 实践活动与指导

教师引导学生利用一位加法器实现行波进位加法器，并进行仿真测试，然后提供集成超前进位加法器并进行功能分析与仿真测试。引导学生用加法器进行中规模集成电路的设计，实现 8421BCD 码和余 3 码的相互转换。

■ 知识链接与扩展

一、四位二进制加法器的设计和仿真

实现多位二进制数相加运算的电路称为多位加法器，根据进位方式不同，分为串行进位加法器和超前进位加法器。

1．串行进位加法器

多位二进制数相加的过程以四位二进制数相加为例来说明，如图 3.2.1 所示，运算时，从低位向高位进行，先是 A_0 和 B_0 相加，低位没有进位，也可以认为进位是 0，图中的 C_{i-1} 表示更低位的进位，主要是在有更低位的时候使用，如果没有更低的位，可以由半加器实现 A_0 和 B_0 相加，但是有更低位的时候就必须用全加器来实现了，相加产生和 S_0 和进位 C_0。接着进行 A_1 和 B_1 相加，此时必须将 C_0 加入，所以实际是三个数相加，产生 S_1 和 C_1，依次进行下去，直到最高位 A_3 和 B_3，产生和 S_3 和进位 C_3，最终的结果可能为五位 $C_3S_3S_2S_1S_0$。加法器是数字设备中很重要的组成部分，在计算机和单片机中都有 CPU，其中运算器是很重要的部件，运算器能实现逻辑运算和算术运算，而算术运算就是加法器实现的，在 CPU 中还有很多寄存器，其中有一个标志寄存器，它的一个位为进位标志，在运算时记录最高位是否有进位。

根据四位二进制数相加的过程可以看出，多位二进制加法的电路可以由多个全加器来实现，如图 3.2.2 所示，为由 4 个全加器组成的四位串行进位加法器。低位全加器的进位输出依次连在相邻高位全加器的进位输入端，最低位全加器的进位输入端 C_1 接“地”。

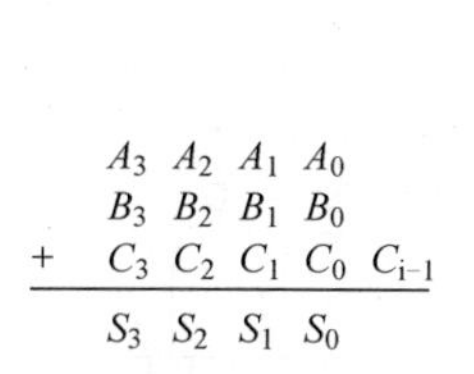

图 3.2.1　四位二进制数相加过程示意图

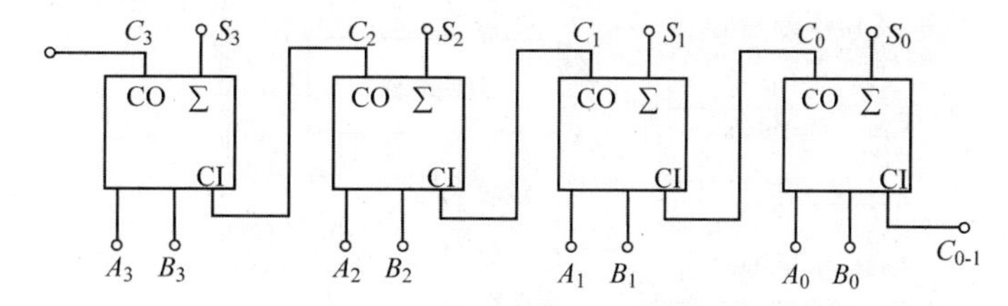

图 3.2.2　四位全加器示意图

串行进位加法器电路简单，但工作速度较慢，N 位二进制数相加，需要 N 位全加器的传输时间才可以得到正确的结果，因为需要等待低位进位，一位一位往高位传，因此这种加法器也称为行波进位加法器。

2．串行加法器的仿真

请读者按照图 3.2.3 所示电路进行串行加法器的仿真或是自己设计电路进行仿真。

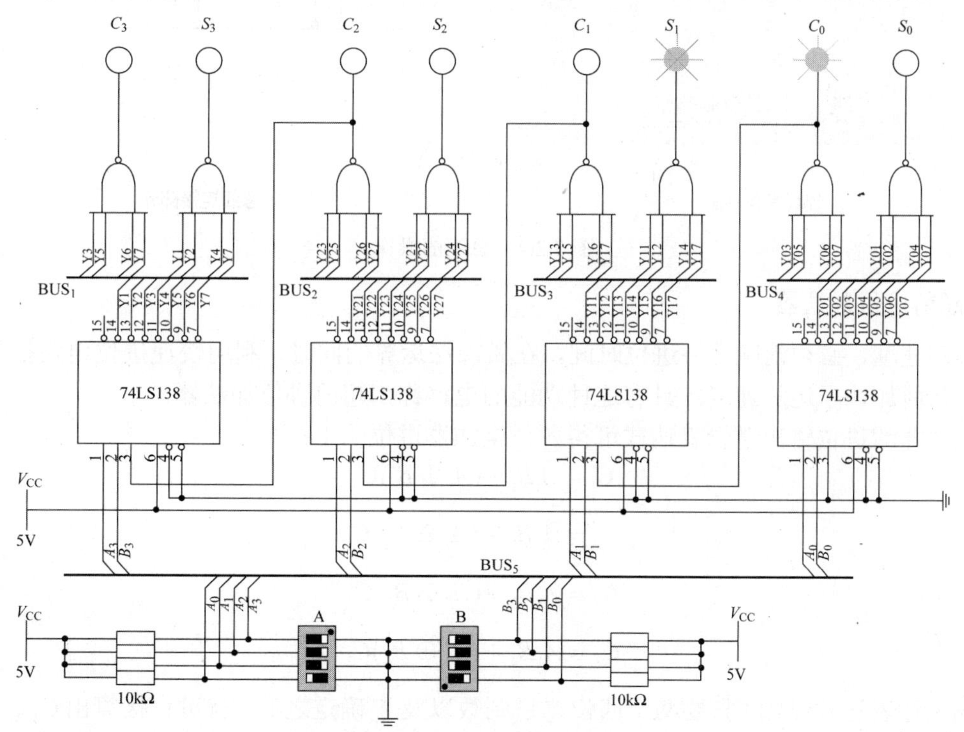

图 3.2.3　四位串行加法器仿真电路

图 3.2.3 中使用的全加器是由 74LS138 实现的，4 个一位全加器将进位从低位端向高位端进

位，用绿色指示灯表示进位，红色指示灯表示和，用 A、B 两组开关仿真加数和被加数。图中为了让连接线简洁明了，使用了 5 条总线（BUS），在数字设备中，总线是大量数据的公共传输通道，是数据的高速路。在 Multisim 中，也使用了总线功能，每个总线上可以连接很多的连线，每条连线都要有一个唯一的名称（Busline）和网络节点号（Net），其中名称是由用户起的，但是要符合命名规则并尽量见名知义，节点号是系统自动分配的。

总线的使用方法是先单击工具栏的总线符号 ┏，在需要总线的地方拖动鼠标绘出总线（如需要拐弯，单击鼠标继续拖动鼠标），然后在需要接入总线的接线端和总线之间连线，在弹出的对话框中填写连线名，需要和这个接线端连接的其他接线端也接入总线，其连线名称要和前面那个名称相同，如图 3.2.4 所示。

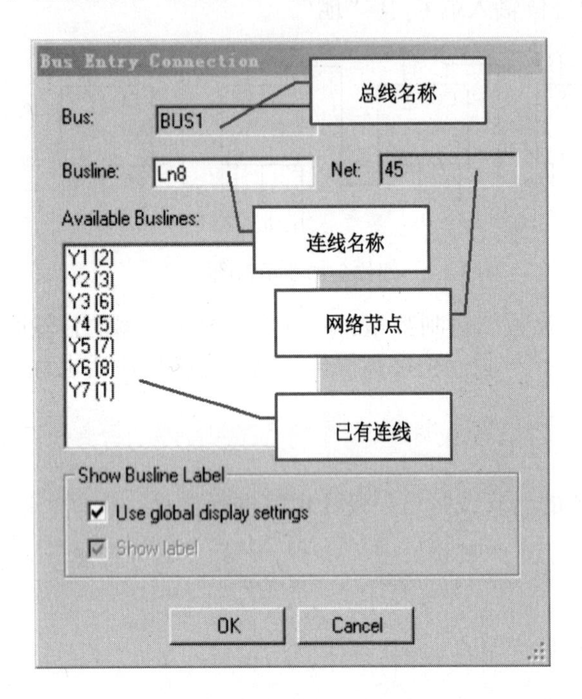

(a) 连线操作界面

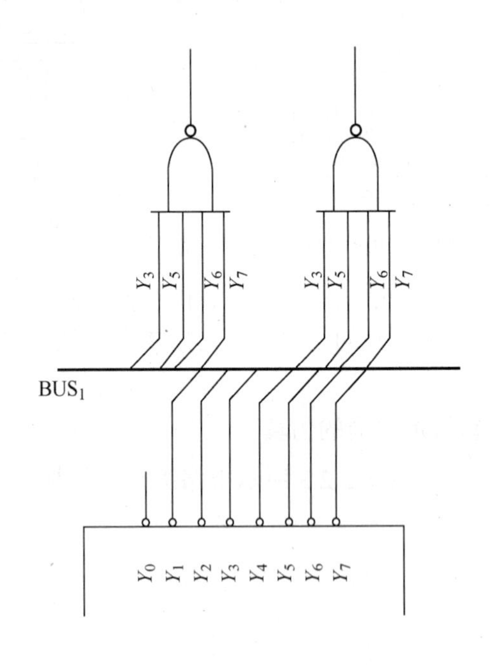

(b) 总线连接部分

图 3.2.4　总线的操作

3．超前进位加法器

为提高速度，必须消除等待进位时间，在做加法运算的同时，利用快速进位电路把各进位数求出来，从而加快了运算速度，具有这种功能的电路称为超前进位加法器。

由全加器的进位输出逻辑表达式可得各位全加器进位输出：

$$C_1 = A_1B_1 + (A_1 \oplus B_1)C_0$$

$$C_2 = A_2B_2 + (A_2 \oplus B_2)C_1$$

$$C_3 = A_3B_3 + (A_3 \oplus B_3)C_2$$

$$C_4 = A_4B_4 + (A_4 \oplus B_4)C_3$$

根据上述表达式可知，只要两个四位二进制数以及 C 确定之后，就可直接算出 C_4、C_3、C_2、C_1，即各位全加器可同时进行加法运算，因此速度快。

二、集成加法器的功能和测试

按照集成度和集成方式，集成全加器主要分为双全加器、四位全加器和四位超前进位全加器。如图 3.2.5 中的 74LS283 和 CMOS 的 CC4008 都是四位全加器。

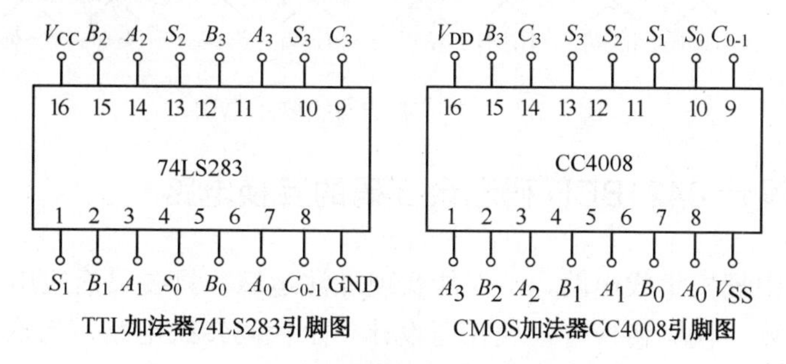

图 3.2.5　四位集成加法器

图 3.2.6 是集成加法器 74LS283 的功能测试电路图，加法器输出的结果用一个显示十六进制数的七段 LED 数码管来显示，当满 16 后向 C_3 进位，指示灯亮。

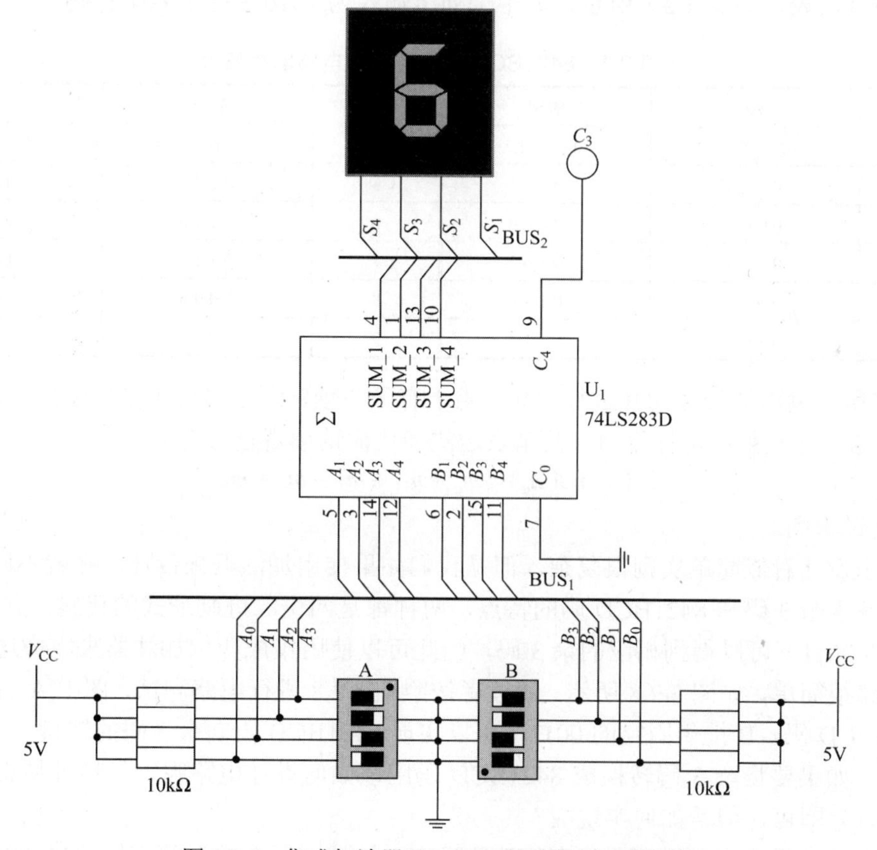

图 3.2.6　集成加法器 74LS283 的功能测试电路图

集成加法器可以级联，构成更多位的加法器，级联的方法和思路同串行加法器。图 3.2.7 是一个加法器级联的示意图，实现了 16 位（即 2 字节）数据的加法，其功能的仿真和测试请读者自己设计电路测试。请注意，这种加法是二进制加法，即第一个加法器满 16 向第二个加法器进位，加法器之间是逢 16 进 1 的，是十六进制的计数。

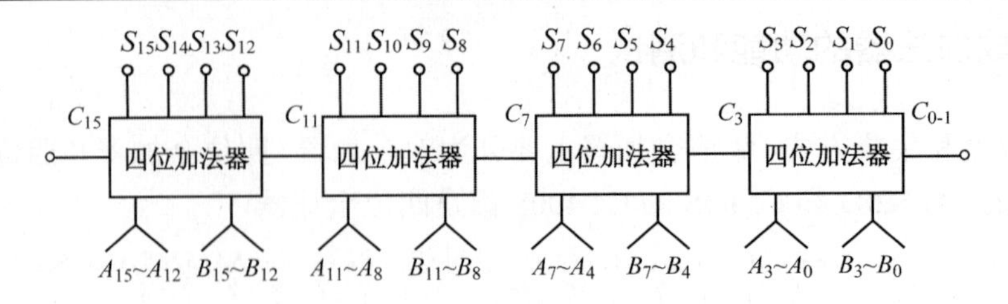

图 3.2.7　集成加法器级联示意图

三、用加法器设计 8421BCD 码和余 3 码的互换电路

集成加法器作为中规模集成电路，不仅能实现加法运算，只要灵活应用，还可以实现其他的功能，如实现减法运算、代码转换等。现在请设计一个代码转换电路，当输入 8421BCD 码时，该电路能将它转换成相应的余 3 码，例如输入 0001，输出 0100。

实现这个设计，我们如果按照前面学习的组合逻辑电路设计方法，需要经历以下几个步骤。

① 逻辑分析与定义，输入代码用 $A_3A_2A_1A_0$ 表示，输出代码用 $Y_3Y_2Y_1Y_0$ 表示。

② 列写真值表，如表 3.2.1 所示，表中未列出输入为 1010～1111 六个伪码。

表 3.2.1　8421BCD 码转余 3 码电路的真值表

序号	输入	输出	序号	输入	输出
	$A_3A_2A_1A_0$	$Y_3Y_2Y_1Y_0$		$A_3A_2A_1A_0$	$Y_3Y_2Y_1Y_0$
0	0 0 0 0	0 0 1 1	5	0 1 0 1	0 1 0 0
1	0 0 0 1	0 1 0 0	6	0 1 1 0	1 0 0 1
2	0 0 1 0	0 1 0 1	7	0 1 1 1	1 0 1 0
3	0 0 1 1	0 1 1 0	8	1 0 0 0	1 0 1 1
4	0 1 0 0	0 1 1 1	9	1 0 0 1	1 1 0 0

③ 写出所有输出的表达式并进行化简（由于有无关项，所以最好用卡诺图法进行化简）。此处仅写出 Y_0 的表达式并不进行化简，其余表达式和化简请读者自行完成。

$$Y_0(A_3A_2A_1A_0) = m_0 + m_2 + m_4 + m_6 + m_8$$

④ 画出逻辑图。

显然这个设计看似简单实则很复杂，但是我们如果使用加法器来设计，那就不同了。

首先请注意余 3 码和 8421BCD 码的特点，两种都是四位二进制形式的代码，并且 8421BCD 码加上 3（即 0011）可以得到相应的余 3 码，因此可以使用集成四位加法器来完成这两种代码的转换并且电路很简单，如图 3.2.8 所示。请读者按照图 3.2.8 进行电路测试，图中 A、B 两组按键，A 提供 8421BCD 码，B 提供固定的 0011，可以实现 8421BCD 码向余 3 码的转换。

请思考，如果要将余 3 码转换成 8421BCD 码应该如何设计电路呢？显然容易想到让余 3 码减 3（即 0011）即可，但是如何实现呢？

事实上在数字设备中，运算器只有加法器没有减法器，所有的运算都转换成加法来进行。这种情况我们在生活中也会碰到，比如有一个钟表如图 3.2.9 所示，如果从 12 点（0 点）调到 2 点，可以采取 0+2 的方法，也可以采用 0-10 的方法，从 2 点调到 5 点，可以采用 2+3 的方法，也可以用 2-9 的方法。

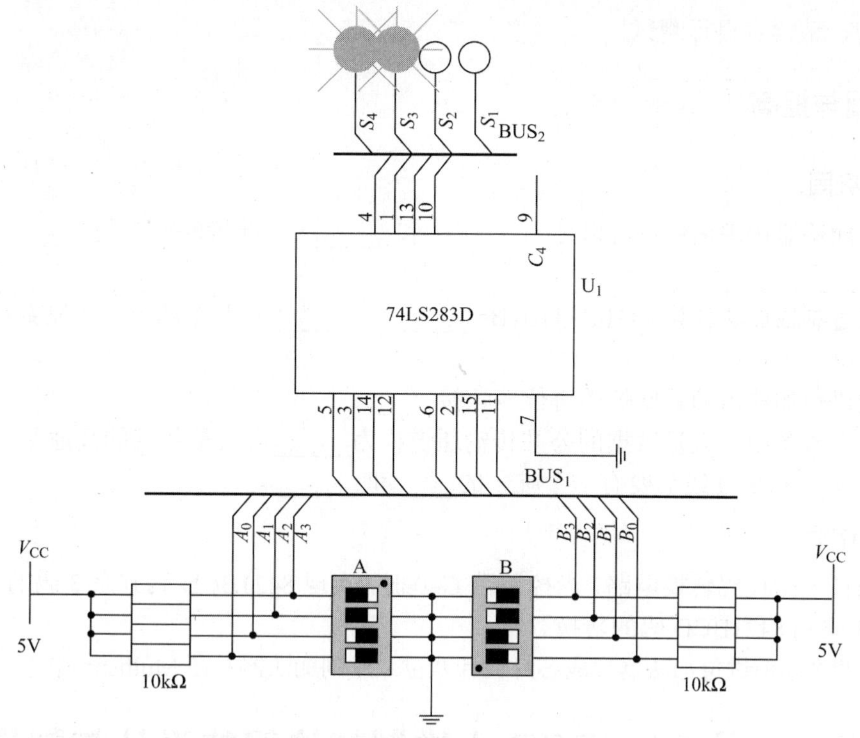

图 3.2.8　BCD 码向余 3 码代码转换电路

图 3.2.9　钟表盘面

这说明我们可以将减法转换成加法来进行运算。在钟表上，12 是满刻度，我们两次调整时间用的加法和减法中的加数和减数的和刚好是 12，此处 12 就是这个问题的模，9 关于模 12 的补码是 3，10 关于 12 的补码是 2，这样一个 $X-Y$ 的运算可以变成 $X+[Y]_{补码}$，一个减法运算就变成了加法运算了。

在余 3 码转换成 8421BCD 码的问题中，余 3 码−0011=8421BCD 码，可以转变成：

余 3 码+$[0011]_{补码}$=8421BCD

那么 0011 的补码如何求呢？这里有一个简便的方法，就是原码求反+1，即：

$[0011]_{补码}=[0011]_{反码}+1=1100+1=1101$

四位二进制数的模是 16（即 10000），用模−0011，即 10000−0011=1101。
因此，0011 的补码是 1101，那么：

余 3 码−0011=余 3 码+$[0011]_{补码}$=余 3 码+1101=8421BCD

所以，只要将图 3.2.8 中的 B 组按键固定为 1101，从 A 组按键中输入余 3 码，即可实现该代码转换电路了。这个电路中，A 组按键可以用字信号发生器来代替，B 组按键可以使用固定的接地或接电源来实现，请读者自行测试。

■ 巩固与提高

1. 知识巩固

1.1 多位加法器按进位特点可以分为________和________。前者的特点是________________，后者的特点是__________________。

1.2 用二进制数加法计算 1110B+1101B=________________。两个四位二进制数相加，结果最多可以有___位。

1.3 行波进位加法器的最低位的进位应该接_____。

1.4 在数字设备中，大量数据的公共传输通道称为______，它是数据的高速路。在 Multisim 中使用总线功能，每条连线都要有一个唯一的_____和_______。

2. 任务作业

2.1 请设计一个代码转换电路，当控制端 C=0 时，实现 8421BCD 码到余 3 码的转换，当 C=1 时，实现余 3 码到 8421BCD 码的转换。

2.2 请用两个超前进位加法器集成芯片设计八位二进制加法器并在 Multisim 中进行仿真测试。

任务三　一位 8421BCD 十进制加法器的设计与制作

■ 技能目标

1. 能正确区分二进制加法与 BCD 加法的关系。
2. 能对二进制加法的结果进行 BCD 调整。
3. 能用 Multisim 仿真该电路。
4. 能制作出电路或在实训台上搭建电路，并进行验证和测试。
5. 附加要求：能设计出电路的键盘输入电路和结果显示电路。

■ 知识目标

1. 掌握集成加法器的应用方法。
2. 掌握二进制加法和 BCD 加法的区别与调整方法。

■ 实践活动与指导

先提出问题，讨论如何进行加法调整，再分组设计调整电路，最后构成整个电路。分组进行讨论、交流、仿真、制作。

■ 知识链接与扩展

一、8421BCD 加法的特点

在集成加法器级联的时候，我们已经注意到，一个四位集成加法器向前面的加法器进位的时

候是满 16 进位的，在上一个任务中的 BCD 码转换到余 3 码的代码转换电路，也看到在进行二进制加法的时候，输出是可以超出（1001）$_2$ 的。这说明，二进制的加法器是按照二进制的加法规则进行的运算，每一位都是逢二进一，而四位为一个整体来看，就是逢十六进一，也可以说是十六进制的加法。

BCD 码是用二进制的形式表示的十进制数，所以在进行 BCD 加法时，应该按照十进制的加法规则来进行，即四位为一整体是逢十进一。例如图 3.3.1（a）所示是二进制加法，图（b）是 BCD 加法，图（c）也是 BCD 加法。

(a)	(b)	(c)
0011	0011	1001
+0111	+0101	+0101
1010	1000	1110
		(0001 0100)

图 3.3.1　二进制加法和 BCD 加法比较

图（a）中二进制运算结果显然是正确的；图（b）中运算作为 BCD 加法也是正确的，如果作为二进制运算当然也没有问题；图（c）中 BCD 运算，结果应为 14，但是得到的是二进制的结果 1110，而不是 BCD 码的结果 0001 0100，因此这个结果不是期望的正确结果。用二进制加法器进行加法运算，不论输入的是什么类型的代码，都会按照二进制的加法规则进行运算，运算的结果不一定是正确的，因此需要进行相应的调整。图（b）中结果是正确的，而图（c）中是不正确的，为什么呢？请读者仔细观察，图（b）和图（c）的结果，一个是小于 10 的，一个是不小于 10 的。当结果不小于 10 的时候，按照十进制的规则应该逢十进一了，但是加法器是逢十六进一的（四位为一个整体），这样进位的时机不同，造成了运算结果不正确。因为进位的时机比逢十六进一早了 6 个数，因此将不正确的结果加 0110 进行调整。

BCD 加法的特点就是当结果不大于 10 的时候，结果是正确的，不用调整（也可以认为是给结果加 0000）；当不小于 10 的时候，需要给结果加 0110 进行调整。

对图 3.3.1（c）中的结果进行调整：1110+0110=1 0100，在第一个 1 的前面补足 3 个 0 即可得到（0001 0100）$_{8421BCD}$。

在数字设备中用的都是二进制，去研究 BCD 加法有什么意义呢？我们在使用计算机的时候，从键盘输入的数字都是数字相应的 ASCII 码，它和 8421BCD 码的变换十分简单。数字的 ASCII 码前面补 0 后构成 8 位代码，其高四位是 0011，低四位就是这个数字的 8421BCD 码，因此我们可以很方便地将 ASCII 码变成 8421BCD 码进行运算。另外运算的结果需要进行显示和打印，二进制的结果是不能被用户接受的，也需要变成 ASCII 码进行显示和打印，BCD 码的结果可以方便地变成 ASCII 码，因此进行 BCD 的加法运算是很有必要的。

顺便了解一下余 3 码的作用，在运算结果不小于 10 需要加 0110 进行调整时，如果提前在加数和被加数上加 0011，那么运算之后就不用调整了，所以很多系统中会采用余 3 码进行运算。

二、BCD 加法器电路框图

一位 8421BCD 码加法运算的电路框图如图 3.3.2 所示。

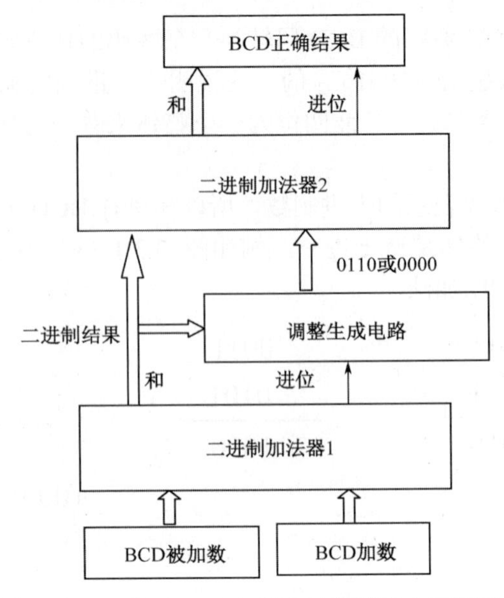

图 3.3.2　一位 8421BCD 码加法运算的电路框图

三、BCD 加法器电路设计和仿真

本电路设计的关键点在调整电路上，可以采用组合逻辑电路的设计方法进行设计。

① 逻辑定义。图 3.3.2 中加法器 1 输出的结果用 $X_3X_2X_1X_0$ 表示，进位用 C_x 表示，调整电路输出的值用 $T_3T_2T_1T_0$ 表示。

② 画出真值表。因为两个 BCD 码相加最大为 18（其二进制结果是：进位为 1，四位和为 0010），不用涵盖所有的 5 位二进制代码，所以画出如表 3.3.1 所示真值表。

表 3.3.1　加法调整电路的真值表

输入		输出	输入		输出
C_x	$X_3X_2X_1X_0$	$T_3T_2T_1T_0$	C_x	$X_3X_2X_1X_0$	$T_3T_2T_1T_0$
0	0 0 0 0	0 0 0 0	0	1 1 0 0	0 1 1 0
0	0 0 0 1	0 0 0 0	0	1 1 0 1	0 1 1 0
0	0 0 1 0	0 0 0 0	0	1 1 1 0	0 1 1 0
0	…	0 0 0 0	0	1 1 1 1	0 1 1 0
0	1 0 0 1	0 0 0 0	1	0 0 0 0	0 1 1 0
0	1 0 1 0	0 1 1 0	1	0 0 0 1	0 1 1 0
0	1 0 1 1	0 1 1 0	1	0 0 1 0	0 1 1 0

③ 写表达式。观察真值表，可以看出 $T_3=T_0=0$，$T_2=T_1$，因此只要写出 T_2（或 T_1）表达式即可。使用观察法，当 $C_x=1$ 时，T_2 为 1；当 $C_x=0$ 时，$X_3=1$ 并且 $X_2=1$ 或者 $X_1=1$ 时，$T_2=1$，由此写出：

$$T_2=T_1=C_x+X_3（X_2+X_1）=C_x+\overline{\overline{X_3X_2}\bullet\overline{X_3X_1}}$$

还需要注意一个问题，当第一级加法器输出的结果是 16（$C_x=1$、$X_3X_2X_1X_0=0000$）、17（$C_x=1$、$X_3X_2X_1X_0=0001$）、18（$C_x=1$、$X_3X_2X_1X_0=0010$）时，在第二级加法器上输入的是 $X_3X_2X_1X_0+0110$，不会产生进位，而此时结果的十位数应为 1，所以最后的结果还要考虑十位上的数 $C=C_x+C_4$，C_4

是第二级加法器的进位输出。

④ 绘出逻辑图。如图 3.3.3 所示。

整个电路的原理图和仿真图如图 3.3.3 所示。

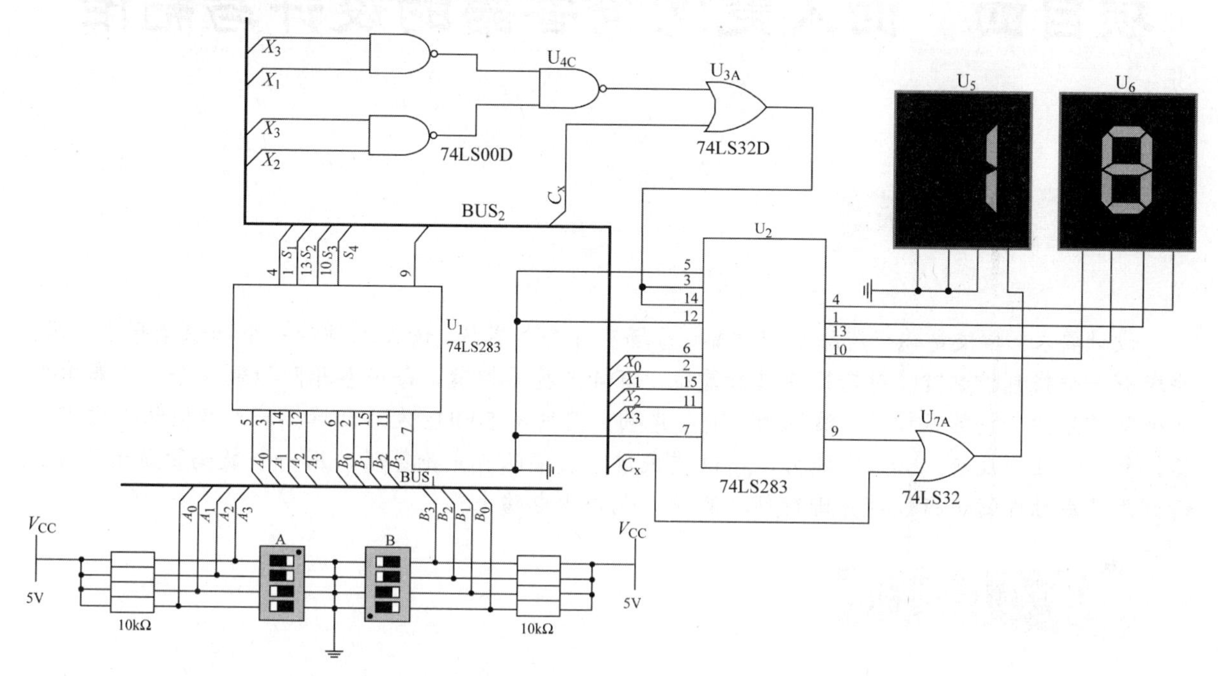

图 3.3.3　BCD 加法器电路图

四、BCD 加法器电路的搭建

请读者根据自己的条件进行电路搭建，也可以使用万能板进行焊接制作。

■　巩固与提高

1．知识巩固

1.1 在进行 BCD 加法时，应该按照____进制的加法规则来进行，即四位为一整体，逢_____进一。

1.2 BCD 加法的特点是当结果不大于 10 的时候，结果是____的，______调整（也可以认为是给结果加____）；当不小于 10 的时候，需要给结果加_____进行调整。

2．任务作业

请完成一位 8421BCD 加法器电路的设计报告，包括设计的基本思路、采用的技术或使用的元器件介绍、电路原理图和电路制作过程、调试的情况和结果、电路其他的设计思路和方法、完成项目的收获等，要求思路清晰、图文并茂。

项目四　四人竞赛抢答器的设计与制作

设计要求：学校要举行消防知识竞赛，每场有4个参赛队，请大家设计一个知识竞赛抢答器，要求有一个裁判控制键，对抢答器进行复位，有4个抢答按键，每个参赛队控制1个，比赛中当某个队首先按下抢答按钮时，该队的灯亮，声响电路发出500Hz左右的蜂鸣声，其他队再按下抢答按钮没有任何反应。如果有能力，请改进设计，当某队首先抢答时，用一个数码管显示队号。请利用集成触发器进行设计并进行仿真测试，制作出电路来。

项目分3个任务进行实施，通过本项目的实施，达到如下目标。

1. 熟练掌握各类触发器的功能和动作特点。
2. 能正确分析和选用触发器并应用于电路之中。
3. 能正确选用集成触发器并能进行功能分析和测试。
4. 能使用触发器进行相关电路的设计和分析。
5. 能灵活选用触发器构成应用电路。
6. 能清晰地分析各类触发器的区别并能进行各类触发器的功能转换。
7. 能正确使用函数发生器和示波器进行波形分析。
8. 能正确使用逻辑分析仪进行数字信号分析，正确解读数字信号波形。

任务一　简单自动蓄水池控制电路分析

■　技能目标

1. 能分析最简单的触发器工作过程。
2. 能正确理解基本RS触发器的功能。
3. 能读懂触发器的功能表，会画功能转换表和波形图。

■　知识目标

1. 掌握基本RS触发器的电路特征、功能、应用。
2. 掌握基本RS触发器的表示方法。
3. 能区分与非门和或非门构成的RS触发器电路。

4．掌握 RS 触发器的特征方程，学会波形图的画法。

■　实践活动与指导

教师给学生一个简单的自动蓄水池电路，引导学生进行工作过程分析，从而理解触发器的功能和特点，进一步使用触发器的各种表示方法进行研究。

■　知识链接与扩展

一、简单自动蓄水池的基本情况

前面学习的都是没有记忆能力的组合逻辑电路，它是由各种门电路通过逻辑组合构成的，这种电路没有记忆功能，每一时刻的输出仅和该时刻的输入有关，而与前一时刻的输出无关。在很多情况下，我们需要将前面的状态进行记忆，这时我们需要另外一类电路——时序逻辑电路。时序逻辑电路在电路上具有记忆功能和反馈回路，每一时刻的输出不仅和该时刻的输入有关，还和前一时刻的输出有关，在构成上，时序逻辑电路中一定包含触发器。触发器是一个能记忆一位二值信息的电路单元，简单说，就是一位二进制数的记忆电路。为实现这种记忆功能，触发器必须具备以下三个基本特点。

① 它有两个稳定的状态：0 状态和 1 状态。

② 在不同的输入情况下，它可以被置成 0 状态或 1 状态。

③ 当输入信号消失后，所置成的状态能够保持不变。

本项目设计的抢答器有很多方案，使用触发器设计是一个很好的选择。

我们通过一个简单的自动蓄水池控制电路的分析来体会触发器的功能和工作原理。如图 4.1.1 所示是一个简单的自动蓄水池和控制电路。

蓄水池工作过程：当出水管出水使水位下降到最低水位干簧管时，水泵启动给蓄水池加水，当水位上升到最高水位干簧管时，水泵停止向池内注水。随着水池内蓄水的使用，水位下降，当再次下降到最低水位时，水泵再次启动，向水池内注水。在蓄水池的一个工作循环中，如图 4.1.2 所示，在水位上升和水位下降的过程中，尽管都处在最高水位和最低水位之间，但是水泵的工作状态不同，当水位上升时水泵运转，当水位下降时水泵不运转。我们仔细分析图 4.1.2 可以看到，水位在最高和最低之间时，水泵的状态和它的初始状态有关。

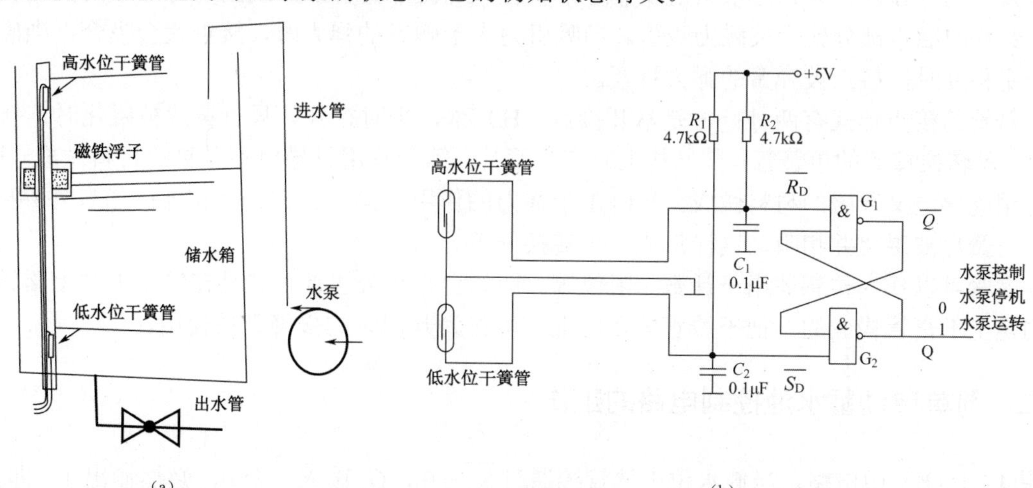

图 4.1.1　简单自动蓄水池及控制电路

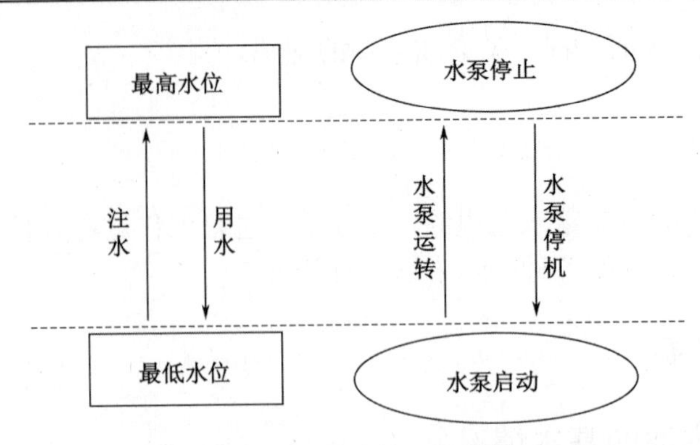

图 4.1.2 蓄水池工作过程

图 4.1.1（b）是简单自动蓄水池的控制电路，主要由两个常开型干簧管、两个与非门、两个电阻和电容构成，其中高水位干簧管和低水位干簧管处在图（a）中密闭竖管中，开关受到套在竖管外的磁铁浮子的控制。当与非门 G_2 输出为低电平“0”时，水泵停机，当与非门 G_2 输出为高电平“1”时，水泵运转。

干簧管如图 4.1.3 所示。干簧管是一种磁敏的特殊开关，也称干簧继电器。

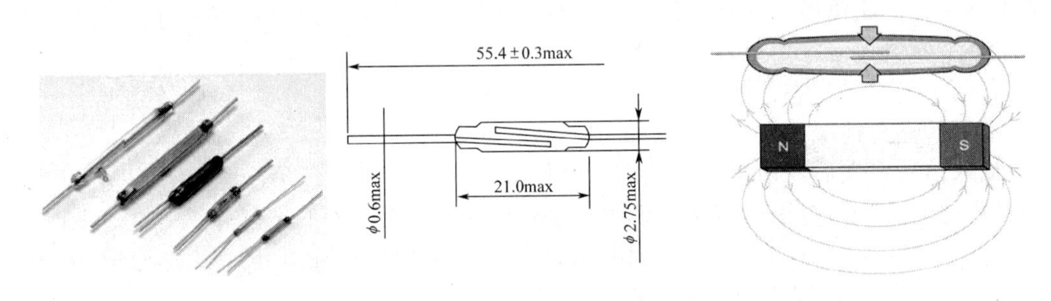

图 4.1.3 常开型干簧管

干簧管通常有两个或三个软磁性材料做成的簧片触点，被封装在充有惰性气体（如氦等）或真空的玻璃管里，玻璃管内平行封装的簧片端部重叠，并留有一定间隙或相互接触以构成开关的常开或常闭触点。 干簧管比一般机械开关结构简单、体积小、速度高、工作寿命长；而与电子开关相比，它又有抗负载冲击能力强等特点，工作可靠性很高。

干簧管的工作原理为：当永久磁铁靠近干簧管，绕在干簧管上的线圈通电形成的磁场使簧片磁化，簧片的触点部分就会被磁力吸引。当吸引力大于弹簧的弹力时，接点就会吸合；当磁力减小到一定程度时，接点被弹簧的弹力打开。

干簧管的接点形式有两种：一是常开接点（H）型，平时打开，只有簧片被磁化时，接点才闭合；二是转换接点的单簧管，其结构上有三个簧片，第一片用只导电不导磁的材料做成，第二、第三片用既导电又导磁的材料做成。平时由于弹力的作用，第一、三簧片相连；当有外界磁力，第二、三簧片被磁化并相吸，这样形成一个转换开关。

干簧管可以作为传感器用于计数、限位等。例如自行车公里计，就是在轮胎上粘上磁铁，在一旁固定上干簧管构成的；把干簧管装在门上，可作为开门时的报警开关使用。

二、简单自动蓄水池控制电路的工作

图 4.1.1（b）中电路，当低水位干簧管接通时 $\overline{S_D}=0$，G_2 输入一个 0，必然输出 1，即 G_2 输出 $Q=1$，电动机被启动，开始向水池注水。此时高水位干簧管一定是打开的，G_1 输入端 $\overline{R_D}=1$，

所以 G_1 输出 $\overline{Q}=0$。随着水位的升高，低水位干簧管断开，使得 $\overline{S_D}=1$，此时由于 G_2 从上面 G_1 得到的输入为 0，所以，输出 $Q=1$ 不变，电动机继续运转给蓄水池补水。

当水位升到最高水位时，高水位干簧管接通，G_1 输入 $\overline{R_D}=0$，G_1 的输出 $\overline{Q}=1$，这样 G_2 两个输入都为 1，输出为 $Q=0$，电动机停止运转。随着水位下降，两个干簧管都输出 1，由于 $Q=0$，所以 $\overline{Q}=1$，反过来又使得 $Q=0$，电动机保持停止状态。

从电路工作分析可以看出，电路输出 Q 的逻辑状态与输入有关，和前面的输出也有关。这个控制电路就是一个由与非门构成的 RS 触发器，其输入信号端用 $\overline{R_D}$ 和 $\overline{S_D}$ 表示，称为触发信号；输出用 Q 和 $\overline{Q}$ 表示，触发器接收触发信号之前的状态称为现态，用 Q^n 表示，触发器接收触发信号之后的状态称为次态，用 Q^{n+1} 表示。为了将这个过程表达得更清楚，可以画出表 4.1.1 来表示，这个表也是这个触发器的真值表或特性表。

这个 RS 触发器是用与非门构成的，当与非门的一个输入端为 0 时，输出就和另外的输入无关了，因此输入是低电平有效的，表示的时候在输入端信号上加非号。

表 4.1.1　简单自动蓄水池电路的功能分析表

$\overline{S_D}$	$\overline{R_D}$	Q^n	Q^{n+1}	$\overline{Q^{n+1}}$	功能
0	1	0	1	0	置位（置 1）
1	1	1	1	0	保持（记忆）
1	0	1	0	1	复位（置 0）
1	1	0	0	1	保持（记忆）
0	0	0	×	×	约束（不允许）
0	0	1	×	×	

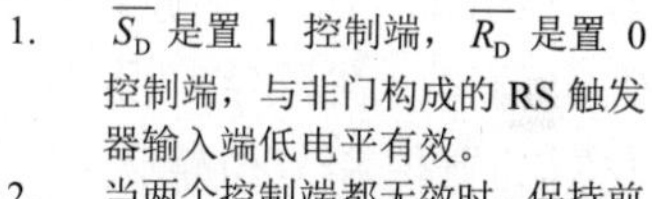

1. $\overline{S_D}$ 是置 1 控制端，$\overline{R_D}$ 是置 0 控制端，与非门构成的 RS 触发器输入端低电平有效。
2. 当两个控制端都无效时，保持前面时刻初始态不变。
3. 不能两个控制端同时有效。

由表 4.1.1 可以看出来，当 $\overline{S_D}=0$ 时，输出 Q 的次态是 1，我们称为输出置位（或置 1）；当 $\overline{R_D}=0$ 时，输出 Q 的次态是 0，我们称为输出复位（或置 0）；当 $\overline{S_D}=\overline{R_D}=1$ 时，输出 Q 次态和初态相同，这种工作状态称为保持（或记忆）；在这个电路中没有 $\overline{S_D}=\overline{R_D}=0$ 的情况出现。

三、基本 RS 触发器的功能和表示

如果抛开这个实际的控制电路，输入 $\overline{R_D}$ 和 $\overline{S_D}$ 可以任意取逻辑值，那么可以得到表 4.1.2 的真值表（特性表）。

表 4.1.2　基本 RS 触发器的真值表

$\overline{S_D}$	$\overline{R_D}$	Q^n	Q^{n+1}	$\overline{Q^{n+1}}$	功能
0	0	0	×	×	约束（不允许）
0	0	1	×	×	
0	1	0	1	0	置位（置 1）
0	1	1	1	0	
1	0	0	0	1	复位（置 0）
1	0	1	0	1	
1	1	0	0	1	保持（记忆）
1	1	1	1	0	

表 4.1.2 显示：

当$\overline{S_D}$=0（有效）、$\overline{R_D}$=1（无效）时，触发器被置位（置 1）；

当$\overline{R_D}$=0（有效）、$\overline{S_D}$=1（无效）时，触发器被复位（置 0）；

当$\overline{S_D}$=1（无效）、$\overline{R_D}$=1（无效）时，触发器状态不变（保持）；

当$\overline{S_D}$=0（有效）、$\overline{R_D}$=0（有效）时，触发器工作不允许这样。

因此，触发器有置位、复位、记忆这三种基本功能。其逻辑符号如图 4.1.4 所示。

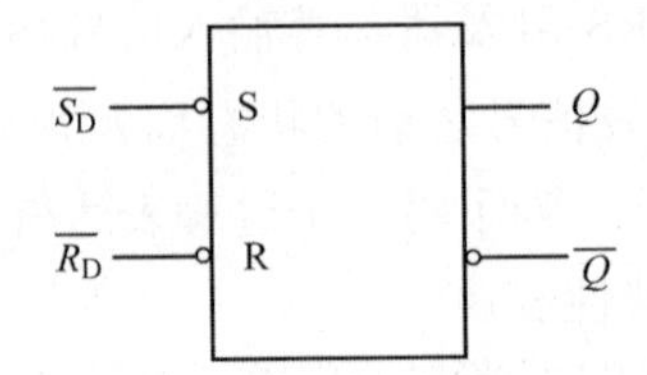

图 4.1.4　基本 RS 触发器符号

当$\overline{S_D}=\overline{R_D}$=0 时，两个与非门都输出 1，这两个 1 反馈回与非门的输入端，此时如两个输入同时变成 1，那么每个与非门输入端都为 1，与非门 G_1 如果输出 0，则 G_2 就输出 1；如 G_2 输出 0 则 G_1 输出 1，到底是哪个输出 0，由信号在两个与非门中的传输速度决定。所以电路的状态出现不确定因素，在数字产品中，不确定性是不允许的，每一时刻的逻辑值必须是确定的。因此 RS 触发器的置位和复位输入端不能同时有效。

根据表 4.1.2 真值表，可以画出 Q^{n+1} 卡诺图，如图 4.1.5 所示。其中$\overline{S_D}=\overline{R_D}$=0 是无关项，在图上根据卡诺图化简的原则画出卡诺图进行化简，写出表达式为：

$$Q^{n+1}=S_D+\overline{R_D}Q^n \qquad (\overline{S_D}+\overline{R_D}=1)$$

可以使用摩根定律对条件表达式进行变化：

$$Q^{n+1}=S_D+\overline{R_D}Q^n \qquad (S_D\cdot R_D=0)$$　　式 4.1.1

这个表达式代表了 RS 触发器的特性，也称为特性方程。括号中是这个特性方程成立的条件，代表$\overline{R_D}$和$\overline{S_D}$至少一个为 1。

这个触发器的功能，还可以使用如图 4.1.6 所示的状态转换图来表示。图中圆圈内加逻辑值表示一个逻辑状态，箭头表示状态变化的方向，箭头上的表达式表示这种变化的输入条件。

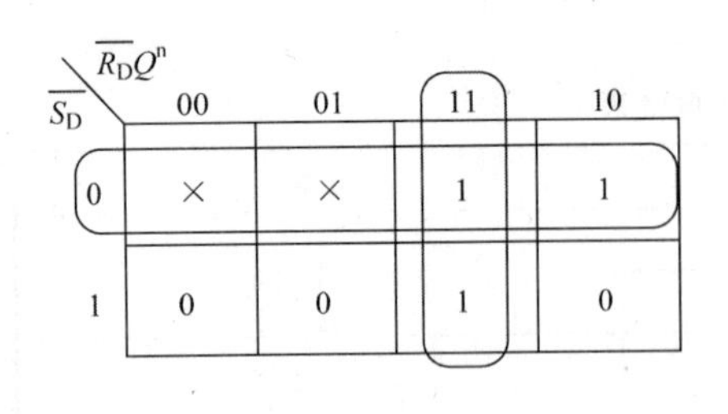

图 4.1.5　RS 触发器卡诺图

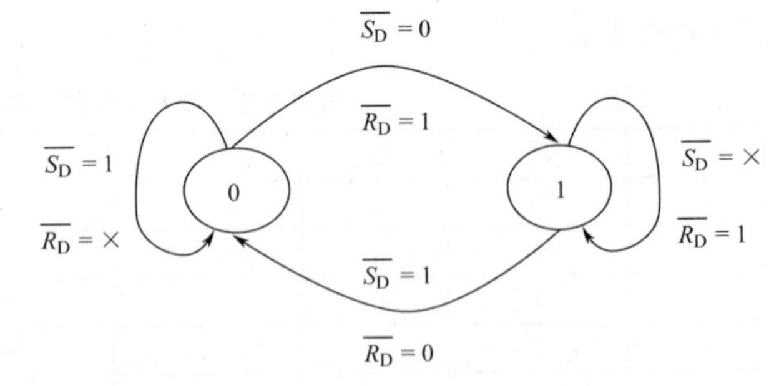

图 4.1.6　基本 RS 触发器的状态转换图

在研究触发器的工作时，还经常分析输入输出状态随着时间的延续发生变化的情况，此时我们使用波形图（或时序图），图 4.1.7 就是根据$\overline{R_D}$和$\overline{S_D}$变化的信号，输出 Q 跟着变化的一个波形图。这是从逻辑分析仪上截取的一段波形，横轴是时间轴，其中竖虚线是时刻线，表示与之相交的波形是同一时刻点。图中 Q 和$\overline{Q}$在多数情况下是相反的，但是当$\overline{S_D}=\overline{R_D}$=0 时，$Q=\overline{Q}$=1，这是不允许的状态。

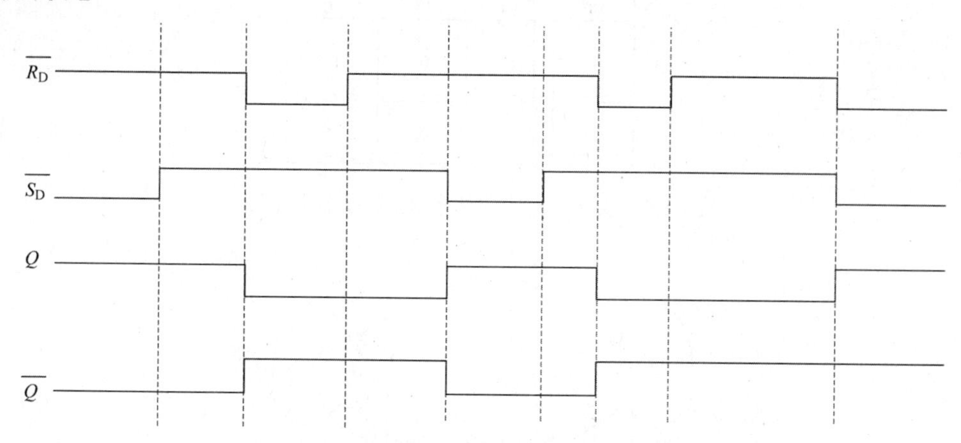

图 4.1.7　与非门构成的基本 RS 触发器的时序图

触发器的表示方法有：真值表（特性表）、表达式（特性方程）、状态转换图、波形图（时序图），它们各有特点。真值表可以将工作中出现的所有情况及其输出列举出来，但是看不出每种情况出现的时间先后；表达式可以明确表达输入输出的逻辑关系，但是看不出具体的功能；状态转换图能明确表达状态变化的趋势和条件，但看不出时序性；波形图能表达电路随着时间的延续输入输出发生的变换，但是却不能明确表达其逻辑关系和每种情况下输入输出的对应关系。这四种方法是我们分析时序逻辑电路的重要武器，它们是可以相互转化的。

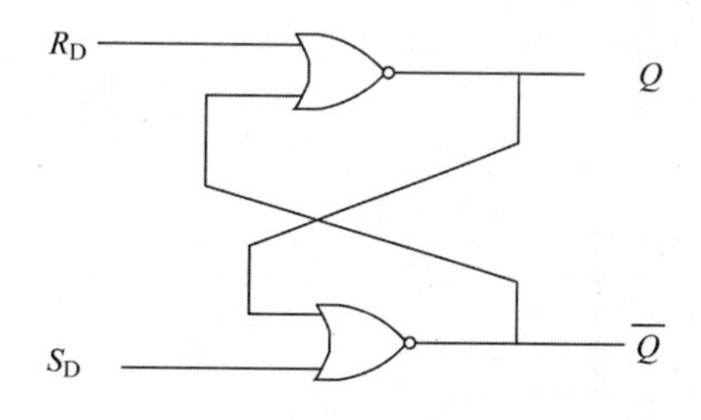

图 4.1.8　或非门构成的基本 RS 触发器

2．或非门构成的基本 RS 触发器

图 4.1.8 是用或非门构成的基本 RS 触发器，输入信号高电平有效，其真值表如表 4.1.3 所示。根据真值表可画出卡诺图如图 4.1.9 所示，进一步进行化简可以获得其特性方程（式 4.1.2），可以继续画出状态转换图如图 4.1.10 所示。

特性方程：

$$Q^{n+1}=S_D+\overline{R_D}Q^n \qquad (R_D \bullet S_D=0) \qquad \text{式 4.1.2}$$

将式 4.1.2 和式 4.1.1 比较可以看出，这两个表达式是一样的，因此它们对应相同功能的触发器，仔细比较两个触发器的真值表也可以看出二者是相同的。请读者注意，与非门构成的基本 RS 触发器的输入端是低电平有效，而或非门构成的基本 RS 触发器的输入端是高电平有效。

表 4.1.3　或非门构成基本 RS 触发器真值表

S_D	R_D	Q^n	Q^{n+1}	$\overline{Q^{n+1}}$	功能
0	0	0	0	1	保持（记忆）
0	0	1	1	0	
0	1	0	0	1	复位（置 0）
0	1	1	0	1	
1	0	0	1	0	置位（置 1）
1	0	1	1	0	
1	1	0	×	×	约束（不允许）
1	1	1	×	×	

1）S_D 是置 1 控制端，R_D 是置 0 控制端，或非门构成的 RS 触发器中高电平有效。

2）当两个控制端都无效时，保持前面时刻初始态不变。

3）不能两个控制端同时有效，不能同时为 1。

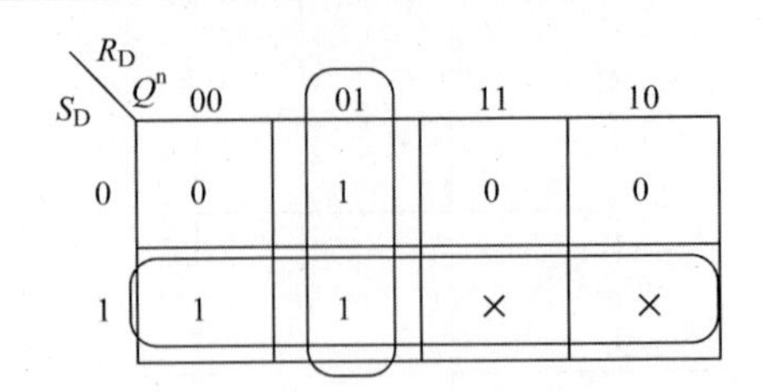

图 4.1.9　或非门构成的基本 RS 触发器卡诺图

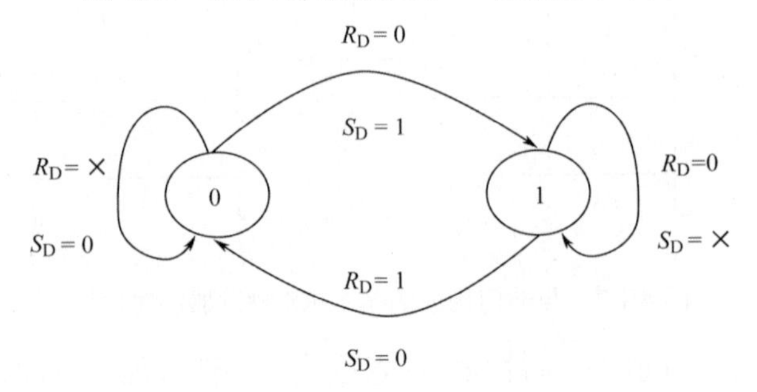

图 4.1.10　或非门构成的基本 RS 触发器状态转换图

或非门构成的基本 RS 触发器的一个功能测试电路如图 4.1.11（a）所示，其某个时段的波形如图（b）所示。

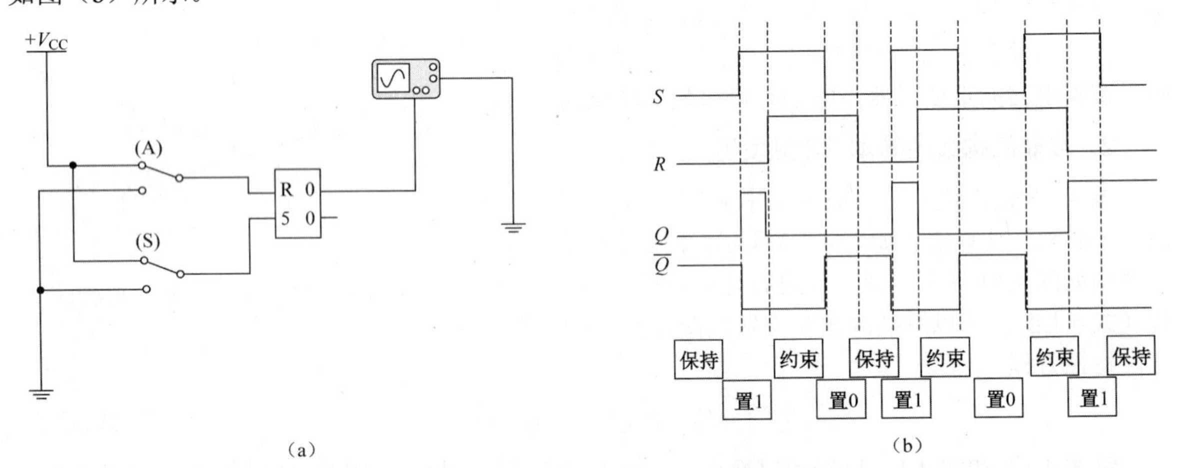

图 4.1.11　基本 RS 触发器的测试电路和波形图

基本 RS 触发器的动作特点：输入端变化会直接对输出端进行置位或复位，无时钟控制端。这种触发器也称为直接置位复位触发器，因此在输入信号上都有一个 D（Directory），代表直接的置位复位。

基本 RS 触发器的主要优点是：结构简单，具有置“0”、置“1”和保持的逻辑功能；主要缺点是：电平直接控制，使电路抗干扰能力下降；$\overline{S}$ 和 $\overline{R}$ 之间有约束，限制了基本 RS 触发器的使用。

■　巩固与提高

1．知识巩固

1.1　按逻辑功能的不同特点，数字电路可分为__________和____________两大类。请简述它们的功能特点。

1.2 组合逻辑电路由各种（　　）组合而成。

A．门电路　　B．触发器　　C．计数器　　D．集成块

1.3 触发器是____________________的电路单元，触发器必须具备的三个基本特点是________________。表达触发器的特性的表格称为__________表。

1.4 干簧管是一种______的特殊开关，也称__________。

1.5 触发器接收触发信号之前的状态称为________，用____表示，触发器接收触发信号之后的状态称为_____，用_____表示。

1.6 基本 RS 触发器的工作有_______、______、_______三种状态，即有三种功能，置位端和复位端都有效是_______（允许/不允许）的。

1.7 用与非门组成的基本RS触发器和用或非门组成的基本RS触发器在逻辑功能上有什么差别？

1.8 在题图 4.1.1（a）、（b）的基本 RS 触发器电路中，若输入端 A、B 的电压波形如题图 4.1.1（c）所示，试画出两个触发器输出端电压 Q_1、$\overline{Q_1}$、Q_2 和 $\overline{Q_2}$ 的电压波形。假定无输入信号时触发器的初态为 0。

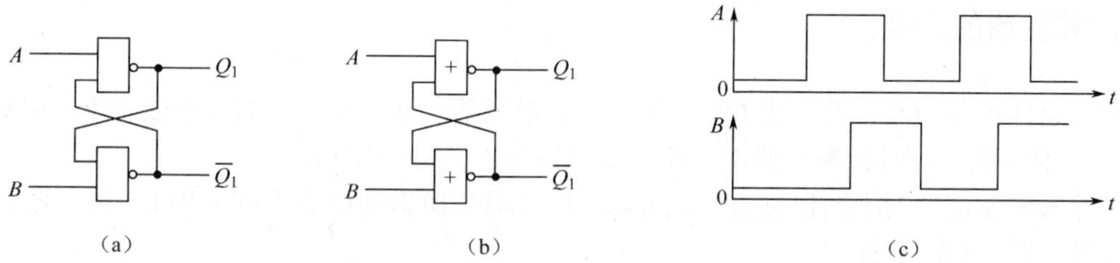

（a）　　（b）　　（c）

题图 4.1.1

1.9 请绘出基本 RS 触发器的逻辑符号并简述其逻辑功能。

1.10 表达触发器功能的形式有_______、________、_______、________、________五种方式。

1.11 请写出基本 RS 触发器的特性方程______________________。

2．任务作业

请认真分析基本 RS 触发器的功能和电路特点，将简易自动蓄水池的控制电路改成用或非门构成的基本 RS 触发器的控制电路，并写出电路的工作过程。

任务二　各类触发器的功能测试与比较

■ 技能目标

1．能正确选用集成触发器并能进行功能分析和测试，能正确应用于电路之中。

2．能使用触发器进行相关电路的设计和分析。

3．能灵活应用触发器构成的分频电路和计数器电路。

4．能清晰地分析各类触发器的区别并能进行各类触发器的功能转换。

5．能正确使用函数发生器和示波器进行电路仿真。

■ 知识目标

1．掌握各类电路结构触发器的动作特点。
2．熟练掌握 RS、JK、D、T 触发器的功能。
3．掌握各类触发器的真值表、特性方程。
4．掌握触发器功能转换的方法。
5．掌握函数发生器和示波器的参数设置。

■ 实践活动与指导

教师指导学生进行各类触发器的功能测试或仿真测试，学生自己对各类触发器进行功能总结，通过这个学习活动，深刻理解各类触发器的动作特点和功能。

■ 知识链接与扩展

一、触发器的分类

触发器总体可分为两大类：基本触发器和时钟触发器。基本触发器的次态输出不受时钟脉冲信号（CP）的控制，而时钟触发器次态输出受时钟脉冲信号的控制。

按照输入触发信号的不同控制方式，可以将触发器按逻辑功能的不同分为 RS 触发器、JK 触发器、D 触发器、T 触发器。

按照触发器的电路结构不同还可将其分为同步触发器、主从结构触发器、维持阻塞触发器、边沿触发器。

此外，按照触发器使用器件的不同，又将触发器分为 TTL 集成触发器和 CMOS 集成触发器两种。

二、时钟触发器

1．时钟 RS 触发器

在数字系统中，常用时钟脉冲控制触发器的翻转时刻，使各触发器按一定节拍同步动作，一个时钟脉冲信号通常是以矩形脉冲的形式给出，如图 4.2.1（a）所示。通常，时钟触发器的控制方式分为高电平控制方式、上升沿控制方式和下降沿控制方式。图 4.2.1（b）是一个时钟 RS 触发器的逻辑图，（c）是逻辑符号。

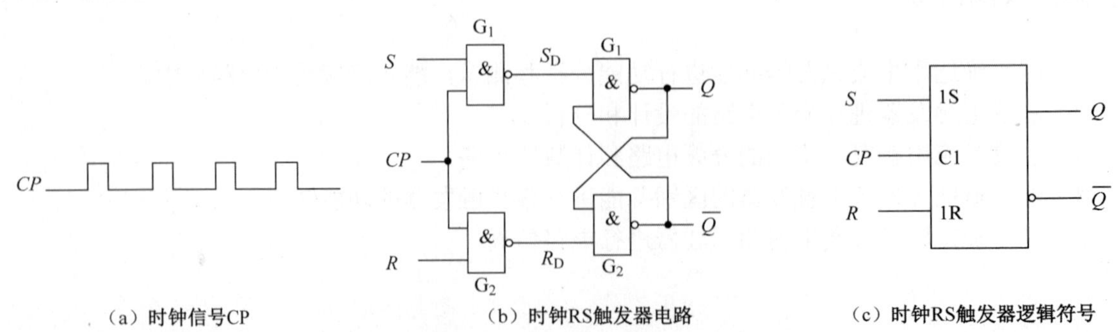

（a）时钟信号CP　（b）时钟RS触发器电路　（c）时钟RS触发器逻辑符号

图 4.2.1　时钟 RS 触发器

如图 4.2.1（b）所示电路是在基本 RS 触发器的基础上增加一级控制门电路，当 CP=0 时，R、S 的变化不会引起 G_1 门和 G_2 门输出端的变化，因此 Q 输出会保持不变；当 CP=1 时，$S_D=\overline{S}$，$R_D=\overline{R}$，从 R 和 S 触发输入端来分析，这个电路的功能和或非门构成基本 RS 触发器相同，其真值表如表 4.2.1 所示。这个电路中 CP=1 时，输出状态会因输入而变化，称为时钟高电平控制方式（高电平有效），反之称为时钟低电平控制方式（低电平有效）。高电平有效的触发器，时钟脉冲为高电平期间，输入的触发信号才起作用。时钟脉冲为低电平期间，即使有触发信号也不会改变触发器的状态。由于时钟脉冲起同步作用，所以要求在一个时钟周期内，触发器的状态只能改变一次，要求触发信号在时钟脉冲为高电平期间不允许改变。

根据时钟 RS 触发器的电路和特性表，可以得到如下表达式：

$$S_D=\overline{S\cdot CP}\qquad R_D=\overline{R\cdot CP}$$

当 CP =1 时：

$$\begin{cases}Q^{n+1}=S+\overline{R}Q^n\\ SR=0\cdots\cdots(\text{约束条件})\end{cases}\qquad\text{式 4.2.1}$$

式 4.2.1 和式 4.1.1 以及式 4.1.2 是完全相同的，这说明这三个电路虽然电路结构上有区别，但是功能是相同的。它们的电路结构不同决定了其动作特点不同。

时钟触发器的动作特点：

（1）时钟电平控制。在时钟脉冲有效期间接收输入信号，时钟脉冲无效期间状态保持不变，与基本 RS 触发器相比，对触发器状态的转变增加了时间控制。

（2）R、S 之间有约束。不允许出现 R 和 S 同时为 1 的情况，否则会使触发器处于不确定的状态。

表 4.2.1　时钟 RS 触发器的特性表

CP	R	S	Q^n	Q^{n+1}	功　能
0	×	×	×	Q^n	$Q^{n+1}=Q^n$ 保持
1	0	0	0	0	$Q^{n+1}=Q^n$ 保持
1	0	0	1	1	
1	0	1	0	1	Q^{n+1}=1 置 1
1	0	1	1	1	
1	1	0	0	0	Q^{n+1}=0 置 0
1	1	0	1	0	
1	1	1	0	不用	不允许
1	1	1	1	不用	

如图 4.2.2 所示是时钟 RS 触发器的一个时序波形，从中可以看出，在 CP=0 期间，R 和 S 的变化对输出没有影响，在 CP=1 期间，输出 Q 会受 R 和 S 影响发生变化，但 R=S=1 是不允许的。

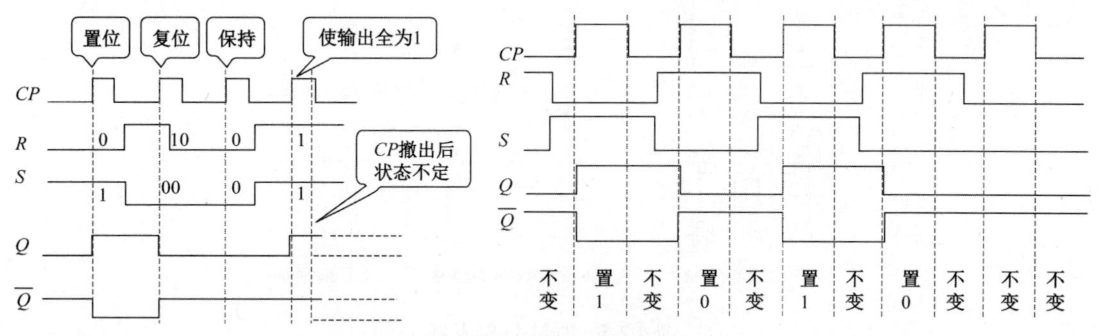

图 4.2.2　时钟 RS 触发器的波形图

请读者用如图 4.2.3 所示的仿真电路进行时钟 RS 触发器的功能测试，图中 *C* 代表 *CP* 时钟，*R* 代表复位端，*S* 代表置位端，*Q* 是输出端，*NQ* 代表 $\overline{Q}$。测试中请认真观察输入输出之间的关系并记录，画出波形图。

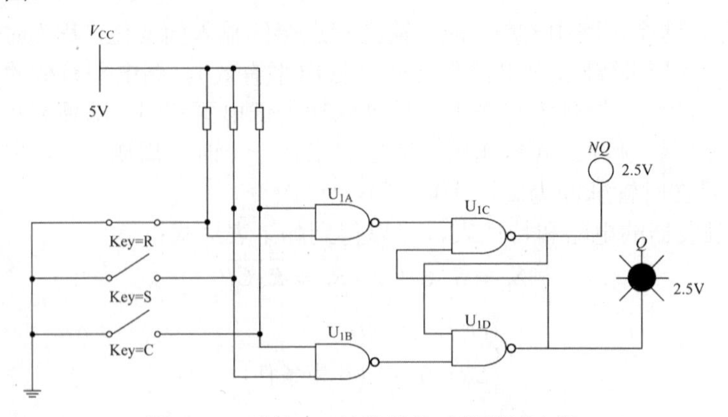

图 4.2.3　时钟 RS 触发器的功能测试电路

有的时钟 RS 触发器上，除了受时钟脉冲控制的 *R*、*S* 端外，还有不受时钟脉冲控制的置位、复位端，称为异步置位、复位端，如图 4.2.4 所示。$\overline{S_D}$、$\overline{R_D}$ 是异步置位、复位端，当它们有效时（为 0），不论 *CP* 如何，都会使输出端置位或复位，并且这两个功能端不能同时有效。

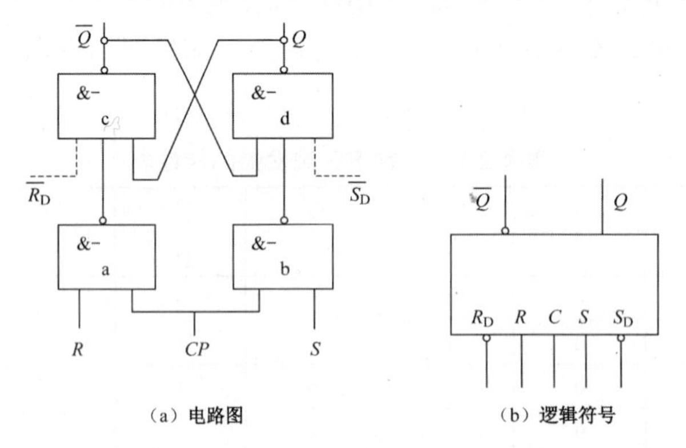

（a）电路图　　（b）逻辑符号

图 4.2.4　带异步功能端的时钟 RS 触发器

2. 时钟 D 触发器

由于时钟 RS 触发器的触发端有约束状态，在使用时会出现一些不便之处，因此可以在 RS 触发器的基础上进行电路改造，如将 *R* 和 *S* 通过门电路连接为一个输入，并将其名字改为 D，就成了 D 触发器，如图 4.2.5 所示。

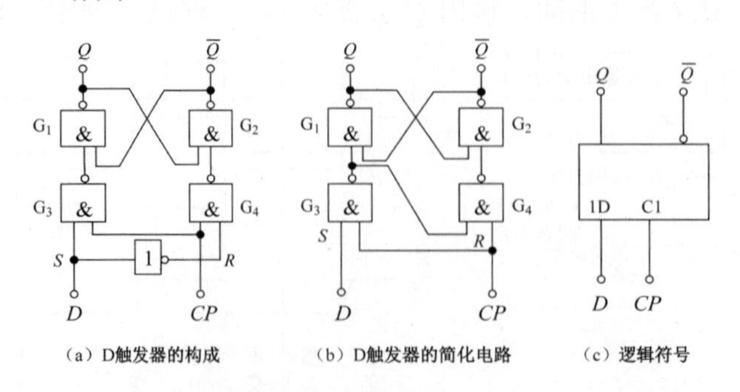

（a）D触发器的构成　　（b）D触发器的简化电路　　（c）逻辑符号

图 4.2.5　时钟 D 触发器

将 $S=D$，$R=\overline{D}$ 代入表 4.2.1 可以得到 D 触发的特性表 4.2.2，D 触发器的状态转换图如图 4.2.6 所示。由特性表可以看出以下三点：

（1）当时钟脉冲有效时，D 触发器只有置位和复位功能。

（2）当时钟脉冲无效时，触发器保持状态不变。

（3）D 触发器无不允许的状态。

表 4.2.2　时钟 D 触发器的特性表

CP	*D*	Q^n	Q^{n+1}	功能
0	×	×	Q^n	保持
1	0	0	0	置 0
1	0	1	0	
1	1	0	1	置 1
1	1	1	1	

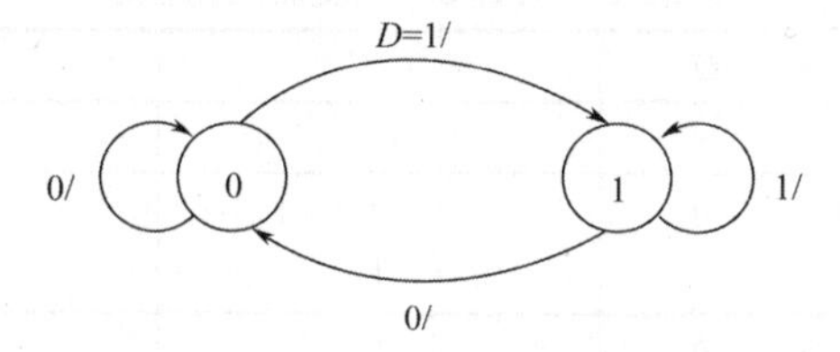

图 4.2.6　D 触发器状态转换图

时钟 D 触发器的特性方程：

$$Q^{n+1}=S+\overline{R}Q^n=D+\overline{\overline{D}}Q^n=D\text{（}CP=1\text{）} \qquad \text{式 4.2.2}$$

时钟 D 触发器的一段波形如图 4.2.7 所示。请读者用图 4.2.8 所示的电路测试 D 触发器的功能。

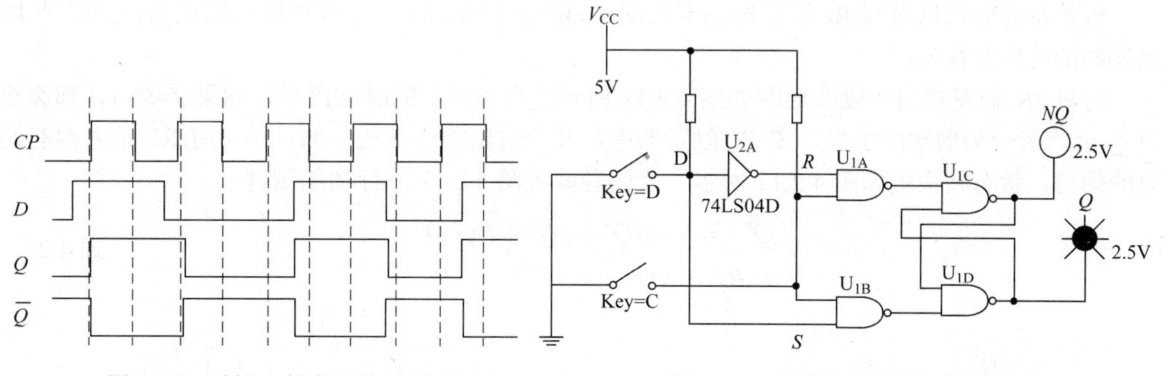

图 4.2.7　时钟 D 触发器波形图　　图 4.2.8　时钟 D 触发器功能测试图

3．时钟 JK 触发器

在时钟脉冲控制下，根据触发信号 *J*、*K* 的取值不同，凡是具有置“0”、置“1”、保持和求反功能的电路，都称为 JK 型时钟触发器，简称 JK 触发器。如图 4.2.9 所示是一个时钟 JK 触发器。

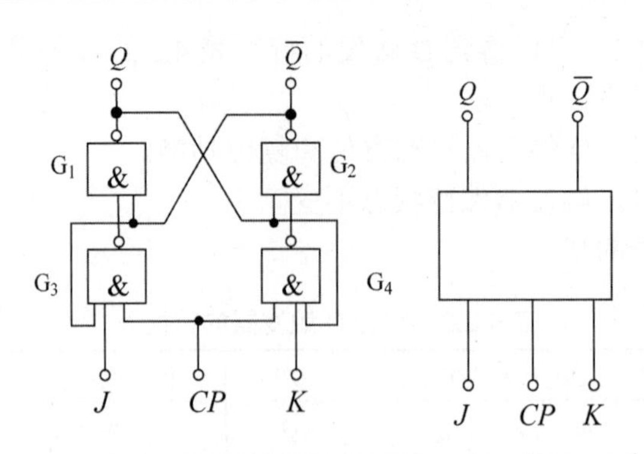

图 4.2.9　时钟 JK 触发器

由于将两个输出端信号交叉反馈到输入端，将 S 改为 J，将 R 改为 K，原先 RS 触发器不允许的情况就变成了允许的情况，并且当 J=K=1 时，不论 Q 的初态是 0 还是 1，都将使输出端求反，即 $Q^{n+1}=\overline{Q^n}$，工作原理细节请读者自行分析。那么 JK 触发器的功能表如表 4.2.3 所示。

表 4.2.3　时钟 JK 触发器的特性表

CP	*K*	*J*	Q^n	Q^{n+1}	功　能
0	×	×	×	Q^n	$Q^{n+1}=Q^n$ 保持
1	0	0	0	0	$Q^{n+1}=Q^n$ 保持
1	0	0	1	1	
1	0	1	0	1	Q^{n+1}=1 置 1
1	0	1	1	1	
1	1	0	0	0	Q^{n+1}=0 置 0
1	1	0	1	0	
1	1	1	0	1	$Q^{n+1}=\overline{Q^n}$ 翻转
1	1	1	1	0	

根据特性表可以得到 JK 触发器的卡诺图，如图 4.2.10 所示，由卡诺图可以化简得到时钟 JK 触发器的特性方程为：

时钟 JK 触发器的一段波形图如图 4.2.11 所示，在 CP=1 的时间段里，如果 J=K=1，那么输出 Q 会将前一刻的输出求反，在 JK 触发器中，两个输出始终是相反的，不再有 RS 输入端有约束的问题，状态转换图如图 4.2.12 所示。请读者参考图 4.2.13 进行功能测试。

$$\begin{aligned} Q^{n+1} &= S+\overline{R}Q^n = J\overline{Q}^n + \overline{KQ^n}Q^n \\ &= J\overline{Q}^n + \overline{K}Q^n \end{aligned} \qquad 式\ 4.2.3$$

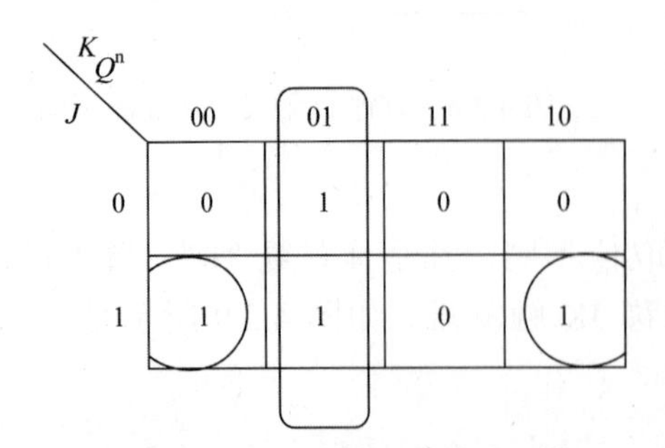

图 4.2.10　时钟 JK 触发器卡诺图

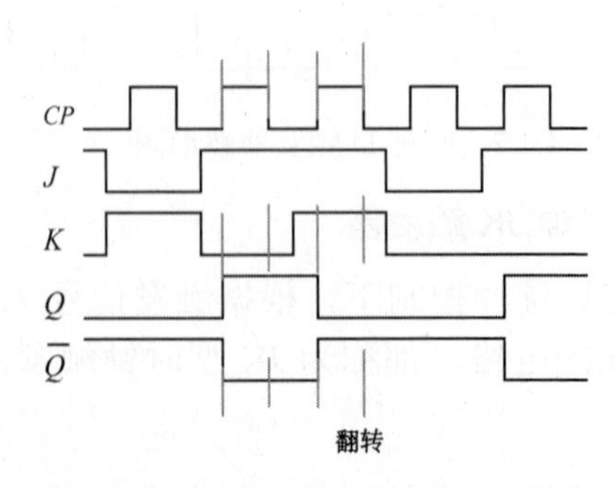

图 4.2.11　时钟 JK 触发器的波形图

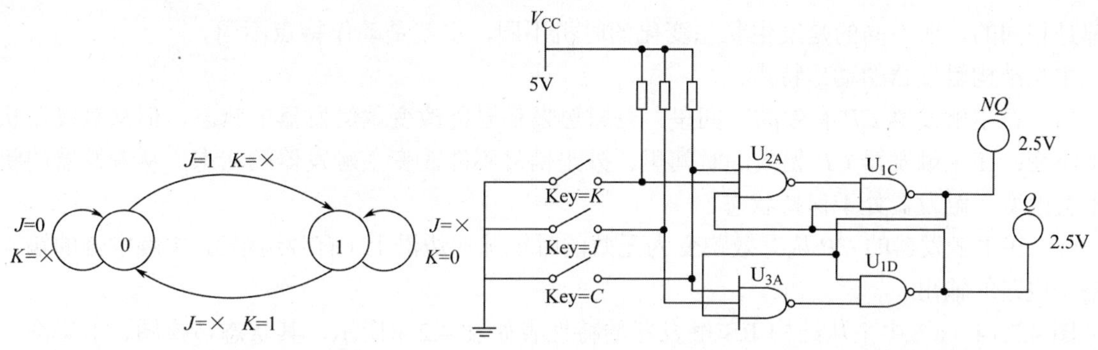

图 4.2.12　JK 触发器状态转换图　　图 4.2.13　时钟 JK 触发器功能测试图

4．主从结构触发器

从电路的结构上，时钟触发器还有一种主从结构。如图 4.2.14 所示，（a）是主从 RS 触发器，（b）是主从 RS 触发器的符号，（c）是主从 JK 触发器，（d）是主从 JK 触发器的符号。

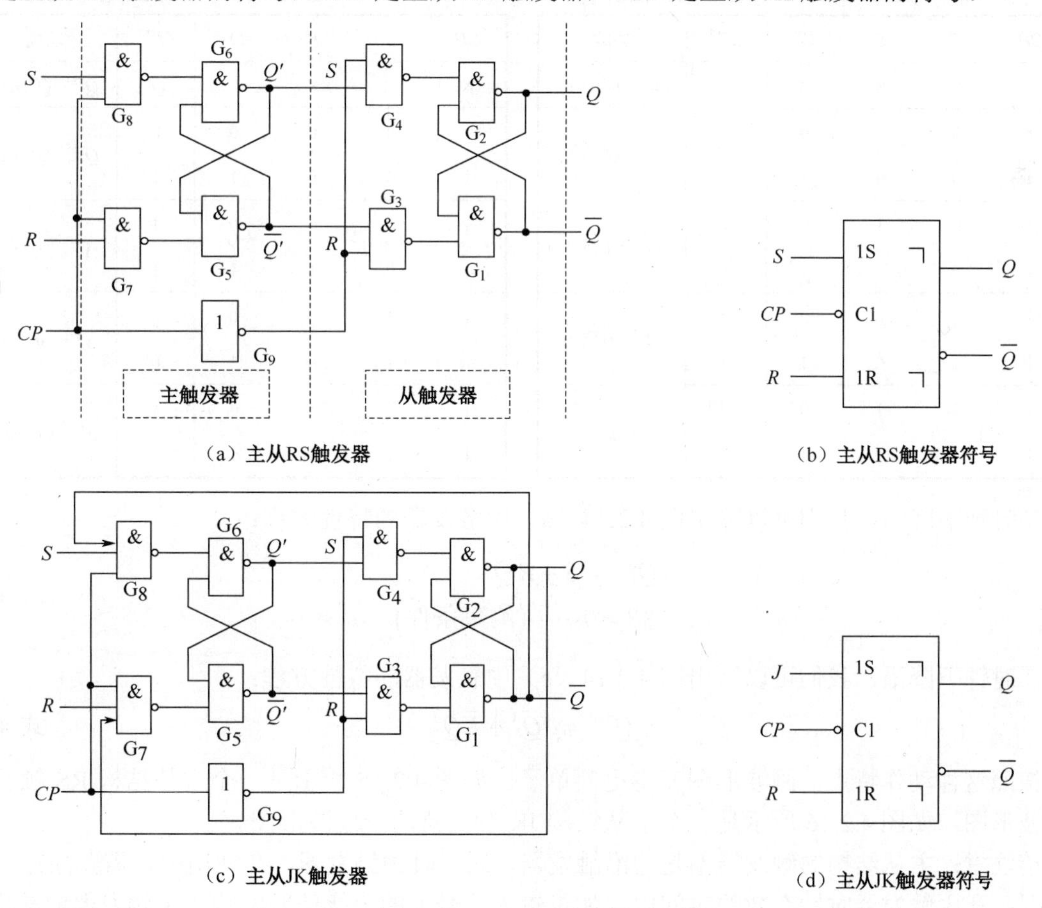

（a）主从RS触发器　（b）主从RS触发器符号

（c）主从JK触发器　（d）主从JK触发器符号

图 4.2.14　主从结构时钟触发器

以图（a）为例，主从结构触发器包括主触发器和从触发器两部分，*CP*=1 时，主触发器打开，从触发器封锁；*CP*=0 时，主触发器封锁，从触发器打开。因此，整个电路的输出发生状态改变的时机只能是在 *CP* 由 1 变成 0 的极短的时间内，我们称为是在时钟脉冲的下降沿发生状态改变，并且是在 *CP*=1 的最后一刻输入的 *R*、*S* 确定下来的 *Q*'和 $\overline{Q'}$ 在 *CP* 变成 0 的那一刻对从触发器产生影响而改变 *Q* 和 $\overline{Q}$。主从结构的 RS 触发器其逻辑功能和前面基本 RS 触发器、时钟 RS 触发器都是相同的，所不同的是发生状态变化的时机不同，也就是动作特点不同。

主从结构触发器的动作特点：

（1）在主触发器 *CP* 有效的时间里，外来触发信号能改变主触发器的状态，但从触发器状态保持不变；在主触发器 *CP* 无效的时间里，外来信号不能改变主触发器的状态，从触发器的状态也不会改变，触发器处于保持状态。

（2）在主触发器的 *CP* 从有效跳变为无效的时钟脉冲边沿上（有效边沿），主触发器的输入决定整个电路的输出。

图 4.2.14（a）中主从结构 RS 触发器的特性表如表 4.2.4 所示，其状态转换图、卡诺图、特性方程都和前面的 RS 触发器相同，只是状态的改变发生在下降沿。图 4.2.14（c）中主从结构 JK 触发器的特性表如表 4.2.5 所示，其状态转换图、卡诺图、特性方程都和前面的 JK 触发器相同，只是状态的改变发生在下降沿。

表 4.2.4　主从结构 RS 触发器的特性表

CP	*R*	*S*	Q^n	Q^{n+1}	功能
×	×	×	×	Q^n	$Q^{n+1}=Q^n$ 保持
↓	0	0	0	0	$Q^{n+1}=Q^n$ 保持
↓	0	0	1	1	
↓	0	1	0	1	$Q^{n+1}=1$ 置 1
↓	0	1	1	1	
↓	1	0	0	0	$Q^{n+1}=0$ 置 0
↓	1	0	1	0	
↓	1	1	0	不用	不允许
↓	1	1	1	不用	

表 4.2.5　主从结构 JK 触发器的特性表

CP	*J*	*K*	Q^n	Q^{n+1}	功能
×	×	×	×	Q^n	$Q^{n+1}=Q^n$ 保持
↓	0	0	0	0	$Q^{n+1}=Q^n$ 保持
↓	0	0	1	1	
↓	0	1	0	1	$Q^{n+1}=1$ 置 1
↓	0	1	1	1	
↓	1	0	0	0	$Q^{n+1}=0$ 置 0
↓	1	0	1	0	
↓	1	1	0	1	$Q^{n+1}=\overline{Q^n}$ 翻转
↓	1	1	1	0	

在时钟下降沿，我们可以写出图 4.2.14（a）中触发器的特性方程：

$$\begin{cases} Q^{n+1}=S+\overline{R}Q^n \\ SR=0\cdots\cdots(\text{约束条件}) \end{cases}\qquad \text{式 4.2.4}$$

在时钟下降沿，我们可以写出图 4.2.14（c）中触发器的特性方程：

$$Q^{n+1}=J\overline{Q}^n+\overline{K}Q^n\qquad \text{式 4.2.5}$$

按照这种动作特点，画波形图变得更简单了。如图 4.2.15 所示是一个主从结构 RS 触发器的一段波形图。如图 4.2.16 所示是一个主从结构 JK 触发器的一段波形图。

请注意：主从结构的触发器不是边沿触发器，属于时钟触发器，在使用中，需要注意一种特殊情况，在主触发器时钟有效的时间内，如果输入信号上的干扰信号影响了主触发器的输出后，在时钟变成无效前输入的触发器信号是保持信号，那么这个干扰信号在主触发器上被保持下来，接着进入从触发器有效的时间，会进一步去影响从触发器的状态，也就是主触发器上的干扰信号影响了从触发器的状态，即干扰了正常输出。不过也有的电路利用这个缺点进行信号的检测。图 4.2.16 中第 3 个脉冲下降沿的时候就发生了这种现象。

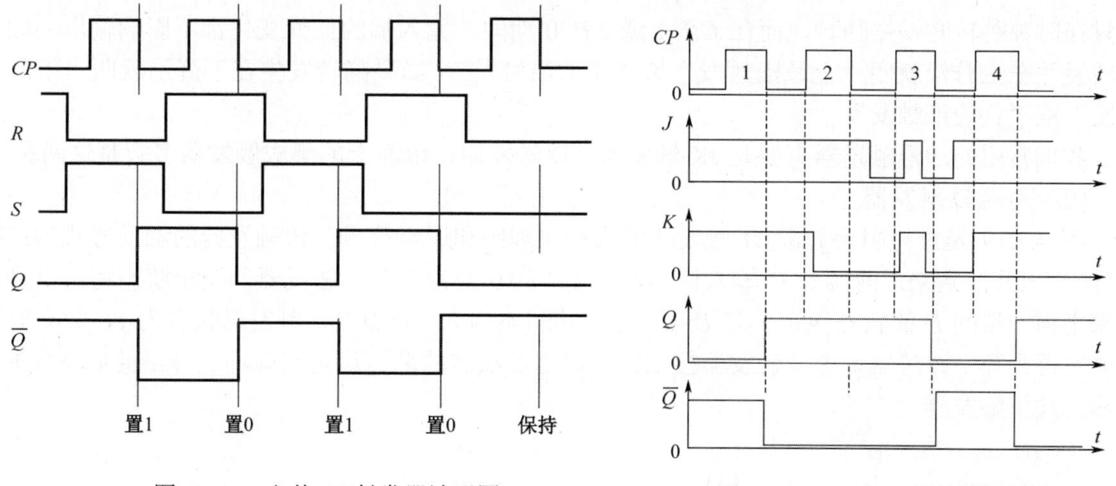

图 4.2.15　主从 RS 触发器波形图　　　图 4.2.16　主从 JK 触发器波形图

主从结构的触发器，有的也带有异步置位、复位端，图 4.2.17 是带有异步置位、复位端的 JK 触发器的逻辑符号。从符号上可以看出有效边沿，逻辑符号上带有小圆圈的是下降沿有效，没有小圆圈的是上升沿有效。

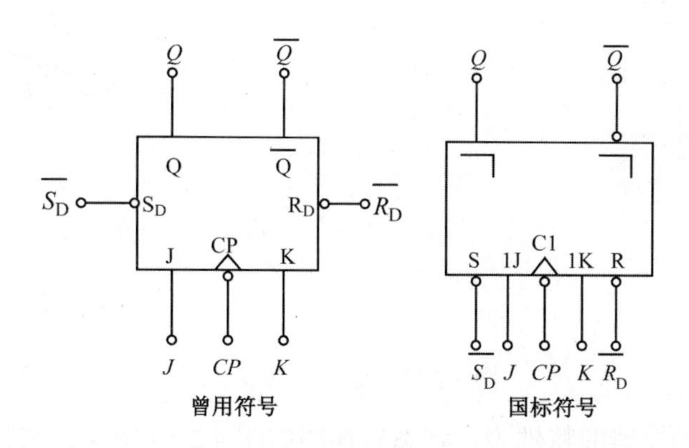

图 4.2.17　带异步置位、复位端的主从结构 JK 触发器符号

74LS76 和 74LS72 是集成的主从结构 JK 触发器，引脚如图 4.2.18 所示，它们的时钟都是下降沿有效，异步复位、置位端 $\overline{S}_D$、$\overline{R}_D$ 低电平有效，74LS72 上 $J=J_1J_2J_3$，$K=K_1K_2K_3$。

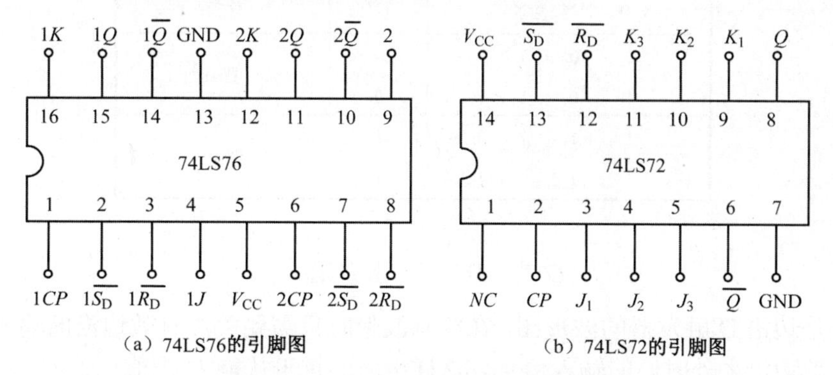

图 4.2.18　集成主从结构 JK 触发器

5. 边沿触发器

为了克服 CP=1 期间输入控制电平不许改变的限制，可采用边沿触发方式。其特点是：触发

器只在时钟跳转时发生翻转，而在 CP=1 或 CP=0 期间，输入端的任何变化都不影响输出。如果翻转发生在上升沿就叫“上升沿触发”或“正边沿触发”。如果翻转发生在下降沿就叫“下降沿触发”或“负边沿触发”。

我们常用的边沿触发器主要是 JK 触发器、D 触发器，市面上的集成触发器多数是这两种。

（1）边沿 D 触发器

图 4.2.19 是维持阻塞边沿 D 触发器的内部原理图和逻辑符号。该触发器的触发方式为：在 CP 脉冲上升沿到来之前接受 D 输入信号，当 CP 从 0 变为 1 时，触发器的输出状态将由上升沿到来之前一瞬间 D 的状态决定。若 D=0，触发器状态为 0；若 D=1，触发器状态为 1，故有时称 D 触发器为数字跟随器。由于触发器接收输入信号及状态的翻转均是在脉冲上升沿前后完成的，故称为边沿触发器。

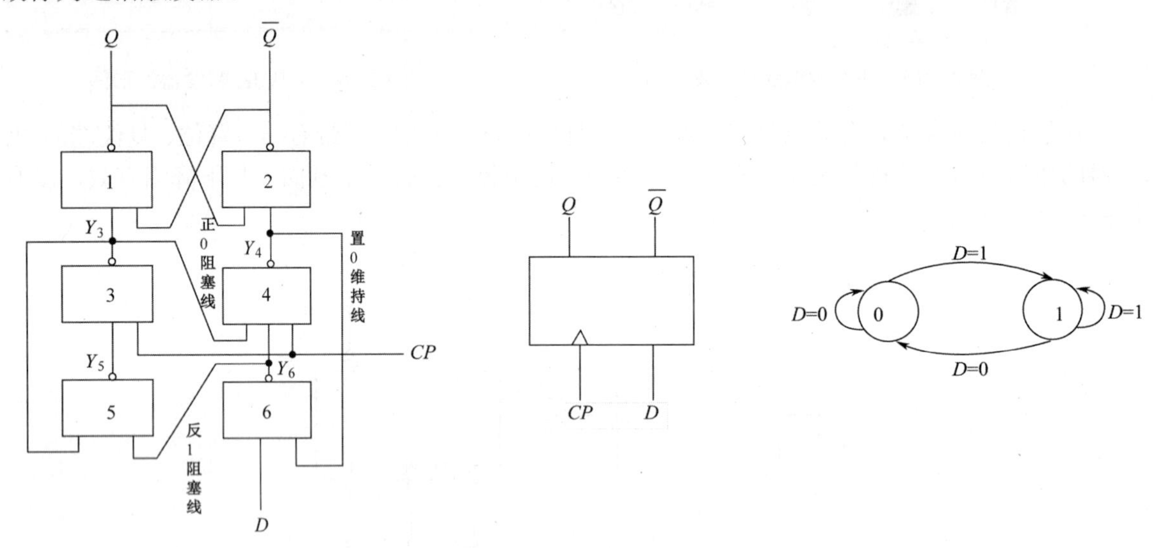

图 4.2.19　边沿 D 触发器

表 4.2.6 是边沿 D 触发器的特性表。状态转换图如图 4.2.19 所示。其特性方程为式 4.2.6。

表 4.2.6　边沿 D 触发器的特性表

CP	D	Q^n	Q^{n+1}	功能
0	×	×	Q^n	保持
↑	0	0	0	置 0
↑	0	1	0	
↑	1	0	1	置 1
↑	1	1	1	

$$Q^{n+1}=D \quad （上升沿） \qquad 式 4.2.6$$

图 4.2.20 是边沿 D 触发器的波形图，在绘制波形时只需要关注有效边沿的输入信号即可，完全不必关心有效边沿之外时间的输入信号。这样电路的抗干扰能力更强了。

边沿 D 触发器的功能测试可以参考图 4.2.21 进行。图中用开关代替 D 输入，CP 输入端是 CLK，脉冲信号来自函数发生器（Function Generator），PR 端和 CLR 端分别是异步置位端和复位端，低电平有效，电路中全部接 V_{CC}，读者可以用开关控制这两端，进一步测试其功能。

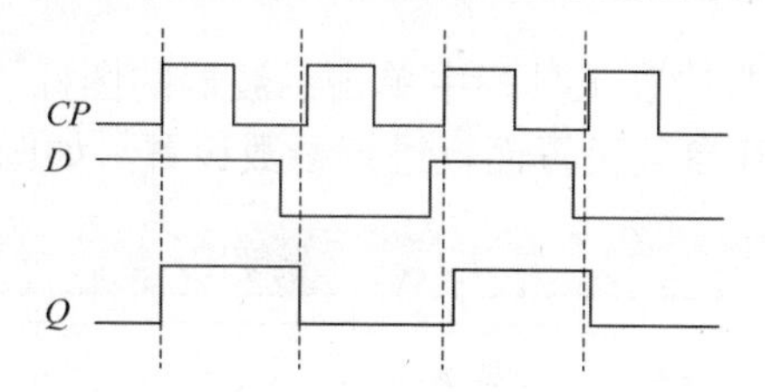

图 4.2.20　边沿 D 触发器波形

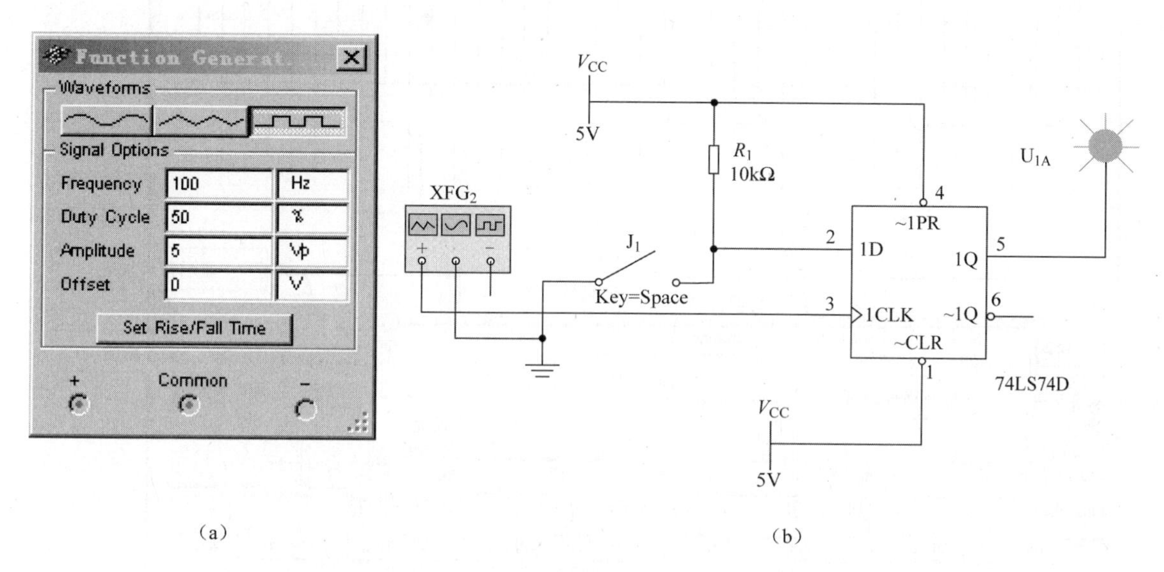

图 4.2.21　集成 D 触发器的功能测试图

函数发生器的获取方法：在仪器仪表工具栏中单击函数发生器的图标，鼠标拖动至工作区单击，即可获得函数发生器。双击便可打开设置面板进行参数设置，如图 4.2.21（a）所示，可以设置输出信号类型（正弦波、三角波、矩形波），可设置频率（Frequency）、占空比（Duty Cycle），幅值（Amplitude）、偏移量（Offset）。函数发生器的三个接线端分别是正脉冲输出、接地、负脉冲输出。请读者认真测试，体会 D 触发器的功能。

对 D 触发器可以进一步测试，如图 4.2.22 所示，这个电路比较特殊的是将 $\overline{Q}$ 反馈给 D 输入端，这样就没有外来的输入了。请根据所用计算机的运行速度，适当设置函数发生器的输出脉冲频率。图中使用虚拟示波器，这是具有两路输入信号的双踪示波器。两个信号输入端连线的颜色可以决定示波器显示的波形颜色。

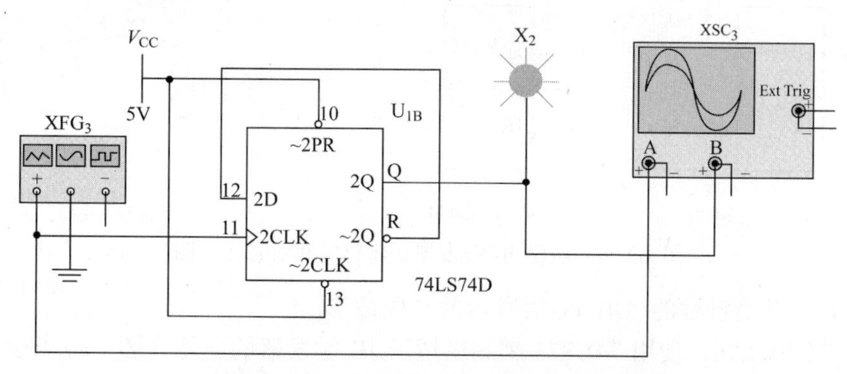

图 4.2.22　一种特殊的 D 触发器功能测试

示波器的获取方法：在仪器仪表工具栏中单击示波器的图标，鼠标拖动至工作区单击，即可获得示波器。双击便可打开参数设置面板进行参数设置，如图 4.2.23 所示。

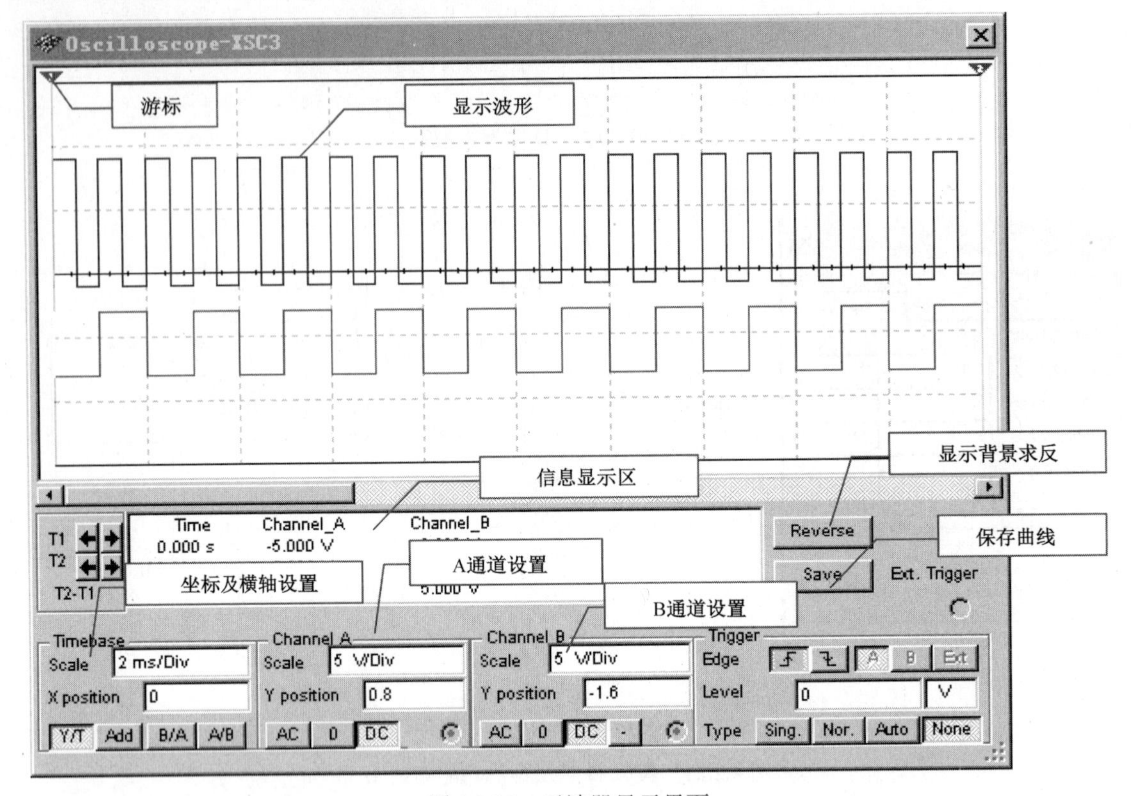

图 4.2.23　示波器显示界面

从波形上进行分析，可以很清楚地看到，从 D 触发器的 Q 端输出的波形和 CP 脉冲的波形形状相同，但是频率不同，用 f_Q 表示输出波形频率，用 f_{CP} 表示脉冲的频率，显然有 $f_Q = f_{CP}/2$，所以，这种电路称为二分频电路。

（2）边沿 JK 触发器

边沿 JK 触发器也是用得非常多的一种触发器，图 4.2.24 是边沿 JK 触发器的逻辑符号和状态转换图。图（b）下降沿触发的边沿触发器的特性表和表 4.2.5 相同，图（a）的特性表也基本相同，只要将下降沿改成上升沿即可。特性方程为：

$$Q^{n+1} = J\overline{Q}^n + \overline{K}Q^n \qquad \text{式 4.2.7}$$

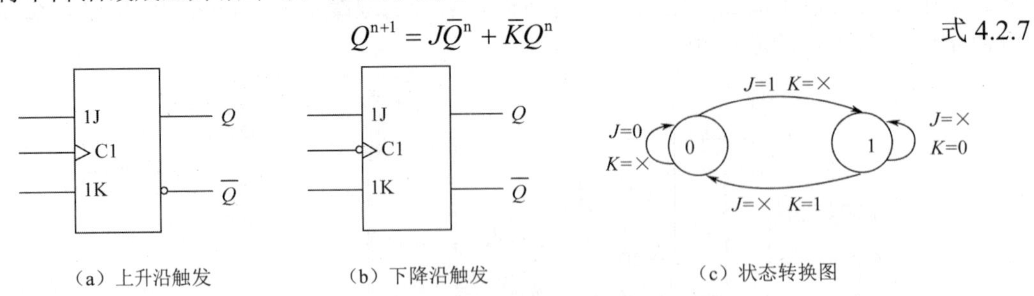

图 4.2.24　边沿 JK 触发器逻辑符号和状态转换图

图 4.2.25 是上升沿触发的边沿 JK 触发器的一段波形。

请读者参考图 4.2.26，使用 74LS73 来测试边沿 JK 触发器的功能。图（a）中用 J_1、J_2、J_3 分别来仿真 J、K 和异步复位端，当 J_3 闭合时，对触发器进行异步复位，触发器输出 0，指示灯灭；当 J_3 打开时，触发器的输出由 J 和 K 来决定。仿真时，时钟的频率要根据计算机的运算速度适当设置，建议设为 100Hz。时钟频率过低时，对 J、K 上的信号变化捕捉能力差，太高也造成运算负担过大。图（b）中将 J、K 两个输入端合二为一。此时 J=K，当 J_4 闭合时，J=K=0，此时如果 CP 接收到下降沿，输出保持不变；如果 J_4 打开，J=K=1，此时如果 CP 接收到下降沿，输出端翻转。这样 JK 触发器就只有保持和翻转两种功能，这就变成了一种新的触发器——T 触发器。其实 T 触发器也分为时钟结构的和主从结构的，只要将 JK 触发器的两个触发端连接到一起使用，就是 T 触发器。

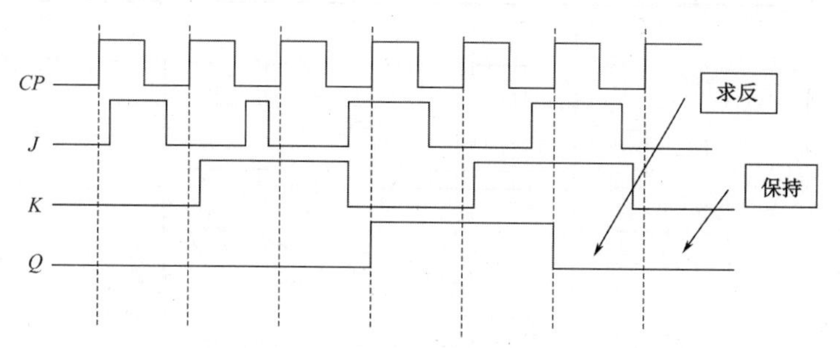

图 4.2.25　边沿 JK 触发器的波形

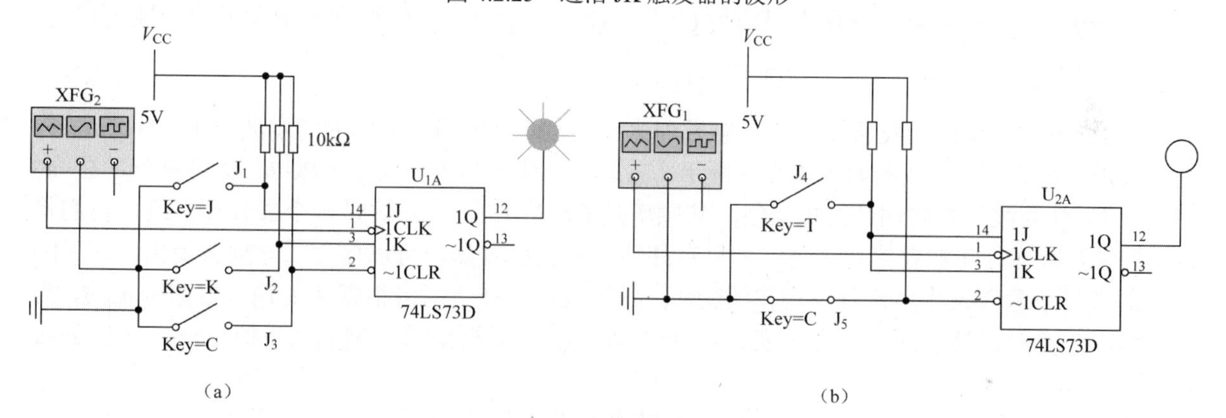

（a）　　　　　　（b）

图 4.2.26　集成 JK 触发器功能测试图

（3）T 触发器

在数字电路中，凡在时钟脉冲控制下，根据输入信号 T 取值的不同，具有保持和翻转功能的电路，即：当 T=0 时能保持状态不变，T=1 时一定翻转的电路，都称为 T 触发器。一般我们使用 JK 触发器，将 J 和 K 连接到一起来实现 T 触发器，如图 4.2.26（b）所示。图 4.2.27 是 T 触发器的示意图和逻辑符号。

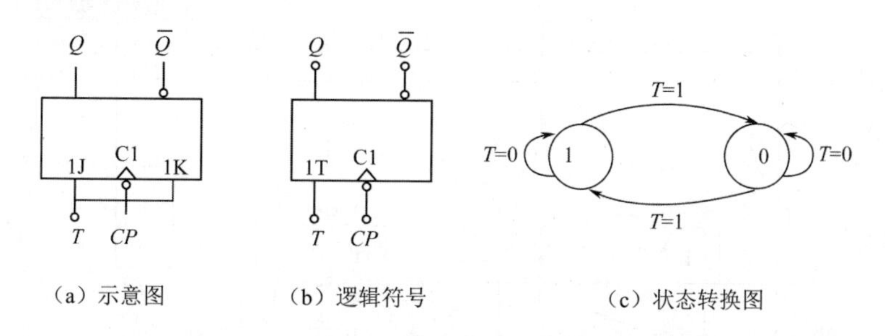

（a）示意图　（b）逻辑符号　（c）状态转换图

图 4.2.27　边沿 T 触发器

根据 JK 触发器的功能和特性表，可以获得 T 触发器的特性表 4.2.7，从特性表可以看到，T 触发器只有保持和翻转两个功能，利用它的这个特性，可以构成很多实用的电路。图 4.2.28 是下降沿触发边沿 T 触发器的一段波形。

表 4.2.7　T 触发器的特性表

T	Q^n	Q^{n+1}	$\overline{Q^{n+1}}$	功能
0	0	0	1	保持
0	1	1	0	
1	0	1	0	求反
1	1	0	1	

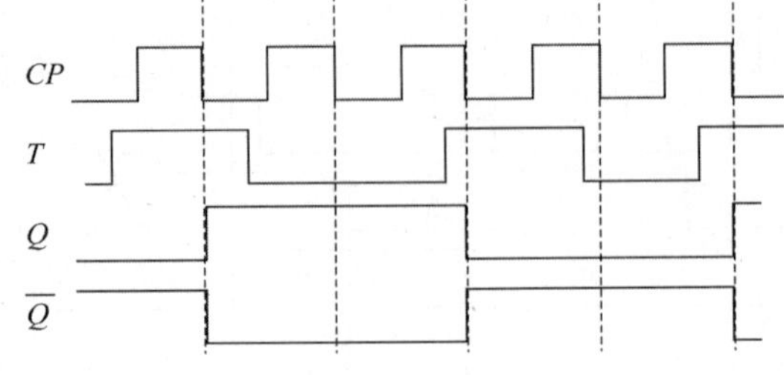

图 4.2.28　下降沿触发边沿 T 触发器的波形

将 J=K=T 代入 JK 触发器的特性方程 $Q^{n+1}=J\overline{Q}^n+\overline{K}Q^n$ 中，可以得到 T 触发器的特性方程为：

$$Q^{n+1}=T\overline{Q}^n+\overline{T}Q^n=T\oplus Q^n \qquad \text{式 4.2.8}$$

图 4.2.29 是将 JK 触发器接成了 T 触发器来使用的，给电路加上四通道示波器来显示 CP、T、Q 的波形，其工作波形截图如图 4.2.30 所示。三条波形从上到下依次是 CP、T、Q 的波形。图（a）中，T=1，Q 的波形是周期性的矩形波，其频率是 CP 的 1/2，显然这是一个二分频电路，我们将 T=1 的触发器称为 T'触发器，这是一个只有翻转功能的触发器，可以作为二分频器使用。图（b）中 T 触发器的输入发生多次且不规律的变化，Q 的波形是在下降沿根据 T 的输入值来确定的，当 T=0 时，Q 波形保持前面的状态不变，当 T=1 时，Q 波形根据前一刻的逻辑值求反，实现翻转功能。

将 T=1 代入 T 触发器的特性方程中，可以得到 T'触发器的特性方程为：

$$Q^{n+1}=T\overline{Q}^n+\overline{T}Q^n=\overline{Q^n} \qquad \text{式 4.2.9}$$

输出表达式和式 4.2.9 相同的触发器都是二分频电路。

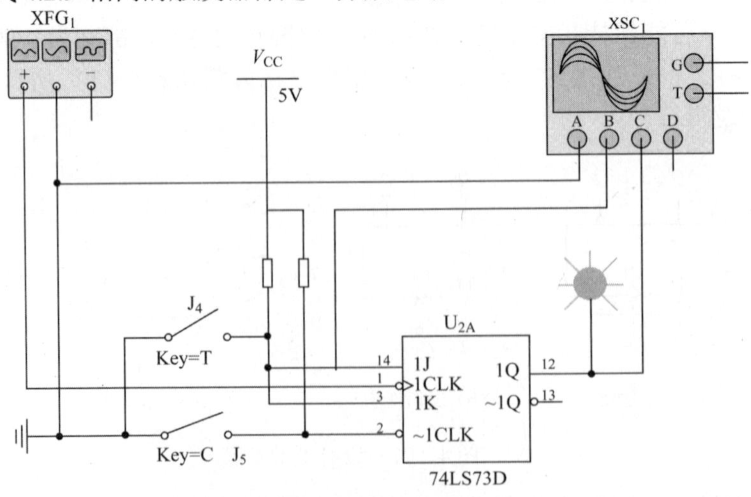

图 4.2.29　T 触发器功能测试图

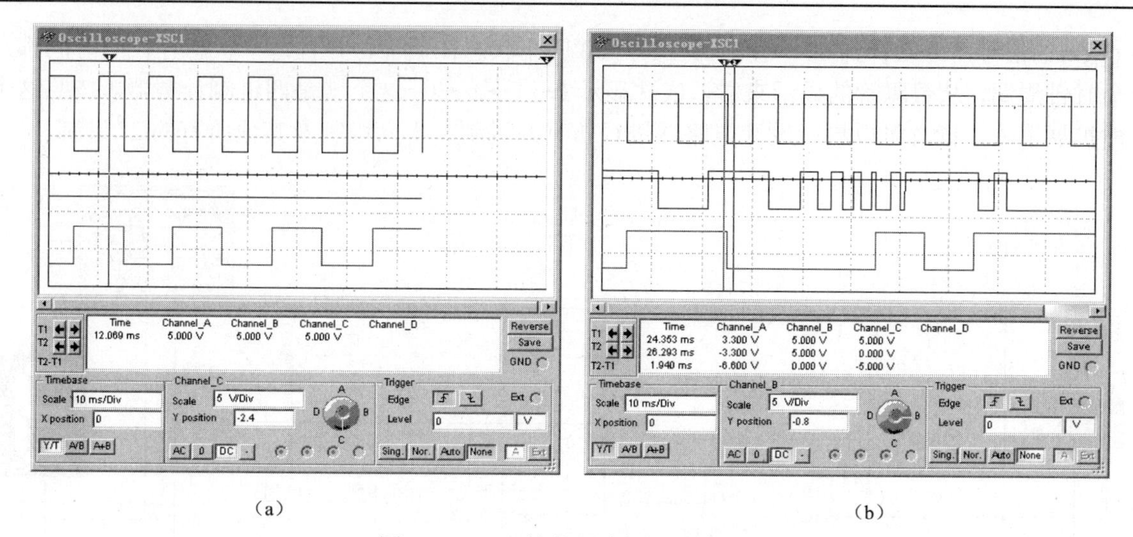

（a）　　（b）

图 4.2.30　T 触发器功能测试波形图

（4）进一步的功能测试

如果将 JK 触发器按照图 4.2.31（a）的连接方式进行连接：将 Q 反馈给 K，将 $\overline{Q}$ 反馈给 J，会产生什么样的结果呢？

因为 $J=\overline{Q^n}$，$K=Q^n$，并且 JK 触发器的特性方程为：$Q^{n+1}=J\bar{Q}^n+\bar{K}Q^n$，所以可以得到下面的逻辑运算：

$$Q^{n+1}=J\bar{Q}^n+\bar{K}Q^n=\overline{Q^n}\cdot\overline{Q^n}+\overline{Q^n}\cdot Q^n=\overline{Q^n}$$

这个表达式显然和 T'触发器的相同，因此这个电路实现的是二分频功能。从图 4.2.31（b）的示波器波形上分析，可以得到相同的结论。

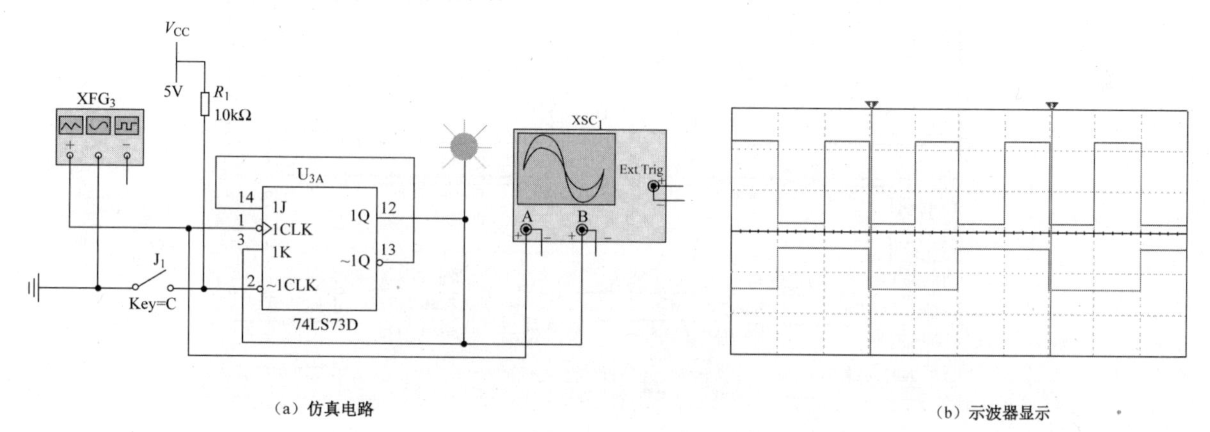

（a）仿真电路　　（b）示波器显示

图 4.2.31　边沿 JK 触发器构成二分频电路的一种形式

二分频电路可以进行级联，如图 4.2.32 所示将两个边沿 JK 触发器构成 T'触发器并进行级联，让第一个输出 Q_0 送给第二个作为 CP 使用，这样第二个的输出 Q_1 就是 Q_0 的二分频了。Q_1 相对于函数发生器输出的时钟脉冲信号就是四分频信号了。

在图 4.2.32 电路中，我们使用了指示灯、七段 LED 数码管和四通道示波器进行输出状态（信号）的显示，请读者认真做这个电路的仿真，仔细分析各种显示设备显示的结果。图 4.2.32 波形是四通道示波器显示的电路工作波形，自上而下三个波形依次是 CP、Q_0、Q_1，可以看出周期是 1 : 2 : 4，频率就是 4 : 2 : 1，Q_0 是 CP 的二分频信号，Q_1 是 CP 的四分频信号。如果我们一次读

出 Q_1Q_0 的信号，可以看到 00→01→10→11→00 四个状态在循环，并且每个状态存在的时间都是一个时钟周期，从数码管的显示来看，依次显示 0→1→2→3，这个就是四进制计数器。按照这个规律扩展下去，读者可以自行设计电路并进行仿真八进制、十六进制及其他所有的 2^N 进制。

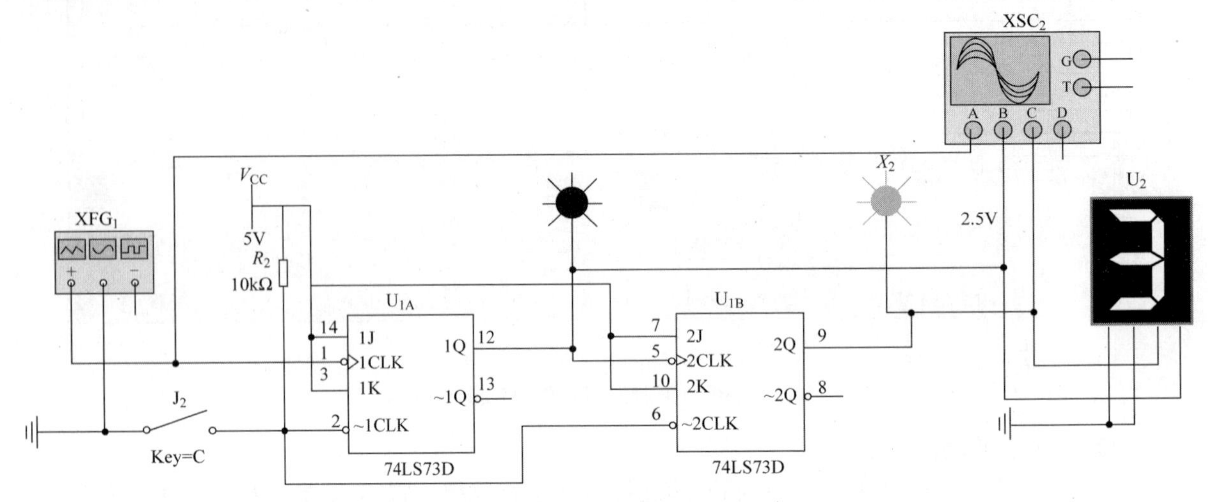

图 4.2.32　二分频电路级联

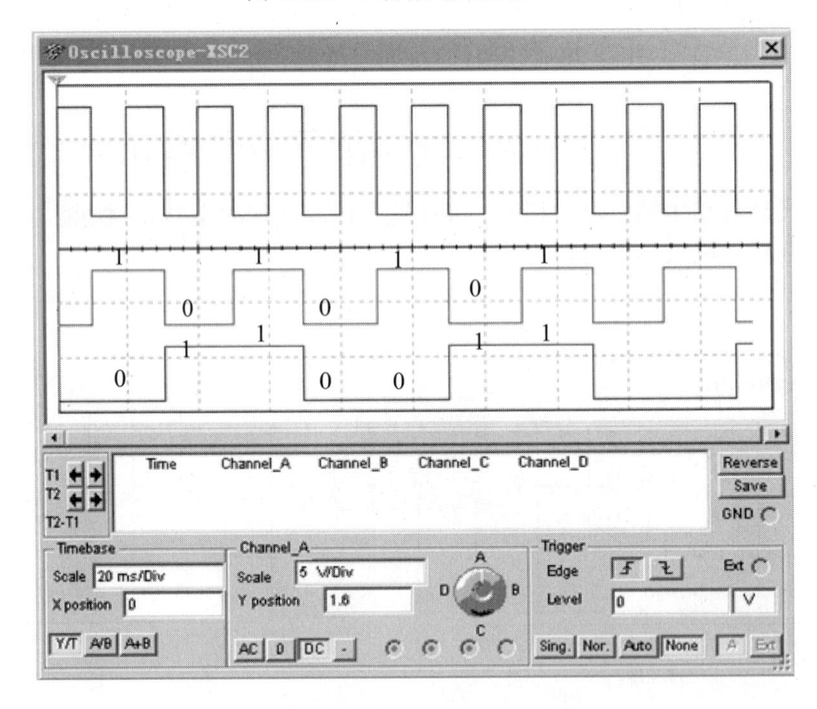

图 4.2.33　二分频级联电路的工作波形图

■　巩固与提高

1．知识巩固

1.1　基本 RS 触发器和时钟 RS 触发器在电路结构上的不同是____________________，在动作特点上的不同是____________________________。

1.2　触发器按逻辑功能的不同分为________、_________、________、_________。按照触发器使用器件的不同，又将触发器分为______集成触发器和_____集成触发器两种。

1.3 JK 触发器具有_____、_____、_____、___四种功能；D 触发器有_____、___和___三种功能；RS 触发器具有_____、______、_____功能，但是 RS 触发器有______的不利之处；边沿 T 触发器的功能有______和_____，当 T=1 时，称为___触发器，具有______功能。

1.4 将 RS 触发器的 S 端信号求反后接入 R 端，可以实现___触发器的功能；将 JK 触发器的 J 端信号求反后接入 K 端，可以实现_____触发器的功能；将 JK 触发器的 J 端和 K 端接到一起，可以实现_____触发器的功能。

1.5 在时钟触发器和边沿触发器中，$\overline{S}_D$、$\overline{R}_D$ 端的作用分别是_____和_____。

1.6 在如题图 4.2.1 所示的 D 触发器电路中，若输入端 D 的电压波形如图中所示，试画出输出端 Q 和 $\overline{Q}$ 的电压波形。设触发器的初始状态为 Q=0。

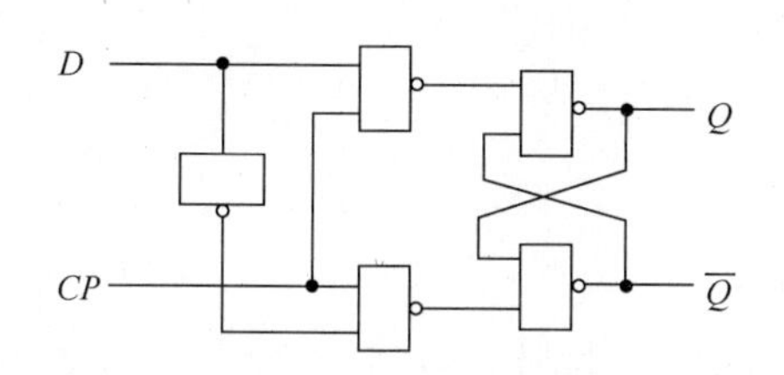

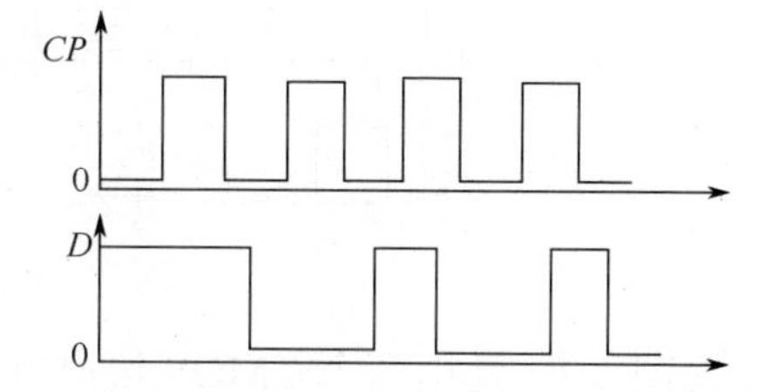

题图 4.2.1

1.7 若主从结构 JK 触发器输入端 J、K、$\overline{R}_D$ 和 CP 的电压波形如题图 4.2.2 所示，试画出输出端 Q 和 $\overline{Q}$ 的电压波形。

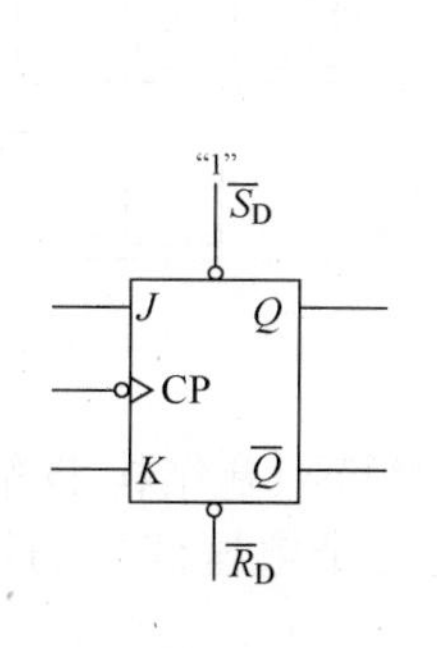

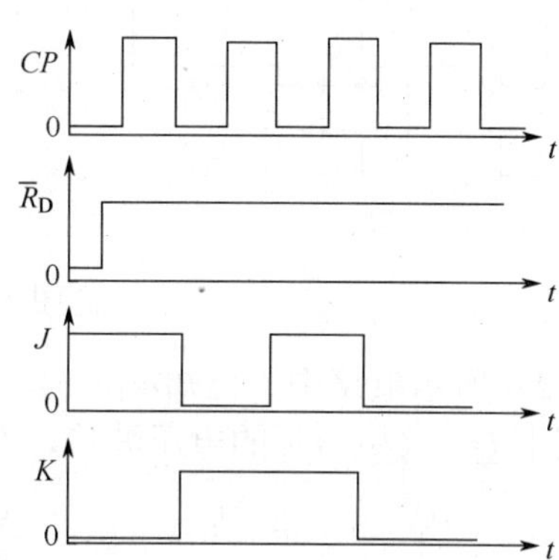

题图 4.2.2

1.8 在主从结构 JK 触发器电路中，输入端 J、K、$\overline{R}_D$ 和 CP 的电压波形如题图 4.2.3 所示，试画出输出端 Q 和 $\overline{Q}$ 的电压波形。

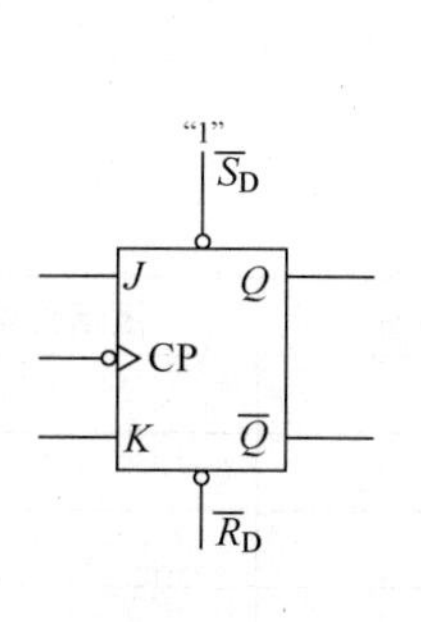

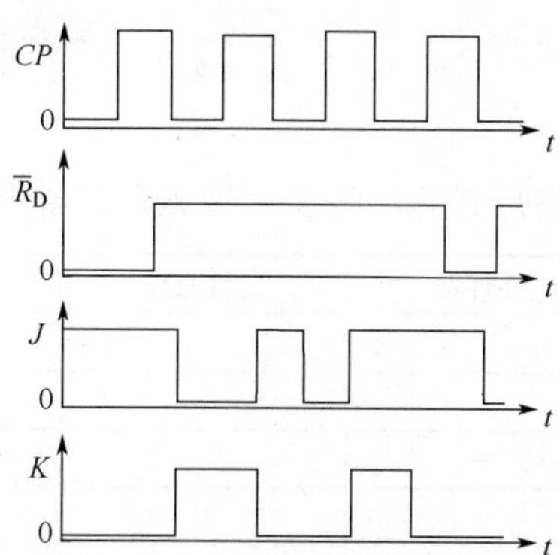

题图 4.2.3

1.9 若 CMOS 边沿触发的 JK 触发器输入端 J、K、S 和 R 的电压波形如题图 4.2.4 所示，试画出输出端 Q 和 $\overline{Q}$ 的电压波形。

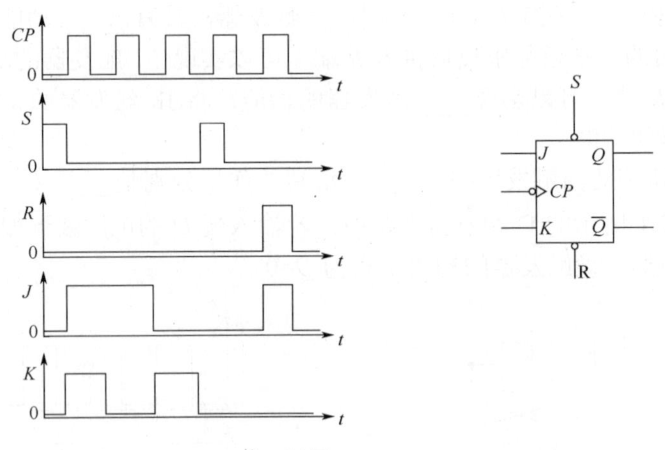

题图 4.2.4

1.10 题图 4.2.5 是用两个 CMOS 边沿触发器构成的信号调制电路。已知输入信号 T 的电压波形如图所示，试画出 Q_1、Q_2 端的电压波形。

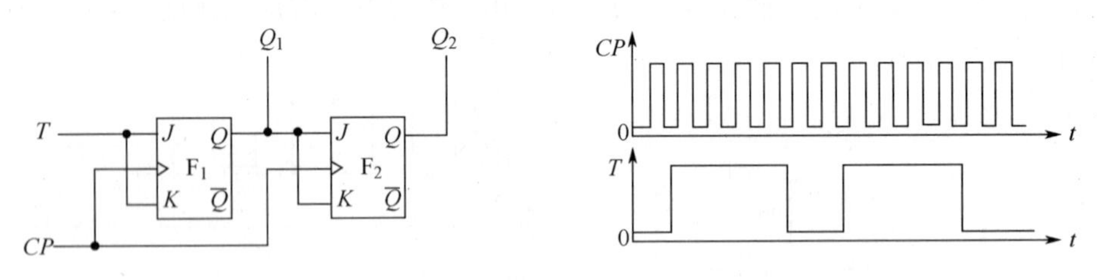

题图 4.2.5

1.11 在题图 4.2.6 所示电路中，已知 F_1、F_2、F_3 均为维持阻塞结构 D 触发器，试画出在图示 $\overline{R}_D$ 及 CP 信号作用下 Q_1、Q_2、Q_3 的电压波形，并说明这三个电压信号的频率之比是多少。

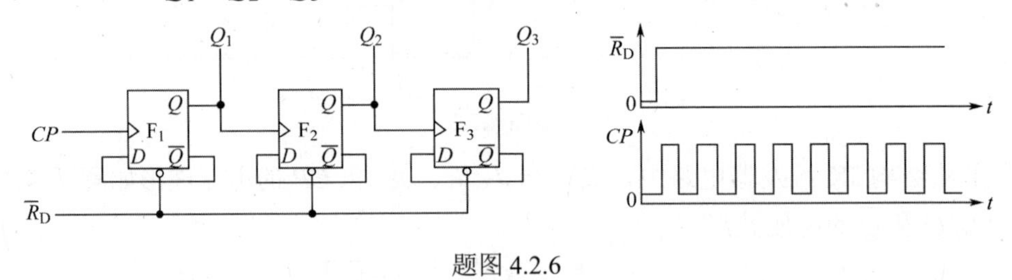

题图 4.2.6

2. 任务作业

2.1 请按照表格形式总结各类触发器的功能和特点。

类型	特性表	特性方程	状态转换图	逻辑符号	动作特点
基本 RS 触发器					
时钟 RS 触发器					
时钟 D 触发器					
时钟 JK 触发器					
时钟 T 触发器					

续表

类型	特性表	特性方程	状态转换图	逻辑符号	动作特点
边沿 JK 触发器					
边沿 D 触发器					
边沿 T 触发器					

2.2 请将四分频电路仿真的情况写成一篇技术文档，详细阐述仿真的原理、电路工作情况、仿真的结果和结论，将仿真过程中的重要图形进行截图，作为插图融入到文章中。

任务三　四人竞赛抢答器的设计与仿真、制作

■ 技能目标

1．能根据需要选用适当的触发器进行设计。
2．能使用仿真软件进行触发器电路的仿真。
3．能正确使用逻辑分析仪或示波器进行数字信号分析。

■ 知识目标

1．集成触发器的使用。
2．组合逻辑电路和时序电路的综合设计。
3．逻辑分析仪的使用方法。

■ 实践活动与指导

教师指导学生根据设计需要选用集成触发器并进行电路设计，仿真、购买电子元器件进行电路制作。

■ 知识链接与扩展

一、电路设计框图

设计要求：学校要举行消防知识竞赛，每场有 4 个队参赛，请大家设计一个知识竞赛抢答器，要求有一个裁判控制键，对抢答器进行复位，有 4 个抢答按键，每个参赛队控制 1 个，比赛中当某个队首先按下抢答按钮时，该队的灯亮，声响电路发出 500Hz 左右的蜂鸣声，其他队再按下抢答按钮没有任何反应。如果有能力，请改进设计，当某队首先抢答时，用一个数码管显示队号。请利用集成触发器进行设计并进行仿真测试，在比赛前制作出电路来。

从设计要求分析出电路的功能和实现这些功能使用的电路单元。裁判控制键和抢答按键构成电路的输入部分，主电路是信号鉴别和屏蔽电路，还有显示电路和声响电路，改进的设计，需要一个数码显示电路及其控制电路。电路的整体框图如图 4.3.1 所示。

设计要求使用集成触发器完成，市面上边沿 D 触发器和 JK 触发器最容易买到，设计中选用边沿触发的 D 触发器和 JK 触发器都可以。作为引导，先选用 74LS73 这个 JK 触发器进行设计，74LS73 是有异步复位端的下降沿触发的 JK 触发器。

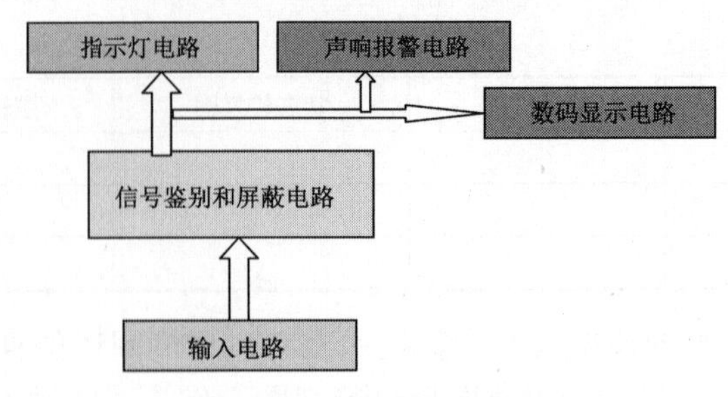

图 4.3.1　抢答器电路框图

二、电路各部分的设计与仿真

1．按键输入部分

输入电路包括主持人按键和 4 个队的抢答键，主持人按键起复位的作用，按照设计要求，主持人按键按下后，起到的作用是触发器复位，使得亮起的指示灯灭掉，显示队号的数码管显示 0 或灭掉。74LS73 上的异步复位端是低电平有效的，所以主持人按键常态是高电平，按下是低电平，如图 4.3.2（a）所示。

抢答键按下，会使对应的触发器置位，并能封锁其他队的按键信号，也封锁自己队再次输入的信号，避免二次按下引起报警。对输入信号的封锁，可从两个方面来设计：一是使触发器进入保持状态，抢答按键作为 *CP* 信号使用；二是抢答键输入的信号作为 *J* 或 *K* 信号，*CP* 信号在主持人复位之前不再有下降沿，也使触发器保持状态不变。先采用第一种做法，需要在按下抢答键时产生一个下降沿，常态也是高电平，如图 4.3.2（b）所示。

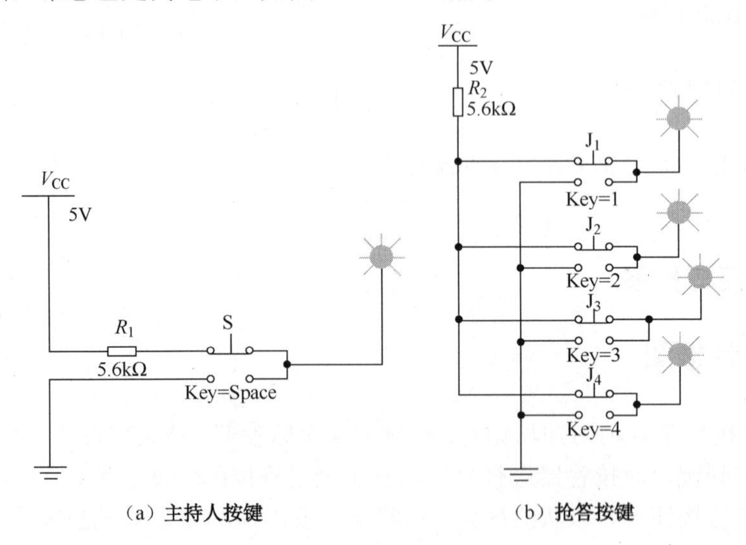

（a）主持人按键　　（b）抢答按键

图 4.3.2　电路输入部分

2．信号鉴别和屏蔽部分设计

思路：在主持人按复位键后触发器被复位变成 0，要识别抢答的信号，触发器就得翻转为输出 1，我们已经确定抢答信号作为 *CP* 使用，抢答按键送来的下降沿使触发器翻转，触发器的输入应该是 $J=K=1$。当有参赛队第一个抢答了之后，触发器要变成保持状态，则 $J=K=0$ 屏蔽再次输入的抢答信号。所以，*J* 和 *K* 不应该是恒定的 1 或者 0，应该是受到屏蔽电路的控制的，并且屏蔽电路的输出应该和触发器的输出有关，这样可以用 Q 或 $\overline{Q}$ 作为屏蔽电路的输入，屏蔽电路的输出再接到 *J* 和 *K* 上。在各队抢答前，触发器输出 Q=0，$\overline{Q}$=1，输入 J=K=1，有人抢答后，Q=1，$\overline{Q}$=0，输入 J=K=0，因此可以使用$\overline{Q}$作为屏蔽电路的输入。共有 4 个队，4 个输入，也需要 4 个触发器，每个触发器的工作原理是相同的，所以可将 4 个触发器的$\overline{Q}$相与送至 J 和 K 上，如图 4.3.3 所示。

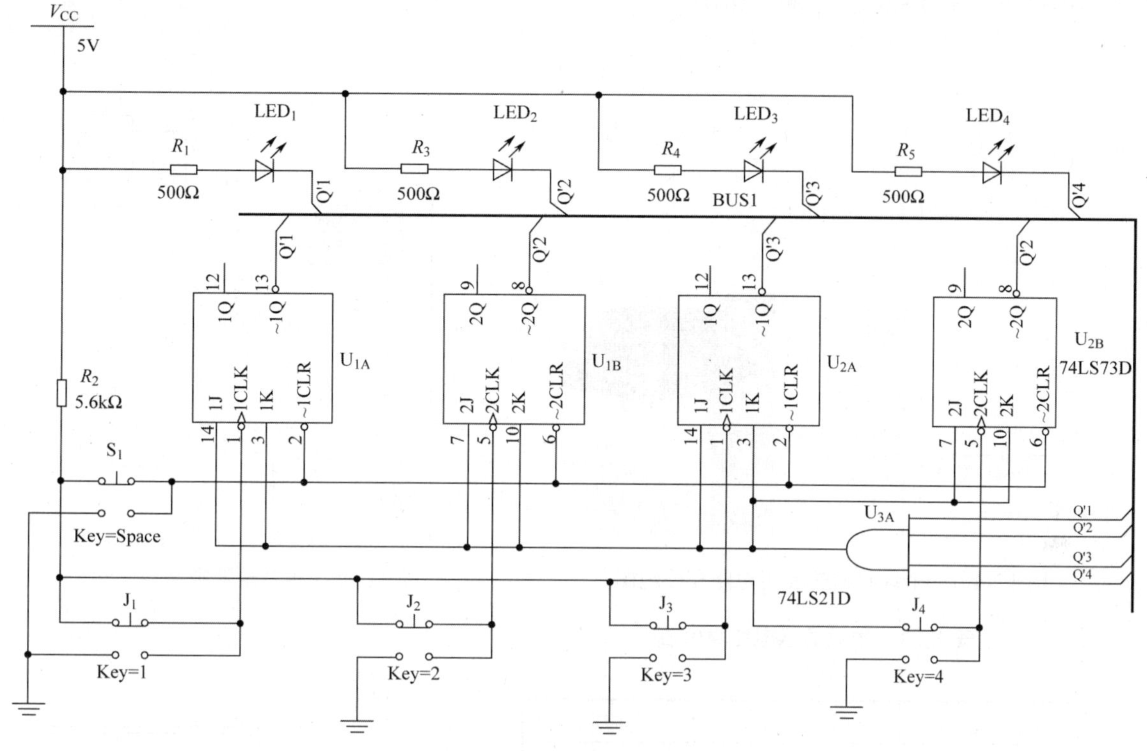

图 4.3.3　四路抢答器的设计图

图 4.3.3 中，用四输入与门 74LS21 实现屏蔽电路，在抢答前，4 个输入来自四个触发器的$\overline{Q}$=1，与门输出 1 送至 4 个触发器的 J 和 K 端，在抢答后，如第一个（J_1）先抢答，使第 1 个触发器翻转，$\overline{Q}$成为 0，则与非门输出 0，将 4 个触发器的输入都变成 0，即便再有 CP 下降沿输入，也是保持状态，输出端状态不变。

3．指示灯部分设计

用 LED 充当指示灯，当$\overline{Q}$=1 时，灯不亮，当$\overline{Q}$=0 时，灯亮，设计如图 4.3.3 所示。

4．声音报警电路设计

设计中可以用蜂鸣器作为发声部件，蜂鸣器是一种一体化结构的电子音响器，采用直流电压供电，广泛应用于计算机、打印机、复印机、报警器、电子玩具、汽车电子设备、电话机、定时器等电子产品中作为发声器件。蜂鸣器主要分为压电式蜂鸣器和电磁式蜂鸣器两种类型。蜂鸣器在电路中用字母“H”或“HA”（旧标准用“FM”、“LB”、“JD”等）表示。图 4.3.4 是一个蜂鸣器的实用电路和外观图。

在本设计中，可以用触发器输出端控制图 4.3.3 中三极管基极，抢答需要发声时，给基极 500Hz 的方波信号。如图 4.3.5 所示，图中 U_{3B} 与门和 U_{3A} 在同一个集成块上，这里不必再增加使用两输入端的与门。

5．数码显示电路

要根据抢答情况显示队号，可以设计一个由抢答的逻辑状态到 8421BCD 码的转换电路。用 A、

B、C、D 分别表示第 1、2、3、4 队对应的 JK 触发器（U_{1A}、U_{1B}、U_{2A}、U_{2B}）的输出 $\overline{Q}$，用 Y_3、Y_2、Y_1、Y_0 分别代表 8421BCD 码的四位，根据这个设计的要求，可以画出这部分电路的真值表如表 4.3.1 所示。显然，这里只会出现 5 种情况，其他不出现的我们可以作为无关项来处理，采用卡诺图化简。图 4.3.6 是 Y_0 的卡诺图。

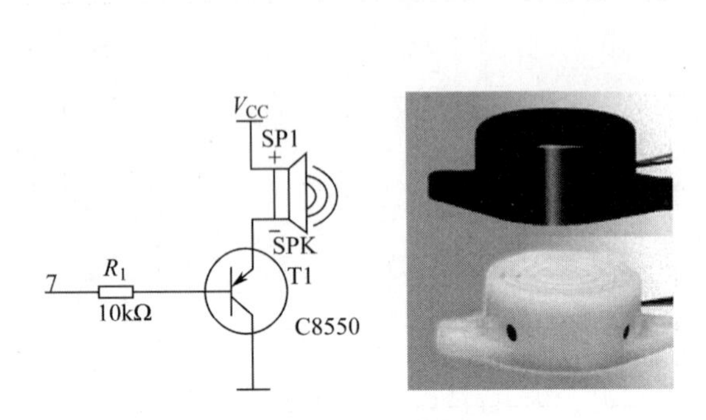

图 4.3.4　一个蜂鸣器的实用电路和外观图

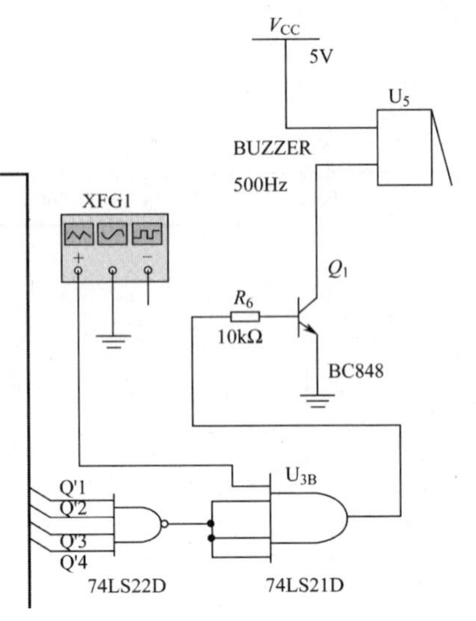

图 4.3.5　声音报警电路

表 4.3.1　数码显示电路真值表

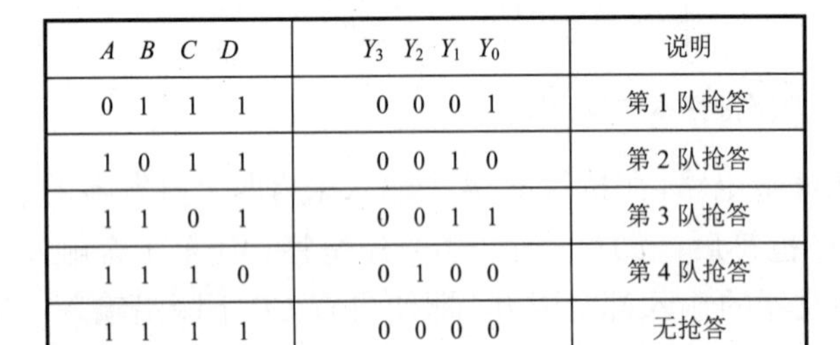

A　B　C　D	Y_3　Y_2　Y_1　Y_0	说明
0　1　1　1	0　0　0　1	第 1 队抢答
1　0　1　1	0　0　1　0	第 2 队抢答
1　1　0　1	0　0　1　1	第 3 队抢答
1　1　1　0	0　1　0　0	第 4 队抢答
1　1　1　1	0　0　0　0	无抢答

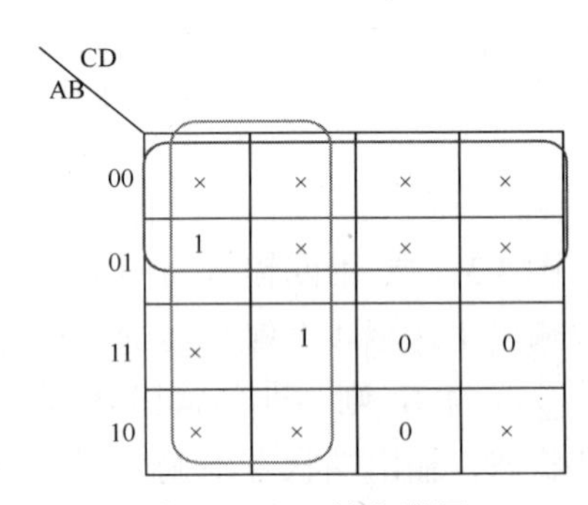

图 4.3.6　Y_0 的卡诺图

由卡诺图可以直接写出 Y_0 的表达式：$Y_0 = \overline{AC}$

同理可以写出其他表达式：$Y_1 = \overline{BC}$；$Y_2 = \overline{D}$；Y_3=0

画出电路如图 4.3.7 所示。

四人抢答器设计的整体的电路如图 4.3.8 和图 4.3.9 所示。这只是一种设计参考，请读者自己思考，设计出不同电路来。

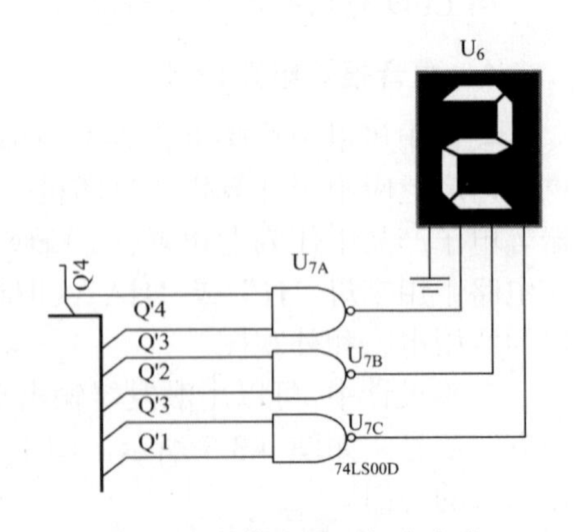

图 4.3.7　数码显示部分电路

三、电路的制作

请读者根据自己的情况购买电路元件完成电路的制作并相互展示和交流。

进行电路制作采用以下两种方法：

1. 在实训台上完成。
2. 在实训室用万能板焊接完成。

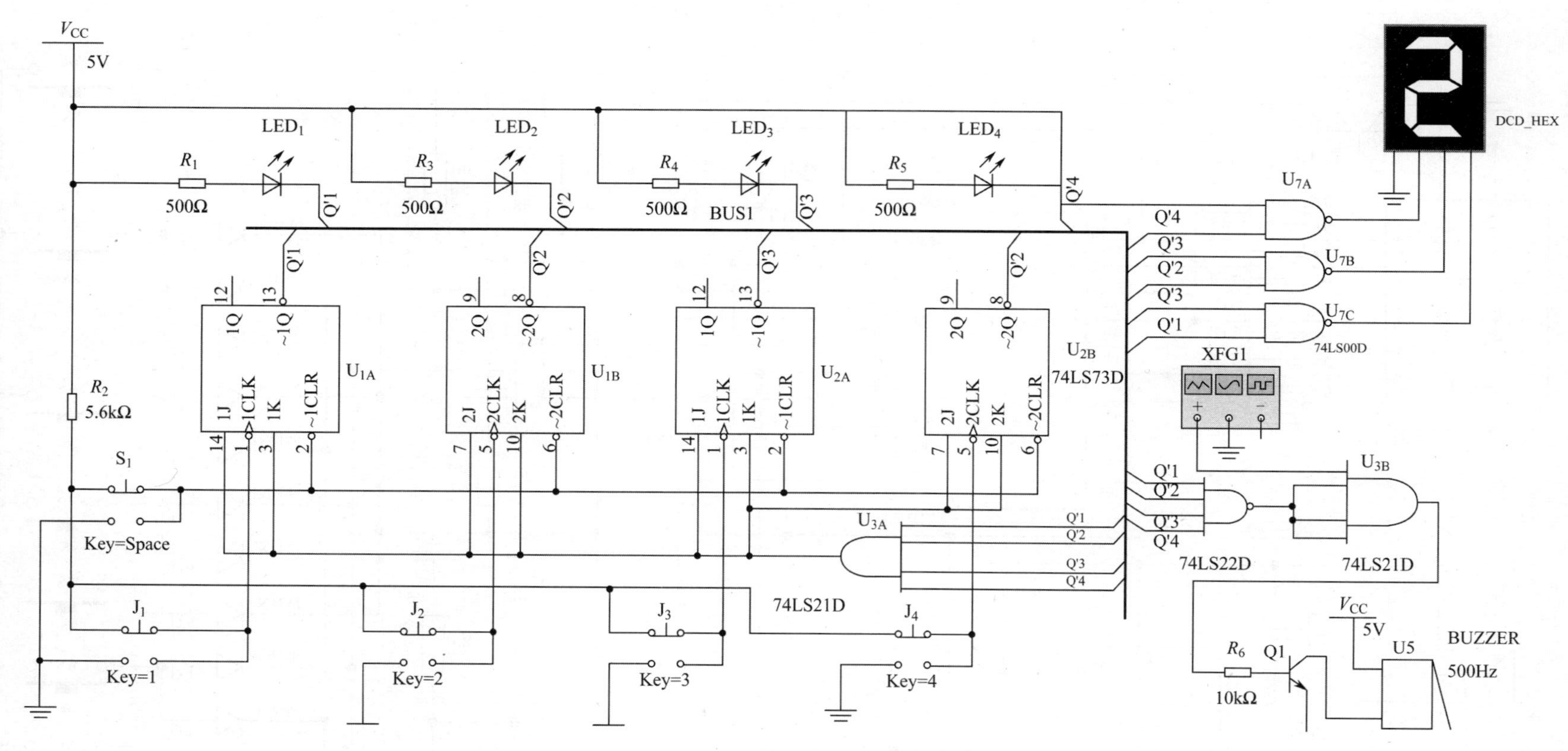

图 4.3.8　四人抢答器的完整参考电路

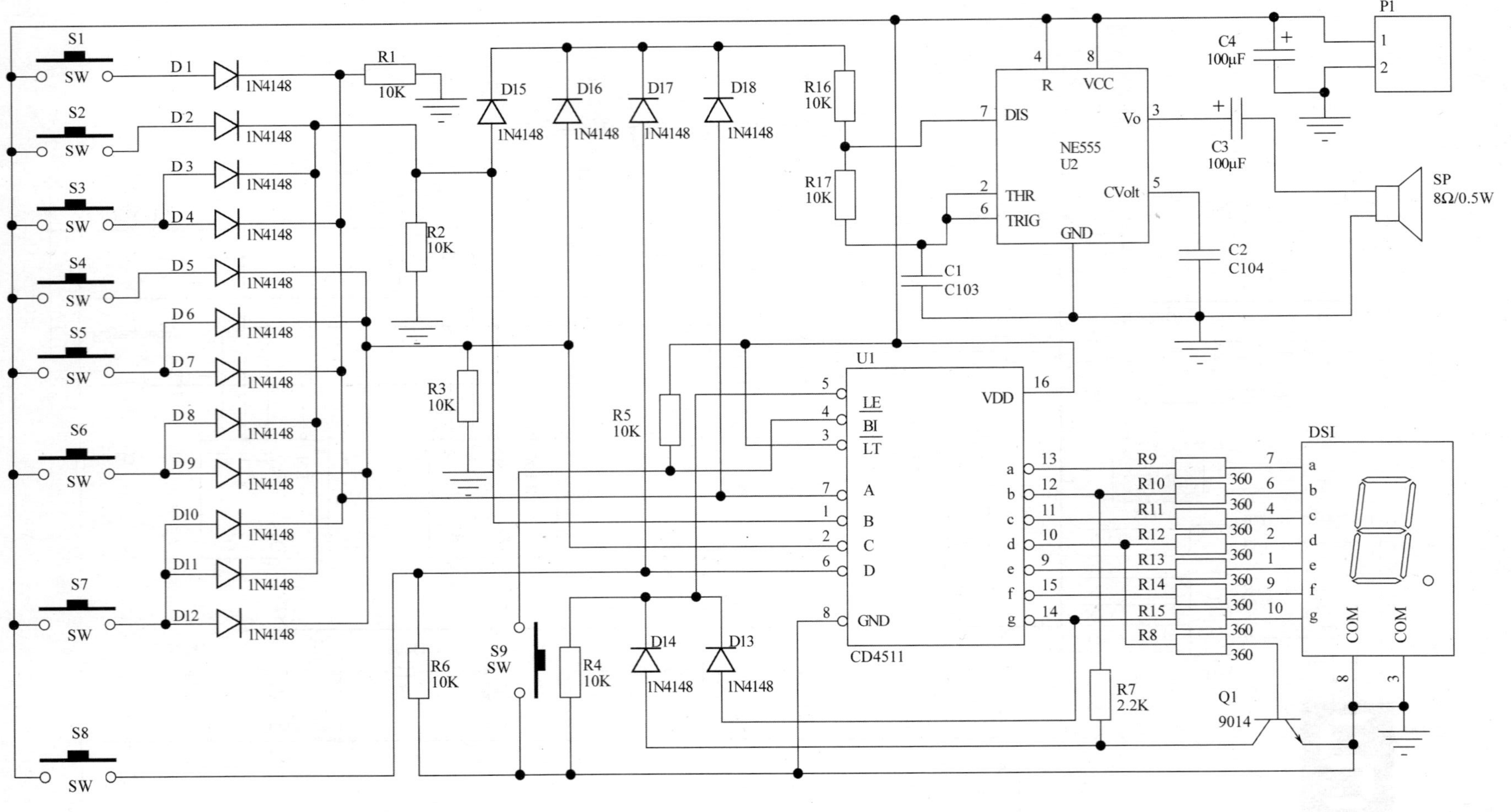

图 4.3.9　不同的抢答器设计方案

需要的元件清单如图 4.3.10 所示：

	Quantity	Description	RefDes	Package	Type
1	5	SWITCH, PB_DPST	J1, J2, J3, J4, S1	Ultiboard\DIGTAS1	
2	2	74LS, 74LS73D	U1, U2	IPC-7351\D014	
3	4	LED_red	LED1, LED2, LED3, LED4	Ultiboard\LED9R2_5	
4	1	74LS, 74LS22D	U4	IPC-7351\D014	
5	1	BJT_NPN, BC848	Q1	IPC-7351\SOT-23	
6	1	74LS, 74LS21D	U3	IPC-7351\D014	
7	1	BUZZER, BUZZER 500 Hz	U5	Generic\BUZZER	
8	1	74LS, 74LS00D	U7	IPC-7351\D014	

	Quantity	Description	RefDes	Package	Type
1	1	RESISTOR, 5.6kΩ	R2		
2	1	POWER_SOURCES, GROUND	0	Generic	
3	4	RESISTOR, 500Ω	R1, R3, R4, R5		
4	1	RESISTOR, 10kΩ	R6		
5	1	POWER_SOURCES, VCC	VCC	Generic	
6	1	HEX_DISPLAY, DCD_HEX	U6	Generic	

图 4.3.10　四路抢答器电路的基本元器件列表

如采用第一种方法，还需要：

电子实训台并提供+5V 电源，LED 显示模块、面包板、连接导线。

如采用第二种方法，还需要：

万能板、焊接工具和耗材。

■　巩固与提高

1．知识巩固

1.1 蜂鸣器是一种一体化结构的________，采用_____流电压供电，主要分为______式蜂鸣器和_______式蜂鸣器两种类型。蜂鸣器在电路中用字母___或_____表示。

1.2 若将题图 4.3.1 中给出的输入电压 J、K 分别加到两个触发器 F_1（下降沿动作的主从结构 JK 触发器和 F_2（上升沿动作的 CMOS 边沿触发器）的输入端，试画出两个触发器的输出端 Q_1 和 Q_2 的电压波形。假定触发器的初始状态均为 $Q = 0$。

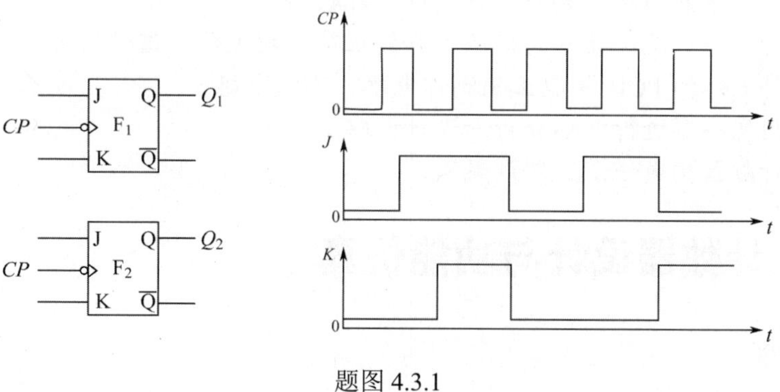

题图 4.3.1

2．任务作业

2.1 请采取和参考电路不同方案进行四人抢答器电路的设计，如采用 D 触发器设计、采用按键输入信号作为触发输入信号设计等。将设计的框图、各部分的设计思路、各部分的调试及整机的仿真调试和电路制作进行详细阐述，完成项目报告。

2.2 请比较图 4.3.8 中抢答器电路和本项目设计的抢答器的异同。

项目五　100秒计时与显示电路设计与制作

在项目四中设计的四人抢答器没有答题计时电路，请设计一个答题计时电路以完善其功能，当某个参赛队抢答后要求100秒内完成答题，计时电路用LED数码管来显示时间，可以采用正计时，也可以采用倒计时。

项目分4个任务进行实施，其中包括3个必要任务，1个扩展任务，通过本项目的实施，达到以下目标。

1. 会用触发器构成同步/异步、加法/减法计数器。
2. 能正确绘制计数器的电路图，能进行功能仿真和仿真调试。
3. 会灵活使用集成计数器构成各种计数电路并能正确分析这类电路。
4. 能看懂集成计数器的功能表并能正确使用计数器。
5. 能用集成计数器扩展计数器的模值，并能正确处理进位、借位信号。
6. 能手工设计电路的PCB并能正确制作电路、测试电路。
7. 能正确使用寄存器进行电路分析和设计电路。
8. 能用集成计数器构成任意进制计数器。

任务一　计数器设计与功能仿真

■　技能目标

1. 会用边沿触发器构成同步/异步、加法/减法计数器。
2. 能正确绘制计数器的电路图并能进行仿真和调试。
3. 能根据实训电路图进行时序逻辑电路的功能分析。

■　知识目标

1. 掌握触发器构成计数器的规律。

2．了解计数器电路内部结构。

3．掌握分频器工作原理和计算方法。

4．掌握时序逻辑电路功能分析的一般步骤。

■　实践活动与指导

教师指导学生连接并改造计数器，进行电路测试，发现并总结各类计数器构成的结构特点和计数特点。

■　知识链接与扩展

一、时序逻辑电路特点及计数器的分类

1．时序逻辑电路的特点

通常，将时序逻辑电路简称为时序电路，它由组合逻辑电路（简称组合电路）和存储电路两部分构成，其一般结构如图 5.1.1 所示。

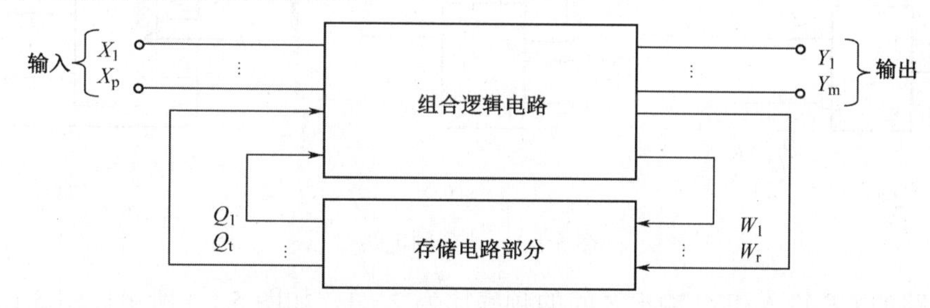

图 5.1.1　时序逻辑电路的结构示意图

X_1、X_2、…、X_p 表示组合逻辑电路的输入逻辑变量；Y_1、Y_2、…、Y_m 表示组合逻辑电路的输出逻辑变量，Q_1、Q_2、…、Q_t 表示存储电路的输出逻辑变量（输出状态），这 t 个逻辑变量构成一个 t 位的二进制数码，用于表达时序电路的瞬时状态，W_1、W_2、…、W_r 表示组合逻辑电路向存储电路输入的逻辑变量，也称为驱动变量。通常说时序电路的状态，都是指存储电路的状态。其状态信号有的反馈到组合电路输入端，与输入信号一起共同决定组合电路的输出，而组合电路的输出信号有的也作为存储电路的输入信号，以便决定下一时刻存储电路的状态。

时序逻辑电路根据各个触发器状态转换的不同，可分为同步时序逻辑电路和异步时序逻辑电路。同步时序逻辑电路中各个触发器的时钟端都接在同一端上，即各个触发器状态的转换是同一时刻；异步时序逻辑电路中所有触发器的时钟端不全接在同一端上，即各个触发器状态的转换不全在同一时刻。按逻辑功能的不同，时序电路可分为计数器、寄存器、时序信号发生器等。

2．计数器的分类

计数器按状态转换时刻可分为同步计数器和异步计数器。同步计数器的触发器在相同的 CP 时刻发生状态变化，异步计数器的触发器在不同的 CP 时刻发生状态的变化。

计数器按进制不同可分为二进制计数器和非二进制计数器。若以 n 表示二进制代码的位数，N 表示有效状态数，则二进制计数器中 $N=2^n$，非二进制计数器中 $N<2^n$，如五进制、六进制、十进制等。通常把 N 称为计数长度，也称为计数器的模。

计数器按数值增减情况不同又分为加法、减法和可逆计数器。

二、用二分频电路构成二进制计数器

在项目四中，已经学习了二分频电路，将二分频电路进行级联，便可以得到二进制计数器，其实一个二分频电路就是一个二进制电路。

1. 二分频电路的形式

二分频电路有很多形式，用各种触发器都可以做到，图 5.1.2 是以各类边沿触发器构成的二分频电路，时钟可以是上升沿触发，也可以是下降沿触发。

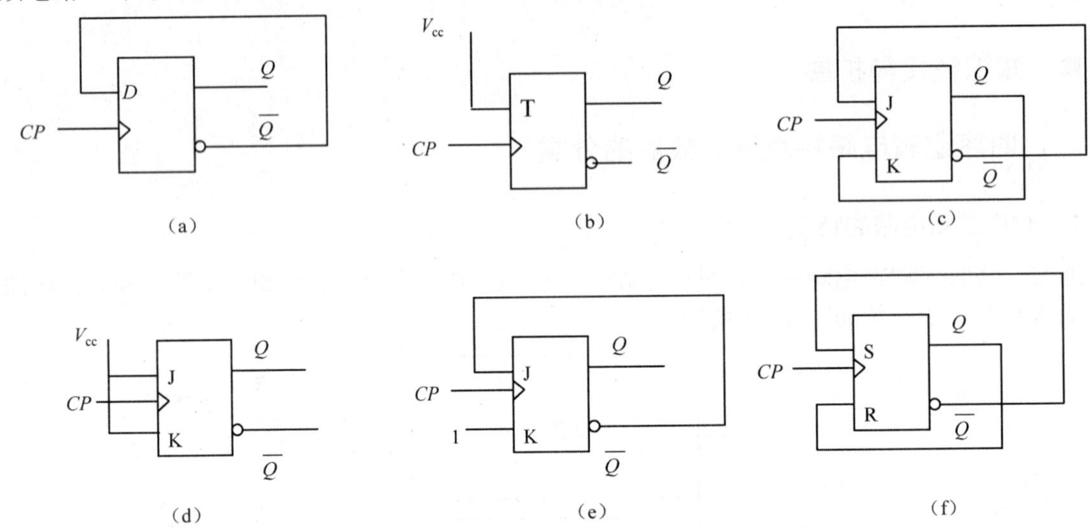

图 5.1.2　二分频电路

二分频电路的 CP 输入和 Q 输出之间的频率比为 2 : 1，如图 5.1.3 所示。图 5.1.2 中（a）图是用 D 触发器实现的二分频电路，当 Q=1 时，D=0，CP 上升沿到来时，由于 D=0，Q 次态变为 0，此时 $\overline{Q}=1$，D 也会成为 1，当 CP 下一个上升沿到来，Q 变成 1，$\overline{Q}=0$，D=0，如此往复，形成如图 5.1.3 所示波形。图（b）是使 T 触发器的输入端 T 保持高电平，接成了 T'触发器，每次遇到一个有效时钟边沿（图中是上升沿），输出端 Q 都求反。图（c）～图（f）所示二分频电路的工作原理请读者自行分析。

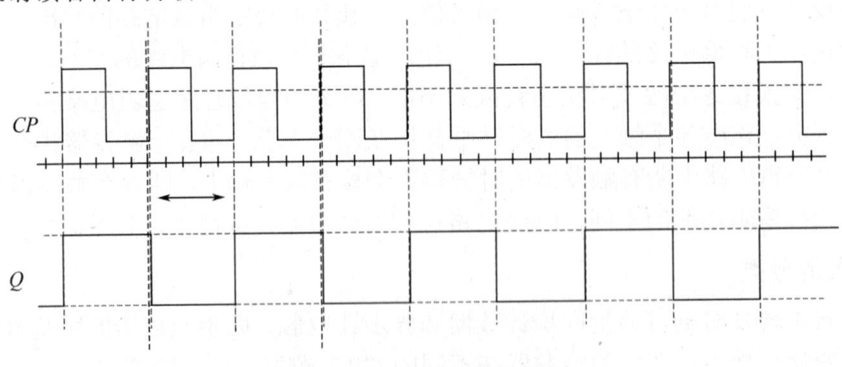

图 5.1.3　二分频电路波形图

以 D 触发器 74LS74N 为例，进行二分频电路仿真测试，如图 5.1.4 所示。图中 1 号引脚是异步清零端（复位），低电平有效，4 号引脚是异步置 1（置位）端，低电平有效，本测试电路中不需要异步置位和复位，因此全接成高电平。

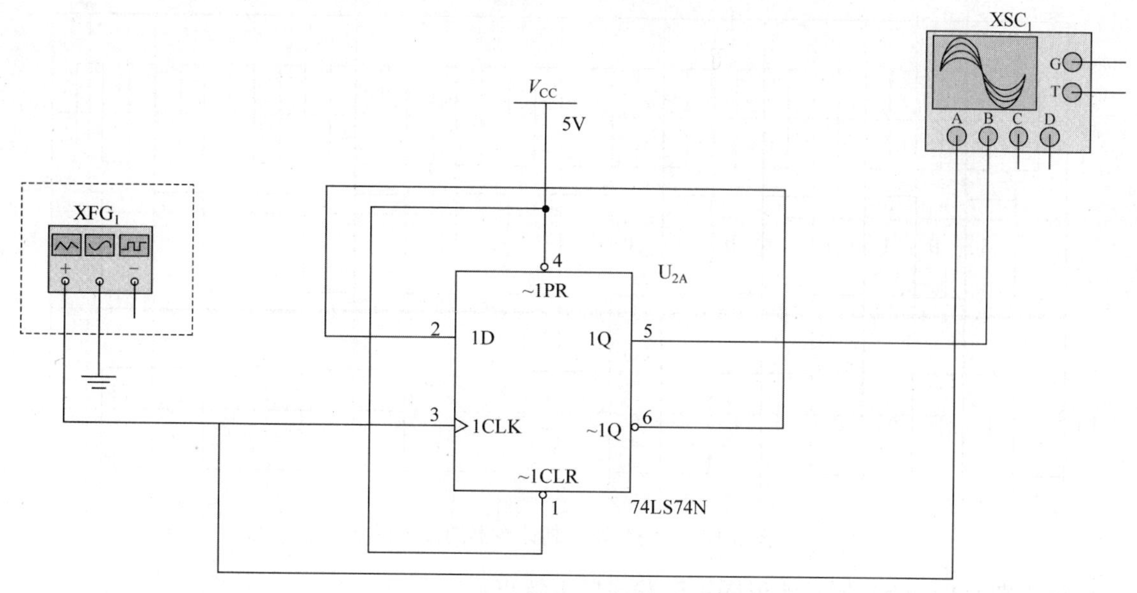

图 5.1.4　D 触发器构成的二分频电路

2. 二进制计数器

将 n 个二分频电路进行级联，可以方便地得到 2^n 进制计数器，这种触发器的个数 n 和总的计数状态数是 2^n 关系的计数器称为二进制计数器。如图 5.1.5（a）所示是将两个 D 触发器构成的二分频电路进行级联得到的四进制计数器。这是上升沿触发的 D 触发器，将外加的 CP 接给第一个触发器的 CP 端，将第一个触发器的输出端 Q_0 接给第二个触发器的 CP 端，其输出是 Q_1，将 Q_0 和 Q_1 接两个指示灯进行观察，并将外来 CP、Q_0、Q_1 分别接入四通道示波器进行波形观察，形成波形如图 5.1.5 所示。

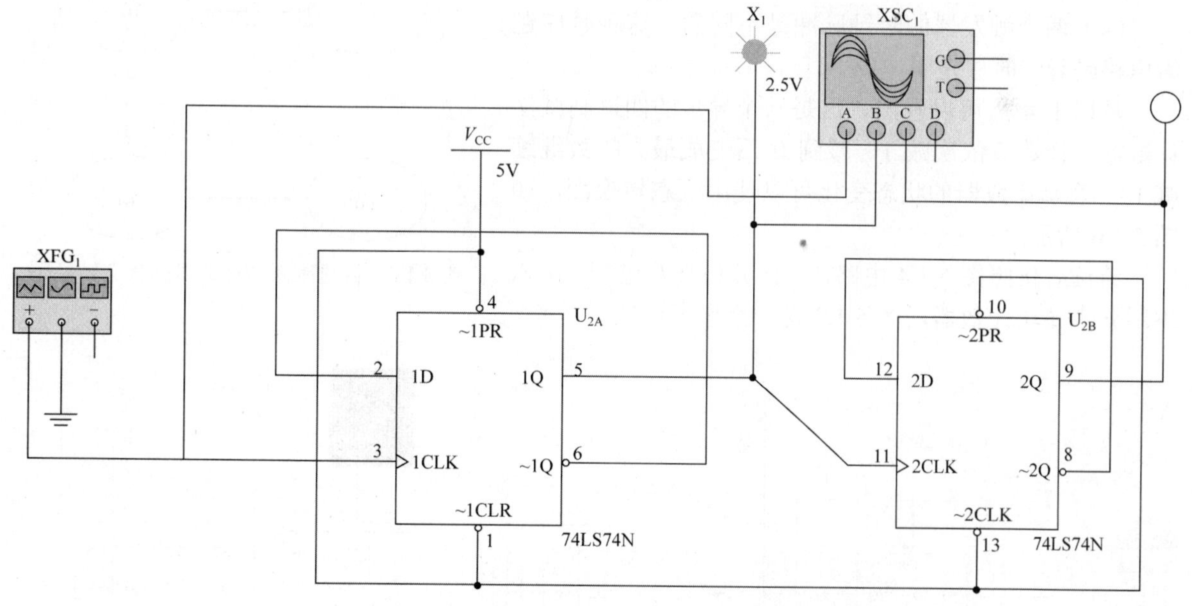

图 5.1.5　（a）两个二分频电路构成的四进制计数器

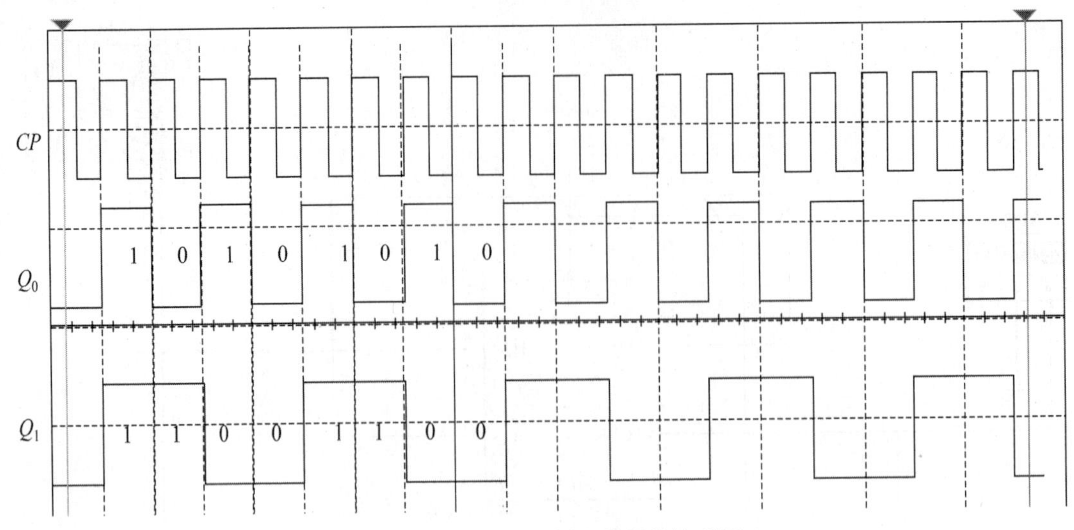

图 5.1.5　（b）四进制计数器的波形图

观察如图 5.1.5（b）所示波形图可以发现以下特点：

（1）在一个 *CP* 周期中将 Q_1、Q_0 两个触发器的输出合起来看，它们一起构成了一个状态，如图中标出的 11、10、01、00。

（2）每个 *CP* 周期中两个触发器的输出状态是确定的，并且每个状态组合存在的时间和 *CP* 的周期相同。

（3）四进制计数器中一共 4 个状态组合，分别是 11、10、01、00，并且是按照 11→10→01→00→11→…的顺序不断重复出现，将一个状态组合看成一个十进制数，就是按 3→2→1→0→3→…的次序周而复始地变化。

（4）两个触发器的时钟脉冲是不同的，这种时序逻辑电路是异步时序逻辑电路。

从以上 4 点可以看出，这是一个异步的四进制减法计数器（计数值依次减 1，减到 0 后变成最大的数继续减 1）。表示计数器的状态变化可以使用状态转换图，如图 5.1.6 所示。

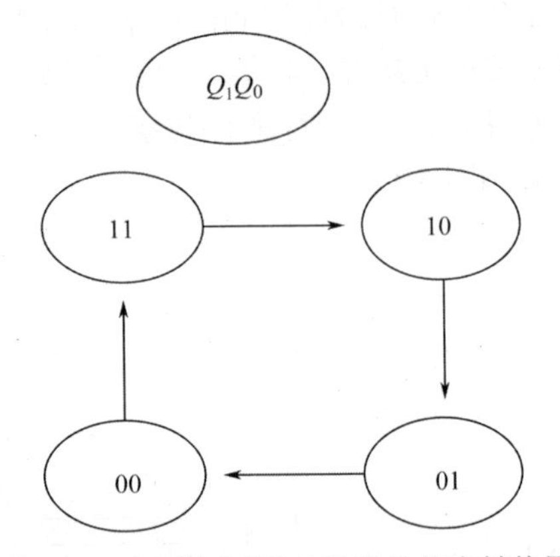

图 5.1.6　四进制减法计数器的状态转换图

请读者仿照图 5.1.4 电路，设计并仿真八进制、十六进制异步减法计数器，图 5.1.7 是一个参考电路。

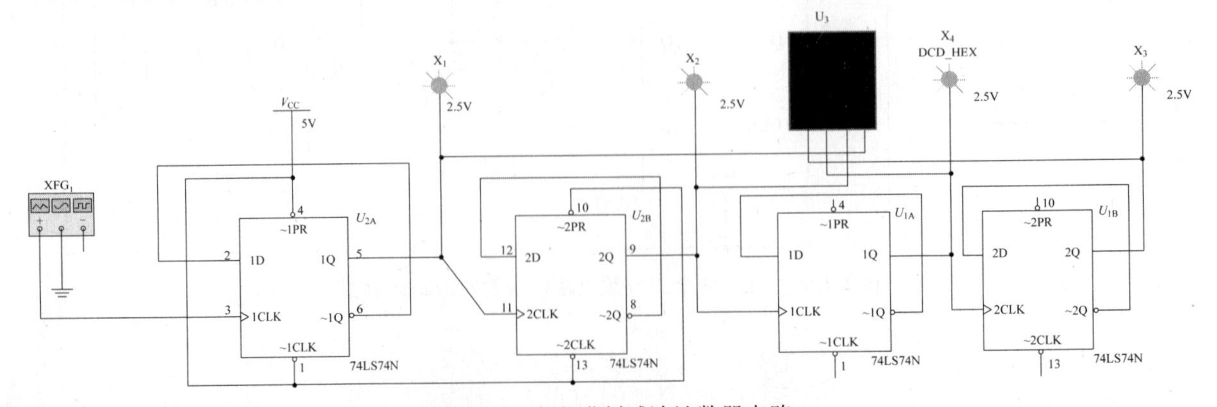

图 5.1.7　十六进制减法计数器电路

按照以上方法实现的都是减法计数器，请读者思考：如何实现加法计数器呢？请读者观察图 5.1.8 电路并认真与图 5.1.7 进行细致的比较，找到两个电路的区别。

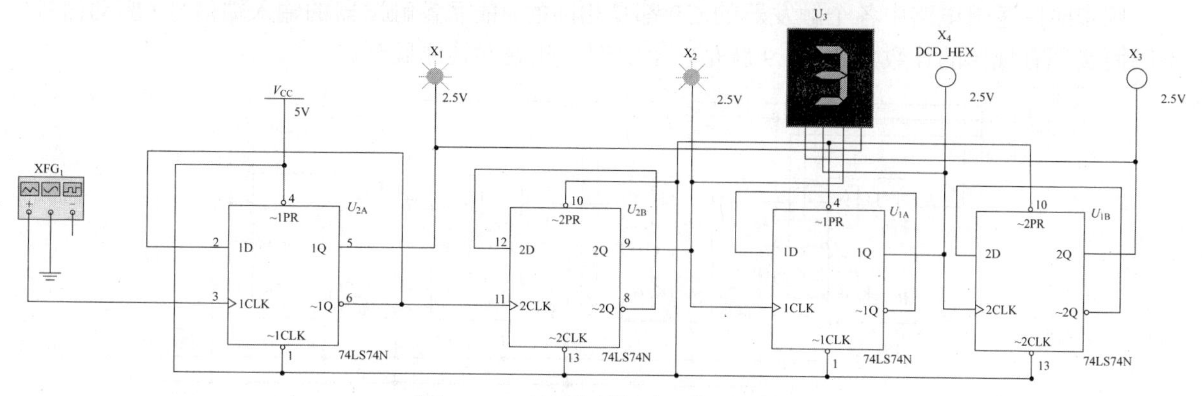

图 5.1.8　十六进制加法计数器电路

比较图 5.1.8 和图 5.1.7 可以发现：

（1）图 5.1.8 中第 2～4 个触发器的时钟脉冲连接的是前一个触发器的 $\overline{Q}$，这样实质上是将触发器的触发脉冲变成了下降沿触发。

（2）通过观察电路的运行，可以发现图 5.1.8 电路的计数是按照每次加 1 的规律进行的，因此是一个加法计数器。

请读者测试并思考，如果图 5.1.7 中用 $\overline{Q}$ 作为输出，会是什么结果？图 5.1.8 中用 $\overline{Q}$ 作为输出，会是什么结果？

这样我们可以得到以下结论：

（1）采用上升沿触发的触发器，级联时将前一个触发器的 Q 接到后一个触发器的 CP 端，以 Q 为输出，实现的是减法计数器；以 $\overline{Q}$ 为输出端实现的是加法计数器。

（2）采用上升沿触发的触发器，级联时将前一个触发器的 $\overline{Q}$ 接到后一个触发器的 CP 端，以 Q 为输出，实现的是加法计数器；以 $\overline{Q}$ 为输出端实现的是减法计数器。

（3）采用下降沿触发的触发器，级联时将前一个触发器的 Q 接到后一个触发器的 CP 端，以 Q 为输出，实现的是加法计数器；以 $\overline{Q}$ 为输出端实现的是减法计数器。

（4）采用下降沿触发的触发器，级联时将前一个触发器的 $\overline{Q}$ 接到后一个触发器的 CP 端，以 Q 为输出，实现的是减法计数器；以 $\overline{Q}$ 为输出端实现的是加法计数器。

这个规律可以用表 5.1.1 进行表示。

表 5.1.1　异步计数器实现加法计数和减法计数的规律

CP 有效边沿	级联方式	使用输出端	计数器类型
↑	前 Q→后 CP	Q	减法计数
		$\overline{Q}$	加法计数
↑	前 $\overline{Q}$→后 CP	Q	加法计数
		$\overline{Q}$	减法计数
↓	前 Q→后 CP	Q	加法计数
		$\overline{Q}$	减法计数
↓	前 $\overline{Q}$→后 CP	Q	减法计数
		$\overline{Q}$	加法计数

在设计异步二进制计数器时，不应仅仅局限于 D 触发器构成的二分频电路，图 5.1.2 中任何一个二分频电路都可以使用。

同步时序逻辑电路中各个触发器的 *CP* 都是相同的，依靠各触发器的输入端信号（驱动信号）不同而实现有规律的计数，图 5.1.9 就是一个实例，此处不具体展开。

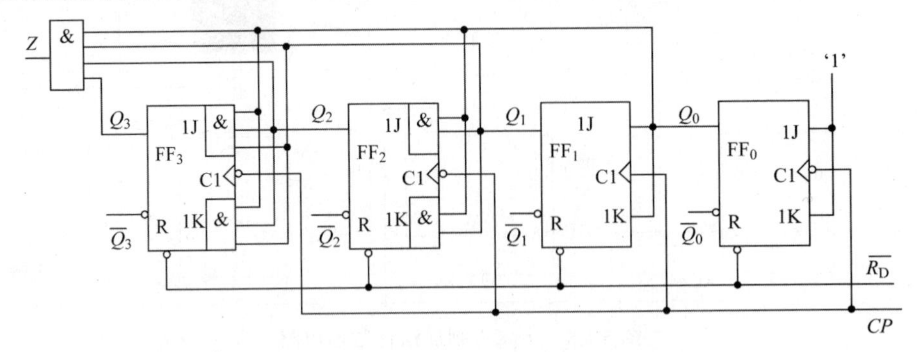

图 5.1.9　同步二进制计数器电路

从图 5.1.9 中可以得到以下结论：

（1）各触发器的 *CP* 端是相同的，各触发器状态变化的时机是相同的，都是在 *CP* 信号的下降沿，不存在级间的时间延迟。

（2）各触发器的输入端（*J*、*K*）输入的信号不同，但有明显的规律。

（3）输出 *Z* 是整个电路的组合输出部分，在这里当 Q_3、Q_2、Q_1、Q_0 都为 1 时，*Z*=1，所以 *Z* 代表的是计数器的进位信号。

图 5.1.9 中同步二进制加法计数器的状态转换表如表 5.1.2 所示，图 5.1.10 是它的状态转换图，图 5.1.11 是它的波形图，可以看出，Q_3、Q_2、Q_1、Q_0、*CP* 之间依次是二分频关系，Q_3 是 *CP* 的十六分频，*Z* 也是 *CP* 的十六分频，但是 *Z* 信号的占空比不是 50%，Q_3 和 *Z* 信号的下降沿几乎是同时的，因此，很多计数器上没有设置进位信号，用最高位充当进位信号来进行级联。

表 5.1.2　同步二进制加法计数器的状态转换表

序号	现态 $N(t)$ $Q_3Q_2Q_1Q_0$	次态 $N(t)$ $Q_3Q_2Q_1Q_0$	输出 z
0	0000	0001	0
1	0001	0010	0
2	0010	0011	0
3	0011	0100	0
4	0100	0101	0
5	0101	0110	0
6	0110	0111	0
7	0111	1000	0
8	1000	1001	0
9	1001	1010	0
10	1010	1011	0
11	1011	1100	0
12	1100	1101	0
13	1101	1110	0
14	1110	1111	0
15	1111	0000	1

Q_3、Q_2、Q_1、Q_0

0000 →/0 0001 →/0 0010 →/0 0011 →/0 0100 →/0 0101 →/0 0110 →/0 0111 →/0 1000 →/0 1001 →/0 1010 →/0 1011 →/0 1100 →/0 1101 →/0 1110 →/0 1111 →/1 0000

图 5.1.10　同步二进制加法计数器的状态转换图

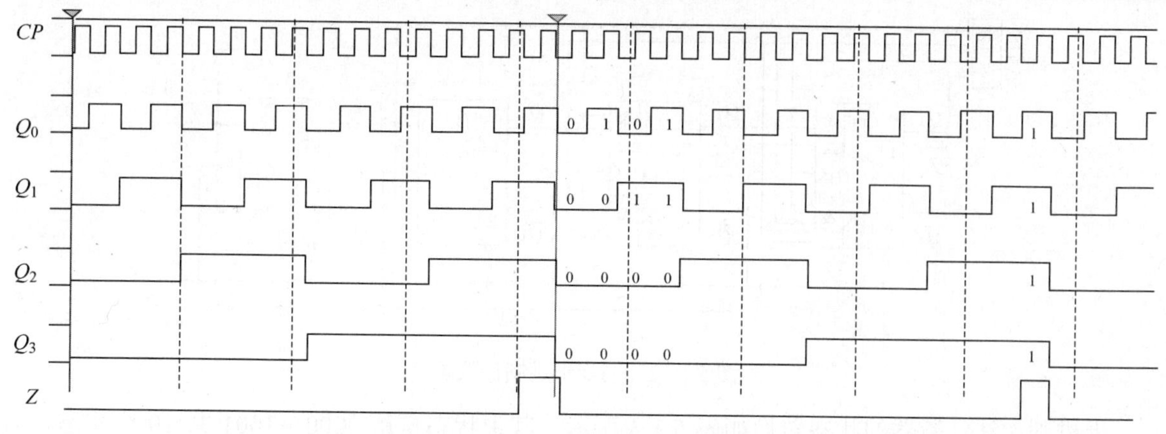

图 5.1.11　同步二进制计数器的波形图

从表 5.1.2 可以看出，Q_0 在每个 CP 的下降沿翻转一次，这符合二分频电路的特征，Q_1 是在 $Q_0=1$ 时，遇到 CP 下降沿翻转，Q_2 是在 $Q_0=Q_1=1$ 时遇到 CP 下降沿翻转，Q_3 是在 $Q_0=Q_1=Q_2=1$ 时遇到 CP 下降沿翻转，所以各个触发的输入信号是有规律的，从 FF_0 到 FF_3 各触发器的 J、K 端的信号分别为：

$$J_0=K_0=1$$

$$J_1=K_1=Q_0$$

$$J_2=K_2=Q_1Q_0$$

$$J_3=K_3=Q_2Q_1Q_0$$

这种输入端表达式称为电路的驱动方程（也称为激励方程）。

从电路图中可以看出 Z 的表达式是：

$$Z= Q_3Q_2Q_1Q_0$$

这种组合电路的输出端表达式称为输出方程。

三、十进制计数器的设计与仿真

图 5.1.12 是一种同步十进制计数器的电路图，其驱动方程为：

$$J_0=K_0=1$$

$$J_1=\overline{Q_3^{\rm n}}Q_0^{\rm n} \quad K_1=Q_0^{\rm n}$$

$$J_2=K_2=Q_1^{\rm n}Q_0^{\rm n}$$

$$J_3=Q_2^{\rm n}Q_1^{\rm n}Q_0^{\rm n}，K_3=Q_0^{\rm n}$$

如果将每个触发器输入端信号代入 JK 触发器的特性方程中，则得到的新表达式称为状态方程，分别如下：

$$Q_0^{\rm n+1}=\overline{Q_3^{\rm n}}\cdot CP\downarrow$$

$$Q_1^{\rm n+1}(\overline{Q_3^{\rm n}}Q_0^{\rm n}\overline{Q_1^{\rm n}}+\overline{Q_0^{\rm n}}Q_1^{\rm n})\cdot CP\downarrow$$

$$Q_2^{\rm n+1}(Q_1^{\rm n}Q_0^{\rm n}\overline{Q_2^{\rm n}}+\overline{Q_1^{\rm n}Q_0^{\rm n}}Q_2^{\rm n})\cdot CP\downarrow$$

$$Q_3^{\rm n+1}(Q_2^{\rm n}Q_1^{\rm n}Q_0^{\rm n}\overline{Q_3^{\rm n}}+\overline{Q_0^{\rm n}}Q_3^{\rm n})\cdot CP\downarrow$$

状态方程中表示出了该触发器按照表达式所确定的变化条件在 CP 的下降沿发生状态变化。

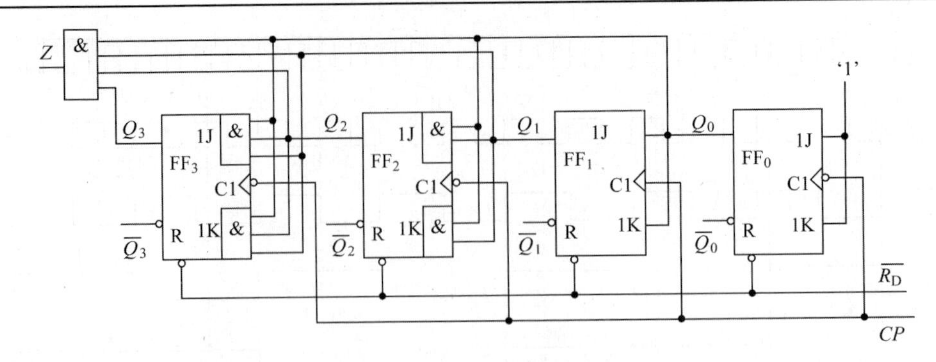

图 5.1.12　同步十进制计数器

十进制加法计数器的状态转换如表 5.1.3 所示，其中状态是从 0000～1001 共 10 个状态，对应于 8421BCD 码。其中 Z 是进位信号，$Z=Q_3Q_0$，当 $Q_3Q_2Q_1Q_0=1001$ 时，$Z=1$。

表 5.1.3　十进制计数器的状态转换表

序号	S(t)				N(t)				输出
	Q_3	Q_2	Q_1	Q_0	Q_3	Q_2	Q_1	Q_0	Z
0	0	0	0	0	0	0	0	1	0
1	0	0	0	1	0	0	1	0	0
2	0	0	1	0	0	0	1	1	0
3	0	0	1	1	0	1	0	0	0
4	0	1	0	0	0	1	0	1	0
5	0	1	1	1	0	1	1	0	0
6	0	1	1	0	0	1	1	1	0
7	0	1	0	1	1	0	0	0	0
8	1	0	0	0	1	0	0	1	0
9	1	0	0	1	0	0	0	0	1

四、时序逻辑电路的分析方法

（一）时序逻辑电路功能的描述方法

对时序逻辑电路功能的描述有多种方法，图 5.1.1 是时序逻辑电路的一般形式，其中 X_1～X_p 是组合逻辑部分的输入量，Y_1～Y_m 是组合逻辑部分的输出量，W_1～W_r 是给触发器的输入量，称为驱动量，Q_1～Q_t 是触发器的输出量。

时序逻辑电路的描述方法有逻辑方程式、逻辑转换表（真值表）、逻辑转换图、波形图四种。

1．逻辑方程式

逻辑方程式就是用数学表达式的形式将时序逻辑电路中出现的各种逻辑变量表示出来。

① 时钟方程是指每个触发器的时钟脉冲的表达式，一般形式为：

$$CP_I=E[Q_I,\ CP]$$

② 驱动方程是指每个触发器输入端的表达式，一般形式为：

$$W(t_n)=F[X(t_n),\ Q(t_n)]$$

③ 状态方程是指每个触发器输出端的表达式，是由驱动方程代入到该触发器的特性方程得到的，一般形式为：

$$Q（t_{n+1}）=G[Q（t_n），W（t_n）]$$

④ 输出方程是指电路中组合逻辑电路的输出端表达式，这个不是必需的，有的电路中没有逻辑部分输出量，也没有输出方程，一般形式为：

$$Y（t_n）=H[X（t_n），Q（t_n）]$$

2．逻辑转换表（真值表）

这是反映时序电路输出次态与输入、现态之间的取值关系的表格，也是时序逻辑电路的真值表。例如表 5.1.2 就是一个同步计数器的状态转换真值表。

3．逻辑转换图（状态图）

这是反映时序电路状态转换规律及输入、输出取值的几何图形。如图 5.1.10 所示就是一个同步二进制加法计数器的状态转换图。

4．时序图（波形图）

时序图可用波形图表达输入、输出、电路状态在时间上的对应关系。如图 5.1.11 所示就是一个同步计数器的时序图，也称为波形图。

（二）时序电路的分析方法

（1）写方程：根据给定电路写出时钟方程、驱动方程和输出方程。

（2）求解次态方程：将驱动方程代入相应触发器的状态方程，得出各触发器的最简次态方程（即状态方程）。

（3）求次态：将电路的输入和现态的所有取值组合代入状态方程和输出方程，计算出相应的次态和输出。

（4）画图表：根据计算结果画出状态转换真值表、状态图或时序图。

（5）得结论：用文字说明该时序逻辑电路的逻辑功能。

例 5.1.1 请分析如图 5.1.13 所示电路的逻辑功能。

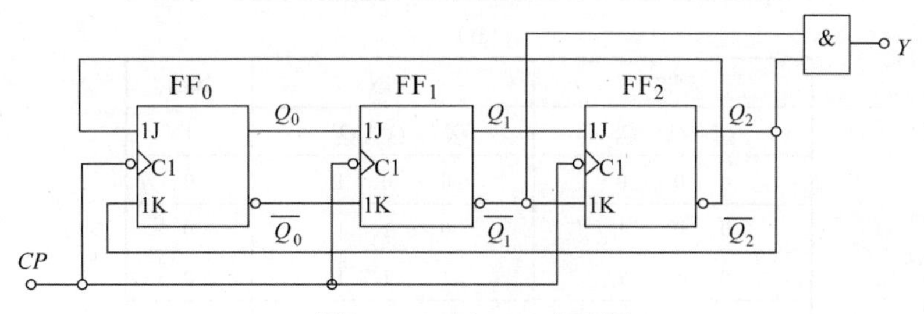

图 5.1.13　例 5.1.1 电路图

1．写各触发器的时钟方程、驱动方程及电路输出方程

时钟方程：$CP_2 = CP_1 = CP_0 = CP$

驱动方程：$\begin{cases} J_2 = Q_1^n & K_2 = \bar{Q}_1^n \\ J_1 = Q_0^n & K_1 = \bar{Q}_0^n \\ J_0 = \bar{Q}_2^n & K_0 = Q_2^n \end{cases}$

输出方程：$Y = \bar{Q}_1^n Q_2^n$

2. 写出状态方程

将驱动方程代入到 JK 触发器的特性方程 $Q^{n+1} = J\bar{Q}^n + \bar{K}Q^n$ 中得到状态方程：

$$\begin{cases} Q_2^{n+1} = J_2\bar{Q}_2^n + \bar{K}_2 Q_2^n = Q_1^n\bar{Q}_2^n + Q_1^n Q_2^n = Q_1^n \\ Q_1^{n+1} = J_1\bar{Q}_1^n + \bar{K}_1 Q_1^n = Q_0^n\bar{Q}_1^n + Q_0^n Q_1^n = Q_0^n \\ Q_0^{n+1} = J_0\bar{Q}_0^n + \bar{K}_0 Q_0^n = \bar{Q}_2^n\bar{Q}_0^n + \bar{Q}_2^n Q_0^n = \bar{Q}_2^n \end{cases}$$

3. 求各触发器的次态和电路输出，列状态转换表，画状态转换图及时序图

根据已经求出的状态方程和输出方程求解触发器的次态，设定初始状态为 0，代入状态方程，即可得到次态的输出逻辑值，然后再将这个逻辑值作为初态代入状态方程求下一个次态，一直重复进行，直到状态出现循环为止。表 5.1.4 是状态转换表。画状态转换表有多种形式，表 5.1.4（a）是按照二进制的顺序设置初态，求解次态；表（b）表示以上次的次态作为初态求解次态；还可以画成表（c）的形式。读者可以根据个人的喜好任选一种使用，在分析电路时建议使用表（c）。

表 5.1.4　图 5.1.13 的状态转换表

（a）

现态			次态			输出
Q_2^n	Q_1^n	Q_0^n	Q_2^{n+1}	Q_1^{n+1}	Q_0^{n+1}	Y
0	0	0	0	0	1	0
0	0	1	0	1	1	0
0	1	0	1	0	1	0
0	1	1	1	1	1	0
1	0	0	0	0	0	1
1	0	1	0	1	0	1
1	1	0	1	0	0	0
1	1	1	1	1	0	0

（b）

现态			次态			输出
Q_2^n	Q_1^n	Q_0^n	Q_2^{n+1}	Q_1^{n+1}	Q_0^{n+1}	Y
0	0	0	0	0	1	0
0	0	1	0	1	1	0
0	1	1	1	1	1	0
1	1	1	1	1	0	0
1	1	0	1	0	0	0
1	0	0	0	0	0	1
1	0	1	0	1	0	1
0	1	0	1	0	1	0

（c）

CP 顺序	状态			输出
	Q_2	Q_1	Q_0	Y
0	0	0	0	0
1	0	0	1	0
2	0	1	1	0
3	1	1	1	0
4	1	1	0	0
5	1	0	0	1
6	0	0	0	0
0	1	0	1	1
1	0	1	0	0
2	1	0	1	1

由表（c）很容易看出，这个电路有两个状态循环，第一个循环中有 6 个状态，第二个循环中有两个状态。如规定第一个循环是有效循环，则第二个是无效循环，如果电路的输出状态能自动从无效循环跳入到有效循环中，则称该电路能够自启动，否则称该电路不能自启动。图 5.1.14 是该电路的状态转换图。

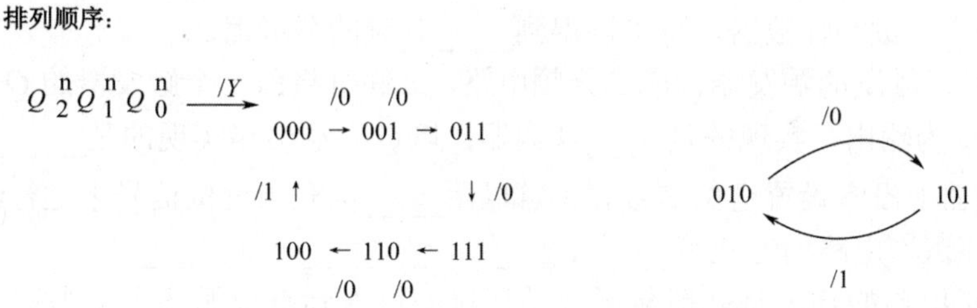

排列顺序：

$Q_2^n Q_1^n Q_0^n \xrightarrow{/Y}$

000 →(/0) 001 →(/0) 011 ↓(/0) 111 →(/0) 110 →(/0) 100 →(/1) 000

010 →(/0) 101 →(/1) 010

（a）有效循环　　　　（b）无效循环

图 5.1.14　电路的状态转换图

状态转换图要有图例，说明状态转换图中各逻辑值的意义，本图中逻辑状态的书写顺序是 $Q_2Q_1Q_0$，箭头上的数字表示 Y，箭头表示状态发生变化的方向。

例题 5.1.1 中电路的波形图如图 5.1.15 所示。

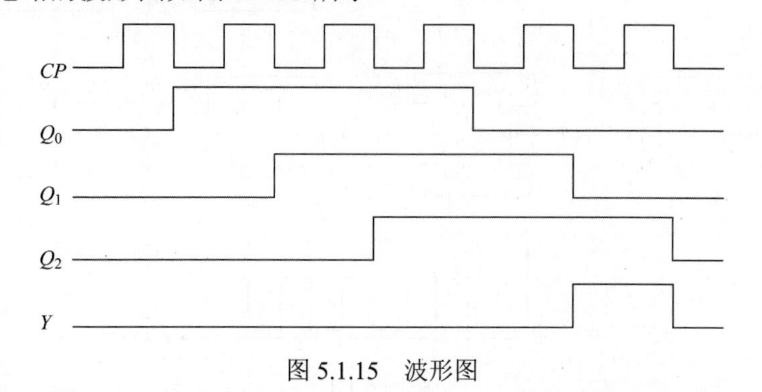

图 5.1.15　波形图

4．说明电路功能

该电路的有效循环的 6 个状态分别是 0～5 这 6 个十进制数字的格雷码，并且在时钟脉冲的作用下，这 6 个状态是按递增规律变化的，即：

$$000 \to 001 \to 011 \to 111 \to 110 \to 100 \to 000 \to \cdots$$

所以这是一个用格雷码表示的六进制同步加法计数器。当对第 6 个脉冲计数时，计数器又重新从 000 开始计数，并产生输出 $Y=1$。该电路不能自启动。

■ 巩固与提高

1. 知识巩固

1.1 时序电路由________电路和_________电路两部分构成，其中_____电路可以没有，但是______电路必须要有，并且必有部分的最简单电路是一个______。

1.2 完整的时序逻辑电路，其中的组合电路输入的变量称为_______；逻辑电路部分输出的逻辑量称为 ______；触发器部分的输入量称为________；触发器的输出量称为______；因此，描述时序逻辑电路的方程有_________、________、______。

1.3 时序逻辑电路根据各个触发器状态转换的不同，可分为__________时序逻辑电路和________时序逻辑电路；按逻辑功能的不同可分为_______、_______、时序信号发生器等。

1.4 计数器是能够________________________________的时序逻辑电路，可用于脉冲信号的________、________和执行运算。计数器按状态转换时刻可分为______计数器和______计数器。

1.5 二分频电路也是_____电路，两个这种电路级联，可以得到_____进制计数器，n 个这种电路级联可以得到_____进制计数器，也可以得到_____分频的分频器。

1.6 采用上升沿触发的触发器构成二分频电路，级联时将前一个触发器的 Q 接到后一个触发器的 CP 端，以 Q 为输出，实现的是_____计数器；以 $\overline{Q}$ 为输出端实现的是______计数器。

1.7 当计数器上没有设置进位信号时，可以用_____位充当进位信号来进行级联。

1.8 描述时序逻辑电路的方式有_____、_____、_______、_______。

1.9 时序逻辑电路的输出状态能从无效循环自动跳入到有效循环中，则称该电路_____自启动，否则称______自启动。

1.10 画出题图 5.1.1 中各触发器在时钟信号作用下输出端电压的波形，并分析哪些是二分频电路。设所有触发器的初始状态均为 $Q=0$。

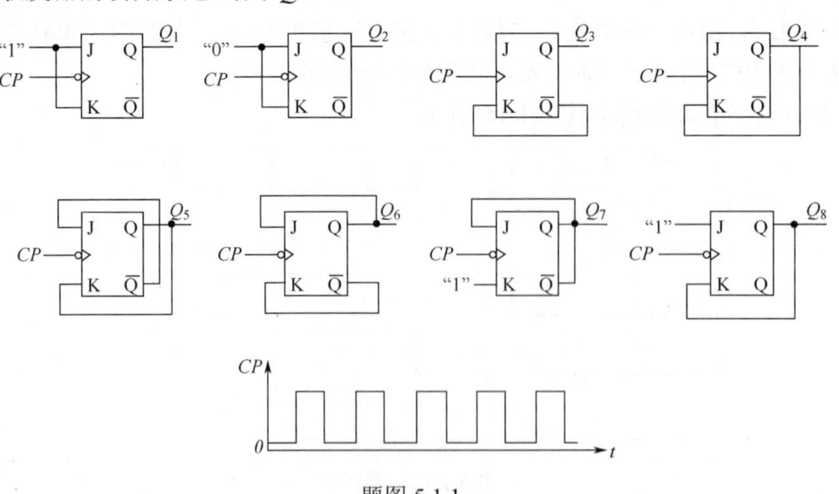

题图 5.1.1

1.11 利用触发器的特性方程写出题图 5.1.2 中各触发器次态输出（Q^{n+1}）与现态（Q^{n}）和 A、B 之间的逻辑函数式。

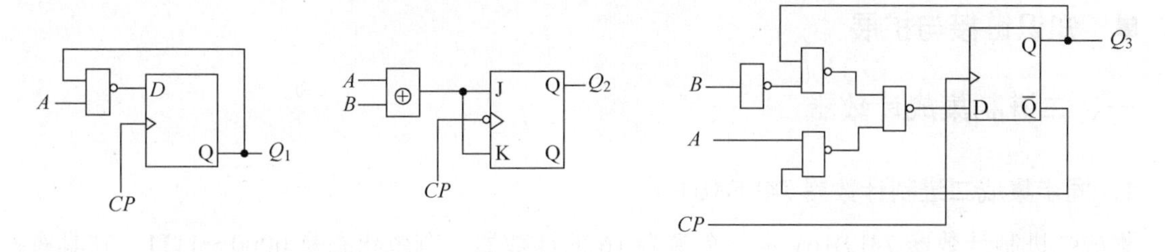

题图 5.1.2

1.12 分析如题图 5.1.3 所示电路的逻辑功能，画出电路的状态转换图，检查电路能否自启动，说明电路的功能。

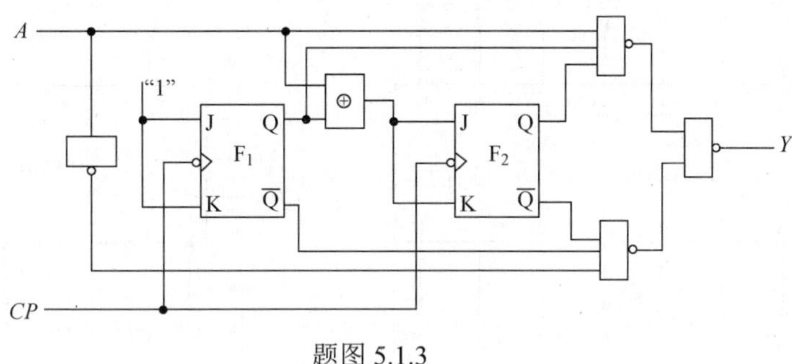

题图 5.1.3

2．任务作业

2.1 请查找资料，至少找到两种含二进制计数器的集成芯片和两种含十进制计数器的集成芯片，并研究其逻辑特性，学会使用这几种集成计数器。

2.2 在 Multisim 中绘制十六进制计数器，并分析其构成加法计数器和减法计数器的条件。

任务二　集成计数器的功能比较与测试

■　技能目标

1．会灵活使用集成计数器构成各种计数电路并能正确分析这类电路。

2．能看懂集成计数器的功能表并能正确使用计数器。

3．能正确绘制计数器的电路图，能进行仿真及调试。

4．能用集成计数器构成任意进制计数器。

■　知识目标

1．掌握各种集成计数器功能表的解读方法。

2．了解各类集成计数器的基本情况。

3．掌握各种计数器特殊功能端的使用方法。

4．掌握级联法、复位法、预置数法构成任意进制计数器的方法。

■　实践活动与指导

教师指导学生认识常用的集成计数器并读懂其功能表，进行功能测试，在实践中掌握其使用的规律，增加实践经验。

■　知识链接与扩展

一、二进制集成计数器

1. 同步集成二进制计数器 74LS161

集成二进制计数器 74LS161 是一个模为 16 的计数器，有效状态是 0000～1111，它具有控制端以及异步清零和同步预置数功能，具体功能描述如表 5.2.1 所示。如图 5.2.1（a）所示是其引脚排列图，图（b）是逻辑功能示意图。

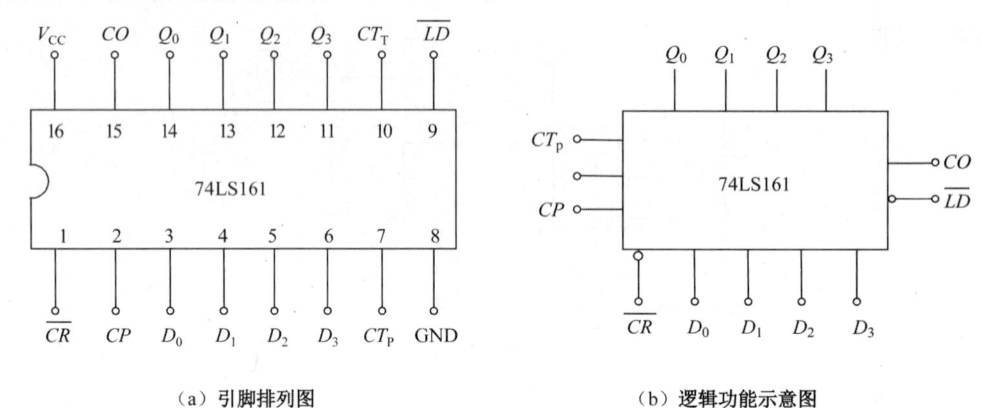

（a）引脚排列图　　（b）逻辑功能示意图

图 5.2.1　集成二进制计数器 74LS161

图 5.2.1 和表 5.2.1 中管脚定义如下。

（1）CP 是计数器的时钟脉冲输入端，从功能表可以看出是上升沿有效。

（2）$\overline{CR}$ 是异步清零端（有些材料上用 $\overline{MR}$ 表示），从功能表可以看出它是低电平有效，当 $\overline{CR}$=0 时，不论 CP 及其他管脚是什么状态，输出端 Q_0～Q_3 都立即清零。

（3）$\overline{LD}$ 是同步预置数端，低电平有效，当 $\overline{LD}$=0（此时保证 $\overline{CR}$=1）时，如果遇到 CP 的上升沿，预先给 D_0～D_3 四个数据输入端设置的数据被置入计数器的四个触发器中，即 Q_0～Q_3= D_0～D_3。

（4）CT_P 和 CT_T 是计数器的使能端，高电平有效，当 CT_P 和 CT_T 都是 1 时，计数器正常计数，当 $CT_P \cdot CT_T$=0 时，计数器不计数，处于保持状态。

（5）Q_0～Q_3 是数据输出端，是内部四个触发器的 Q 输出端。

（6）CO 是进位输出端，$CO=Q_0 \cdot Q_1 \cdot Q_2 \cdot Q_3 \cdot CT_T$，可见，当 $Q_0=Q_1=Q_2=Q_3=CT_T$=1 时，CO=1，其他情况下 CO=0，即正常计数时，计数值到 1111 时，进位输出端为 1。

表 5.2.1　74LS161 的功能表

输入		输出
$\overline{CR}$ $\overline{LD}$ CT_P CT_T CP	$D_3D_2D_1D_0$	$Q_3Q_2Q_1Q_0$
0 × × × ×	××××	0000
1 0 × × ↑	$d_3d_2d_1d_0$	$d_3d_2d_1d_0$
1 1 0 1 ×	××××	保持
1 1 × 0 ×	××××	保持
1 1 1 1 ↑	××××	计数

综合以上可以知道，当清零端 $\overline{CR}$=0，计数器输出 Q_3、Q_2、Q_1、Q_0 立即全为 0，这个时候为

异步复位功能。当 $\overline{CR}$=1 且 $\overline{LD}$=0 时，在 CP 信号上升沿作用后，74LS161 输出端 Q_3、Q_2、Q_1、Q_0 的状态分别与并行数据输入端 D_3、D_2、D_1、D_0 的状态一样，为同步置数功能。只有当 $\overline{CR}=\overline{LD}=CT_P=CT_T=1$ 时，CP 脉冲上升沿作用后，计数器加 1。74LS161 还有一个进位输出端 CO，其逻辑关系是 $CO=Q_0 \cdot Q_1 \cdot Q_2 \cdot Q_3 \cdot CT_T$。合理应用计数器的清零功能和置数功能，一片 74LS161 可以组成十六进制以下的任意进制计数器。

如图 5.2.2 所示是 74LS161 的一个工作时序示意图，可以帮助我们理解 74LS161 的逻辑功能。图中显示，工作一开始 $\overline{CR}$ 变成 0，将输出 Q_3～Q_0 异步清零，之后 $\overline{CR}$ 变成 1 而 $\overline{LD}$ 变成 0，此时的 D_3～D_0=1100，遇到 CP 上升沿后，$Q_3=D_3$，$Q_2=D_2$，$Q_1=D_1$，$Q_0=D_0$，即 Q_3～Q_0=1100，在这个上升沿之后，CT_P 和 CT_T 也变成 1，计数器进入正常的计数过程，每次遇到一个 CP 上升沿，Q_3～Q_0 构成的二进制数依次加 1，一直到 Q_3～Q_0=1111（注意此时 CO=1），然后 Q_3～Q_0=0000，随着 CP 上升沿的到来，继续依次加 1。如果这个工作状态延续下去，将会从 0000 一直变化到 1111 再次回到 0000 不断重复，但是图中在 Q_3～Q_0=0010（即 2）之后，CT_P 和 CT_T 发生了变化，二者相与为 0，计数器进入保持状态，输出端保持不变，不再随着 CP 上升沿的到来而加 1。

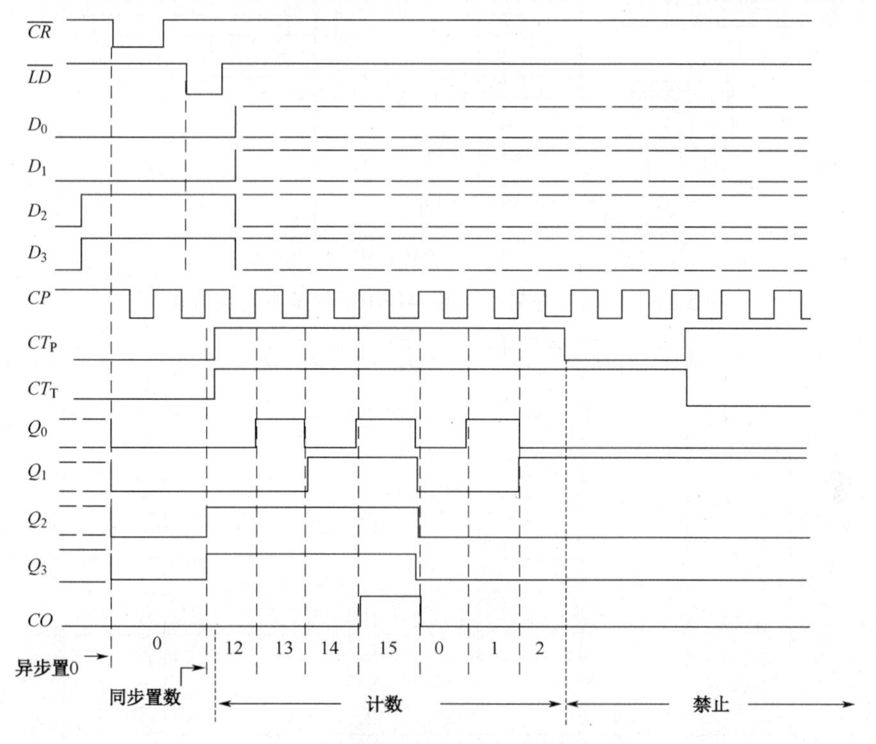

图 5.2.2　74LS161 的工作时序示例图

2．集成二进制计数器 74LS161 的功能仿真

如图 5.2.3 所示是 74LS161 的功能仿真图，此电路中 $\overline{CR}$ 和 $\overline{LD}$ 都直接连接高电平，处于无效状态，CT_P 和 CT_T 也连接到高电平，电路正常计数，所以电路在 CP 脉冲的作用下，不断地重复从 0000～1111 的计数，当输出为 1111 时，CO=1。请读者自己改变 $\overline{CR}$ 和 $\overline{LD}$ 以及 CT_P 和 CT_T 的逻辑值，观察电路工作状态。

将 CP 和 74LS161 的输出 Q_0～Q_3 以及 CO 接到逻辑分析仪中，可以得到如图 5.2.4 所示的波形图，由图可以看出：

（1）Q_0 是 CP 的二分频信号，Q_1 是 Q_0 的二分频，依此推广下去，每个输出都是前一个输出的二分频，即 Q_0、Q_1、Q_2、Q_3 依次是 CP 信号的二、四、八、十六分频。

（2）CO 在 $Q_3Q_2Q_1Q_0$=1111 时为 1，其周期与 Q_3 相同，也是 CP 的十六分频，但是其占空比是 1/16，而 Q_3 的占空比是 50%。

（3）CO 下降沿和 Q_3 的下降沿在同一个时刻并且出现的频率相同，因此可以用 Q_3 代替 CO，充当进位信号。

（4）每一个状态存在的时间都是一个 CP 周期，如 0001 存在的时间是 CP 的一个周期，1111 存在的时间也是一个 CP 周期。

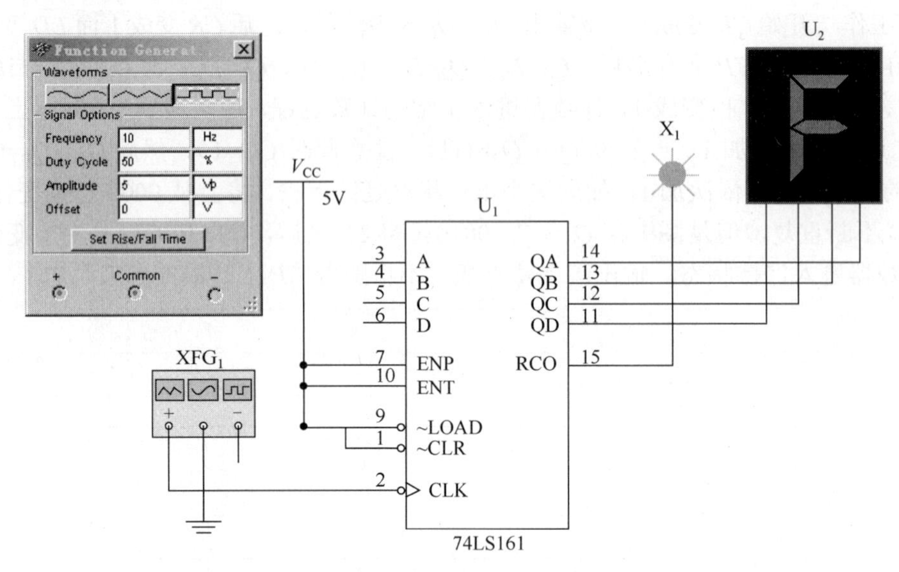

图 5.2.3　集成二进制计数器 74LS161 的基本功能仿真图

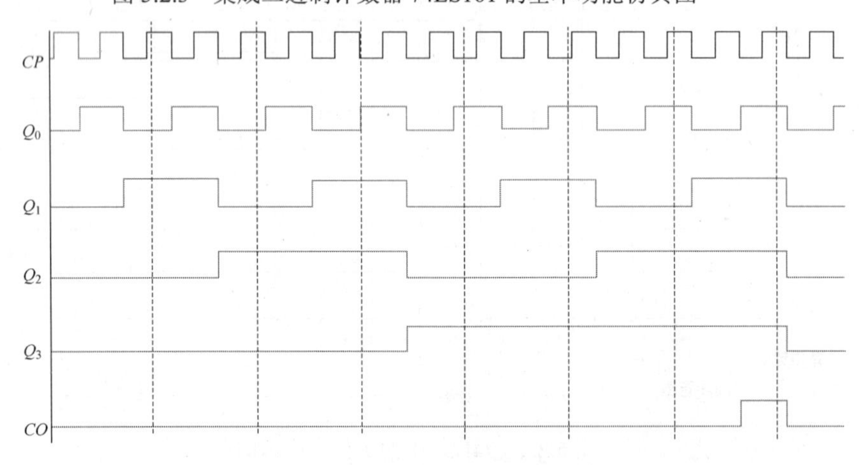

图 5.2.4　74LS161 的工作时序图

3．集成二进制计数器 74LS161 的应用举例

利用 74LS161 的异步清零端（$\overline{CR}$）和同步预置数端（$\overline{LD}$）可以方便地实现比 16 小的任意进制。

（1）复位法

利用异步清零端 $\overline{CR}$ 实现进制的改变称为反馈复位法构成任意进制计数器。基本原理是当计数器计数到一个数值时，让计数器复位到 0，从而改变计数的模，如 0→1→2→3→4→5→0，就是模为 6 的六进制计数器，实现的方法如下。

分析：六进制计数器模为 6，共有 6 个有效状态，采用反馈复位法实现时，计数值从 0 开始，

6个有效态应该是0～5（0000～0101），因此应该在计数器状态0101之后清零。需要注意的是0101要存在一个CP周期的时间，$\overline{CR}$是异步复位，本来0101的下一个状态是0110，现在要复位还要保证0101能存在一个CP周期时间，必须在0101之后复位，所以要将0110这个状态变成0000。此时，0110我们称之为过渡态。我们要将过渡态译码，变成0，送给$\overline{CR}$，实现复位。状态转换图如图5.2.5所示，图中虚线箭头表示0110是过渡态。$\overline{CR}$的表达式如式5.2.1所示。

$$\overline{CR}=\overline{m_6}=\overline{\overline{\overline{Q_3}Q_2Q_1\overline{Q_0}}}$$ 式5.2.1

通过观察图5.2.5，可以将式5.2.1简化成$\overline{CR}=\overline{Q_2Q_1}$，所以可以绘出如图5.2.6所示的示意图。

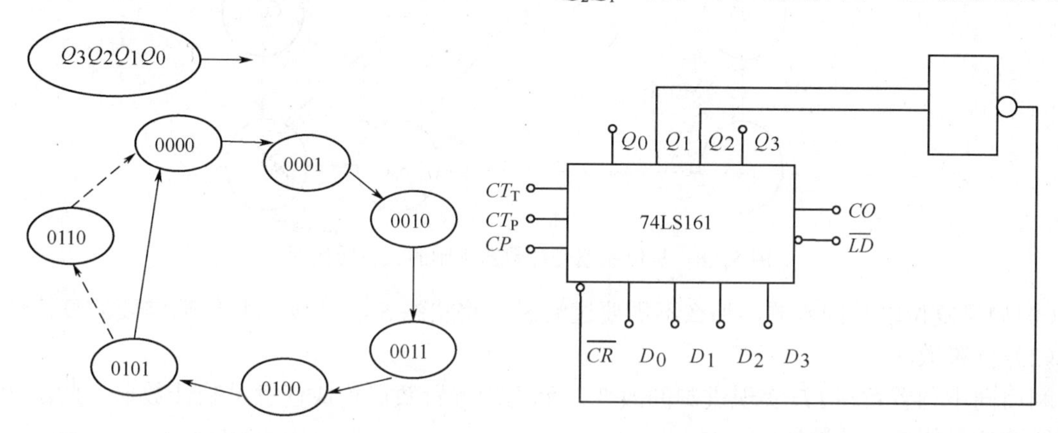

图5.2.5　六进制的状态转换图　　图5.2.6　复位法构成的六进制计数器

对这个电路进行仿真，如图5.2.7所示，图中与非门将过渡态变换成逻辑0反馈给复位端，使电路在0110时复位回到0000，图中与门将Q_2、Q_0相与，显然在0101时与门输出1，这是六进制计数器的进位端，$CO=Q_2Q_0$。

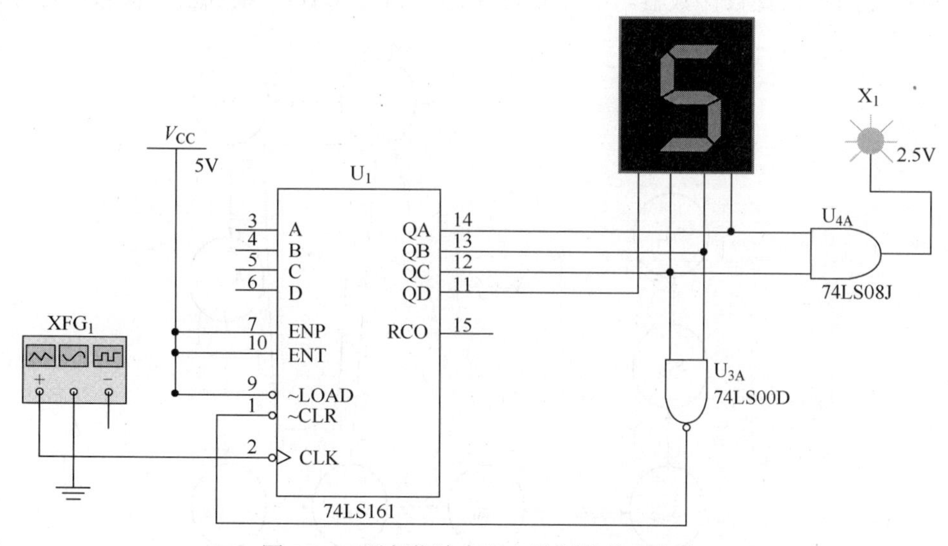

图5.2.7　用复位法实现六进制的仿真电路

复位法构成任意进制计数器的总结：

① 用复位法将N进制的计数器改成M进制（$M<N$），有效状态是S_0～S_{M-1}，去掉了$N-M$个状态，如图5.2.8所示。

② 如果复位端是异步的，那么需要过渡态，状态M就是过渡态，将状态M变换出复位端需要的复位信号（如74LS161的复位端是低电平，就要变换出0给复位端）。

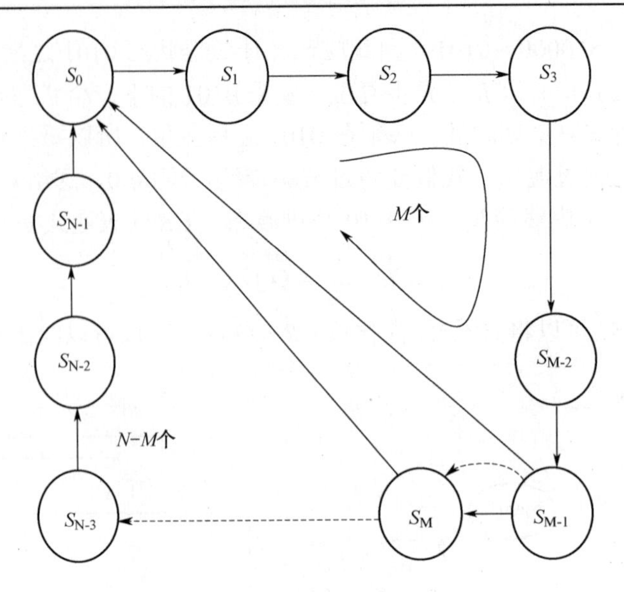

图 5.2.8　复位法改变计数器进制的状态转换图

③ 如果复位端是同步的，那么不需要过渡态，将状态 S_{M-1} 变换出复位端需要的复位信号。

（2）预置数法

利用同步预置数端 $\overline{LD}$ 实现进制的改变，称为用预置数法构成任意进制计数器。此法适用于有预置数功能的集成计数器。

基本原理是计数器从某个预置状态 S_i（一般选 S_0）开始计数，计满 M 个状态后产生置位信号，使计数器恢复到预置初态 S_i，如图 5.2.9 所示是将 N 进制用预置数法构成 M 进制的状态转换示意图，如果是异步预置数计数器，需要有过渡态，利用 S_{i+M}（或 S_M）状态进行译码产生置数信号；如果是同步预置数计数器，不需要过渡态，利用 S_{i+M-1}（或 S_{M-1}）状态进行译码产生置位信号。

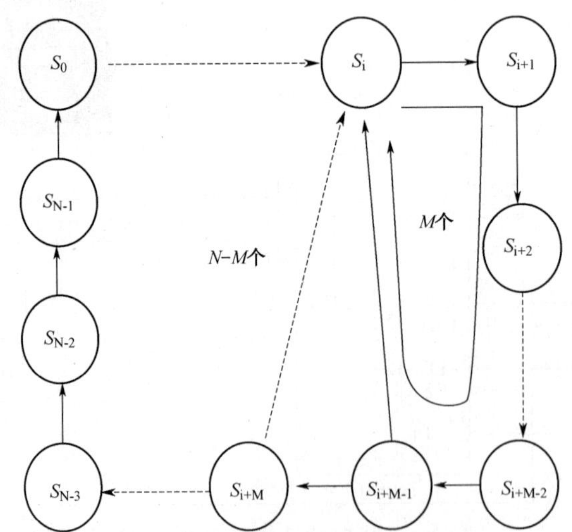

图 5.2.9　预置数法构成任意进制计数器的状态转换图

如实现状态为 1→2→3→4→5→6→1 的六进制，起始的状态不是 0，而是 1，实现的方法如下。

① 先绘制出状态转换图，如图 5.2.10 所示。

② 确定是否需要过渡态。因为 74LS161 的预置数端是同步控制端，所以不需要过渡态。这是因为当计数器处于最后一个状态 0110 时，将这个状态变换出一个低电平 0 给 $\overline{LD}$，此时并不会

立即使计数器置数，而是要等待 CP 的上升沿，这样，0110 这个状态能够稳定存在的时间是 CP 的一个周期，是一个有效的状态。所以，$\overline{LD}$ 的表达式是 $\overline{LD}=\overline{\overline{Q_3}\cdot Q_2\cdot Q_1\cdot \overline{Q_0}}=\overline{m_6}$，观察一下状态转换图可以得到 $\overline{LD}$ 的简化式：$\overline{LD}=\overline{Q_2\cdot Q_1}$。

③ 确定预置数输入端 D_3～D_0 的逻辑值。这个方法很简单，请读者注意图 5.2.10 中加粗的黑箭头，在这个循环中，只有这个箭头连接的两个状态最特别，箭头起点是循环中的最后一个状态 0110，箭头指向的终点是循环的第一个状态 0001，它就是 D_3～D_0 的逻辑值，也即从 0110 跳到了 0001，箭头指向的终点就是要预置入的数据。

④ 确定电路的其他输入并绘出电路图。如图 5.2.11 所示，图中异步清零端 $\overline{CR}$ 无效，接高电平；计数器的使能端 CT_P 和 CT_T 高电平有效，也接成高电平；$\overline{LD}$ 是最后一个状态的译码值 0；$D_3D_2D_1D_0$=0001。该电路的仿真电路如图 5.2.12 所示。

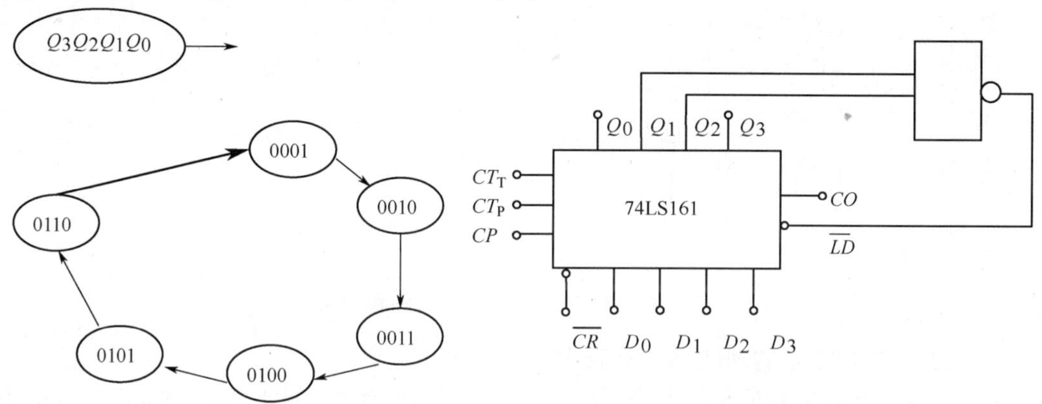

图 5.2.10　六进制的状态转换图　　图 5.2.11　预置数法构成的六进制计数器

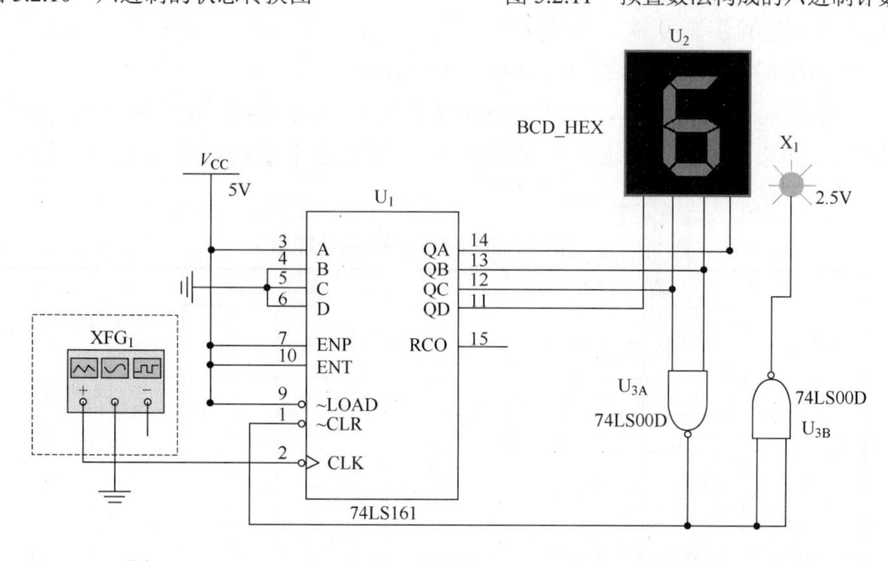

图 5.2.12　74LS161 采用预置数法实现六进制的仿真电路

仿真电路中，将 $\overline{LD}$ 求反，得到的是六进制的进位信号。当电路输出为 0110 时，进位标志变成 1，预示下一个 CP 脉冲上升沿要向高位进位，并且由于 $\overline{LD}$ 是同步预置数端，在 0110 之后的 CP 上升沿，将 D_3～D_0 中（图中是 $DCBA$）的 0001 置入计数器，使之成为 0001。

需要说明的是：用预置数法实现 M 进制的方法很多，其第一个状态可以是 0，也可以是 1，或是其他的状态，如果我们以 3 作为第一个状态实现六进制，那么有效的状态是 3、4、5、6、7、

8，在 8 之后又回到 3，这时 D_3～D_0 就应该是 0011。从这个角度看，采用预置数法实现任意进制要比采用复位法灵活，复位法可以认为是预置数法的一个特例。

2. 异步集成二进制计数器

74LS290 是一个异步集成二进制计数器，可以方便地实现二进制、五进制、十进制，因此又称为二—五—十进制计数器，其引脚图如图 5.2.13（a）所示，示意图如图 5.2.13（b）所示，图 5.2.13（c）是其内部结构框图，从框图可以看出来，内部有两个计数器，其中一个是二进制的，输出只有一个 Q_0；另一个为五进制的，其输出是 $Q_3Q_2Q_1$。

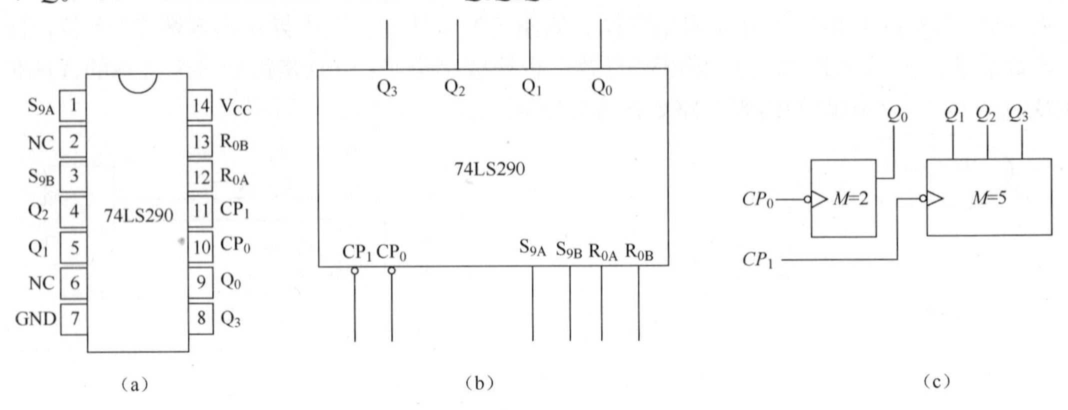

图 5.2.13　74LS290 的引脚图和示意图

表 5.2.2 是 74LS290 的功能表，从表中可以看出：

（1）R_{0A} R_{0B} 是异步复位端，不受 CP 的控制，高电平有效（此时 S_{9A}、S_{9B} 都为 0），两个端都为 1 时，将输出端 $Q_3Q_2Q_1Q_0$ 复位。

（2）S_{9A}，S_{9B} 是异步置 9 端，不受 CP 的控制，高电平有效（此时 R_{0A}、R_{0B} 都为 0），两个端都为 1 时，将输出端 $Q_3Q_2Q_1$ Q_0 置 9，$Q_3Q_2Q_1Q_0$=1001。

注意，一个功能端在有效时，如果对应的 CP 为无关项（功能表中为×），说明这个端是异步功能端，反之，如果对应的 CP 是一个有效边沿，说明这个端是同步功能端。同步和异步在使用的时候是不同的，请读者注意这一点。

表 5.2.2　74LS290 的功能表

输　入					输　出		功能
$R_{0A}\cdot R_{0B}$	$S_{9A}\cdot S_{9B}$	CP			$Q_3Q_2Q_1$	Q_0	
		CP_0	CP_1	顺序			
1	0	×	×	-	0 0 0	0	异步置 0
×	1	×	×	-	1 0 0	1	异步置 9
0	0	↓	↓	0	0 0 0	0	二—五进制计数
				1	0 0 1	1	
				2	0 1 0	0	
				3	0 1 1		
				4	1 0 0		
				5	0 0 0		

（3）CP_0 和 CP_1 都是时钟脉冲输入端，从图 5.2.13（c）中看出这是送到不同计数器上的脉冲，结合功能表可以清楚地分析出来，CP_0 是下降沿有效，当外来的时钟脉冲从 CP_0 引入时，用 Q_0 作为输出，实现的是二进制，如图 5.2.14（a）所示；当外来的时钟脉冲从 CP_1 引入时，用 Q_3 Q_2 Q_1

作为输出，实现的是五进制，如图 5.2.14（b）所示；当时钟脉冲从 CP_0 引入，并将 Q_0 和 CP_1 相连接，用 $Q_3\ Q_2\ Q_1\ Q_0$ 作为输出，实现的是十进制，如图 5.2.14（c）所示。所以，该计数器有三种工作状态：清零、置 9、计数。

74LS290 在实现二进制时，只有一个触发器工作，这时触发器连接成的二分频电路，会随着 *CP* 的周期出现 0 和 1 的交替，如表 5.2.3（a）所示；在实现五进制时是后边的三个触发器构成了五进制，其状态转换表如表 5.2.3（b）所示；实现十进制时，是将二进制与五进制连接起来（级联），实现 2×5，其状态转换表如表 5.2.3（c）所示。

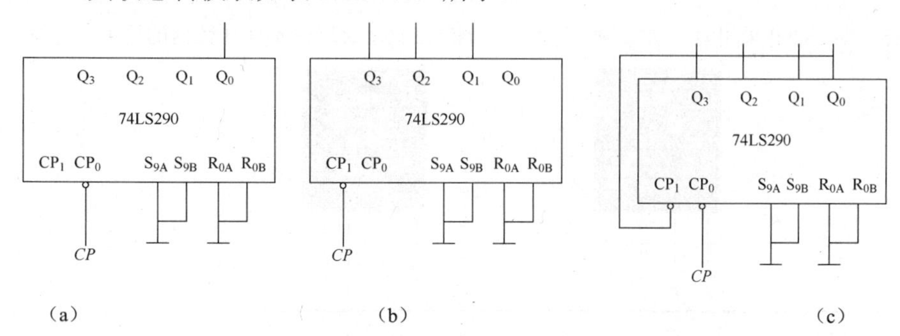

图 5.2.14　用 74LS290 实现二—五—十进制

表 5.2.3　74LS290 实现二—五—十进制的状态转换表

计数顺序	计数器状态
CP_0	Q_0
0	0
1	1
2	0

（a）

计数顺序	计数器状态		
CP_1	Q_3	Q_2	Q_1
0	0	0	0
1	0	0	1
2	0	1	0
3	0	1	1
4	1	0	0
5	0	0	0

（b）

计数顺序	计数器状态			
	Q_3	Q_2	Q_1	Q_0
0	0	0	0	0
1	0	0	0	1
2	0	0	1	0
3	0	0	1	1
4	0	1	0	0
5	0	1	0	1
6	0	1	1	0
7	0	1	1	1
8	1	0	0	0
9	1	0	0	1
10	0	0	0	0

（c）

利用复位法和异步置 9 法可以实现 10 以内的任意进制计数器，如图 5.2.15 所示是用 74LS290 实现的七进制，基本思路是：先构成 8421BCD 码的十进制计数器；再用复位法（也称为脉冲反馈法），令 $R_{0B}=Q_2Q_1Q_0$ 实现，当计数器出现 0111 状态时，$R_{0A}\ R_{0B}$=11，计数器迅速复位到 0000 状态，然后又开始从 0000 状态计数，从而实现 0000～0110 七进制计数。

通过 74LS290 实现十进制我们看到，二进制和五进制级联以后可实现（2×5）进制，这种方法称为级联法，将一个 M_1 进制和一个 M_2 进制的计数器级联，可以实现 $M_1\times M_2$ 进制计数器，基本原理如图 5.2.16 所示。例如一个十进制和一个六进制级联，可以实现六十进制计数器，请读者参考图 5.2.17 进行分析和测试，该图中电路使用总线进行连接，使得电路图比较整洁，但是需要认真分析才能清楚线路的连接。

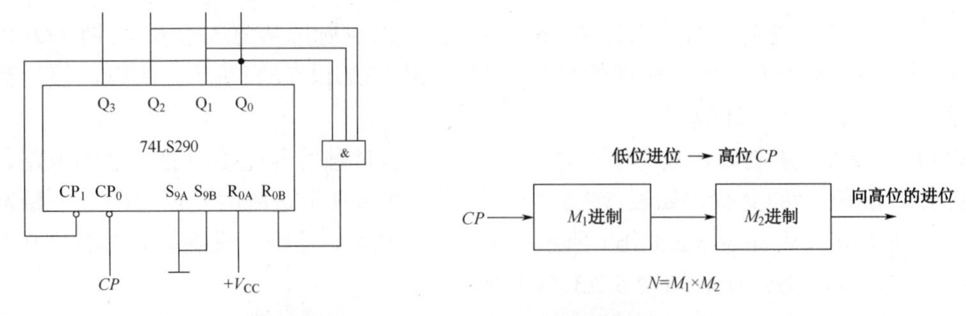

图 5.2.15　74LS290 采用复位法实现七进制　　图 5.2.16　级联法实现计数器的原理示意图

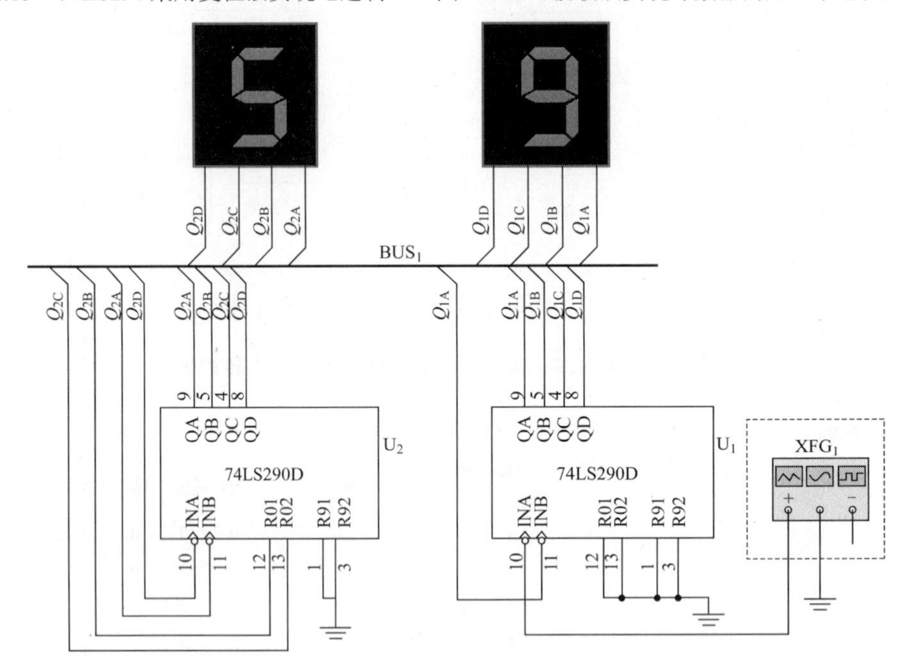

图 5.2.17　用 74LS290 实现六十进制计数器仿真测试图

二、十进制集成计数器

除了可以使用 74LS290 来实现十进制以外，还有很多十进制集成计数器，如 74LS160，CC4518 等。

图 5.2.18 是集成十进制计数器 74LS160，它是一个模为 10 的计数器，有效状态是 0000～1001，它具有控制端、异步清零端和同步预置数端，具体功能描述如表 5.2.4 所示。图 5.2.18（a）是其引脚排列图，图（b）是逻辑功能示意图。

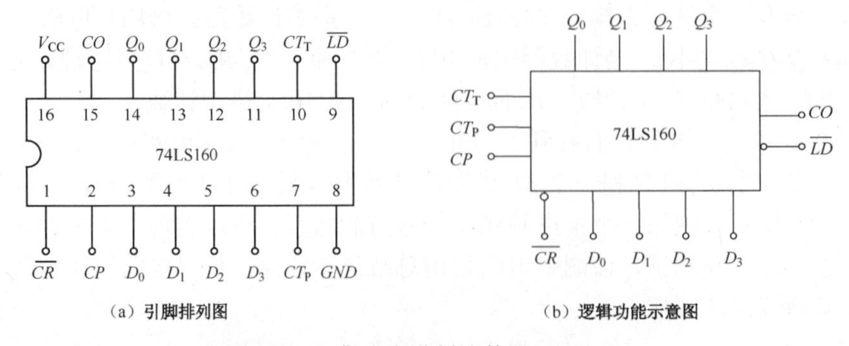

图 5.2.18　集成十进制计数器 74LS160

图5.2.18和表5.2.5中管脚定义如下。

表5.2.5　74LS160的功能表

输入						输出
$\overline{CR}$	$\overline{LD}$	CT_P	CT_T	CP	$D_3D_2D_1D_0$	$Q_3Q_2Q_1Q_0$
0	×	×	×	×	××××	0000
1	0	×	×	↑	$d_3d_2d_1d_0$	$d_3d_2d_1d_0$
1	1	0	1	×	××××	保持
1	1	×	0	×	××××	保持
1	1	1	1	↑	××××	计数

（1）CP是计数器的时钟脉冲输入端，从功能表可以看出是上升沿有效。

（2）$\overline{CR}$是异步清零端，从功能表可以看出它是低电平有效，当$\overline{CR}$=0时，不论CP及其他管脚是什么状态，输出端Q_0～Q_3都立即清零。

（3）$\overline{LD}$是同步预置数端，低电平有效，当$\overline{LD}$=0（此时保证$\overline{CR}$=1）时，如果遇到CP的上升沿，预先给D_0～D_3这4个数据输入端设置的数据被置入计数器的4个触发器中，使之输出Q_3～Q_0=D_3～D_0。

（4）CT_P和CT_T是计数器的使能端，高电平有效，当CT_P和CT_T都是1时，计数器正常计数，当$CT_P \cdot CT_T$=0时，计数器不计数，处于保持状态。

（5）Q_0～Q_3是数据输出端，是内部4个触发器的Q输出端。

（6）CO是进位输出端，当$Q_0Q_1Q_2Q_3$=1001，CT_T=1时，CO=1，其他情况下CO=0，即正常计数时，计数值到1001时，进位输出端为1。

从以上可以看出，74LS160和74LS161从外观到功能都是一样的，区别是计数的模值不同，它们的使用方法也是相同的，利用74LS160可以实现10以内的任意进制，异步复位法、预置数法同样适用。在此，我们可以用两个74LS160进行级联，实现M进制（M>10），注意，74LS161也可以使用级联法，实现模值大于16的计数器。

如图5.2.19所示是用74LS160采用级联法实现六十进制计数器，基本思路是：先用一个74LS160采用复位法实现六进制，其有效状态是0→1→2→3→4→5，再用一个74LS160实现十进制，然后将两个计数器进行级联，实现六十进制，使其有效状态是0→1→2→3→…… →58→59。注意，此时将十进制作为低位（个位），将六进制作为高位（十位）比较符合我们的习惯，反之也可以实现六十进制，但是其计数的规律不符合我们的日常习惯。在级联时，要低位向高位进位。

实现级联的方法有两种：同步法和异步法。同步法是指两个集成块使用相同的时钟，此时低位芯片控制高位芯片的使能端，实现进位计数；异步法是两个集成块采用不同的时钟，低位的进位可以作为高位的时钟来使用。图5.2.19（a）是用异步法级联，图（b）采用同步法级联，都实现了六十进制。

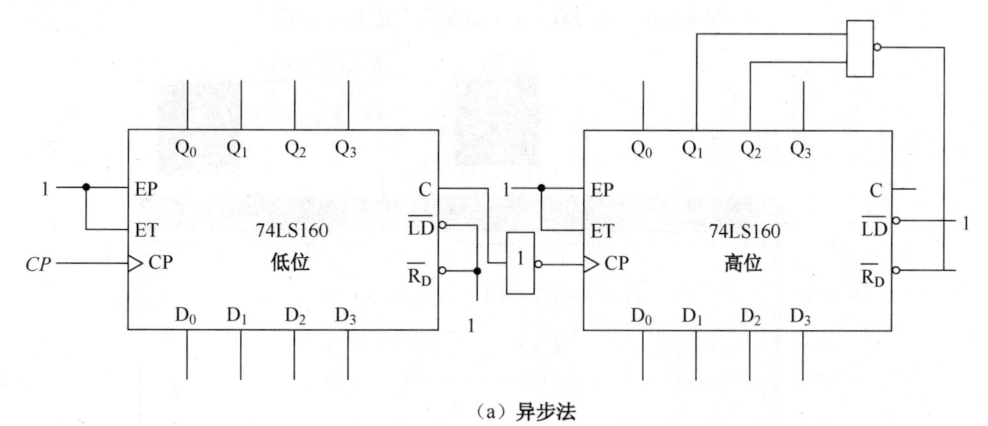

（a）异步法

图5.2.19　74LS160实现六十进制计数器

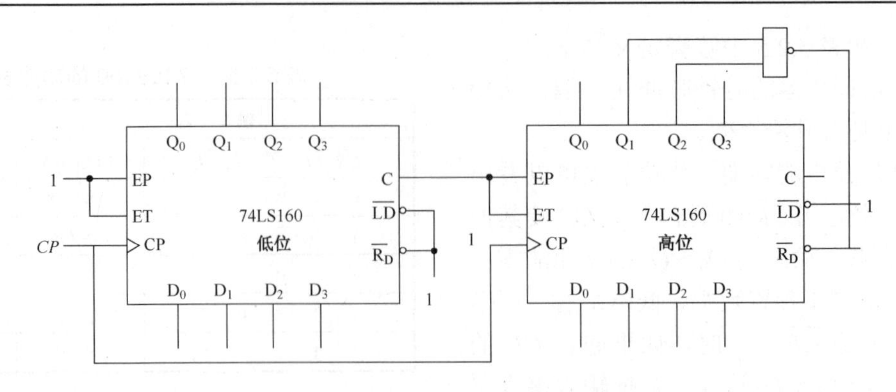

（b）同步法

图 5.2.19　74LS160 实现六十进制计数器（续）

如图 5.2.20 所示是采用异步法实现六十进制的仿真电路，在进行仿真时，计数器能够计数并且也会进位，但是仔细观察可以发现一个问题：在个位到 9 的时候，十位会进位，比如应该显示 09，却会显示 19，接下来显示 10，说明进位的时机不对，仔细观察其波形（如图 5.2.21 所示）可以发现，在 Multisim10 软件中，将 74LS160 的 *CP* 定义成了下降沿触发了，这与实际是不相符的，请读者注意，实际使用中，图 5.2.19 的连接是正确的，在软件仿真中，要想看到正确的结果，应该将两个 74LS160 之间的非门去掉。

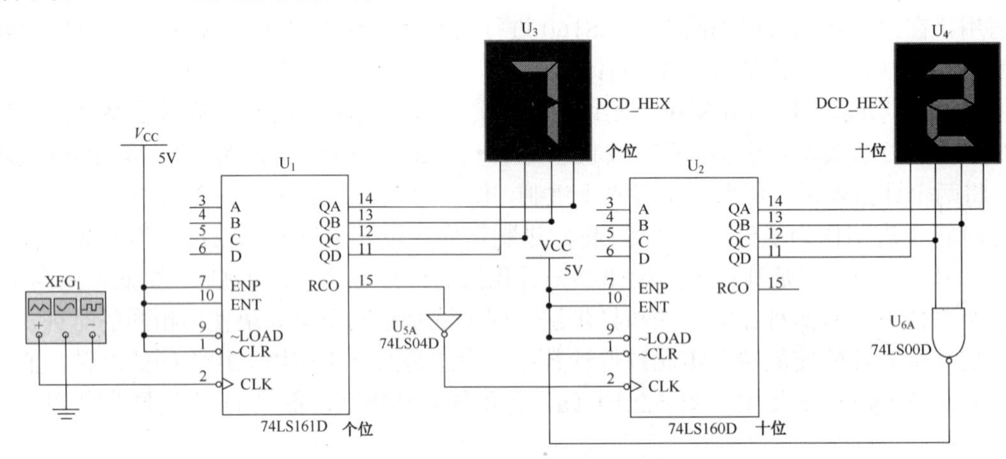

图 5.2.20　用 74LS160 实现六十进制计数器

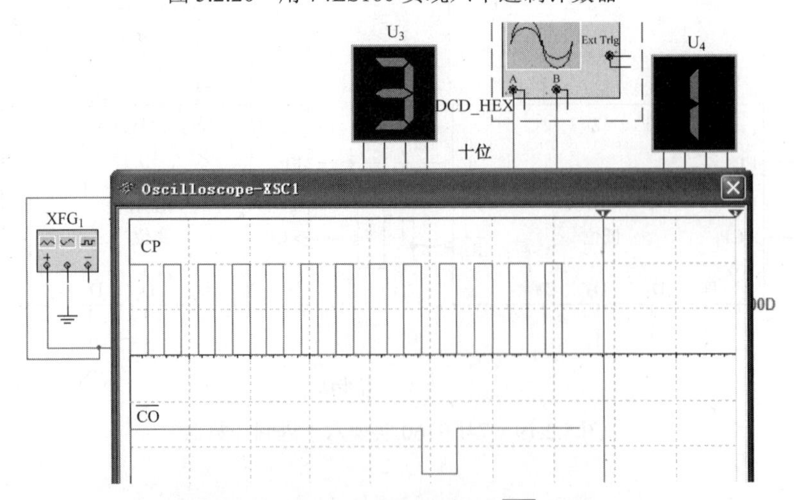

图 5.2.21　异步法级联后 *CP* 和 $\overline{CO}$ 的波形

从图 5.2.21 所示的波形图中可以看到在个位由 9→0 的时候，个位向十位进位的信号经过非门后的 $\overline{CO}$ 正好产生了一个上升沿，这个上升沿作为十位的 *CP*，使十位产生计数动作。进位信号是个位 *CP* 的十分频信号，在使用时注意它给十位提供的脉冲的边沿，如果不符合十位的要求，加一个非门即可。在电路实践中，经常没有进位信号，这时候可以选用输出数字的最高位（如 Q_3）作为进位信号使用，因为 Q_3 也是 *CP* 的十分频信号。

请读者认真分析并测试如图 5.2.20 所示电路，并仿照图 5.2.19（b）自己设计出同步法的仿真电路进行测试。

三、可逆集成计数器

可以同时进行正向和反向计数的计数器为可逆计数器，常用的有 74LS190、74LS191、74LS192、74LS193 等。

1．可逆计数器 74LS190/74LS191

图 5.2.22 是 74LS190/74LS191 的管脚排列和逻辑示意图，表 5.2.6 是其功能表。通过读表和图，可以得到：

（1）$\overline{CTEN}$ 是芯片工作使能端，低电平有效，为 0 时电路工作，进入计数状态，为 1 时，电路不计数，输出端保持不变。

（2）$D/\overline{U}$ 是加减计数控制端，为 0 时，进行加法计数，每次遇到一个上升沿，输出端数据加 1；为 1 时，进行减法计数，每次遇到一个上升沿，输出端数据减 1。

（3）$\overline{LOAD}$ 是异步预置数端，低电平有效，当为 0 时，立即将 *DCBA* 上的数据置入输出端 $Q_DQ_CQ_BQ_A$ 上，利用这一特性，可以改变进制。

（4）*CLK* 是时钟输入端 *CP*，上升沿有效。

（5）74LS190 是十进制计数器，输出的是 8421BCD 码，74LS191 是十六进制计数器，输出的是四位二进制数。二者其他功能相同。

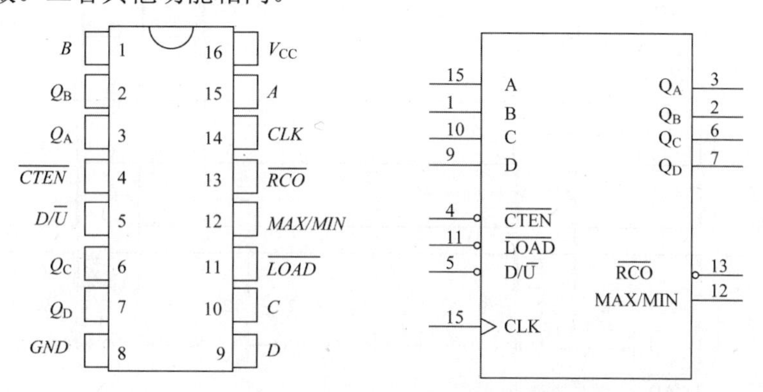

图 5.2.22　可逆计数器 74LS190 的管脚排列和逻辑示意图

表 5.2.6　可逆计数器 74LS190/74LS191 的功能表

$\overline{CTEN}$	$\overline{LOAD}$	$D/\overline{U}$	*CP*	工作状态
0	1	0	↑	加法计数
0	1	1	↑	减法计数
×	0	×	×	异步预置数
1	1	×	×	保持

图 5.2.23 是 TI 公司提供的 74LS190 的工作波形图，可以清楚地看出 *MAX*/*MIN* 端和 $\overline{RCO}$ 端的功能，总体上二者都可以称为进位端（加法计数时）和借位端（减法计数时），但是有区别：

（1）在加法计数时，输出端 $Q_DQ_CQ_BQ_A$=1001 时（输出 9 时），*MAX*/*MIN* 为 1，此前此端为 0，表明达到计数最大值，下一个 *CP* 上升沿（此时 *MAX*/*MIN* 为下降沿）进位；在输出端 $Q_DQ_CQ_BQ_A$=1001 时（输出 9 时）的 *CP* 后半周期，$\overline{RCO}$ 由 1 跳变为 0，表示即将进位，下一个上升沿（此时 $\overline{RCO}$ 跳变产生上升沿）要进位。在进位的同时，该计数器的计数值从 9 变为 0。

（2）在减法计数时，当输出端 $Q_DQ_CQ_BQ_A$=0000 时（输出 0 时）*MAX*/*MIN* 跳变为 1，表明达到计数最小值，下一个上升沿（此时 *MAX*/*MIN* 为下降沿）借位；在输出端 $Q_DQ_CQ_BQ_A$=0000 的后半周期，$\overline{RCO}$ 由 1 跳变为 0，表示即将借位，下一个上升沿（此时 $\overline{RCO}$ 跳变产生上升沿）要借位。在借位的同时，该计数器的计数值从 0 变为 9。

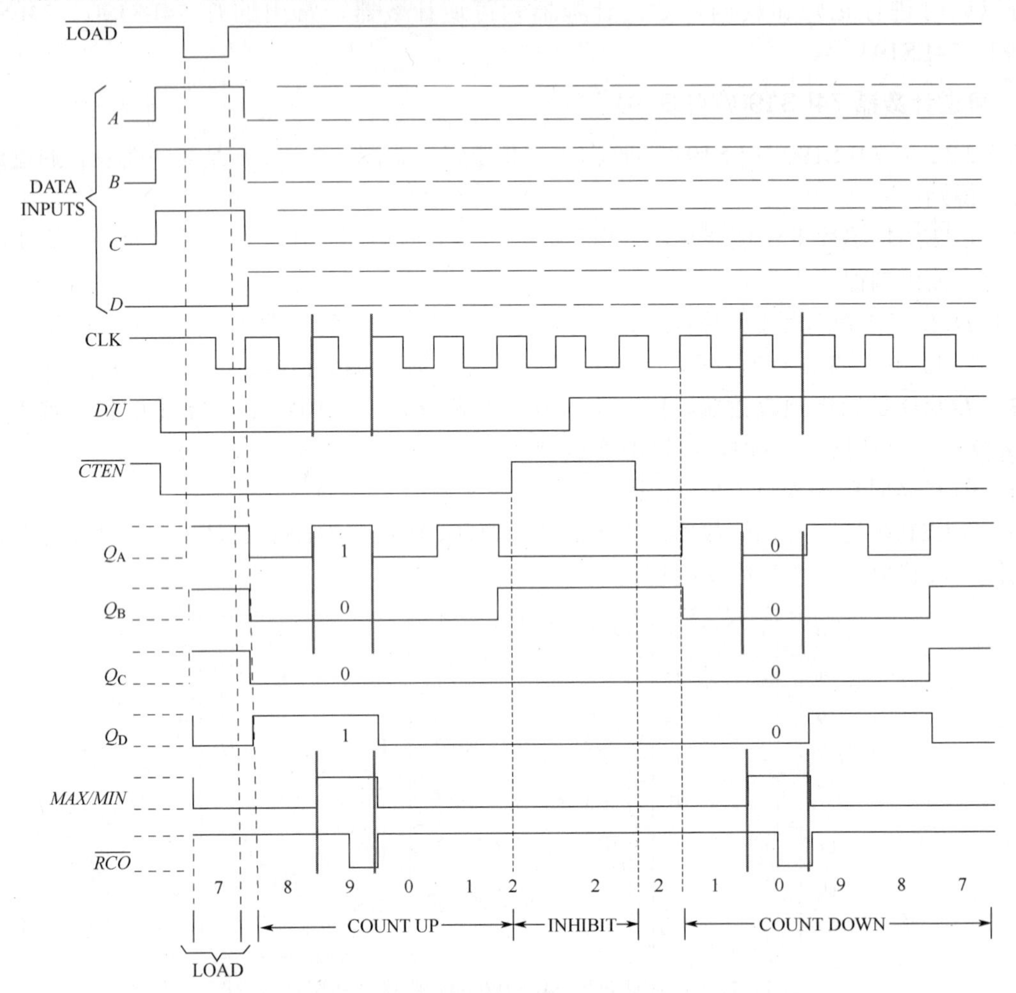

图 5.2.23　TI 公司提供的 74LS190 工作波形图

其他型号的可逆计数器，请读者在需要时查阅使用手册。

2．可逆计数器的应用实例

例 5.2.1　请用 74LS190 实现 9～0 的倒计数电路。

如图 5.2.24（a）所示是用 74LS190 实现 9～0 倒计数的电路图，其中 $\overline{CTEN}$=0，表明正常计数；$D/\overline{U}$=1，表明减法计数；$\overline{LOAD}$=1，表明不使用预置数，实现的计数是 9～0。这个电路的状态转换图如图 5.2.24（b）所示。

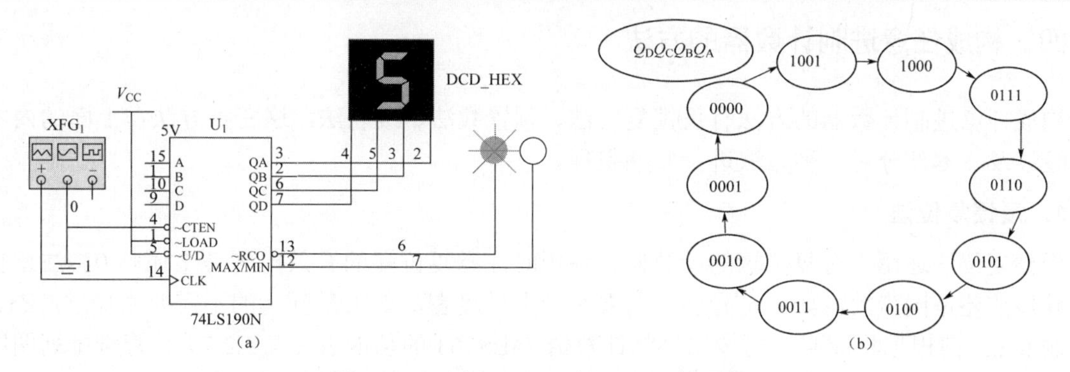

图 5.2.24　用 74LS190 实现 9～0 倒计数

在如图 5.2.24 所示电路中，*MAX/MIN* 端在输出端 $Q_DQ_CQ_BQ_A$=0000 时变为 1，$\overline{RCO}$ 在 $Q_DQ_CQ_BQ_A$=0000 的后半个周期中为 0。在级联时，这两个都可作为向高位的借位。如果将 74LS190 换成 74LS191，这个电路可以实现从 1111→0000 的倒计数。

例 5.2.2　使用 74LS191 采用预置数法实现十二进制的倒计数（1100→0001）。

简单分析：首先要将 74LS191 接成倒计数工作状态，然后画出状态转换图如图 5.2.25 所示，根据状态转换图确定：①有效状态循环的跳跃状态是 0001 跳到 1100，所以被预置的数据应为 1100，*DCBA*=1100；②根据功能表知道预置数端 $\overline{LOAD}$ 低电平有效，不受 *CP* 控制，需要过渡态，在状态转换图中看出有效循环的最后一个状态是 0001，所以过渡态是它的下一个自然状态 0000，由此可得 $\overline{LOAD}=Q_D+Q_C+Q_B+Q_A=\overline{\overline{Q_D}\cdot\overline{Q_C}\cdot\overline{Q_B}\cdot\overline{Q_A}}$

如图 5.2.26 所示是例 5.2.2 的电路图。

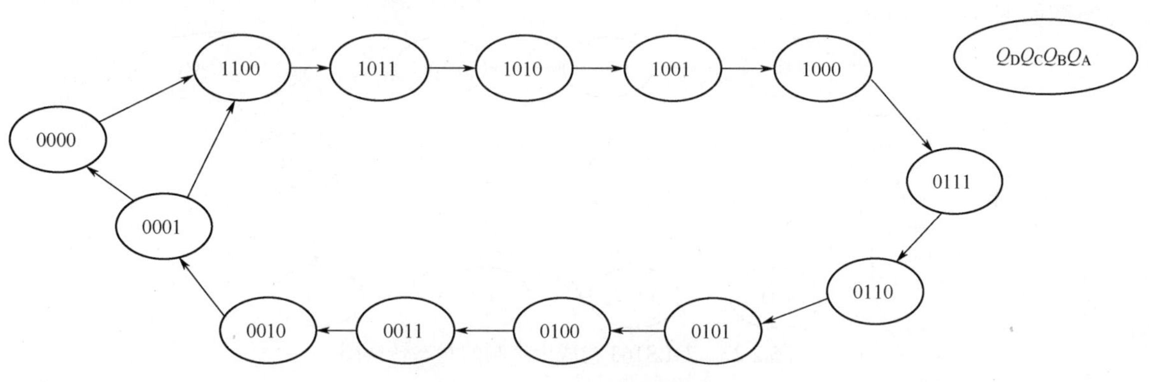

图 5.2.25　例 5.2.2 状态转换图

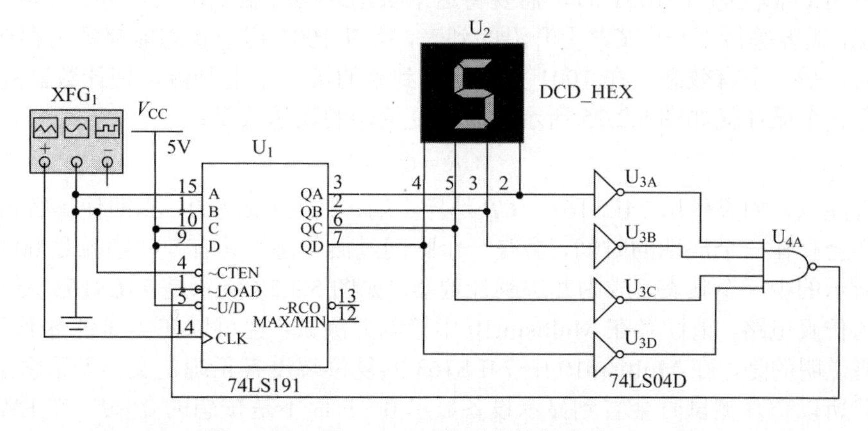

图 5.2.26　用 74LS191 构成倒计数电路

四、构成任意进制计数器的方法

构成任意进制计数器的方法有反馈复位法、预置数法、级联法，这三种方法在上面的内容中都已经涉及，本部分对三种方法进行归纳整理。

1. 反馈复位法

反馈复位法适用于有复位端的计数器，使用时注意复位端的有效电平是 1 还是 0，注意复位端是异步的还是同步的，如果是异步的需要有一个过渡态，如果是同步的不需要增加过渡态。

例 5.2.3 请根据集成四位同步二进制计数器 74LS163 的功能表（表 5.2.7）和管脚排列图以及逻辑符号（和 74LS161 相同），采用反馈复位法设计出十进制计数器。

表 5.2.7　74LS163 的功能表

输　入		输　出
$\overline{CR}$ $\overline{LD}$ CT_P CT_T CP	$D_3D_2D_1D_0$	$Q_3Q_2Q_1Q_0$
0 × × × ↑	××××	0000
1 0 × × ↑	$d_3d_2d_1d_0$	$d_3d_2d_1d_0$
1 1 0 1 ×	××××	保持
1 1 × 0 ×	××××	保持
1 1 1 1 ↑	××××	计数

分析：从 74LS163 的功能表看出，复位端 $\overline{CR}$ 是低电平有效，受 CP 控制，属于同步复位端，在 $\overline{CR}$=0 之后遇到上升沿才会让计数器复位，在使用复位法构成计数器时不需要过渡态。它的状态转换图如图 5.2.27 所示。

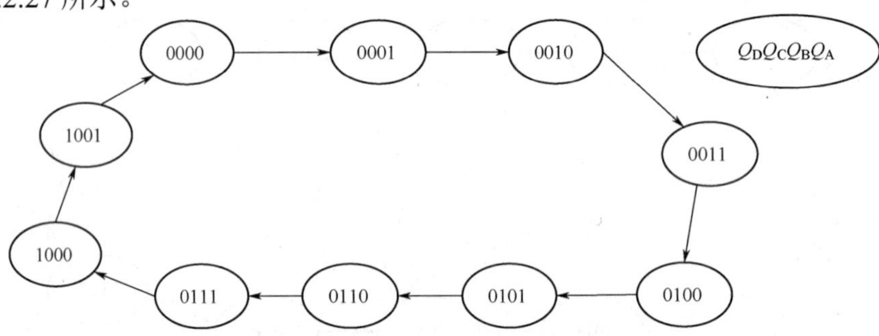

图 5.2.27　74LS163 构成十进制的状态转换图

当输出端 $Q_DQ_CQ_BQ_A$=1001 时，需要将这个状态译码产生复位信号 0 给 $\overline{CR}$，此时计数器**不会立即**复位，需要等待下一个 CP 上升沿的到来，所以 1001 这个状态能够稳定存在一个时钟脉冲周期的时间，是一个有效态。在 1001 状态之后到来的第 1 个上升沿，使计数器复位，进入 0000 状态，这样整个循环就如图 5.2.25 所示。所以复位端的表达式是：

$$\overline{CR} = \overline{Q_D \cdot Q_A}$$

请读者注意，如果使用 74LS161，$\overline{CR}$ 是异步端，只要 $\overline{CR}$ 为 0，**立即**使计数器复位，1001 这个状态就不会存在一个周期的时间，会是一个瞬间过渡状态，其有效状态就是 0000→1000，比如图 5.2.27 所示的少一个状态，成为九进制计数器。如图 5.2.28 所示是 74LS163 采用反馈复位法构成十进制的仿真电路，请读者在 Multisim10 中绘制并测试，也可以在实训设备上完成电路连接并测试。需要说明的是，在 Multism10 中 74LS163 的复位端没有正确定义，无论它是 0 还是 1 都不会起作用，所以仿真测试时会看到显示设备显示 0～F 而不是预想的 0～9。在 EWB5.0 版本中仿真是正确的，如图 5.2.29 所示。

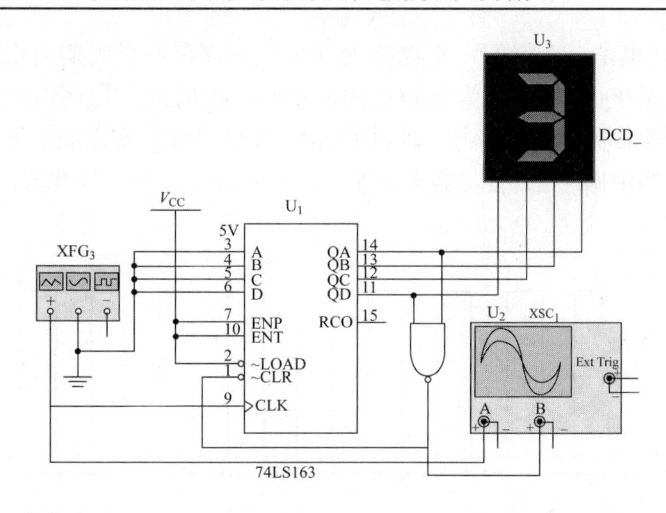

图 5.2.28　集成计数器 74LS163 复位法构成十进制计数器

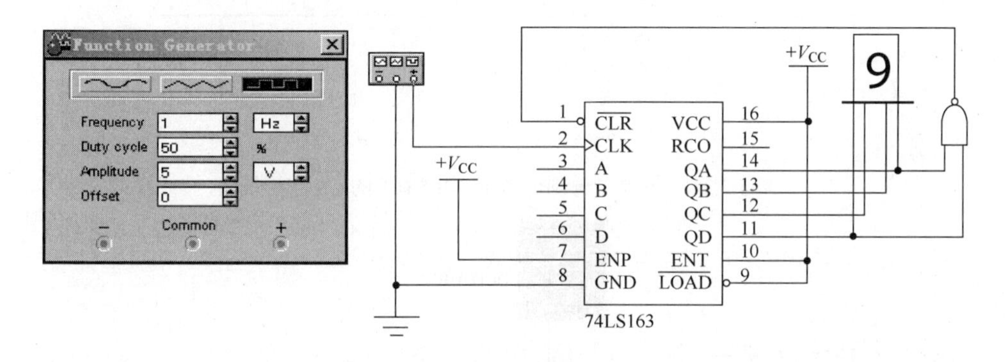

图 5.2.29　在 EWB 中用 74LS163 采用复位法构成十进制计数器的仿真电路

在这里，我们关心 $\overline{CR}$ 的波形，其波形图如图 5.2.30 所示，当计数器输出状态为 1001 时 $\overline{CR}$=0，再次遇到上升沿，计数器被复位，之后 $\overline{CR}$ 再次成为 1。

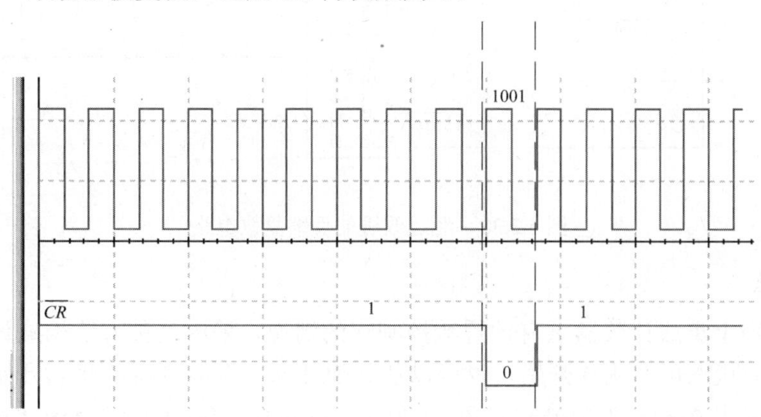

图 5.2.30　$\overline{CR}$ 的波形

如果将图 5.2.26 中的 74LS163 换成 74LS161，将会实现九进制，有效状态是 0～8，1001 是过渡态，其波形图为图 5.2.31（请读者注意，在 Multisim 10 版本中，将 74LS161 定义成下降沿有效，实际是上升沿有效的）。

从波形图看出来，异步的复位端会在过渡态（1001）一出现立即复位（0000），从而使复位端回到 1，因此在图中看到 $\overline{CR}$ 只是出现了一个负脉冲，存在的时间是一个瞬间，这也证明过渡态 1001 存在的时间也是一个瞬间，不能成为一个能够存在一个周期的稳定状态，在这个脉冲周期中，稳定存在的是 0000 状态。为了防止因为 $\overline{CR}$=0 的时间过短而造成的复位不完全，在实践中我们经常用触发器来展宽复位信号，使计数器中所有的触发器都能安全复位。其电路和波形图如图 5.2.32 所示，图中用了 D 触发器来展宽 $\overline{CR}$ 的负脉冲时间，从波形图可清楚看到 $\overline{CR}$ 的低电平时间被展宽了。

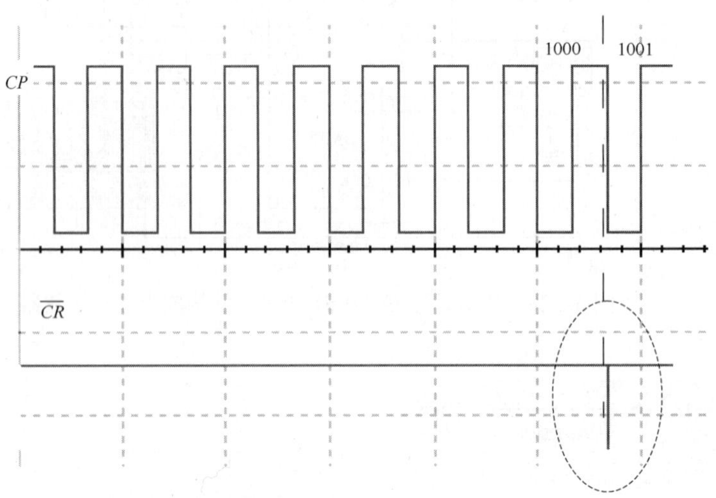

图 5.2.31　集成二进制计数器 74LS161 的 $\overline{CR}$ 波形图

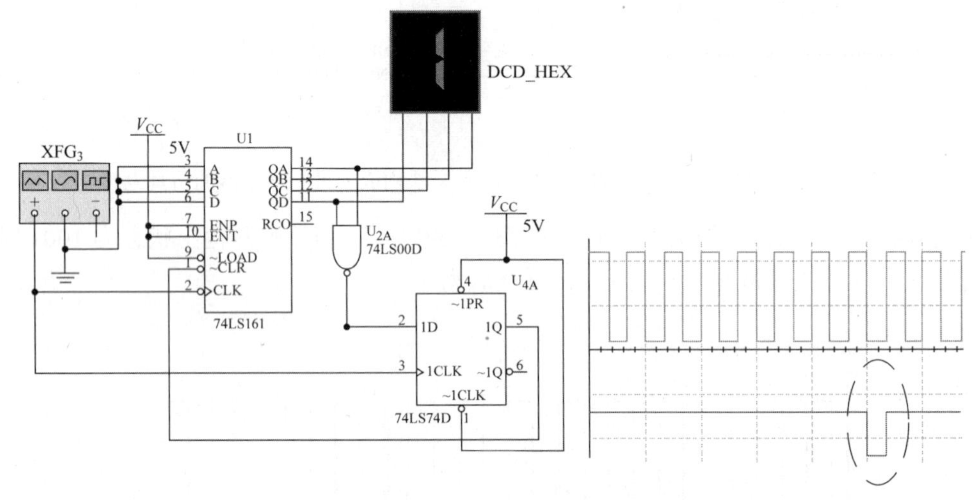

图 5.2.32　经过改进的反馈复位电路

2. 预置数法

预置数法适用于集成计数器上有预置数控制端的情况，采用这种方法构成计数器更方便、灵活，计数器的有效状态可以从 0 开始，也可以从其他任何一个能实现的状态开始，如构成十二进制计数器，可以采用 0→1→2→…→11 这 12 个状态，也可以采用 1→2→…→11→12 这 12 个状态，还可以使用其他数值作为第一个状态开始循环。

使用预置数法的时候还要注意有效电平是 1 还是 0，预置数端是否受到 *CP* 的控制，如果是异步端（不受 *CP* 控制）则需要过渡态，如果是同步端（受到 *CP* 边沿的控制）则不需要过渡态。

例 5.2.4 请使用 74LS161 采用预置数法构成十二进制计数器，要求使用 1→2→…→11→12 作为有效态，74LS161 的功能表如表 5.2.1 所示。

分析：74LS161 的预置数端是低电平有效，受到 *CP* 控制，因此不需要过渡态，十二进制计数器的状态转换图如图 5.2.33 所示，图中状态从 0001→1100 都是连续状态，从 1100→0001 产生状态的跳变，这两个跳变状态之间的箭头（姑且称为跳变箭头）指向的状态便是要预置的数据，因此 $DCBA$=0001；跳变箭头尾部的状态 1100 就是需要译码产生 0 送给 $\overline{LOAD}$（或称为 $\overline{LD}$）的状态，因此：$\overline{LOAD} = \overline{Q_D \cdot Q_C}$。需要说明的是 74LS161 和 74LS163 的预置数端是同步功能端，不用过渡态，如果读者实践中用到了异步功能端，则要有过渡态，过渡态是跳变箭头尾部状态的下一个自然状态（不改变进制时会进入的下一个状态）。

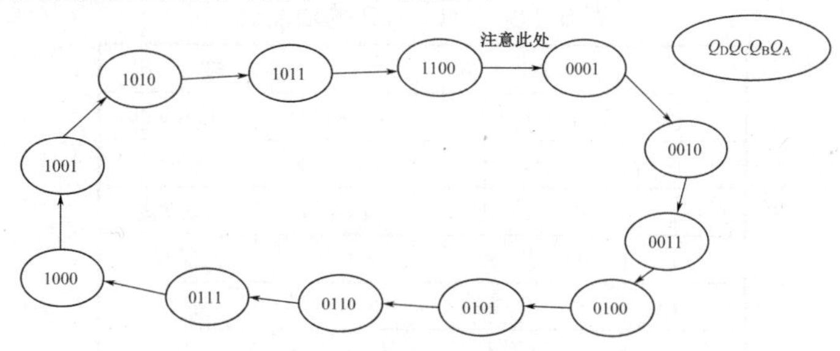

图 5.2.33　74LS161 构成十二进制的状态转换图

根据以上分析，我们可以获得该十二进制计数器的电路，如图 5.2.34 所示。图中还用一个与门实现了十二进制的进位输出端。

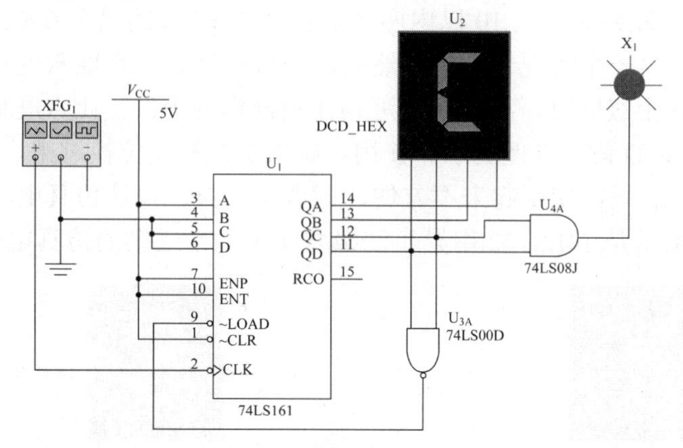

图 5.2.34　用 74LS161 采用预置数法构成十二进制计数器

将图中的 74LS161 换成 74LS163 会得到相同的功能，读者可以自行仿真并认真分析一下。

将图 5.2.28 中电路修改一下，将反馈复位信号连接到预置数端，将复位端接 1，同时 $DCBA$ 接 0000，也可以得到 0～9 为有效状态的十进制计数器，如图 5.2.35 所示。

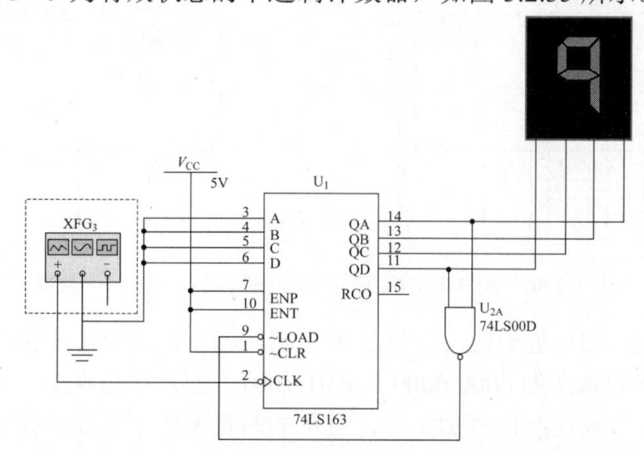

图 5.2.35　用 74LS163 采用预置数法构成十进制计数器

3. 级联法

当我们将 N 进制计数器做成 M（M>N）进制的时候才用级联法。级联法在应用中，有两种实现方法：同步法和异步法，这在前面的内容已经涉及，不再赘述。

例 5.2.5 请用集成十进制计数器 74LS162（功能表如表 5.2.8 所示）实现六十进制计数器，有效状态是 0～59。

表 5.2.8　74LS162 的功能表

输　入		输　出
$\overline{CR}$ $\overline{LD}$ CT_P CT_T CP	$D_3D_2D_1D_0$	$Q_3Q_2Q_1Q_0$
0　×　×　×　↑	××××	0000
1　0　×　×　↑	$d_3d_2d_1d_0$	$d_3d_2d_1d_0$
1　1　0　1　×	××××	保持
1　1　×　0　×	××××	保持
1　1　1　1　↑	××××	计数

分析：74LS162 计数器的功能表和 74LS163 是相同的，但 74LS162 是十进制计数器，74LS163 是十六进制计数器。现用 74LS162 实现六十进制，显然单独的复位法和预置数法是完不成的，至少需要两个 74LS162 级联完成，在 10 以内两个数相乘积为 60 的只有 6×10，所以，应该让一个 74LS162 实现六进制，另一个实现十进制，然后两个进行级联。实现六进制可以采用复位法，也可以采用预置数法。两个级联时，我们将十进制计数器作为个位，让六进制计数器作为十位，这样计数的结果是 8421BCD 码，方便显示和使用，如果个位和十位换过来，也可以实现六十进制，但是编码不是 8421BCD 码，使用起来不方便，读者可以自己设计仿真电路，观察显示的结果是怎样的。如图 5.2.36 所示是 74LS162 用异步法级联实现六十进制的仿真电路。

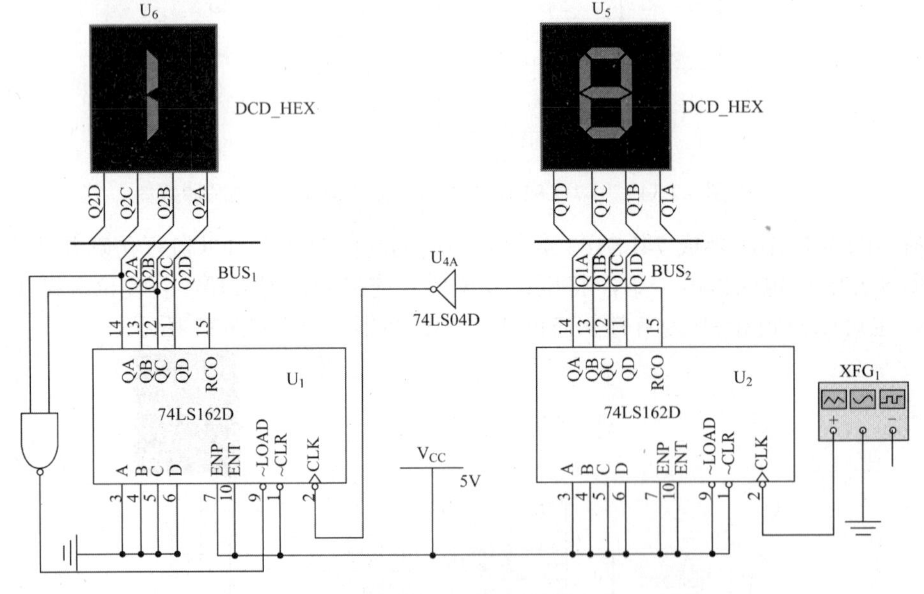

图 5.2.36　用 74LS162 采用异步法构成六十进制计数器

该电路中 U_2 是个位，U_1 是十位，个位是十进制，向十位进位，十位是采用预置数法构成的六进制，因此组合的有效状态为 0000 0000～0101 1001，但是在仿真中（Multisim 10 版本），在个位出现 9 的时候，十位就已经进位加 1 了，进位的时机发生了错误。在实践中这个电路连接是正确的，仿真软件将这个计数器的有效边沿定义成了下降沿了，而实际是上升沿，如果将图中的反相器去掉，可以得到正确的仿真结果，但请读者一定注意，实际应用应该有反相器。因为在个位是 1001 时，个位的进位信号从 0 变成 1，产生一个上升沿，但是这个时间不能进位，应该等个位从 1001 变成 0000 时（进位端从 1 跳变为 0）进位，因此需要一个反相器，将 *RCO* 的下降沿变成上升沿。

如果要采用同步法级联，需要将两个计数器的 *CP* 连接成同一个 *CP*，个位的 *RCO* 控制十位的使能端 *ENP* 或 *ENT*，如图 5.2.37 所示。

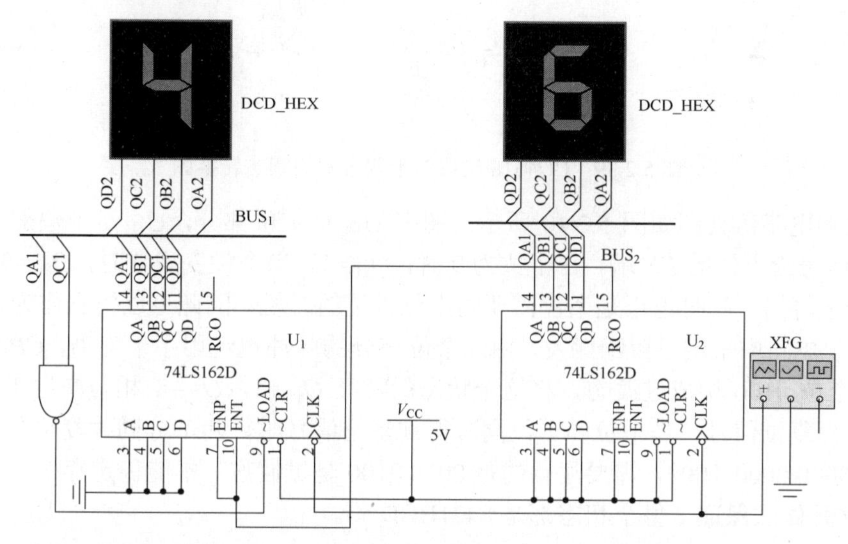

图 5.2.37　用 74LS162 采用同步法构成六十进制计数器

例 5.2.6 请使用双四位异步 BCD 码加法计数器 CC4518 构成二十四进制计数器，要求有效状态为 0～23，输出端输出的每个状态都是 8421BCD 编码。表 5.2.9 是 CC4518 的功能表。

表 5.2.9　CC4518 功能表

	输　入			输　出			
	CR	*CP*	*EN*	Q_D	Q_C	Q_B	Q_A
清零	1	×	×	0	0	0	0
计数	0	↑	1	BCD 码加法计数			
保持	0	×	0	保持			
计数	0	0	↓	BCD 码加法计数			
保持	0	1	×	保持			

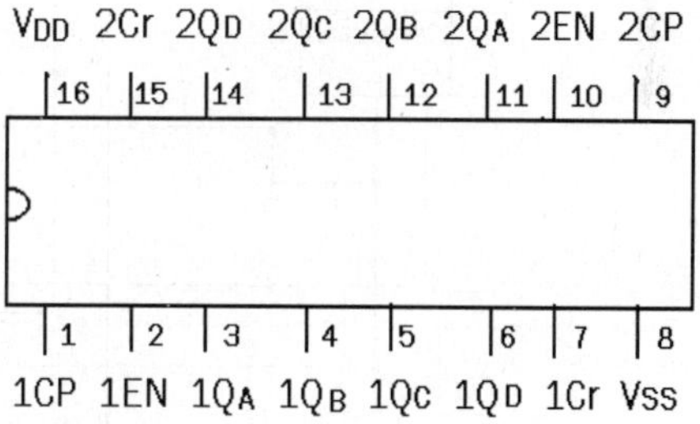

V_{DD}　2Cr　$2Q_D$　$2Q_C$　$2Q_B$　$2Q_A$　2EN　2CP

16　15　14　13　12　11　10　9

1　2　3　4　5　6　7　8

1CP　1EN　$1Q_A$　$1Q_B$　$1Q_C$　$1Q_D$　1Cr　V_{SS}

图 5.2.38　CC4518 管脚排列图

CR：异步清零端（复位端），高电平有效。

CP，*EN*：计数器工作状态控制与时钟脉冲输入端。

Q_D，Q_C，Q_B，Q_A：计数器四位数据输出端。

分析：CC4518 是一个双四位异步 BCD 码加法计数器，即内部有两个十进制计数器，每个计数器都有异步清零端 *CR*，都有 *CP* 输入端，*CP* 是上升沿有效，*EN* 是下降沿有效。本问题中要求二十四进制计数器输出的状态都是 8421BCD 码，所以，不可以用类似 4×6 或 3×8 的级联方式构建电路。为此，我们可以将两个十进制计数器级联成一百进制计数器，然后将其看成整体，再使用复位法将个位和十位同时复位得到二十四进制，这是级联法和复位法的联合使用，其状态转换图如图 5.2.39 所示，由于 *CR* 是异步复位端，需要过渡态，0010 0100（24）是过渡态，所以 $CR = Q_{1B} \cdot Q_{2C}$。

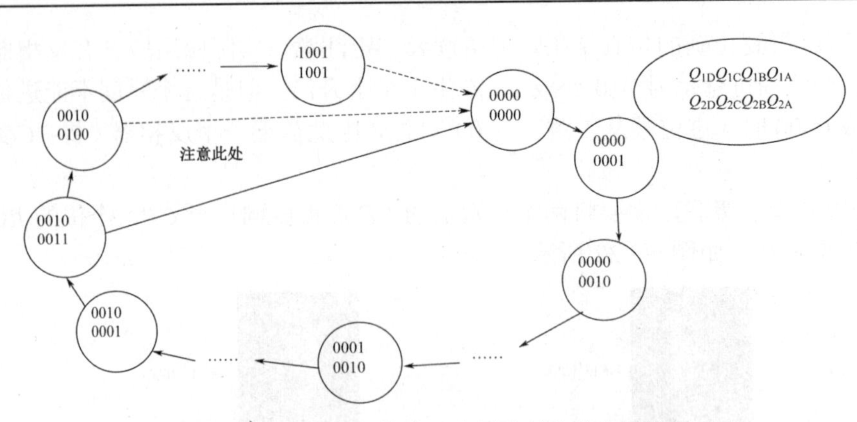

图 5.2.39　CC4518 构成二十四进制的状态转换图

二十四进制电路仿真图如图 5.2.40 所示。图中 U_{1A} 是十位部分，U_{1B} 是个位部分，将个位的 Q_{2D} 作为进位信号给十位的 *EN* 端，在个位为 9 时，Q_{2D}=1，当个位变成 0 时，Q_{2D}=0，由此在 Q_{2D} 上产生了一个下降沿，此时也正是个位需要向十位进位的时机，因此可以将它作为十位的脉冲时钟，这也决定了电路中采用下降沿触发，由此个位部分的脉冲也选用了下降沿，CP_1 和 CP_2 接地。十位 0010 和个位 0100 构成过渡态，将这个状态的特征 Q_{1B}=1，Q_{2C}=1 相与产生 1，反馈给异步复位端 *CR* 作为复位信号，当个位和十位同时得到复位信号时，两部分同时复位，从 0010 0100（24）跳变为 0000 0000（00），需要注意的是 0010 0100 是过渡态，不能稳定存在，真正的有效态是 00～23。这种做法保证了每个状态都是 8421BCD 码。

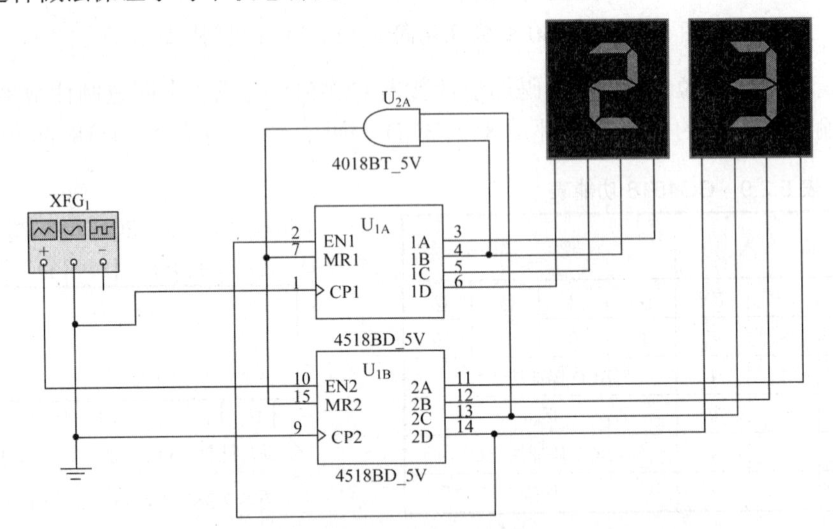

图 5.2.40　用 CC4518 实现二十四进制仿真电路图

■　巩固与提高

1. 知识巩固

1.1 计数器在正常计数时，每一个输出状态存在的时间是________________。

1.2 集成二进制计数器 74LS161 是一个模为___的计数器，有效状态是_______～____，它的 $\overline{CR}$ 是____端，当 $\overline{CR}$=0 时，不论 *CP* 及其他管脚是什么状态，输出端 Q_0～Q_3 都立即_____。它的 $\overline{LD}$ 是________端，当 $\overline{LD}$=0（此时保证 $\overline{CR}$=1）时，如果遇到 *CP* 的____沿，预先给 D_0～D_3 这 4 个数据输入端设置的数据被置入计数器的 4 个触发器中，使之输出 Q_0～Q_3=_______。74LS161

的 CT_P 和 CT_T 是计数器的____端，____电平有效，当 CT_P 和 CT_T 都是 1 时，计数器______，当 $CT_P \cdot CT_T=0$ 时，计数器不计数，处于____状态。CO 是____端，是 CP 的____分频，可以用____代替 CO，充当进位信号。

1.3 利用计数器的清零端，实现进制的改变，叫______法构成任意进制计数器。这种方法构成的计数器的第一个状态是________。如果复位端是异步的，那么__（需要/不需要）过渡态，如果复位端是同步的，则______（需要/不需要）过渡态。

1.4 利用计数器的预置数端，实现进制的改变，叫_____法构成任意进制计数器。异步预置数计数器______（需要/不需要）有过渡态，同步预置数计数器______（需要/不需要）有过渡态。这种方法构成的计数器，第一个状态____（一定/不一定）是 0。

1.5 计数器的一个功能端在有效时，如果对应的 CP 为无关（或功能表中为×），说明这个端是___步功能端，反之，若对应的 CP 是一个有效边沿，说明这个端是_________步功能端。

1.6 将一个 M 进制和一个 N 进制的计数器级联，可以实现_________进制计数器。实现级联的方法有两种：_________法和_________法。_________法是指两个集成块使用相同的时钟，此时低位芯片控制高位芯片的使能端，实现进位计数；_________法是两个集成块采用不同的时钟，低位的进位可以作为高位的时钟来使用。

1.7 观察 74LS290 的功能表可以得出：当外来的时钟脉冲从 CP_0 引入时，用 Q_0 作为输出，实现的是_________进制；当外来的时钟脉冲从 CP_1 引入时，用 Q_3 Q_2 Q_1 作为输出，实现的是_________进制；当时钟脉冲从 CP_0 引入，并将 Q_0 和 CP_1 相连接，用 Q_3 Q_2 Q_1 Q_0 作为输出，实现的是_________进制。

1.8 分析如题图 5.2.1 所示的电路，画出电路的状态转换图，说明这是几进制的计数器。图中芯片的外部引脚排列和功能表与 74LS161 相同。

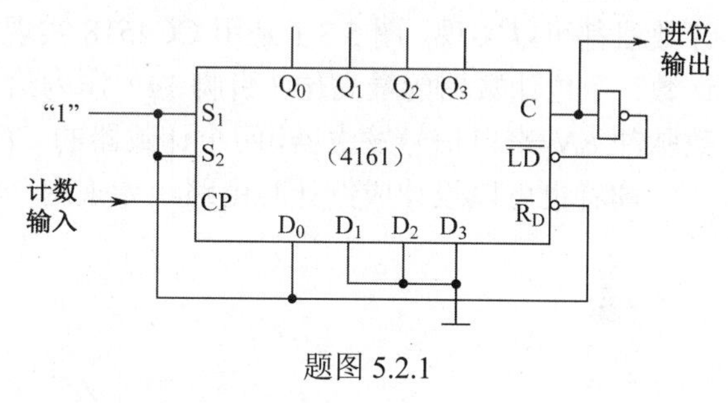

题图 5.2.1

1.9 请分别用 74LS161、74LS160、74LS290 构成七进制计数器。要求采用反馈复位法和预置数法（如果可以）来实现，并总结构成任意进制计数器的方法和步骤。

1.10 请用两片同步十进制计数器 74LS160 接成五十进制同步计数器，并在 Multisim 中进行仿真测试。总结级联法构成计数器的方法步骤，并完成六十进制和十二进制计数器的设计。

2. 任务作业

2.1 认真比较 74LS160、74LS162、74LS163 的功能并总结其复位端和预置数端的功能特点。

2.2 查阅资料，掌握 3～4 种可逆计数器的使用。

2.3 总结构成任意进制计数器的方法，并用 CC4518 设计六十进制计数器和二十四进制计数器，在 Multisim 软件中进行仿真，如有条件，用万能板焊接出电路。

任务三　100 秒计时与显示电路设计与制作

■ 技能目标

1．能用集成计数器扩展计数器的模值，并能正确处理进位、借位信号。

2．能手工设计电路的 PCB 并能正确制作电路、测试电路。

■ 知识目标

1．掌握反馈复位法、预置数法、级联法构成计数器的方法。

2．掌握计数器输出显示的方法。

■ 实践活动与指导

学生根据前面两个任务中学习的集成计数器相关知识以及构成任意进制计数器的方法，自主选择集成计数器并通过小组协作设计出一百进制计数器（可设计成加法计数器或减法计数器）并进行仿真测试；然后设计显示电路，要求能清晰准确地显示计数器的计数值。设计中要考虑该电路和智力竞赛抢答器的配合使用，需要有计数工作控制端并受到抢答器有效抢答信号的控制，在计数器计时完成时，给声响电路一个信号，使之鸣笛。这需要和抢答器电路进行联调，在操作上可以先将计时显示电路调试成功后再和抢答器电路联调，课下在实训设备上插接电路或用万能板焊接电路，实现抢答器的完整功能。

■ 知识链接与扩展

一、一百进制计数器的设计与仿真

一百进制计数器的设计方案有很多，用学习过的 74LS160、74LS161、74LS162、74LS163 等计数器都可以实现，图 5.3.1 是用 CC4518 实现一百进制的参考电路。图中电路采用了下降沿触发计数，个位计数器的最高位（引脚 14）作为给十位计数器的进位信号，连接到 EN_1 上。个位的计数脉冲 EN_2 来自信号发生器，两个计数器的 CP_1 和 CP_2 都接地，这是采用下降沿触发的连接方式。

读者也可以设计成倒计时电路，如采用 74LS190、74LS191 等可逆计数器设计。

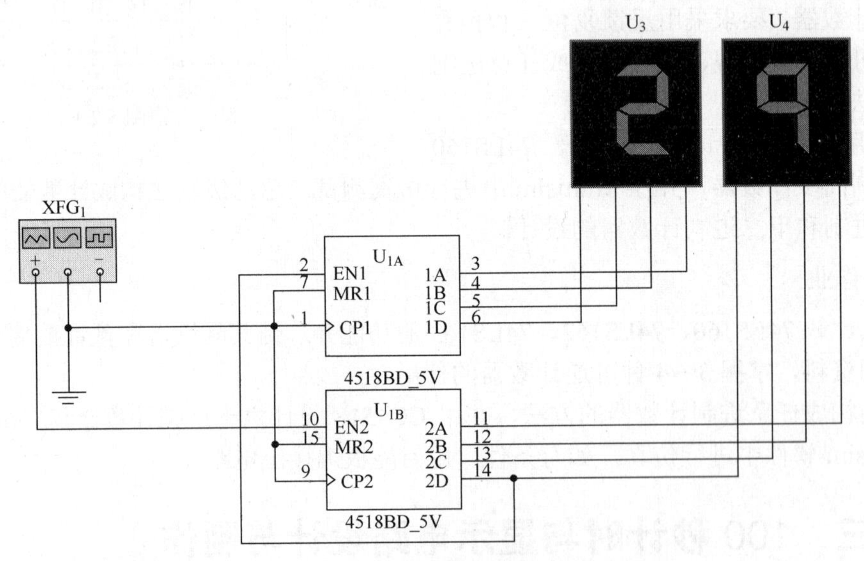

图 5.3.1　用 CC4518 实现一百进制计数器

考虑到和抢答器的匹配工作，我们还要对这个计数器进行完善。以项目四中抢答器的参考电路为例，对计时显示电路进行完善，读者可以参考此处的设计思路和方法，根据自己的抢答器电路完善设计。图 5.3.2（a）中，用开关来模拟来自抢答器的控制信号，当开关打开时，计数器进入复位状态，不再计数；当开关闭合时，计数器进入计数状态，开始计数。因此，当抢答器上有有效抢答信号时，需要送过来一个低电平给 CP_2 及其连接的 3 个引脚，使计时电路开始计时，或是单独增加这样一个控制端，给主持人或工作人员用，当参赛队员开始答题时，按下计时按钮，答题结束时打开计时按钮，准备下一次抢答。如果从有效抢答就开始自动计时，可以将抢答器电路的 4 个触发器的 $\overline{Q}$ 接入一个四输入端的与门，与门的输出就是抢答器送来的启动计时电路的信号（可以采用抢答器电路中 U_{3A} 与门的输出），如图 5.3.2（b）所示。

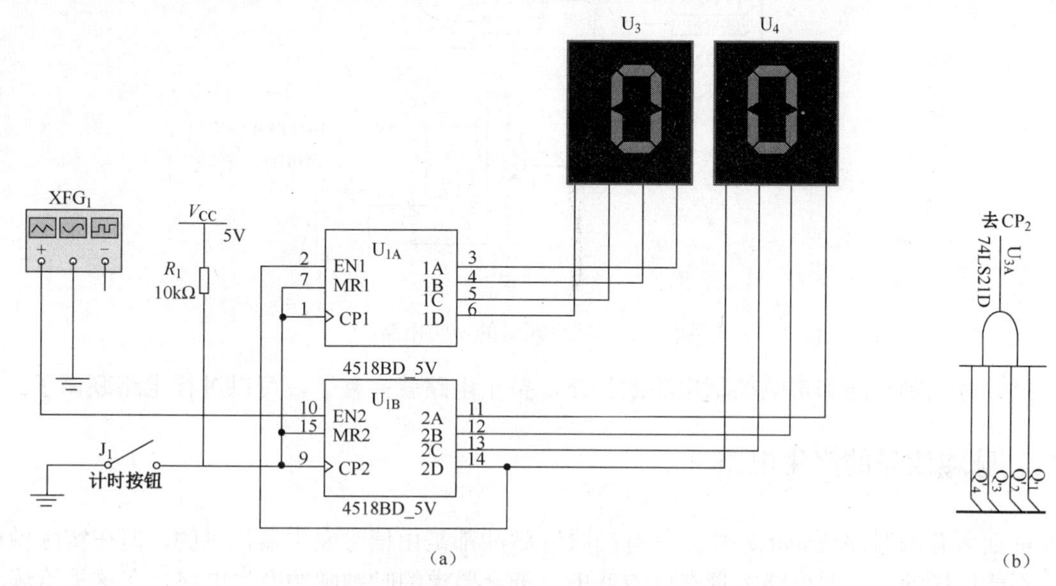

图 5.3.2　增加复位控制端的计时显示电路

当参赛队员在计时结束而没有回答完问题时，电路给出超时报警提示，如图 5.3.3 所示电路就增加了声响控制电路，当十位和个位都是 1001 时，将引脚 6、3、14、11 这 4 个信号送入一个与门，使之输出 1，启动声响电路。由于这部分电路的加入，需要对抢答器电路的声响控制部分做适当的调整。调整的方法如下。

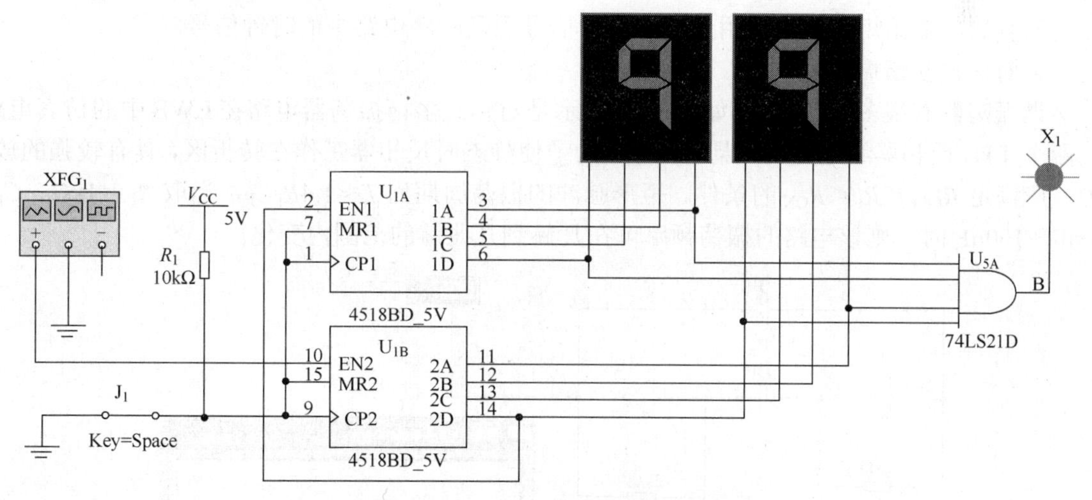

图 5.3.3　加入声响控制电路的计时电路

如图 5.3.4 所示是项目四中抢答器电路的声响电路，其中 U_{4A} 输出 A=1 时，表示有人抢答了，启动声响电路。现在要让图 5.3.3 中的 U_{5A} 输出 B=1 时也启动声响电路，需要将 A、B 信号相或，再送给 U_{3B} 与门。

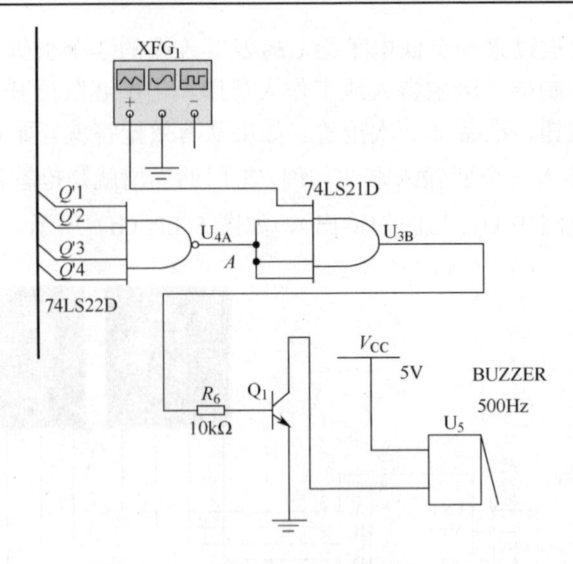

图 5.3.4　项目四中的声响电路

经过计时控制电路和声响控制电路的补充，整个电路就完善了，可以进行电路联调了。

二、脉冲信号的产生电路

在前面所有的时序逻辑电路中，所有的时钟脉冲都是由信号发生器提供的，但在实际做电路时，是不能这样的，需要电路本身有成本低廉、符合要求的时钟脉冲产生电路，在这里给读者提供一种矩形波脉冲电路：多谐振荡器。

多谐振荡器电路是一种矩形波产生电路，它不需要外加触发信号，便能连续地、周期性地产生矩形脉冲。该脉冲由基波和多次谐波构成，因此称为多谐振荡器电路，又因为其没有稳定的工作状态，多谐振荡器电路也称为无稳态电路。具体地说，如果一开始多谐振荡器处于 0 状态，那么它在 0 状态停留一段时间后将自动转入 1 状态，在 1 状态停留一段时间后又将自动转入 0 状态，如此周而复始，输出矩形波，常用于作为脉冲信号源及时序电路中的时钟信号。

（1）对称式多谐振荡器

多谐振荡器有很多电路形式，如图 5.3.5 所示是对称式多谐振荡器电路在 EWB 中的仿真电路，它由两个 TTL 反相器经电容交叉耦合而成。为了使静态时反相器工作在转折区，具有较强的放大能力，应满足 $R_{OFF}<R_F<R_{ON}$ 的条件。矩形脉冲的振荡周期为 $T\approx1.4R_FC_F$，当取 $R_F=1k\Omega$、$C_F=100\ pF\sim100\mu F$ 时，则该电路的振荡频率可在几赫到几兆赫的范围内变化。

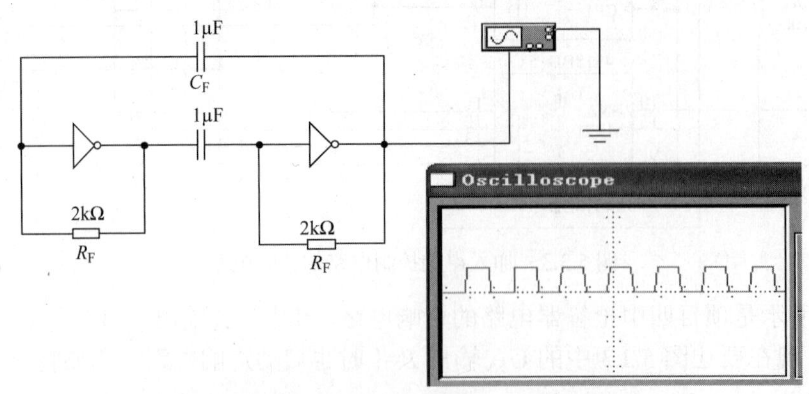

图 5.3.5　对称式多谐振荡器及其仿真图

这种多谐振荡器振荡频率不稳定，容易受温度、电源电压波动和 RC 参数误差的影响。而在数字系统中，矩形脉冲信号常作为时钟信号来控制和协调整个系统的工作，因此控制信号频率不稳定会直接影响到系统的工作，所以一般的多谐振荡器是不能满足要求的，必须采用频率稳定度很高的石英晶体多谐振荡器。

（2）石英晶体多谐振荡器

将石英晶体串接在多谐振荡器的回路中就可组成石英晶体多谐振荡器，这时，振荡频率只取决于石英晶体的固有谐振频率 f_0，而与 RC 无关。如图 5.3.6 所示。

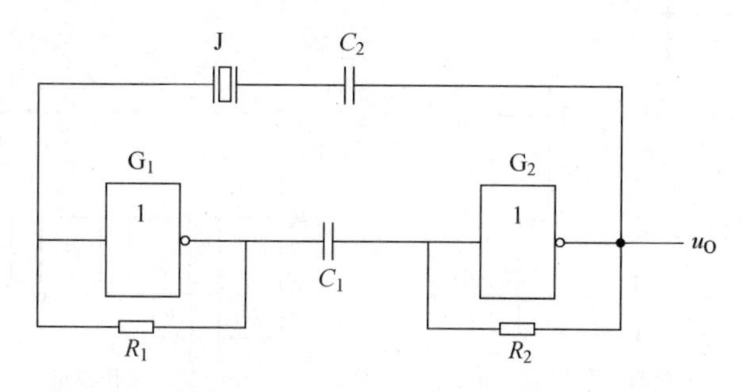

图 5.3.6　石英晶体多谐振荡器

目前，家用电子钟几乎都采用具有石英晶体振荡器的矩形波发生器。由于它的频率稳定度很高，所以走时很准。通常选用振荡频率为 32768Hz 的石英晶体谐振器，因为 $32768=2^{15}$，将 32768Hz 经过 15 次二分频，即可得到 1Hz 的时钟脉冲作为计时标准。

（3）环形多谐振荡器

如图 5.3.7 所示是最简单的环形振荡器，但是并不实用，因为集成门电路的延迟时间 t_{pd} 极短，而且振荡周期不便调节。增加 RC 延迟环节，即可组成 RC 环形振荡器电路，如图 5.3.8 所示，其中 R_S 是限流电阻（保护 G_3），通常选 100Ω 左右。利用电容的充放电，改变 U_{I3} 的电平（因为 R_S 很小，在分析时往往忽略它）来控制 G_3 周期性地导通和截止，在输出端产生矩形脉冲。

电路的振荡周期为

$$T \approx 2.2RC$$

R 不能选得太大（一般 1kΩ 左右），否则电路不能正常振荡。

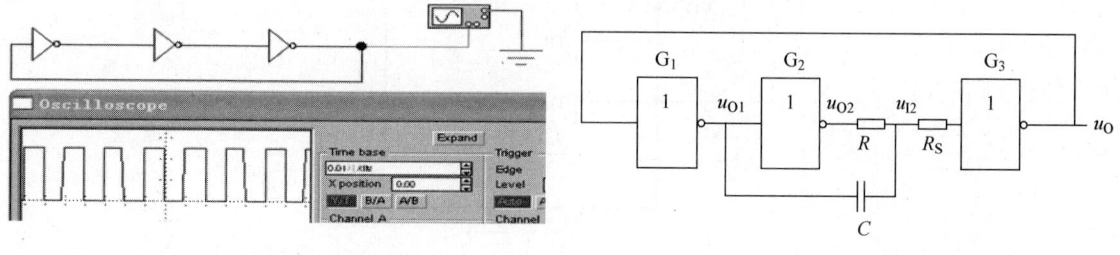

图 5.3.7　简单的环形振荡器　　图 5.3.8　RC 环形振荡器

（4）由 555 定时器构成的多谐振荡器

555 定时器是一种中规模集成电路，只要在外部配上适当阻容元件，就可以方便地构成脉冲产生和整形电路，如图 5.3.9 所示是由 555 定时器构成的多谐振荡器。基本工作过程是：接通 V_{CC} 后，V_{CC} 经 R_1 和 R_2 对电容充电。当 u_c 上升到 $2V_{CC}/3$ 时，$u_o=0$，定时器导通，电容通过 R_2 和 T 放电，u_c 下降。当 u_c 下降到 $V_{CC}/3$ 时，u_o 又由 0 变为 1，定时器截止，V_{CC} 又经 R_1 和 R_2 对电容充电。如此重复上述过程，在输出端 u_o 产生了连续的矩形脉冲，振荡周期为：

$$T \approx 0.7(R_1 + 2R_2)C$$

振荡频率：$f = \frac{1}{T} \approx \frac{1}{0.7(R_1 + 2R_2)} \approx \frac{1.43}{(R_1 + 2R_2)C}$

占空比：$D = \frac{t_{P1}}{T} = \frac{0.7(R_1 + R_2)C}{0.7(R_1 + 2R_2)} = \frac{R_1 + R_2}{R_1 + 2R_2}$

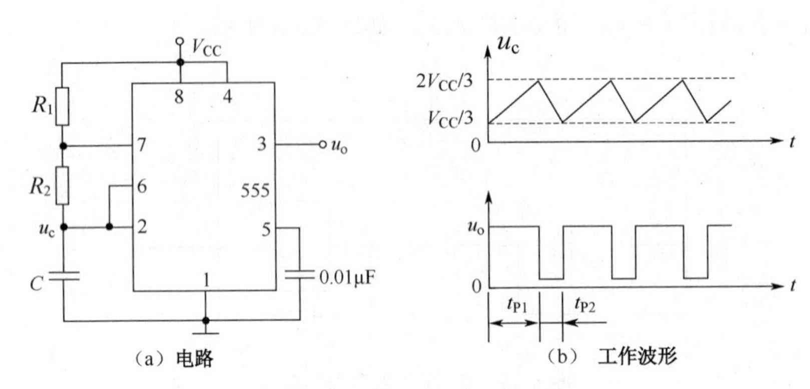

图 5.3.9　由 555 定时器构成的多谐振荡器

当对振荡频率要求不是很严格的情况下，可以采用这个电路，这是工程实践上很成熟的电路。这个电路可以通过改变充放电的回路来调整占空比，如图 5.3.10 所示是一个占空比可调的多谐振荡器。对 C_1 充电时，电流流经 R_1 和 VD_1；C_1 放电时，电流流经 VD_2 和 R_2，经 555 定时器的 7 号引脚放电。由此可见，通过调节 R_1 和 R_2 阻值的比例，可以调节矩形脉冲的占空比。

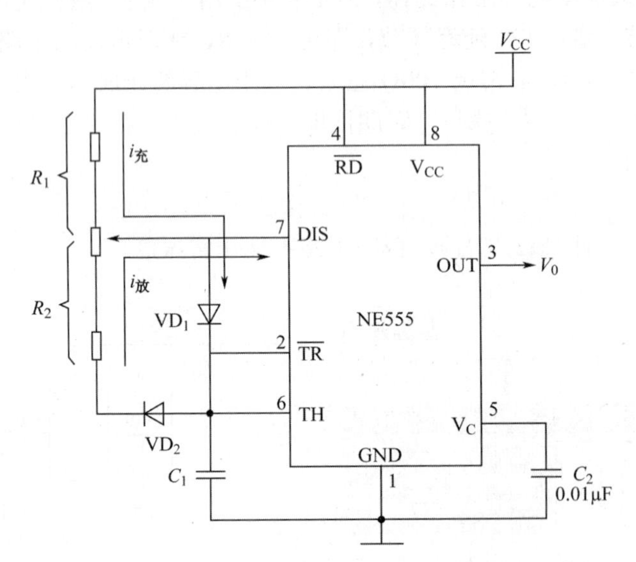

图 5.3.10　占空比可调的多谐振荡器

（5）CD4060 构成的矩形脉冲电路

CD4060 由一个振荡器和 14 级二进制串行计数器组成，振荡器的结构可以是 RC 振荡电路或晶振电路，第 12 号引脚 *RESET* 为高电平时，计数器清零且振荡器无效。CD4060 电源电压（V_{DD}）为+3V～+15V，输入电压（V_{IN}）为 0V～V_{DD}。CD4060 芯片特性为：

1）电压范围宽，应该可以工作在 3V～15V，输入阻抗高，驱动能力差。

2）输入电压小于 $V_{DD}/2$ 为 0，大于 $V_{DD}/2$ 为 1。

3）输出逻辑 1 的电压是 V_{DD}；逻辑 0 是 0V。

4）驱动能力很差，在设计时最多只能带 1 个 TTL 负载。

5）如果加上拉电阻的话，至少要阻值为 100kΩ 的电阻。

6）CD4060 的计数器可以进行 14 级二进制串行计数。

如图 5.3.11 所示是 CD4060 的引脚图，其中 9、10、11 引脚外接电阻、电容、石英晶体振荡器，12 是电路复位端，1～7、13～15 是分频器的输出端，如 2 号引脚 Q_{14} 是输入脉冲信号的 14 分频，如果采用 32768Hz 的脉冲输入，从 Q_{14} 输出的信号频率是 $32768/2^{14}$=2Hz。

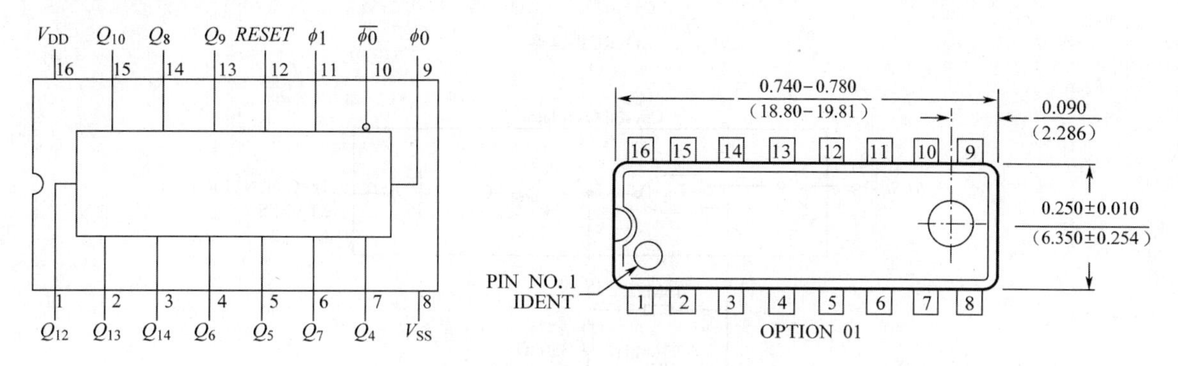

图 5.3.11　CD4060 的外观及管脚排列

如图 5.3.12 所示是 CD4060 的内部结构图，仔细查看该图，有助于理解 CD4060 的工作情况。图 5.3.13 是用 CD4060 构成振荡器并进行分频的电路，图（b）是带有晶振的连接方式，一般情况下我们选用这种方式。在 Multisim 软件中仿真时，晶振元件的获取方法如图 5.3.14 所示。

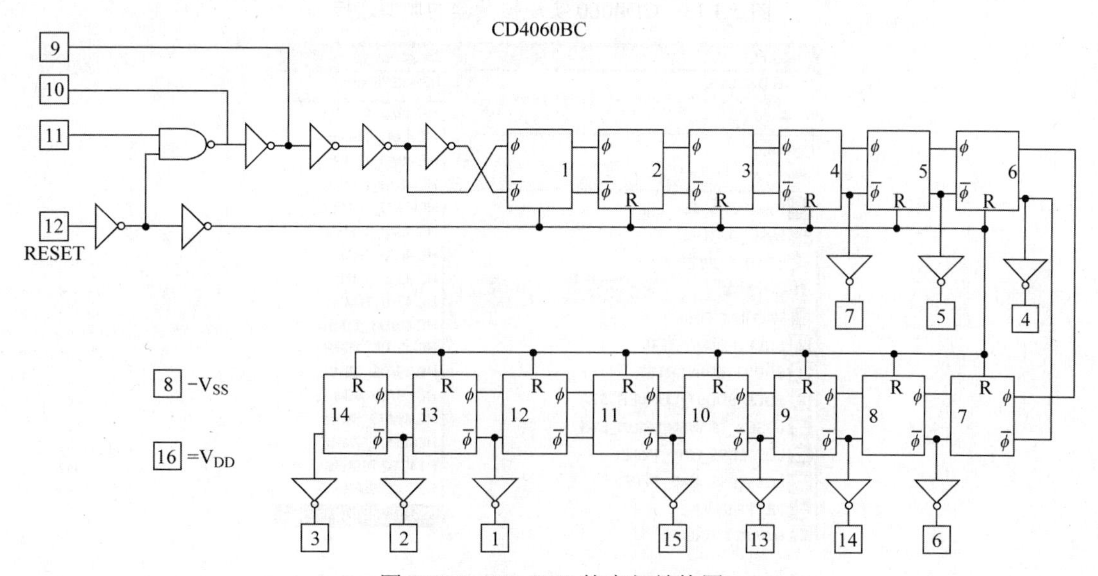

图 5.3.12　CD4060 的内部结构图

如图 5.3.15 所示是用 CD4060 实现的振荡和分频电路，但是在 Multisim 10 中实现不了仿真功能，读者有兴趣可以使用 Proteus 软件仿真。在实际电路中，这个电路连接的运行是没有问题的，这是经过实践检验过的。虽然 Multisim 10 中采用晶振产生脉冲的电路不能仿真，但是可以用 CD4060 实现分频的仿真。

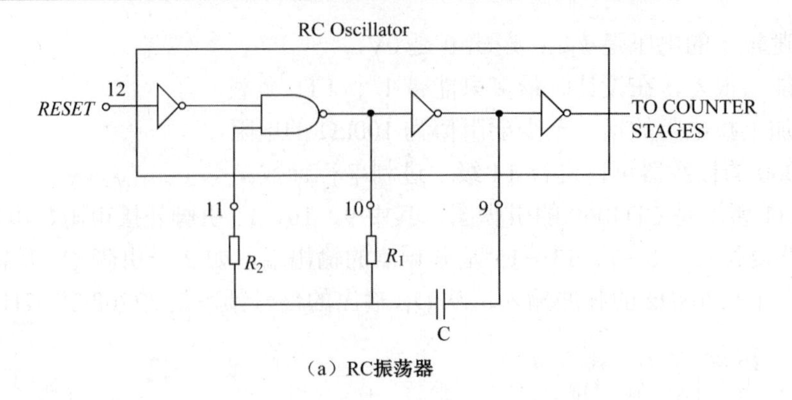

（a）RC振荡器

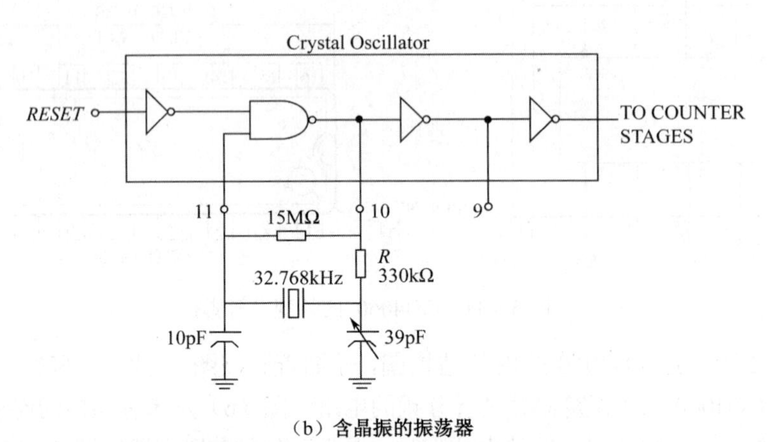

（b）含晶振的振荡器

图 5.3.13　CD4060 实现振荡器的典型连接

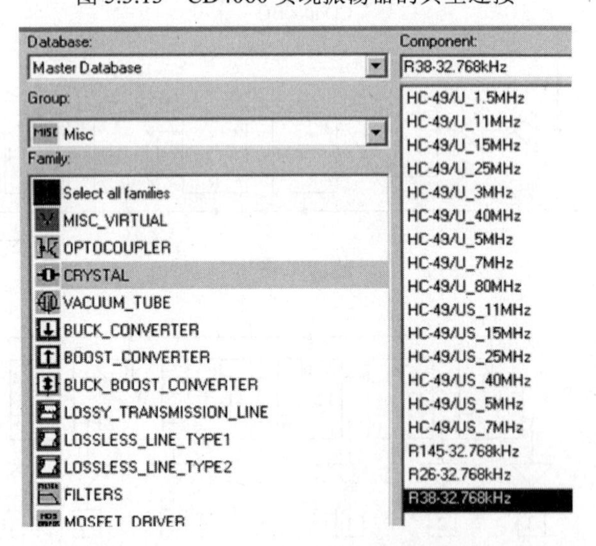

图 5.3.14　在 Multisim 软件中获取晶振元件的方法

如图 5.3.15 所示中第 3 号脚输出频率是 2Hz，如果要得到标准的 1Hz 信号，需要再次二分频，如图 5.3.16 所示，可以用 D 触发器构成二分频电路进行分频。

在抢答器的声响电路中，还需要 500Hz 左右的振荡脉冲，也可以从如图 5.3.15 所示电路获得，因为 $32768\text{Hz}/2^6=512\text{Hz}$，所以可以从 CD4060 的 4 号端脚输出 512Hz 的信号，如果电路中需要 1kHz 的脉冲信号，可以从 5 号端脚获得（1024Hz），由此可见，CD4060 可以给我们提供多种频率的信号。

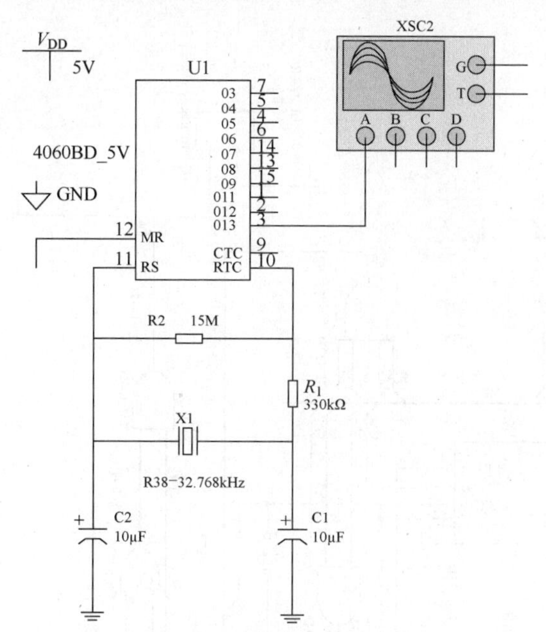

图 5.3.15　用 CD4060 实现振荡和分频电路

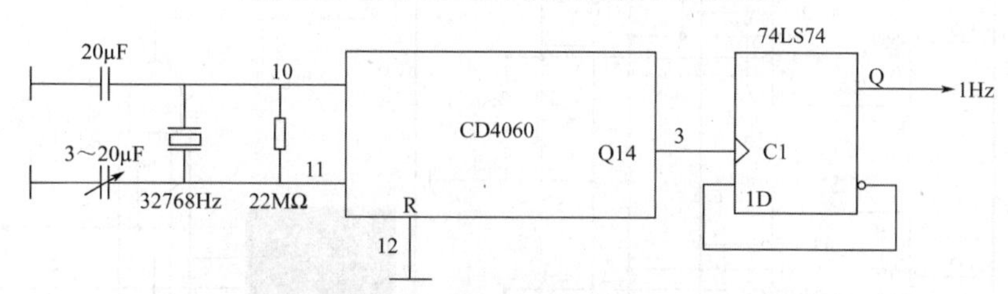

图 5.3.16　对 CD4060 输出的信号进行二分频的电路

三、100 秒计时显示电路与抢答器的联调

完成抢答器的设计（含其声响电路和数码显示电路）、脉冲信号产生电路以及答题计时电路，就可以将这三部分整合，形成一个完整的电路，进行电路联调。如图 5.3.17 所示是完整的电路原理图，它不是简单地将三部分拼接到一个图中，而是进行了信号的匹配。主要有以下 4 点：

（1）将 CD4060 的 4 号引脚输出的 512Hz 的信号送到声响电路 U_{13A} 与门（如有必要，也可以将 5 号端 1024Hz 的信号送给 U13A）。

（2）将 CD4060 的 3 号引脚 2Hz 信号送给 74LS74（D 触发器）构成的二分频电路的 *CP* 端，从而获得 1Hz 信号（在 D 触发器的 *Q* 端输出），并将 1Hz 信号送到答题计时电路 CD4518 的 10 号端作为百进制计数器的 *CP*。

（3）将抢答器部分 U_{4B} 与非门的输出（声响电路控制信号，该端为 1 时，表示有队员抢答，启动声响电路，在工作人员将电路复位后停止发声）和答题计时电路的 U_{4B} 信号（计时完成，启动声音电路）送入或门 U_{5A}，U_{5A} 的输出作为声响电路的启动信号。

（4）在答题开始后工作人员按下计时启动开关 J_5，计时电路开始计数，当计数到 99 时，启动声音电路发声。

由于在 Multisim 10 中无法进行 CD4060 晶振电路的仿真，因此这个电路在 Multisim 10 中无法完成整体联调的仿真，有兴趣的读者可以采用 Proteus 软件进行仿真。建议读者在实训设备上进行电路连接，形成完整电路，或采用万能板进行电路焊接。在焊接的过程中，可以按照电路单元进行，每进行完一部分的焊接，都进行功能和电气特性的测试，及早发现问题，解决问题，当整个电路完成后，查找问题的难度就增加了。

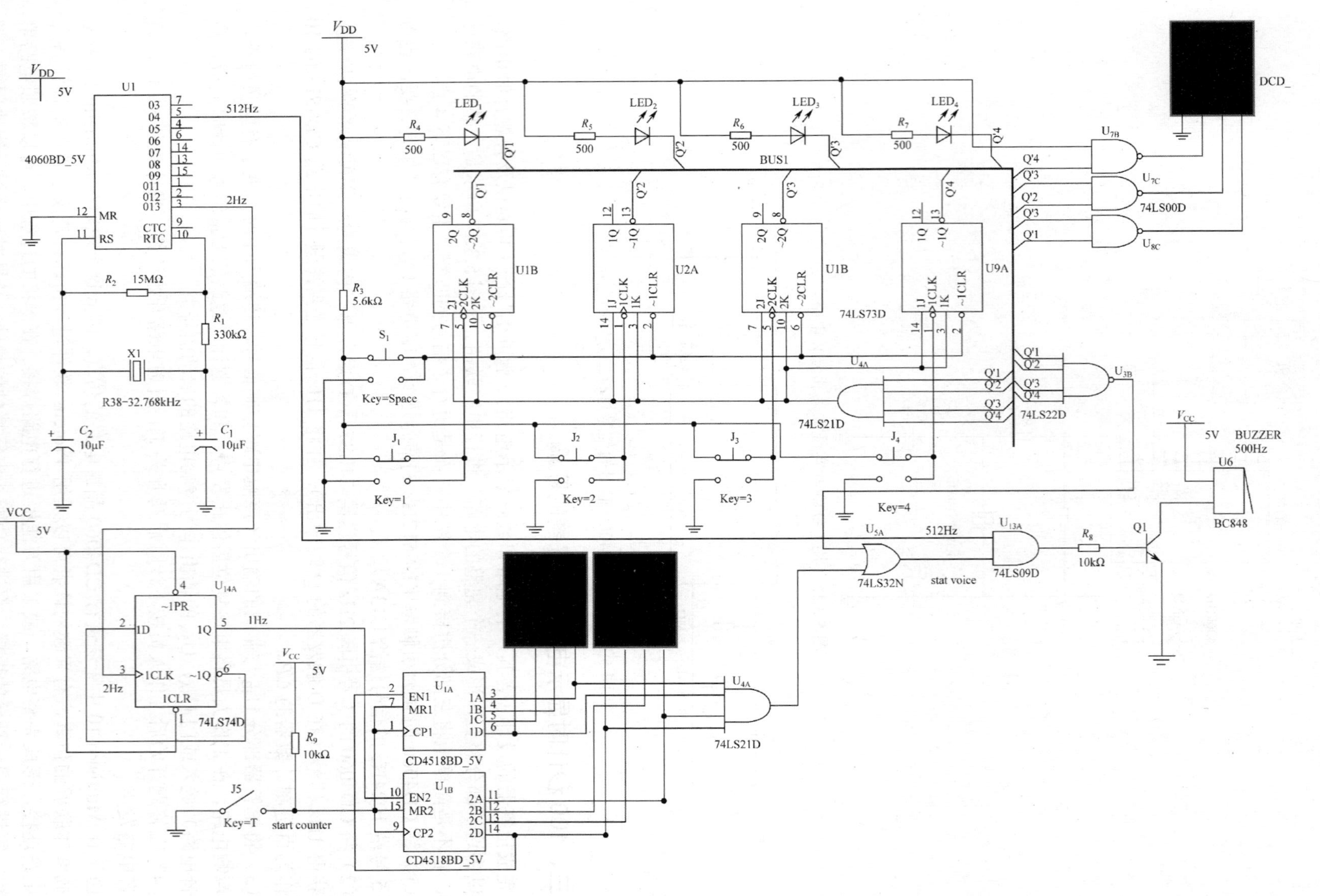

图 5.3.17　完整的抢答器电路

■ 巩固与提高

1．知识巩固

1.1 ________是一种矩形波产生电路，它不需要外加触发信号，便能连续地、周期性地产生矩形脉冲，常作为脉冲信号源及时序电路中的_____信号。将石英晶体串接在多谐振荡器的回路中就可组成_______振荡器，这时，振荡频率只取决于石英晶体的_______，而与电路其他参数无关。

1.2 振荡频率为 32768Hz 的石英晶体谐振器产生的 32768Hz 信号经过 15 次二分频，即可得到_____Hz 的时钟脉冲作为计时标准。

1.3 由 555 定时器构成的多谐振荡器的电路如题图 5.3.1（a）所示，它的振荡周期是_______，频率是_________，如果要提高其频率，可以调节的元件是_______，调节的方法是_______（增大/减小）其参数值。图（b）通过调节 R_1 和 R_2 的比例，可以调节矩形脉冲的________。

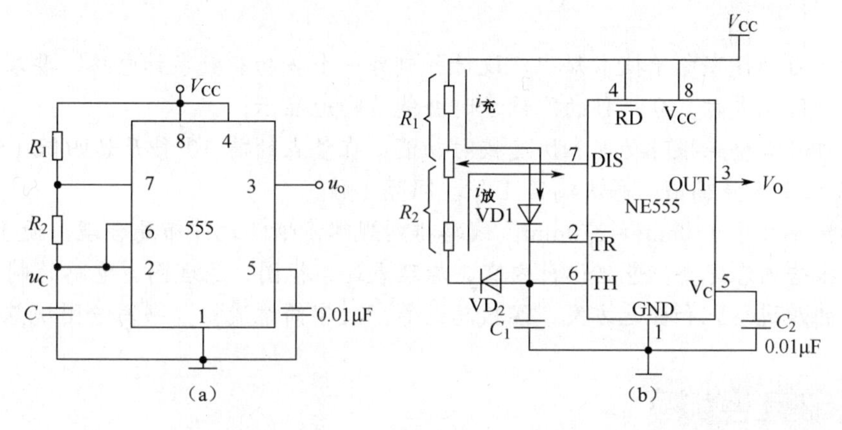

题图 5.3.1

1.4 CD4060 为由一个振荡器和________级二进制串行计数器组成的分频电路，如果输入 32.768kHz 的时钟信号，输出的最低频率是_____Hz。

2．任务作业

利用业余时间，在实训台上将电路插接出来并录制电路运行的视频发送到教师的邮箱中，或是用万能板将电路焊接出来，提交电路或是电路图片、视频。

项目六　多功能数字钟电路设计与制作

请应用所学习的数字电子技术知识，设计并制作一个多功能数字钟电路，要求：

（1）数字钟能完成时、分、秒的准确计时并能清晰地显示。

（2）数字钟具有整点报时功能和快速校时功能。在整点的前 10 秒开始四低（500Hz 左右）一高（1kHz 左右）五声鸣笛，每次鸣笛 1 秒，间隔 1 秒。

（3）线路板不大于 150mm × 270mm，线路排列规律清晰，元件布局合理，便于检测维修。

（4）实训报告内容完整，包括设计内容、原理表述、框图、原理图、电路的制作过程和调试内容、对设计的改进意见和可选方案、经验总结等。文字简练流畅，书写绘图规范。

项目分 4 个任务进行实施，通过本项目的实施，达到如下目标。

1. 学会整体电路设计的基本方法和步骤，能正确绘出功能框图。
2. 掌握施密特、单稳态触发器与多谐振荡器的基本参数和功能。
3. 能正确综合应用学习过的知识进行电路设计。
4. 能合理选用电路元器件并能理解其封装的含义。
5. 能合理设计电路布局并能正确制作出电路。

任务一　多功能数字钟的功能分析与框图设计

■ 技能目标

1．能正确划分电路的功能单元。
2．能正确画出电路框图并能清楚解释各部分的功能。

■ 知识目标

掌握电路功能框图的绘制方法。

■ 实践活动与指导

学生分组进行电路设计的信息搜集和计划制定，团队协作完成电路功能划分和框图设计。教师组织学生以小组为单位进行展示和交流。

■ 知识链接与扩展

一、电路功能分析

认真进行设计要求分析，要完成设计功能，需要具备的功能如下。

（1）数字钟计时电路，包括时、分、秒三部分。

（2）时间显示电路，包括显示驱动部分和显示器部分。

（3）整点报时电路，包括整点的逻辑判断和声响电路。

（4）快速校时电路。

（5）整个电路脉冲产生和分频电路。

读者可以根据自己的要求和想法增加功能，如秒表功能、闹钟功能、音乐发声等。满足以上5个功能，就达到本项目的设计要求。

二、数字钟功能框图

电路功能框图又称方框图，方框内有说明电路功能的文字，一个方框代表一个基本单元电路或者集成电路中一个功能单元电路等。电气设备中任何复杂的电路都可以用相互关联的方框图形象地表述出来。电路框图主要有：信号流程框图、电路组成原理框图、各种集成电路内部功能单元电路框图、各单元电路的具体电路框图等。

信号流程图具有一定的逻辑性，在画信号流程框图时，只要将信号流经的各功能单元电路用方框图表示，再将这些方框图按一定的逻辑顺序排列起来即可。

在画电路组成原理方框图时，要将各功能单元电路都用小方框表示，但不涉及各功能电路的内部电路，如果某功能单元电路结构比较复杂，可画出一个或多个分支方框图，同时注意各方框图必须按照信号流程的顺序进行排列。

在画集成电路内部电路框图时应注意三条原则：一是按信号走向的顺序排列各内部单元电路，二是让所有功能引脚都与内部电路连接起来，三是标明电源引脚和接地引脚。

各单元电路的具体电路是指各功能单元电路的具体组成电路，其画法与前三种框图画法相似，也应根据信号的流向，不过有时还需要画出关键性的具体分立元件。

“电路框图”是电气设备的核心和灵魂，根据这个“框架”去分析设备原理图，“框”出它的各单元电路，了解各单元电路在原理图中的位置、相互关系及其功能，就能很好地把握该设备的电路工作原理。

多功能数字钟电路的参考框图如图6.1.1所示。

■ 巩固与提高

1．知识巩固

形象地表述电路的相互关联的方框图称为_____图又称方框图，主要包括：_____流程框图、原理框图、各种集成电路内部功能单元电路框图、各单元电路的具体电路框图等。

2．任务作业

各学习小组将各自设计的电路功能框图绘制出来并进行展示、交流。

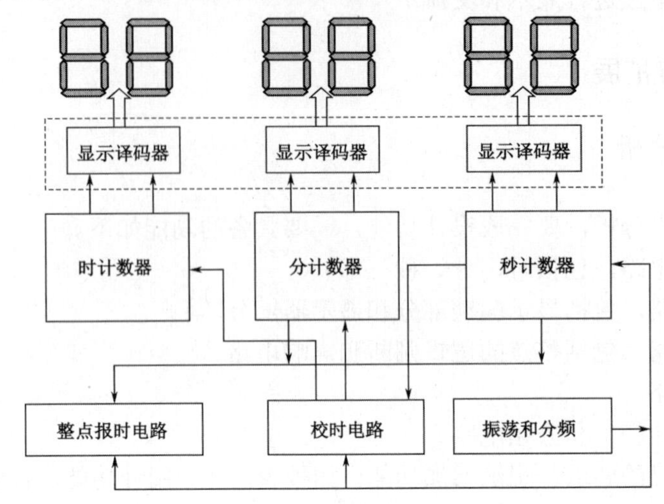

图 6.1.1　数字钟电路整体框图

任务二　时钟脉冲电路的认识与测试

■ 技能目标

1．能正确使用施密特电路、单稳态电路、多谐振荡器。
2．能正确绘出以上三种电路的输出波形。
3．能用 555 定时器构成施密特电路、单稳态电路、多谐振荡器。
4．能进行施密特电路、单稳态电路、多谐振荡器的基本参数计算。

■ 知识目标

1．掌握施密特电路、单稳态电路、多谐振荡器的基本功能。
2．认识 555 定时器的基本工作原理和功能。
3．掌握 555 定时器构成施密特电路、单稳态电路、多谐振荡器的方法。
4．掌握以上三种电路的参数计算方法。

■ 实践活动与指导

教师引导学生自主学习，通过分组讨论和问题交流来学习脉冲产生和整形电路。

■ 知识链接与扩展

一、脉冲电路的类型和脉冲波形的基本参数

数字系统中，只要存在时序电路部分，就需要有脉冲信号，因此时钟脉冲信号使用的频率非

常高。在上一项目中，我们已经学习了矩形脉冲的产生电路，在本项目中，继续深化脉冲电路的相关知识。

脉冲电路有脉冲整形电路和脉冲振荡电路，前者是将输入波形进行变换整形的电路，如施密特触发器、单稳态触发器；后者是脉冲产生电路，只要正常供电就能给我们提供脉冲信号，如多谐振荡器。

一个非理想脉冲波形的基本参数有：脉冲周期 T、脉冲频率 f、脉冲宽度 T_W、占空比 q 等，具体请参阅项目一任务一内容。实际的矩形脉冲波 t_r 和 t_f 都不等于 0，T_W、U_m 和 T 也受很多因素影响而不稳定。理想的矩形脉冲波参数为：$t_r=t_f=0$，T_W、U_m 和 T 也是稳定的。

二、555 定时器的认识

555 定时器是一种多用途的单片中规模集成电路。该电路使用灵活、方便，只需要外接少量的阻容元件就可以构成单稳态、多谐和施密特触发器，因而在波形的产生与变换、测量与控制、家用电器和电子玩具等许多领域中都得到了广泛的应用。

目前生产的定时器有双极型和 CMOS 两种类型，其型号分别有 NE555（或 5G555）和 C7555 等多种。通常，双极型产品型号最后的三位数码都是 555，CMOS 产品型号的最后四位数码都是 7555，它们的结构、工作原理以及外部引脚排列基本相同。

一般双极型定时器具有较强的驱动能力，而 CMOS 定时电路具有低功耗、输入阻抗高等优点。555 定时器工作的电源电压范围很宽，并可承受较大的负载电流。双极型定时器电源电压范围为 5～16V，最大负载电流可达 200mA；CMOS 定时器电源电压变化范围为 3～18V，最大负载电流在 4mA 以下。

1. 555 定时器内部结构

如图 6.2.1 所示是一个 555 定时器的电气原理图和符号，其内部结构按功能单元划分如下。

（1）分压器。分压器由三个 5kΩ 的电阻串联而成，将电源电压分为三等份，作用是为比较器提供两个参考电压，若控制端 S（5 号端）悬空或通过电容接地，则：$U_{R1}=\frac{2}{3}V_{CC}$　$U_{R2}=\frac{1}{3}V_{CC}$

若控制端 S 外加控制电压 U_s，则：

$$U_{R1}=U_S$$

$$U_{R2}=\frac{U_S}{2}$$

（2）两个电压比较器 C_1 和 C_2：

当 $V_+ > V_-$ 时，$V_o=1$；

当 $V_+ < V_-$ 时，$V_o=0$。

（3）基本 RS 触发器，当 $RS=01$ 时，$Q=0$，$\bar{Q}=1$；当 $RS=10$ 时，$Q=1$，$\bar{Q}=0$。

（4）放电三极管 T 及缓冲器 G。放电开关由一个晶体三极管组成，称其为放电管，其基极受基本 RS 触发器输出端 $\bar{Q}$ 控制。当 $\bar{Q}=1$ 时，放电管导通，放电端 D 通过导通的三极管为外电路提供放电的通路；当 $\bar{Q}=0$，放电管截止，放电通路被截断。

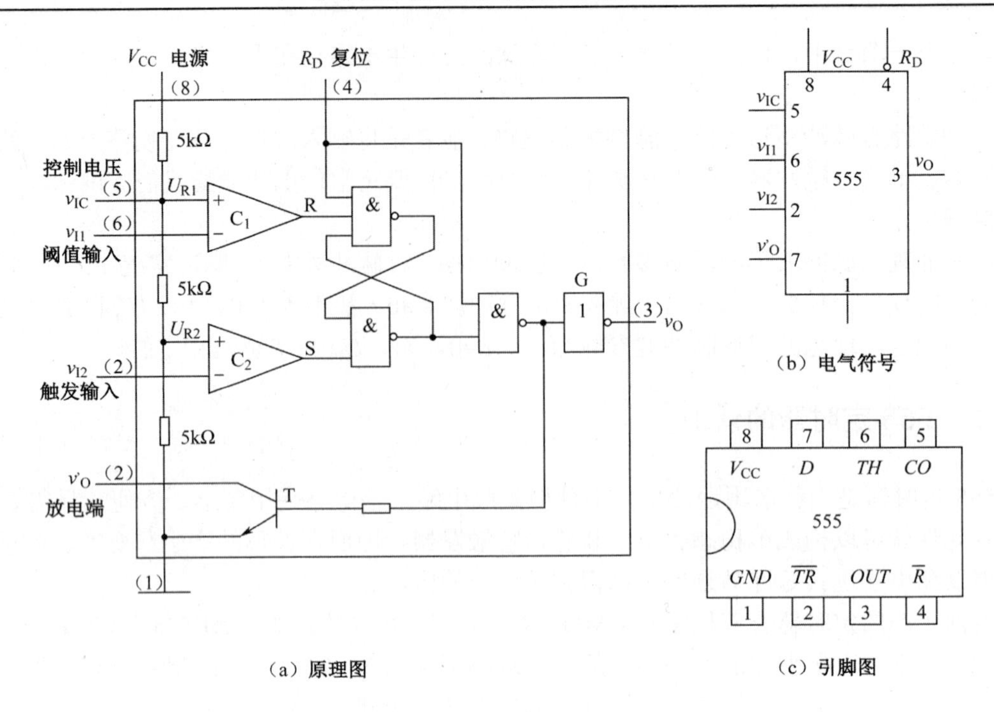

图 6.2.1　555 定时器的电气原理图和电气符号、引脚图

2. 工作原理

当 5 脚悬空时，比较器 C_1 和 C_2 的比较电压分别为 $\frac{2}{3}V_{CC}$ 和 $\frac{1}{3}V_{CC}$。

（1）当 $v_{I1}>\frac{2}{3}V_{CC}$，$v_{I2}>\frac{1}{3}V_{CC}$ 时，比较器 C_1 输出低电平，C_2 输出高电平，基本 RS 触发器被置 **0**，放电三极管 T 导通，输出端 v_O 为低电平。

（2）当 $v_{I1}<\frac{2}{3}V_{CC}$，$v_{I2}<\frac{1}{3}V_{CC}$ 时，比较器 C_1 输出高电平，C_2 输出低电平，基本 RS 触发器被置 **1**，放电三极管 T 截止，输出端 v_O 为高电平。

（3）当 $v_{I1}<\frac{2}{3}V_{CC}$，$v_{I2}>\frac{1}{3}V_{CC}$ 时，比较器 C_1 输出高电平，C_2 也输出高电平，即基本 RS 触发器 R=**1**，S=**1**，触发器状态不变，电路亦保持原状态不变。

由于阈值输入端（v_{I1}）为高电平（$>\frac{2}{3}V_{CC}$）时，定时器输出低电平，因此也将该端称为高触发端（*TH*）。

因为触发输入端（v_{I2}）为低电平（$<\frac{1}{3}V_{CC}$）时，定时器输出高电平，因此也将该端称为低触发端（*TL* 或 $\overline{TR}$）。

如果在电压控制端（5 脚）施加一个外加电压（其值在 0～V_{CC} 之间），比较器的参考电压将发生变化，电路相应的阈值、触发电平也将随之变化，进而影响电路的工作状态。

另外，R_D 为复位输入端，当 R_D 为低电平时，不管其他输入端的状态如何，输出 v_O 为低电平，即 R_D 的控制级别最高。正常工作时，一般应将其接高电平。

表 6.2.1　555 定时器的功能表

R_D	U_{TH}	$U_{\overline{TR}}$	OUT	放电端 D
0	×	×	0	接地
1	$>\frac{2}{3}V_{CC}$	$>\frac{1}{3}V_{CC}$	0	接地
1	$<\frac{2}{3}V_{CC}$	$>\frac{1}{3}V_{CC}$	保持原状态不变	保持原状态不变
1	$<\frac{2}{3}V_{CC}$	$<\frac{1}{3}V_{CC}$	1	与地断开

从表 6.2.1 可见：

（1）当两个输入端都大于参考电压时，可以认为输入为 1，输出为 0。

（2）当两个输入端都小于参考电压时，可以认为输入为 0，输出为 1。

（3）当输入电压取值在两个参考值之间时，输出保持不变。

3．555 定时器的主要参数

5G555（单时基双极型定时器）和 CC7555（单时基 CMOS 型定时器）的主要参数对比如表 6.2.2 所示。

表 6.2.2　两种 555 定时器的参数对比表

参数	单位	CMOS 型 CC7555	TTL 型 5G555
电源电压	V	3～18	4.5～16
静态电源电流	mA	0.12	10
定时精度	%	2%	1%
高电平触发端电压	V	$\frac{2}{3}U_{DD}$	$\frac{2}{3}V_{CC}$
高电平触发端电流	μA	0.00005	0.1
低电平触发端电压	V	$\frac{1}{3}U_{DD}$	$\frac{1}{3}V_{CC}$
低电平触发端电流	μA	0.00005	0.5
复位端复位电压	V	1	1
复位端复位电流	μA	0.1	400
放电端放电电流	mA	10～50	200
输出端驱动电流	mA	1～20	200
最高工作频率	kHz	500	500

从表 6.2.2 可见：

（1）二者的工作电源电压范围不同。

（2）双极型定时器输入输出电流较大，驱动能力强，可直接驱动负载，适于在有稳定电源的场合使用。

（3）单极型定时器输入阻抗高，工作电流小，功耗低且精度高，多用于需要节省功耗的领域。

三、施密特触发器（Schmitt Trigger）

施密特触发器是具有滞回特性的数字传输门，是一种脉冲信号变换电路，用来实现整形和鉴幅。

1．用 555 定时器构成施密特触发器

设输入信号 v_I 为锯齿波，幅度大于 555 定时器的参考电压 $\frac{2}{3}V_{CC}$（控制端 S 通过滤波电容接地），电路输入输出波形如图 6.2.2（b）所示。根据 555 定时器功能表 6.2.1 可知：

（1）$v_I<\frac{1}{3}V_{CC}$ 时，v_{O1} 输出高电平。

（2）当 v_I 上升到 $\frac{1}{3}V_{CC}\sim\frac{2}{3}V_{CC}$ 时，v_{O1} 输出保持不变，为高电平。

（3）当 $v_I>\frac{2}{3}V_{CC}$ 时，v_{O1} 输出低电平，当继续上升，v_{O1} 保持不变。

（4）当 v_I 下降时，在 $\frac{2}{3}V_{CC}$ 以上 v_{O1} 输出低电平，当下降到 $\frac{1}{3}V_{CC}\sim\frac{2}{3}V_{CC}$ 时，v_{O1} 输出保持不变，为低电平。

（5）当 v_I 下降到 $\frac{1}{3}V_{CC}$ 时，电路输出跳变为高电平。而且在 v_I 继续下降到 0V 时，电路的这种状态不变。

图 6.2.2 中，R、V_{CC2} 构成另一输出端 v_{O2}，其高电平可以通过改变 V_{CC2} 进行调节。

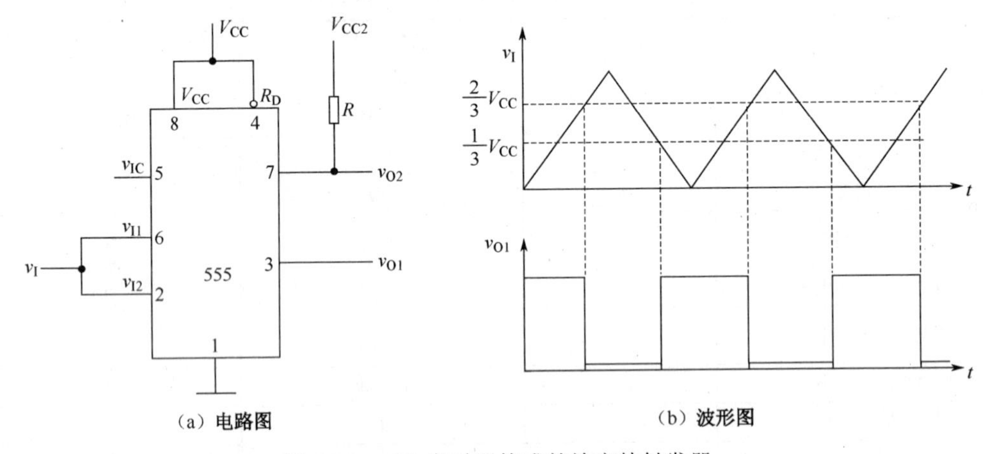

（a）电路图　　（b）波形图

图 6.2.2　555 定时器构成的施密特触发器

2．电压滞回特性和主要参数

施密特触发器具有电压滞回特性，即触发器在输入电压从小到大变化和从大到小变化时，所对应的转折电压（阈值电压）是不同的。如图 6.2.3 所示是施密特触发器的逻辑符号和 555 定时器构成的施密特触发器的特性曲线，可以明显看出输出电压 v_O 发生状态变化时对应了两个转折电压，当输入 v_I 从小到大变化（$0\rightarrow V_{CC}$）时，对应的转折电压是 $\frac{2}{3}V_{CC}$，反之当输入 v_I 从大到小变化（$V_{CC}\rightarrow 0$）时，对应的转折电压是 $\frac{1}{3}V_{CC}$。施密特触发器的主要静态参数如下。

（1）正向转折电压 V_{T+}

正向转折电压 V_{T+} 指 v_I 上升过程中，输出电压 v_O 由高电平 V_{OH} 跳变到低电平 V_{OL} 时所对应的输入电压值，也称为上限阈值电压，555 定时器构成的施密特触发器的正向转折电压是 $V_{T+}=\frac{2}{3}V_{CC}$。

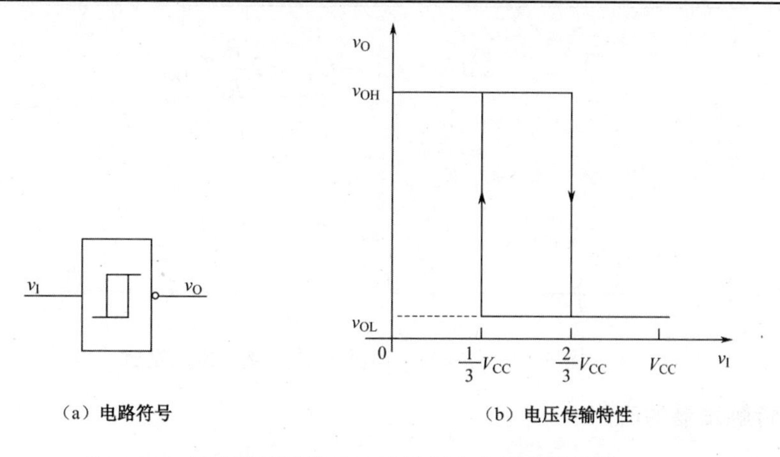

（a）电路符号　（b）电压传输特性

图 6.2.3　施密特触发器的电路符号和电压传输特性

（2）负向转折电压 V_{T-}

v_I 下降过程中，输出电压 v_O 由低电平 V_{OL} 跳变到高电平 V_{OH} 时，所对应的输入电压值，也称为下限阈值电压，555 定时器构成的施密特触发器的负向转折电压 $V_{T-}=\frac{1}{3}V_{CC}$。

（3）回差电压 ΔV_T

回差电压又叫滞回电压，是正向转折电压与负向转折电压的差值，定义为 $V_{T+}-V_{T-}$，555 定时器的回差电压为：

$$\Delta V_T=V_{T+}-V_{T-}=\frac{1}{3}V_{CC}$$

若在电压控制端 V_{IC}（5 脚）外加电压 V_S，则将有 $V_{T+}=V_S$、$V_{T-}=V_S/2$、$\Delta V_T=V_S/2$，而且当改变 V_S 时，它们的值也随之改变。

3．施密特触发器分类及其他施密特触发器

施密特触发器有正向特性和反向特性之分，以上学习的 555 定时器构成的施密特触发器是反向特性的，还有正向特性的施密特触发器，其特性如图 6.2.4 所示。

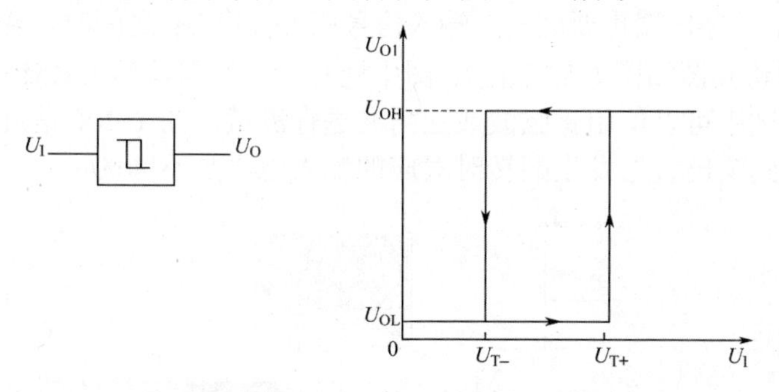

图 6.2.4　正向特性施密特触发器的电路符号和电压传输特性

施密特触发器还可以由门电路构成，如用 CMOS 门构成施密特触发器如图 6.2.5 所示，其门电路的转折电压 $U_{TH}=\frac{1}{2}V_{DD}$，可以推算出其关键参数如下：

$$U_{T+}=(1+\frac{R_1}{R_2})U_{TH}$$

$$U_{T-}\approx(1-\frac{R_1}{R_2})U_{TH}$$

$$\Delta U_{\mathrm{T}} = U_{\mathrm{T+}} - U_{\mathrm{T-}} = 2\frac{R_1}{R_2}U_{\mathrm{TH}}$$

$$\approx \frac{R_1}{R_2}V_{\mathrm{DD}}$$

图 6.2.5　CMOS 门电路构成的施密特触发器

4. 施密特触发器的应用

（1）波形变换

施密特触发器可以将输入的非矩形波变换成矩形波输出，如图 6.2.6 所示是用反向特性的施密特触发器将正弦波变换成矩形波。

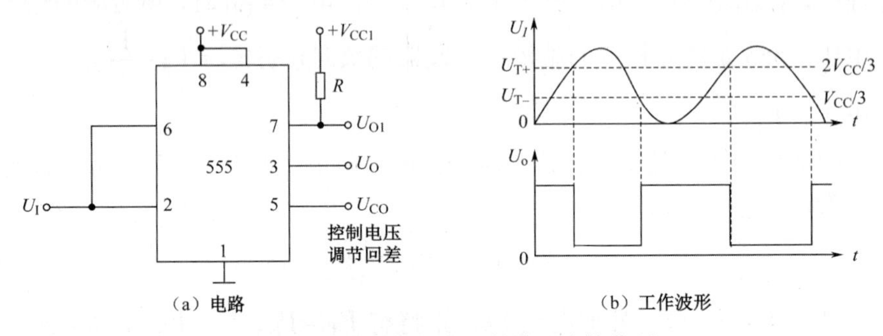

图 6.2.6　施密特触发器的波形变换作用

图 6.2.6 中，输入波形在上升阶段，当 U_{i} 到达 $U_{\mathrm{T+}}$时，输出波形翻转，从 1 变成 0，在输入波形的下降阶段，当 U_{i} 到达 $U_{\mathrm{T-}}$时，输出波形翻转，从 0 变成 1。不论输入的是什么波形，只要输入信号电压由小变大时，遇到施密特触发器的 $U_{\mathrm{T+}}$，输出端就要翻转；输入信号电压由大变小时，遇到施密特触发器的 $U_{\mathrm{T-}}$，输出端也要翻转，输入信号在 $U_{\mathrm{T+}}$和 $U_{\mathrm{T-}}$之间时，输出端保持不变。

在 Multisim10 中仿真图如图 6.2.7 所示。图中施密特触发器使用 LM555 构成，其输入由函数发生器提供，仿真测试中可以使用正弦波或三角波进行测试，图 6.2.8 是进行测试获得的输出波形图，从图中可以看到输出波形发生翻转时对应的输入电压是不同的。

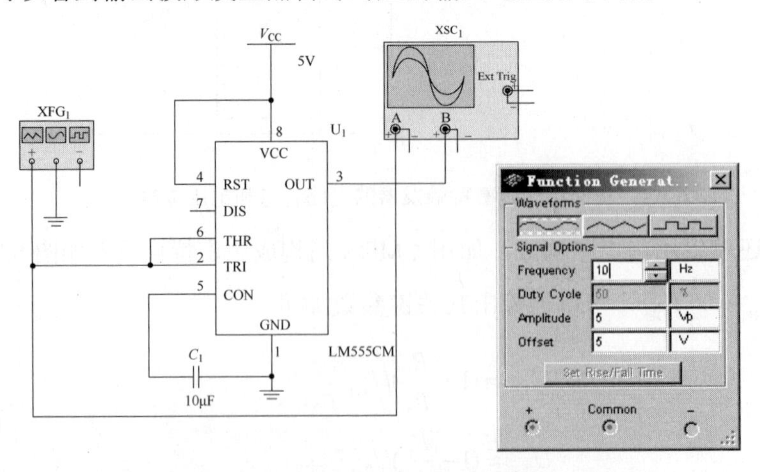

图 6.2.7　施密特触发器进行波形变换的仿真图

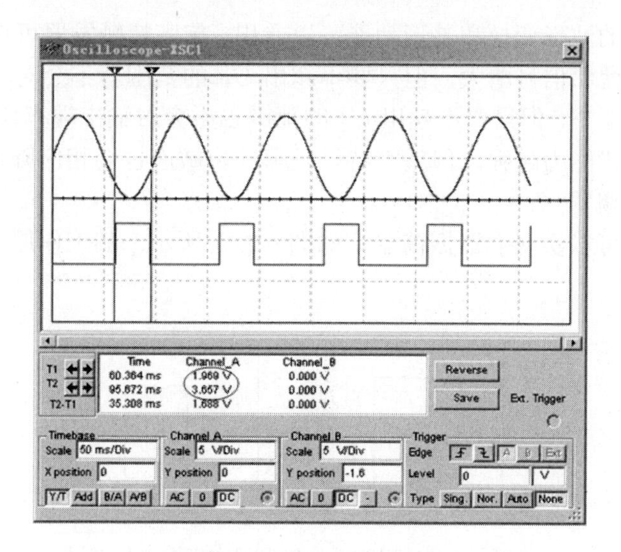

图 6.2.8　施密特触发器波形变换的输出波形

（2）鉴幅

使用施密特触发器可以鉴定输入波形中是否存在电压高于设定值的脉冲信号。如图 6.2.9 中，施密特的输入信号是不规则的脉冲信号，当输入信号中有幅度超过 U_{T+}的波形时，施密特触发器的输出端会求反输出一个负脉冲，从而鉴定输入端信号是否有高于 U_{T+}的信号。

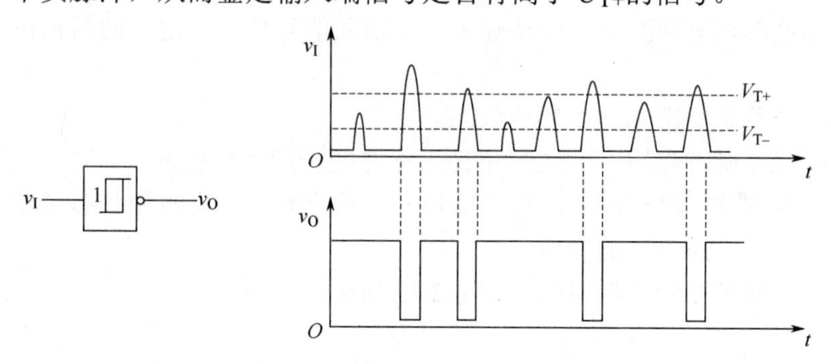

图 6.2.9　施密特触发器用于鉴幅

（3）整形

将形态不理想的矩形波输入施密特触发器可以获得形态较理想的矩形波，如图 6.2.10 所示。其基本工作原理和波形变换是一样的。

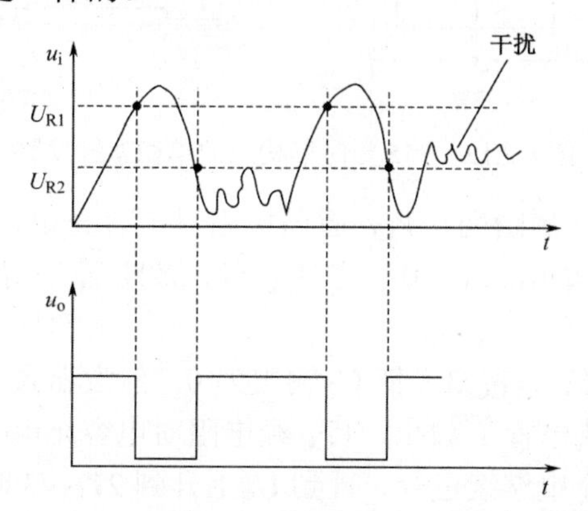

图 6.2.10　施密特触发器作为整形电路的波形

由施密特触发器的波形变换和整形功能可以看出，施密特触发器可以提高整个电路抗干扰能力，外来的干扰信号使原信号增大，但只要不超出 U_{T+} 的范围就不会对输出端有任何影响；外来的干扰信号使原信号减小，但只要不超出 U_{T-} 的范围也不会对输出端有任何影响。回差电压越大，施密特触发器的抗干扰能力越强，但施密特触发器的灵敏度也会相应降低。

（4）实现多谐振荡器

用施密特触发器可以实现多谐振荡器，如图 6.2.11 所示。其工作原理在项目五中已经学习，此处不再赘述。

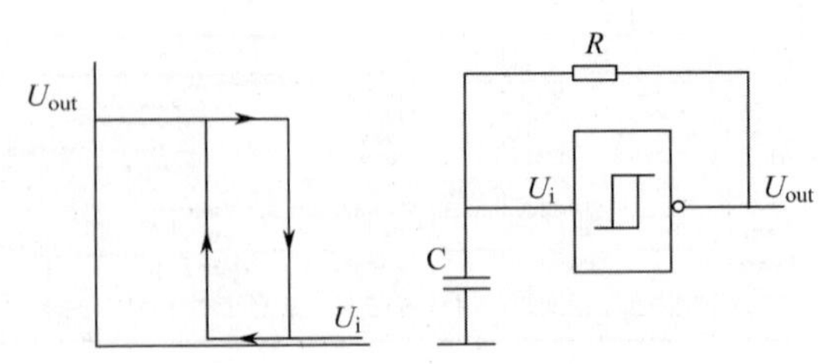

图 6.2.11 用施密特触发器实现多谐振荡器

四、单稳态触发器（Monostable Trigger）

1. 单稳态触发器的电路特点及原理

单稳态触发器在数字电路中一般用于定时（产生一定宽度的矩形波）、整形（把不规则的波形转换成宽度、幅度都相等的波形）以及延时（把输入信号延迟一定时间后输出）等。单稳态触发器具有下列特点。

第一，它有一个稳定状态和一个暂稳状态。

第二，在外来触发脉冲作用下，能够由稳定状态翻转到暂稳状态。

第三，暂稳状态维持一段时间后，将自动返回到稳定状态，而暂稳状态持续时间的长短，与触发脉冲无关，取决于电路本身的参数。

用 555 定时器构成的单稳态触发器如图 6.2.12 所示。

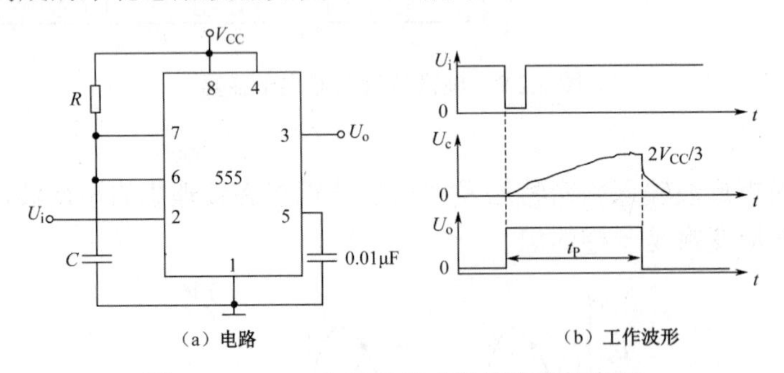

图 6.2.12 555 定时器构成的单稳态触发器

基本工作原理：接通 V_{CC} 后瞬间，V_{CC} 通过电阻对电容充电，当 U_c 上升到 $2V_{CC}/3$ 时，比较器 C_1 输出为 0，将触发器置 0，U_o＝0。这时 $\bar{Q}$=1，放电管 T 导通，电容通过 T 放电，电路进入稳态。

U_i 下降沿到来时，因为 U_i＜$V_{CC}/3$，使 C_2 输出为 0，触发器置 1，U_o 又由 0 变为 1，电路进入暂稳态。由于此时 $\bar{Q}$=0，放电管 T 截止，V_{CC} 经电阻对电容充电。虽然此时触发脉冲已消失，比较器 C_2 的输出变为 1，但充电继续进行，直到 U_c 上升到 $2V_{CC}/3$ 时，比较器 C_1 输出为 0，将触发器置 0，电路输出 U_o＝0，T 导通，电容放电，电路恢复到稳定状态。该单稳态触发器处于稳

态的时间称为输出脉冲宽度，近似计算公式

$$T_w = 1.1RC$$

2．单稳态触发器的分类和典型应用

单稳态触发器从触发特性上可以分为可重触发型和非重触发型。在单稳态触发器处于暂稳态时，如不能接收触发信号，就是非重触发型，否则是可重触发型。可重触发型在一个暂稳态时间中接受二次触发，会将暂稳态时间延长，如图 6.2.13 所示。

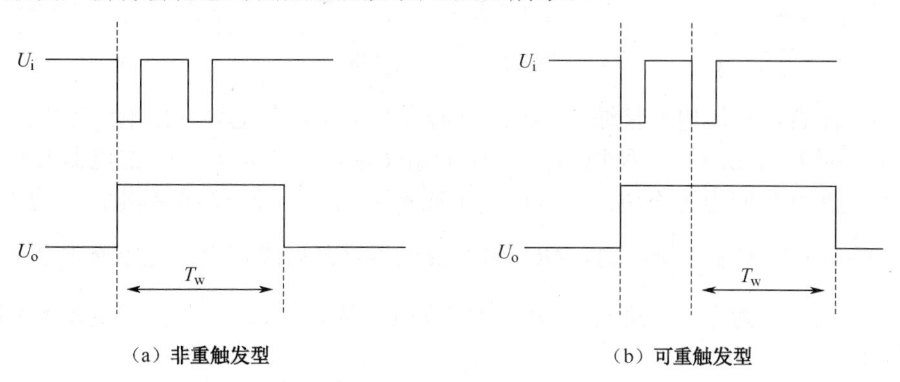

图 6.2.13　单稳态触发器的分类

典型应用 1：定时与延时

单稳态触发器可以构成定时电路，与继电器或驱动放大电路配合，可实现自动控制、定时开关的功能，一个典型定时电路如图 6.2.14 所示。

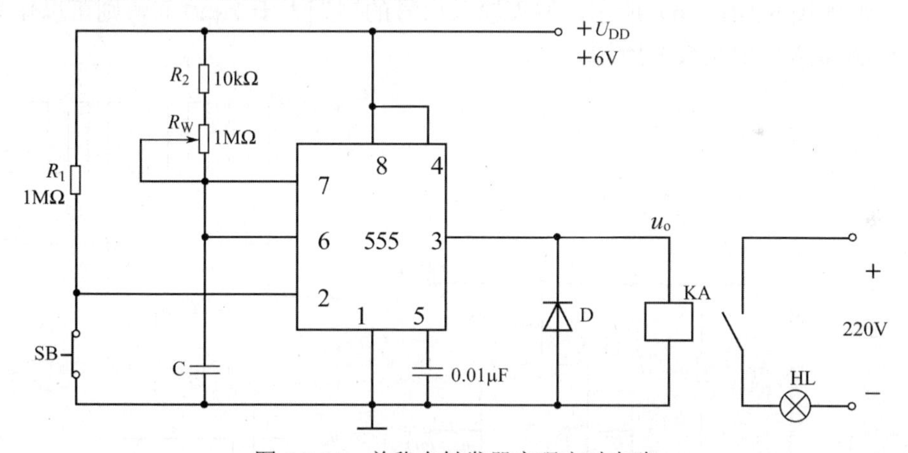

图 6.2.14　单稳态触发器实现定时电路

当电路接通+6V 电源后，经过一段时间进入稳定状态，定时器输出 OUT 端为低电平，继电器 KA（当继电器无电流通过时，常开接点处于断路状态）无通过电流，故形不成导电回路，灯泡 HL 不亮。当按下按钮 SB 时，低电平触发端 $\overline{TR}$（外部信号输入端 U_i）由接+6V 电源变为接地，相当于输入一个负脉冲，使电路由稳定状态转入暂稳状态，输出 OUT 端为高电平，继电器 KA 通过电流，使常开触点闭合，形成导电回路，灯泡 HL 发亮；暂稳状态的出现时刻是由按钮 SB 何时按下决定的，它的持续时间 T_W（也是灯亮时间）则由电路参数决定，若改变电路中的电阻 R_W 或 C，均可改变 T_W 的时间。

如图 6.2.15 所示是用 555 定时器构成的延时电路，与定时电路相比，其电路的主要区别是电阻和电容连接的位置不同。电路中的继电器 KA 为常断继电器，二极管 D 的作用是限幅保护。

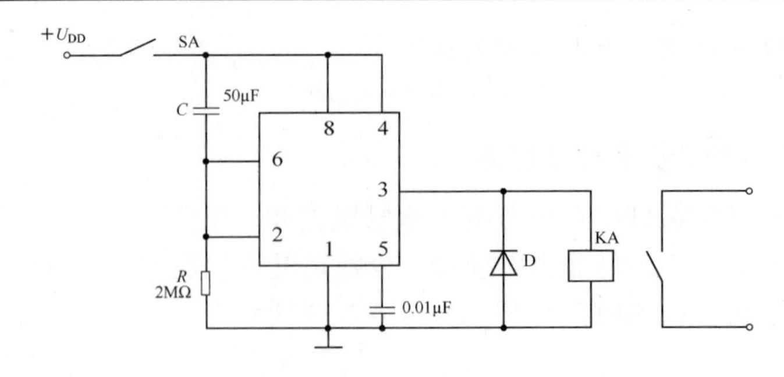

图 6.2.15　延时电路

当开关 SA 闭合，直流电源接通，555 定时器开始工作，若电容初始电压为零，因电容两端电压不能突变，而 $U_{DD}=U_C+U_R$，所以 $U_{TH}=U_R=U_{DD}-U_C=U_{DD}$，$OUT=0$，继电器 KA 常开触点保持断开；同时电源开始向电容充电，电容两端电压不断上升，而电阻两端电压对应下降，当 $U_C \geqslant \frac{2}{3}V_{DD}$，即 $U_{TH}=U_{\overline{TR}}=U_R \leqslant \frac{1}{3}V_{DD}$ 时，OUT=1，继电器常开触点闭合；电容充电至 $U_C=U_{DD}$ 时结束，此时电阻两端电压为零，电路输出 OUT 保持为 1，从开关 SA 按下到继电器 KA 闭合这段时间称为延时时间。

典型应用 2：分频和信号展宽

对于非重触发型的单稳态触发器，当一个触发脉冲使之进入暂稳状态后，在 T_W 时间内，如果再输入其他触发脉冲，则对触发器不再起作用，只有当触发器处于稳定状态时，输入的触发脉冲才起作用。分频电路正是利用这个特性将高频率信号变换为低频率信号，电路如图 6.2.16（a）所示，工作波形如图 6.2.16（b）所示。如果输入信号的周期大于 T_W 时间，则可以作为信号展宽电路，其波形图如图 6.2.16（c）所示。

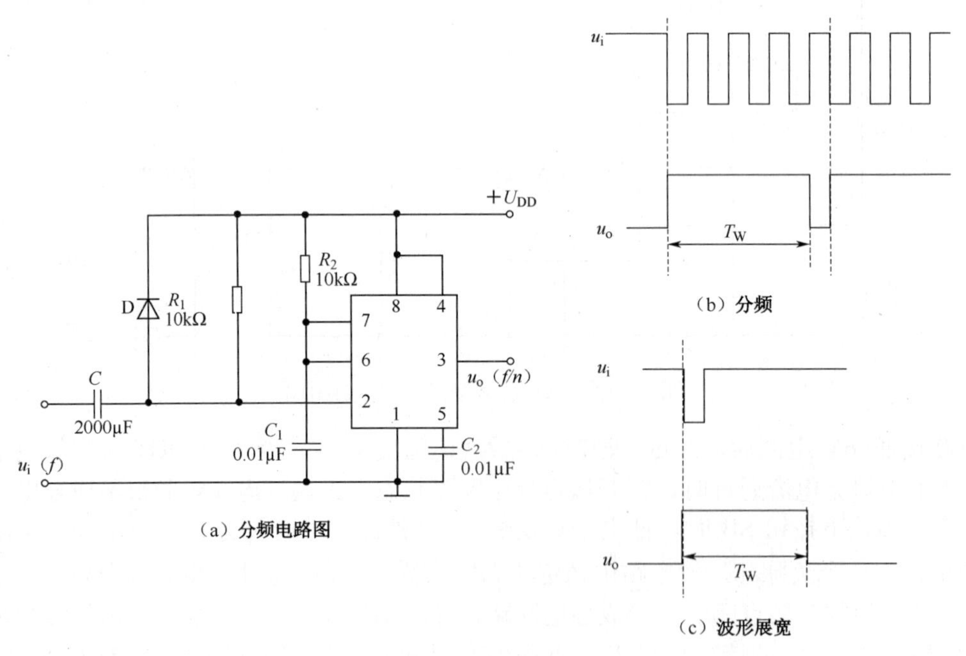

图 6.2.16　分频电路

3. 集成单稳态触发器介绍

（1）非重触发型单稳态触发器 74LS121

单稳态触发器 74LS121（54LS121）是具有施密特触发器输入的单稳态触发器，正触发输入端（B）采用了施密特触发器，因此具有较高的抗干扰能力，典型值为 1.2V，又由于内部有锁存电路，对电源 V_{CC} 也具有较高的抗干扰度，典型值为 1.5V。74LS121/54LS121 受触发后，输出 Q 就不受输入信号 A_1、A_2、B 的影响，而仅与定时元件（R_X、C_{EXT}）有关，在全温度范围和 V_{CC} 范围内，其输出脉冲的宽度为：

$$T_W = C_{EXT} \cdot R_X \cdot \ln 2 \approx 0.7 C_{EXT} \cdot R_X$$

如果 R_X 选用最大推荐值，占空比可以达到 90%，由于内部电路的补偿作用，使输出脉冲信号的稳定性与温度和 V_{CC} 无关，而与外接定时元件的精度有关。54/74LS121 外部引线和内部原理示意图如图 6.2.17 所示，其功能表如表 6.2.3 所示。各管脚符号含义如下：

C_{EXT}	外接电容端	Q	正脉冲输出端
$\overline{Q}$	负脉冲输出端	R_{EXT}/C_{EXT}	外接电阻/电容端
R_{INT}	内电阻端	B	正触发输入端
A_1、A_2	负触发输入端		

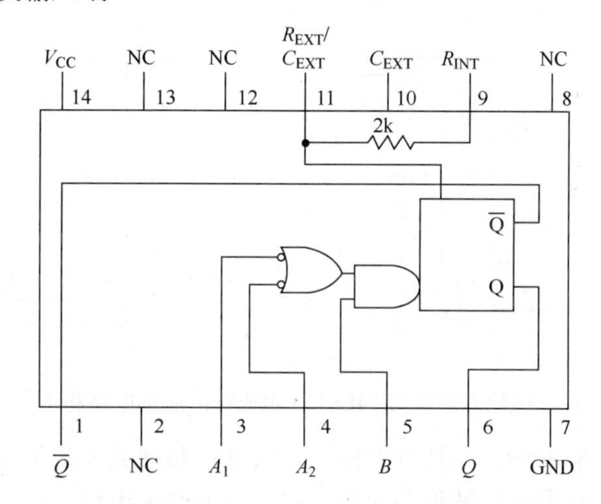

图 6.2.17　74LS121 的外部引脚和内部原理示意图

表 6.2.3　单稳态触发器 54LS121/74LS121 的逻辑功能表

Inputs			Outputs	
A_1	A_2	B	Q	$\overline{Q}$
L	×	H	L	H
×	L	H	L	H
×	×	L	L	H
H	H	×	L	H
H	↓	H	⊓	⊔
↓	H	H	⊓	⊔
↓	↓	H	⊓	⊔
L	×	↑	⊓	⊔
×	L	↑	⊓	⊔

H-高电平　　L-低电平　　×-任意
↑-低到高电平跳变　　↓-高到低电平跳变
⊓ -一个高电平脉冲　　⊔ -一个低电平脉冲

使用说明：

1）外接电容接在 C_{EXT}（正）和 R_{EXT}/C_{EXT} 之间。

2）如用内定时电阻，须将 R_{INT} 接 V_{CC}。

3）为了改善脉冲宽度的精度和重复性，可在 R_{EXT}/C_{EXT} 和 V_{CC} 之间接外接电阻，并且使 R_{INT} 开路。

（2）可重触发型单稳态触发器 74LS123

该单稳态触发器的工作极限值为：

电源电压：7V

输入电压：5.5V

工作环境温度：54LS123：－55～125℃

　　　　　　　74LS123：0～70℃

储存温度：　－65～150℃

关于芯片更多的工作信息，请查阅相关资料。

图 6.2.18 是应用 74LS123 实现脉冲展宽的电路，当输入脉冲宽度较窄时，可以使用该电路进行展宽，图中只要合理选择 R 和 C 即可输出宽度符合要求的矩形脉冲。

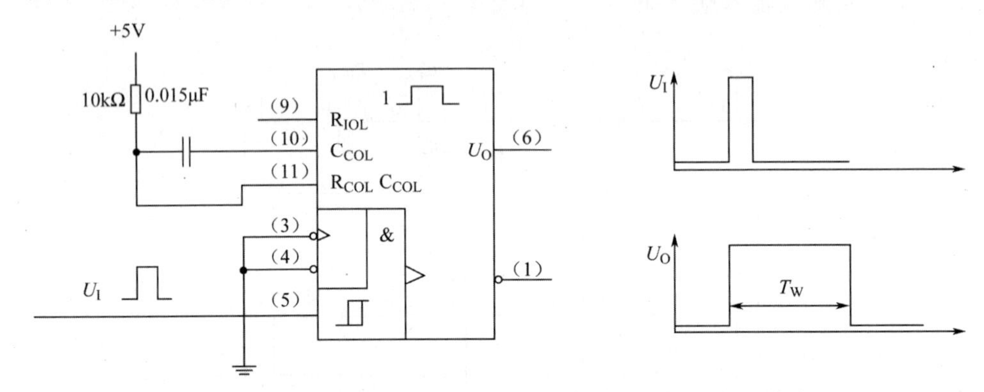

图 6.2.18　单稳态触发器 74LS123 组成脉冲展宽电路和工作波形

以上研究的是波形整形电路，都具有将输入波形进行整理或变形的能力，还有一类波形电路是不输入原始波形就可以产生所需波形的电路，称为波形产生电路，如项目五中已经学习的多谐振荡器。多谐振荡器有很多电路形式，如对称式、非对称式、石英晶体振荡器等，也可以由 555 定时器构成，这些在项目五中已经学习，不再赘述。

■　巩固与提高

1. 知识巩固

1.1 脉冲电路有脉冲_____电路和脉冲 ___电路，前者是将输入波形进行变换整形的电路，如________、_______；后者是脉冲产生电路，只要正常供电就能给我们提供脉冲信号，如_________。

1.2 在图 6.2.1 中 555 定时器内部由三个 5kΩ 的电阻串联形成分压器，若控制端 S（5 号端）悬空或通过电容接地，则：U_{R1} =______ U_{R2} =________。

1.3 施密特触发器是具有_____特性的数字传输门，是一种脉冲信号变换电路，主要用来实现______和______。

1.4 用 555 定时器构成的施密特触发器是___特性的施密特触发器，其关键参数 V_{T+}=_______，V_{T-}= ______，ΔV_{T}= _____。

1.5 题图 6.2.1 所示电路的功能是________________。

1.6 若把如题图 6.2.2 所示的输入电压同时加到 T1000 系列反相器和反向输出的施密特触发器上，试定性地画出它们的输出电压波形，并指出两个输出电压波形有什么不同。

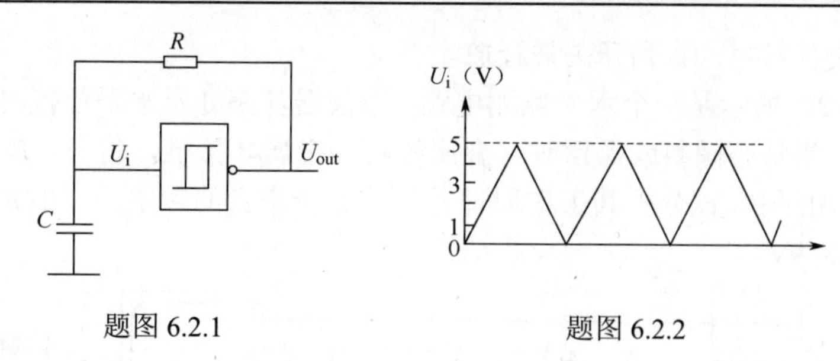

题图 6.2.1　　　　题图 6.2.2

1.7 如题图 6.2.3 所示是用 5G555 接成的脉冲鉴幅器。为了从图（b）的输入信号中将幅度大于 5V 的脉冲筛出，电源电压 V_{CC} 应取几伏？如果规定 V_{CC} = 10V，不能任意选择，则电路应如何修改？

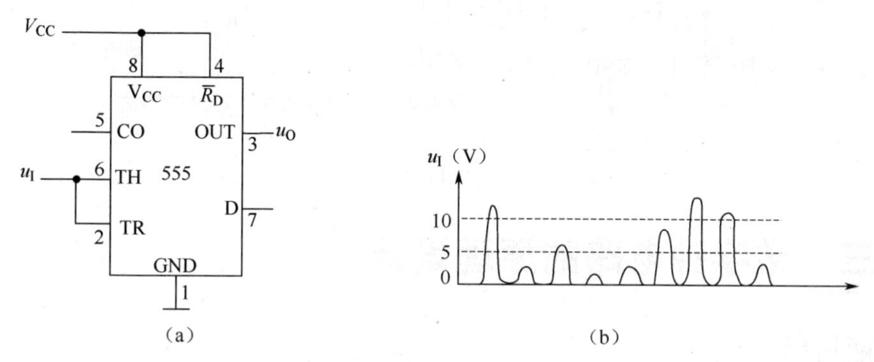

题图 6.2.3

1.8 单稳态触发器有一个_____状态和一个_____状态；_____状态时间的长短，与触发脉冲无关，取决于_________________。单稳态触发器在数字电路中一般用于_____、_______、______。

1.9 用 5G555 组成的单稳态触发器如题图 6.2.4 所示。已知 $R = 27\text{k}\Omega$，$C = 0.05\mu\text{F}$，$V_{CC} = 12\text{V}$，请计算输出脉冲宽度。

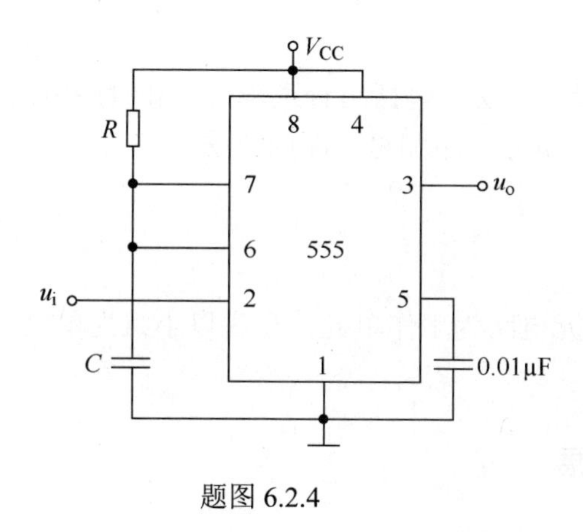

题图 6.2.4

2. 任务作业

2.1 请以 555 定时器为主要元件，根据需要选用门电路等元器件，任选以下两个小任务之一进行电路设计并提交任务方案进行班内交流。

1）设计一个简单的门铃电路，要求按下门铃后门铃连续响 3 秒左右，在门铃响的过程中，再次按下门铃无效。门铃发声频率约 500Hz，也可以使用音乐或叮咚声。

2）请设计一个报警电路，当开关被按下后，电路能连续发出长“嘀”声，响声维持 1 秒，停止 1 秒，反复交替发声，直到开关被释放。

2.2 如题图 6.2.5 所示是一个水平监测电路。当仪器基座处于水平位置时，金属棒与套在外面的金属环不接触。当基座倾斜或摇摆时，金属棒将与金属环接触，将 A、B 两点接通，发光二极管发光，蜂鸣器发出声音。试分析其工作原理并计算这个声音的频率，已知：R_1 = 15 kΩ，R_2 =10kΩ，C_1 = 0.05μF，V_{CC} = 9V。

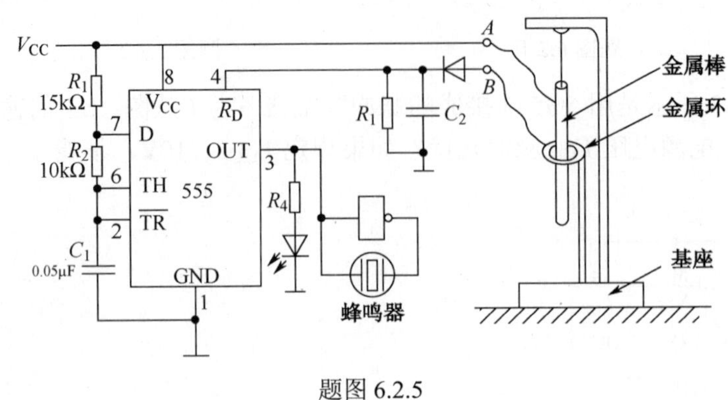

题图 6.2.5

任务三　数字钟电路的原理设计

■ 技能目标

1. 能综合应用所学知识，进行单元电路的设计。
2. 能手工绘制原理图或使用计算机绘制原理图。
3. 能正确选用元器件。

■ 知识目标

1. 掌握单元电路的设计方法，包括组合逻辑设计和时序电路设计。
2. 掌握 Multisim 绘制单元电路和总电路的方法。

■ 实践活动

在教师指导下，以单元电路为工作单元，学生以小组为单位，进行电路设计并绘制电路图，教师组织学生交流展示。

■ 知识链接与扩展

根据设计要求和图 6.3.1 数字钟电路整体框图分析各部分电路的输入输出信号，做好各部分电路之间的信号传递。

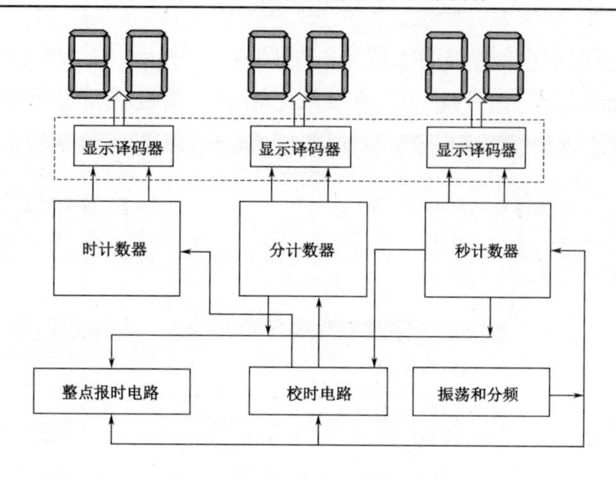

图 6.3.1　数字钟电路整体框图

一、振荡与分频电路设计

振荡与分频电路部分需要给整个电路提供 1Hz、约 500Hz 和 1kHz 的时钟脉冲信号，分别用于计时和整点报时的高音、低音。如果校时采用 2Hz 的高速校时，还需要 2Hz 信号。

该部分的设计建议采用 CD4060 集成分频器和固有频率为 32768Hz 的石英晶体进行设计，并用 74LS74 集成 D 触发器对 2Hz 信号进行二分频，获得 1Hz 信号。这个电路可以借鉴项目五中图 5.3.15 和图 5.3.16 电路。根据 CD4060 的逻辑功能，可以使其 4 号引脚输出的频率是 512Hz，其 5 号引脚输出的是 1024Hz，3 号引脚输出的频率是 2Hz，这些都是设计中需要的信号。

由于整个电路比较大，在设计中可以采用子电路的形式，对各部分电路分别绘制再整合成一个完整的电路。

操作步骤：

1）先在 Multisim10 软件中按照图 6.3.2（a）绘制出电路图，注意由于石英晶体无法在 Multisim10 中仿真，所以在仿真阶段可以用函数发生器提供 32768Hz 的信号，由 11 号引脚输入 CD4060（关于 CD4060 的具体信息请参阅项目五中任务三部分）。也可以用函数发生器直接提供脉冲信号，如图 6.3.2（b）所示。

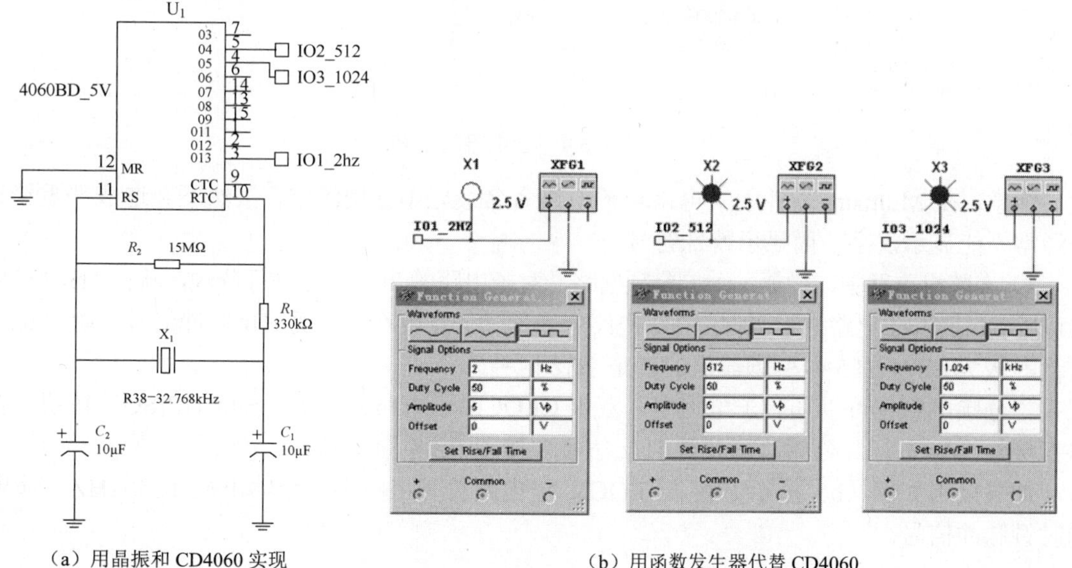

（a）用晶振和 CD4060 实现　　（b）用函数发生器代替 CD4060

图 6.3.2　脉冲电路

说明：图中电路之间的连接端口的放置方法如图 6.3.3 所示，在“Place”菜单中选用“Connectors”菜单中的“HB/SC Connector”命令即可，连接到电路后双击连接符号可以修改其名称。

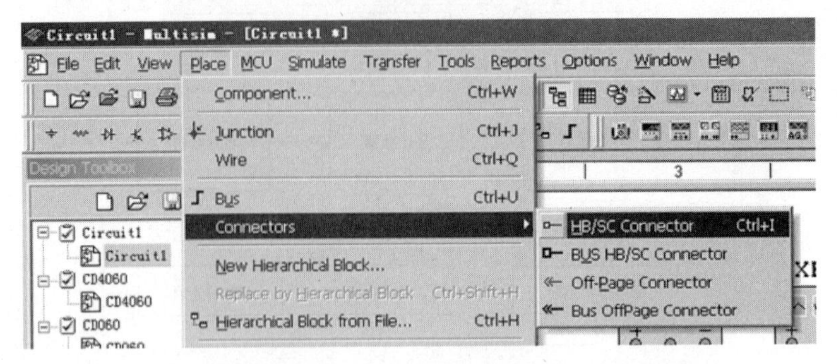

图 6.3.3　在 Multisim10 中放置子电路连接点的方法

2）将电路命名保存后（如命名为“数字钟脉冲部分”），建立一个新电路文档，并保存（如命名为“整机电路”），将“数字钟脉冲部分”电路图中所有元器件都选中并单击右键使用 COPY 命令（或使用 Ctrl+C），然后到“整机电路”中使用 Edit 菜单的“Paste as Subcircuit”命令（或 Ctrl+I），如图 6.3.4（a）所示，在出现的对话框中输入子电路的名字（可以任意命名，如“CLOCK”）出现图 6.3.4（b）所示的子电路符号。双击子电路，可以在出现的对话框中单击“Edit HB/SC”命令对其进行编辑。

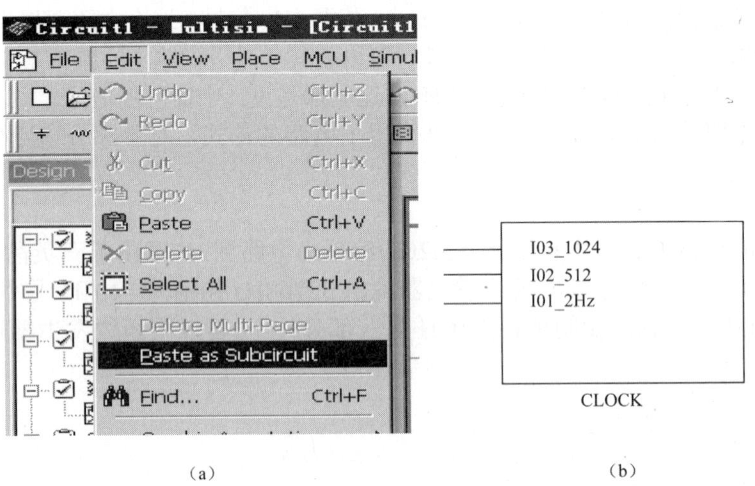

（a）　（b）

图 6.3.4　子电路的绘制

注意：在 Multisim 软件中给电路和子电路命名最好不使用汉字，虽然不会造成严重错误，但是经常不能显示汉字，而显示特殊符号。

3）在整机电路中，增加一个二分频电路，对子电路的 2Hz 信号进行分频，获得 1Hz 脉冲信号。也可以双击脉冲子电路进行编辑，在子电路中增加二分频电路，实现 1Hz 脉冲信号，如图 6.3.5（a）所示，从 74LS74 的 5 号引脚输出的就是 1Hz 信号。

二分频电路也可以加到子电路中，双击 CLOCK 子电路并单击“Edit HB/SC”按钮，在子电路直接将 2Hz 进行二分频，可获得 1Hz 信号，如图 6.3.5（b）所示。

如果采用如图（b）所示方案，CLOCK 子电路符号上将多一个输出端 IO4_1HZ，输出 1Hz 的时钟脉冲信号。

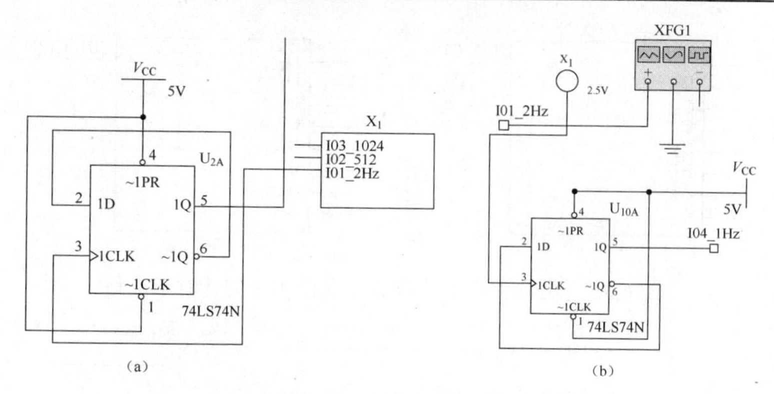

图 6.3.5　利用脉冲子电路获得 1Hz 脉冲信号

二、时、分、秒计时部分设计

时、分、秒计时电路部分是利用集成计数器实现两个六十进制和一个二十四进制（或十二进制）的计数器，这部分设计可以采用项目五中用到的 74LS160 计数器，也可以用 CD 4518 集成计数器。由于集成计数器 CD4518 内有两个十进制计数器，能够大大简化电路，因此我们采用 CD4518 作为示例来实现六十进制和二十四进制，其他芯片的使用方法请查阅相关资料。CD4518 的功能表和外观图请查阅项目五任务二的内容。

1．实现六十进制计数

使用一片 CD4518 将其中的两个十进制电路级联成一百进制计数器，然后采用异步复位法改成六十进制，由于复位信号 MR 是高电平有效且是异步复位，所以将 60 作为过渡态，变化出一个 1 来送给 MR 端。由于我们要将这个计数器作为秒计数和分计数的子电路，所以增加了输入端作为时钟脉冲的输入端，将计数器的输出接到连接端口，以便在整个电路中连接显示部分。设计如图 6.3.6 所示。

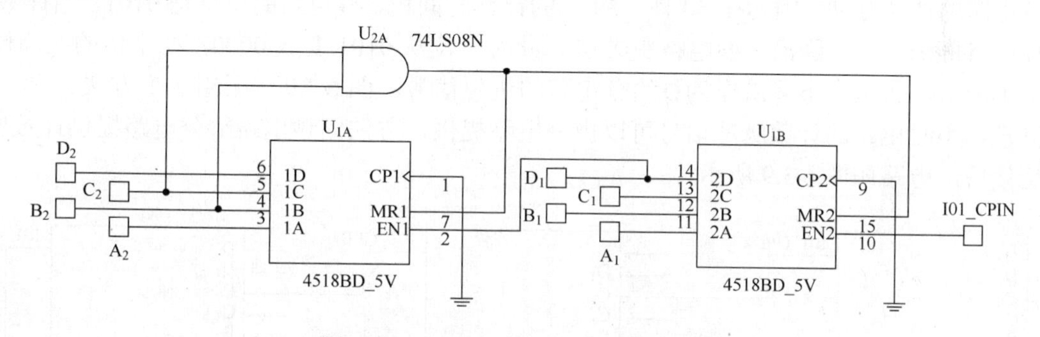

图 6.3.6　CD4518 实现六十进制计数器

2．实现时、分、秒电路

将六十进制计数器的全部电路元器件选中，使用 Ctrl+C 或是单击鼠标右键使用 COPY 命令，在整机电路中单击右键使用 Paste As Subcircuit 命令（或是在 Edit 菜单中使用该命令），并给子电路取名 SEC（可以任意取名），建立子电路，如图 6.3.7 所示。重复这个过程，可以获得分计数的子电路（取名为 MIN）。

再次重复建立秒、分计时电路的步骤，建立小时部分的计时子电路 HOU，然后双击该部分子电路，单击“Edit HB/SC”按钮，将六十进制改成二十四进制，如图 6.3.8 所示。

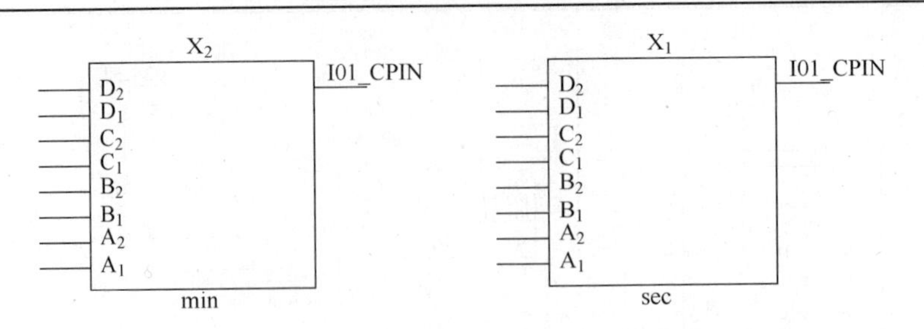

图 6.3.7　用六十进制计数器建立秒和分的计时子电路

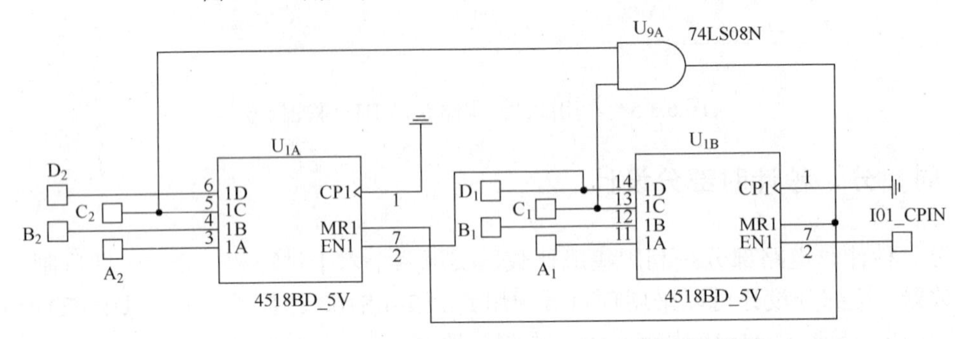

图 6.3.8　将小时计时子电路修改成二十四进制计数器

3．时、分、秒电路的连接

实现了时、分、秒电路后，需要解决三部分电路不同的计数脉冲。秒部分的计数脉冲是 1Hz，可以由 CLOCK 电路部分 IO4_1HZ 引脚的信号直接获得；分部分的计数脉冲应该是秒部分计数到 59 之后又变成 00 的时候产生的进位信号，通过分析秒的计数输出信号，可以有下面两个方案实现秒给分的进位信号：① 将秒子电路中的 *MR*（复位信号）引出来作为秒电路给分电路的进位信号。因为在复位的时候，*MR* 信号快速由 0 变 1 产生上升沿，然后计数器复位，*MR* 由 1 变成 0 产生下降沿，可以将这个下降沿给分电路作为计数脉冲。② 将秒部分十位数的次高位作为秒电路给分电路的计数脉冲。因为在 50 秒～59 秒的计数时间里，秒电路的十位是 0101，当计数到 59 后，秒电路再来一个下降沿，秒电路变成 00，此时十位从 0101 变成 0000，在十位的次高位上产生一个下降沿，将这个下降沿作为秒给分电路的进位信号，图 6.3.9 中采用这个方法。

同理，小时电路的计数脉冲信号可以由分电路提供，方法同秒电路给分电路提供计数脉冲。这样连接后，电路如图 6.3.9 所示。

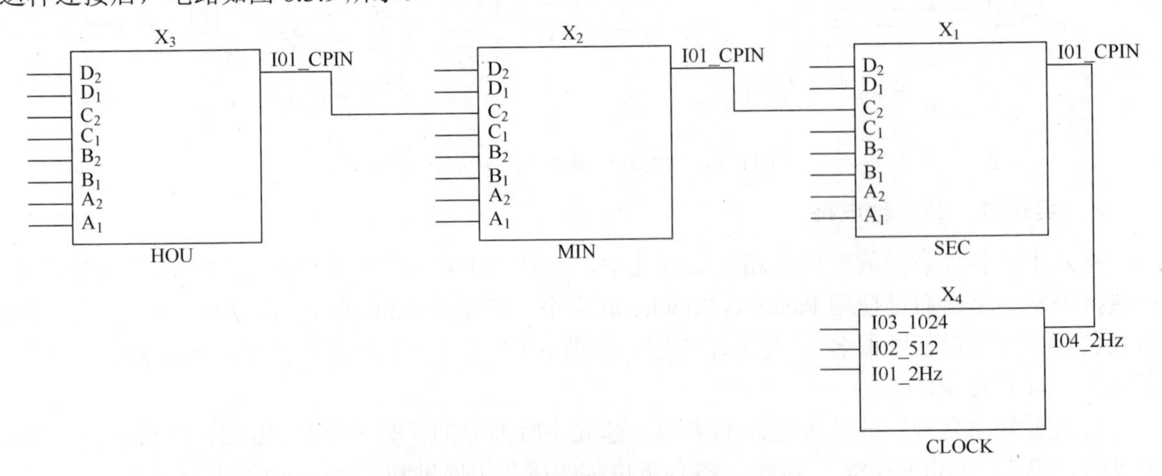

图 6.3.9　时、分、秒电路和 CLOCK 电路连接

三、显示电路

显示部分由 6 个七段数码管组成，此时需要给电路增加显示译码器并正确连接，设计可以选用 CD4511 显示译码器。

CD4511 集成块是驱动共阴极数码管的器件，因此选用共阴极数码管进行测试。CD4511 芯片驱动能力较强，使用时最好在显示译码器的输出端和 LED 数码管之间串联 300Ω 左右的电阻限流。如图 6.3.10 所示是 CD4511 的管脚引线图，表 6.3.1 是 CD4511 的功能表。

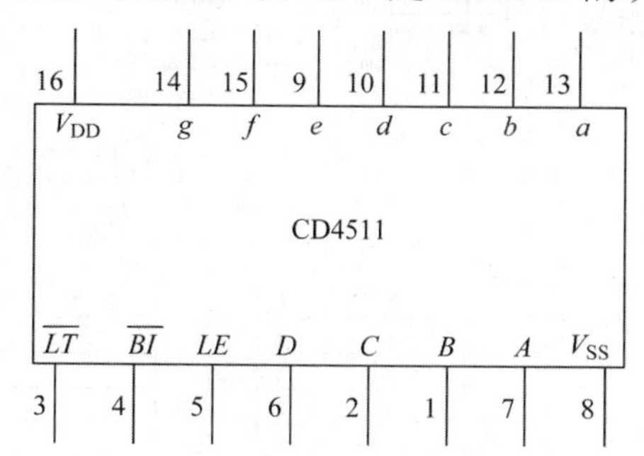

图 6.3.10　CD4511 的管脚引线图

表 6.3.1　CD4511 的功能表

输入							输出							
LE	*BI*	*LI*	*D*	*C*	*B*	*A*	*a*	*b*	*c*	*d*	*e*	*f*	*g*	显示
×	×	0	×	×	×	×	1	1	1	1	1	1	1	8
0	0	1	×	×	×	×	0	0	0	0	0	0	0	消隐
0	1	1	0	0	0	0	1	1	1	1	1	1	0	0
0	1	1	0	0	0	1	0	1	1	0	0	0	0	1
0	1	1	0	0	1	0	1	1	0	1	1	0	1	2
0	1	1	0	0	1	1	1	1	1	1	0	0	1	3
0	1	1	0	1	0	0	0	1	1	0	0	1	1	4
0	1	1	0	1	0	1	1	0	1	1	0	1	1	5
0	1	1	0	1	1	0	0	0	1	1	1	1	1	6
0	1	1	0	1	1	1	1	1	1	0	0	0	0	7
0	1	1	1	1	0	0	1	1	1	1	1	1	1	8
0	1	1	1	1	1	1	1	1	1	0	0	1	1	9
0	1	1	1	0	1	1	0	0	0	0	0	0	0	消隐
0	1	1	1	0	1	1	0	0	0	0	0	0	0	消隐
0	1	1	1	1	0	0	0	0	0	0	0	0	0	消隐
0	1	1	1	1	0	1	0	0	0	0	0	0	0	消隐
0	1	1	1	1	1	0	0	0	0	0	0	0	0	消隐
0	1	1	1	1	1	1	0	0	0	0	0		0	消隐
1	1	1	×	×	×	×	锁存							锁存

LT：灯测试输入端，当 *LT*=0 时，输出 *abcdefg*=1111111，使七段数码管全亮，即显示 8，可以观测七段数码管是否正常。当 *LT*=1 时，则正常译码。

BI：空白输入控制，当 *LT* 为 1 且 *BI*=0 时，不论 *DCBA* 输入什么逻辑值，其输出都为 0，七段数码管完全不亮，可以用来灭掉多余的 0。

LE：数据锁存使能端，当 *LE*=0 时（*LT*=1 且 *BI*=1），*DCBA* 输入的数据会被送入 IC 的缓存器中保存，以供译码器译码；当 *LE*=1 时，则 IC 中的缓存器会关闭，仅保存原来在 *LE*=0 时的 *DCBA* 数据供译码器译码。此时，不论输入数据为何，其输出仍为 *LE*=0 时的数据。

1．设计一位显示电路

如图 6.3.11（b）所示是用 CD4511 和七段数码管设计的一位显示电路。图中将代码输入端 D_A、D_B、D_C、D_D 直接输入了 1001，这是测试电路工作是否正常，在绘图中，应该给这 4 个端接

4 个 HB/SC 端口，以便和其他电路相连接。图中 300Ω 电阻排后边可以直接连接共阴极数码管，也可以连接 7 个 HB/SC 端口，在总电路中再连接七段数码管，如图（a）所示。

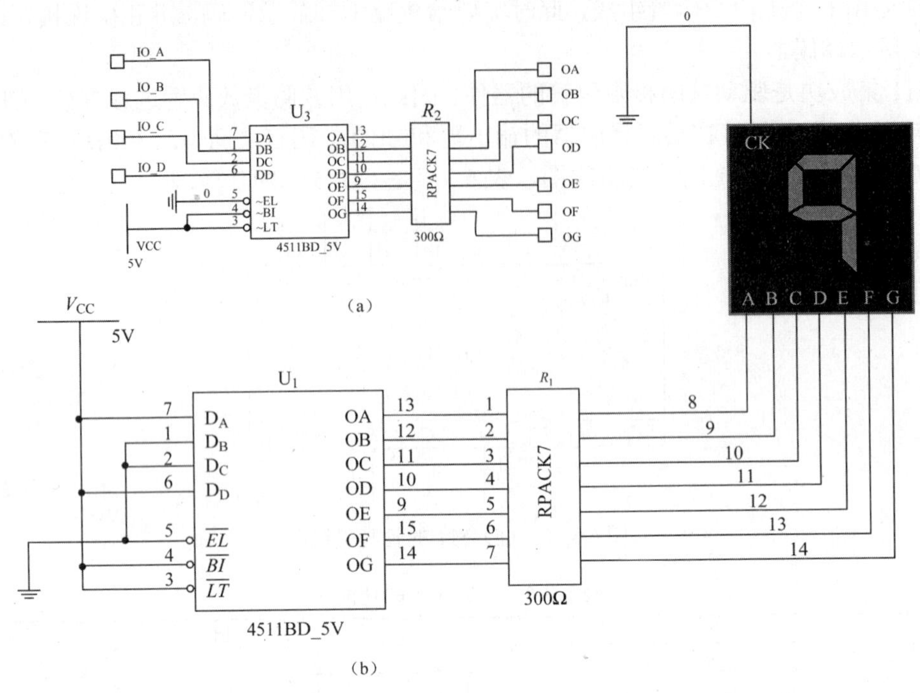

图 6.3.11　用 CD4511 和七段数码管设计的一位显示电路

2．显示驱动电路连入整机电路

按照子电路的生成方法，可以将显示驱动电路生成子电路“led_d”，由于整个电路需要驱动 6 个七段数码管，所以需要将 led_d 子电路复制 6 份，如图 6.3.12 所示。

在整机电路中接入共阴极数码管，由于连线较多，可以采用总线连接，如图 6.3.13 所示是秒部分的个位和十位的连接，由于连接后图较大，请读者自行连接其他部分。

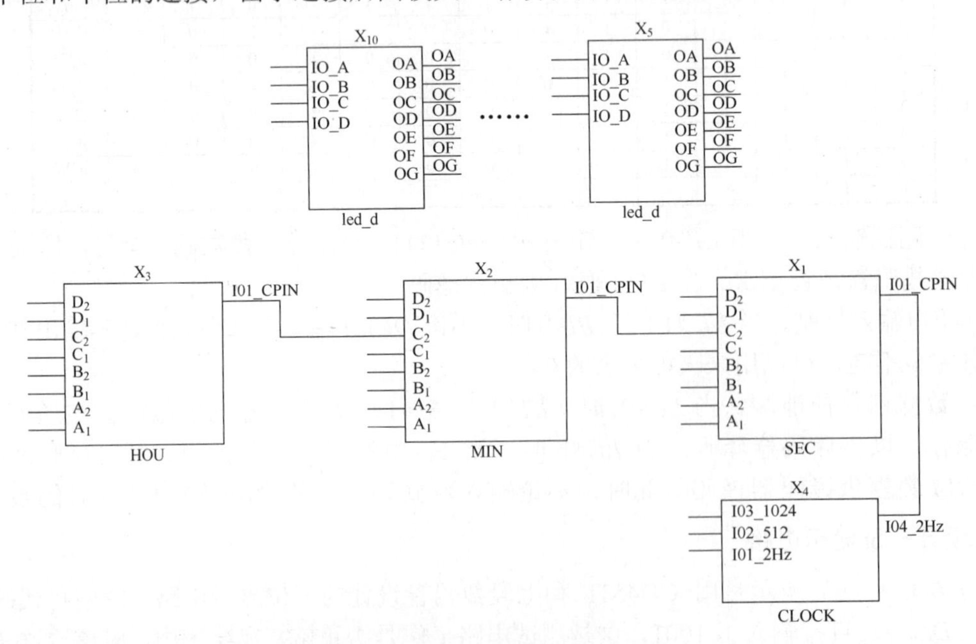

图 6.3.12　将显示子电路加入整机电路

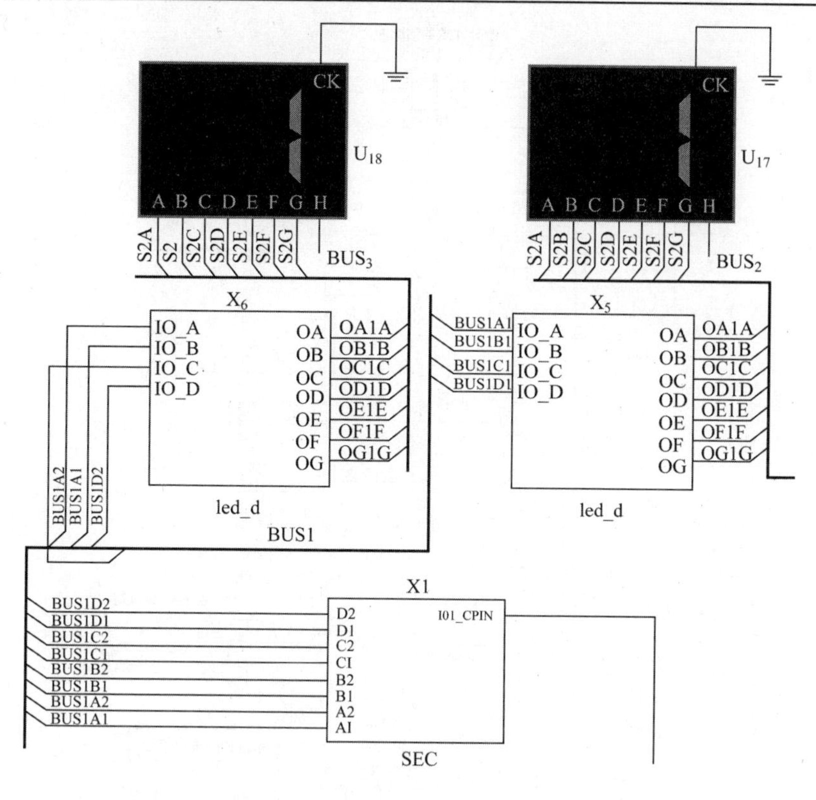

图 6.3.13　整机电路秒计数与显示部分的连接示例

特别说明：

1）此部分采用子电路设计绘图的难度比不采用子电路的难度没有减少太多，因此设计中可以不采用子电路设计方法，直接放置 CD4511 和数码管绘制电路。为了简化电路，也可以将子电路做得大一点，每个子电路包含个位和十位。

2）在设计中，读者可以采用 1Hz 的脉冲信号驱动 4 个 LED 构成两个冒号，放在时、分、秒显示数字中间。

四、校时电路

1. 校时电路的设计

校时电路采用较高频率的脉冲信号触发分计数器和时计数器，使之能快速计数以便调整至合适的时间，调到目标数值后停止快速计数进入正常计数速度，从而实现快速校时。因此，分和时计数器应该有两路计数脉冲，一路是正常的低位向高位的进位，一路是快速校时脉冲。校时是人为干预的计数方式，所以要给整个电路增加两个校时按钮，一个控制分快速计数，一个控制时快速计数。这两个按钮起到选择两路计数脉冲的作用。其工作原理图如图 6.3.14 所示，这个电路利用基本 RS 触发器，能有效防止开关的抖动产生的干扰脉冲。分校时电路和小时的校时电路是相同的，只是输入输出的脉冲信号有所区别，电路如图 6.3.14 所示，校时按钮打到上边，进入校时工作状态，校时按钮打到下边，进入正常计时状态。

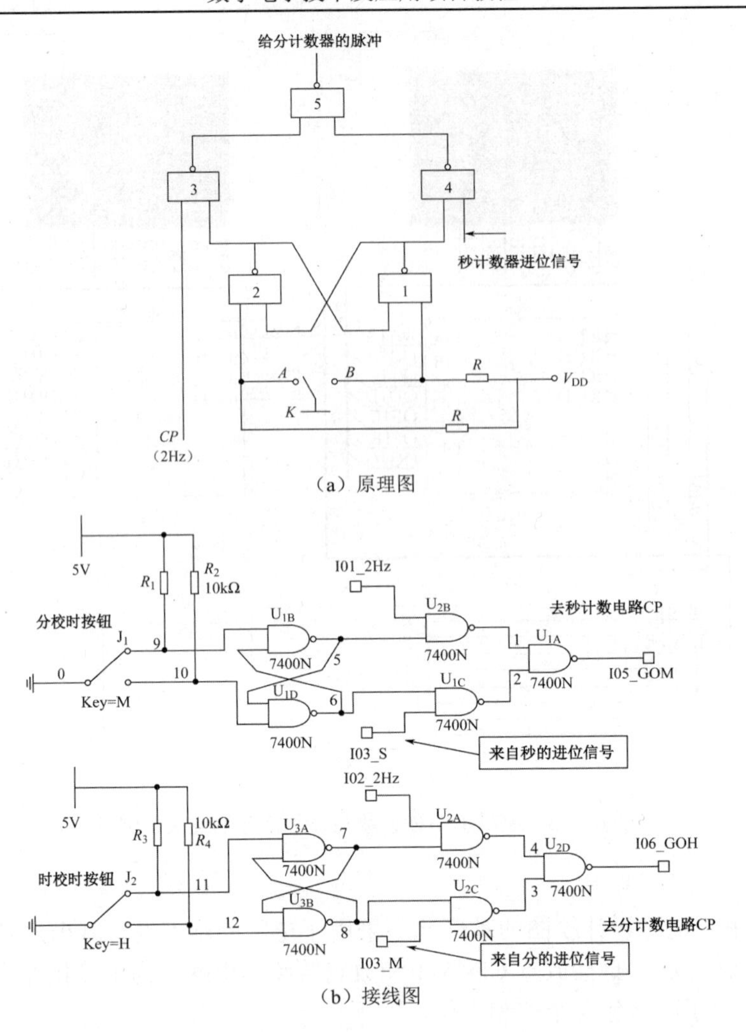

(a) 原理图

(b) 接线图

图 6.3.14 校时电路

2. 在整机电路中校时电路绘制

在绘制电路时，最好将校时按钮绘在整机电路中，在子电路中用 HB/SC 端口连接。将校时电路作为子电路“ADJUST”绘制进整机电路，如图 6.3.15 所示。

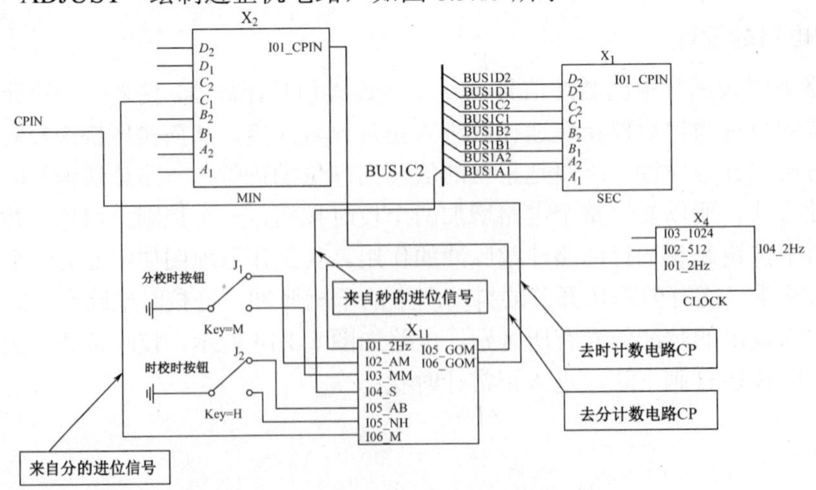

图 6.3.15 校时子电路加入到整机电路

五、整点报时电路设计

整点报时电路的设计目的是解决对整点的判断，本项目中要求在 59 分的 51、53、55、57、59 秒的时候开始为时 1 秒的鸣笛，并且前四声的频率是 500Hz 左右，最后一声的频率是 1000Hz 左右，在高音鸣笛完成后正好是整点。

先规定分计时电路输出的十位 8421BCD 码信号用 $Q_{D4}Q_{C4}Q_{B4}Q_{A4}$ 表示；个位用 $Q_{D3}Q_{C3}Q_{B3}Q_{A3}$ 表示；秒计时电路输出的十位信号用 $Q_{D2}Q_{C2}Q_{B2}Q_{A2}$ 表示；个位用 $Q_{D1}Q_{C1}Q_{B1}Q_{A1}$ 表示。在需要报时的时候是 59 分，即 $Q_{D4}Q_{C4}Q_{B4}Q_{A4}$=0101，$Q_{D3}Q_{C3}Q_{B3}Q_{A3}$=1001；秒部分十位 $Q_{D2}Q_{C2}Q_{B2}Q_{A2}$=0101，个位 $Q_{D1}Q_{C1}Q_{B1}Q_{A1}$ 为 0001、0011、0101、0111 时报频率为 500Hz 左右声音，为 1001 时报频率为 1kHz 左右声音。通过分析整点报时的分秒状态，即可以获得启动声响电路的条件。

从上面的状态可以看出声响电路发声的前提是：

（1）$Q_{D4}Q_{C4}Q_{B4}Q_{A4}$=0101，$Q_{D3}Q_{C3}Q_{B3}Q_{A3}$=1001，即 $Q_{C4}\,Q_{A4}\,Q_{D3}\,Q_{A3}$=1。

（2）$Q_{D2}Q_{C2}Q_{B2}Q_{A2}$=0101 即 $Q_{C2}\,Q_{A2}$=1。

（3）Q_{A1}=1。

满足以上 3 个条件，当 Q_{D1}=0 时，说明是 59 分 51、53、55、57 秒，发低音；当 Q_{D1}=1 时，说明是 59 分 59 秒，发高音。所以，整个设计可以认为是在满足三个条件的前提下，根据 Q_{D1} 的状态选择信号发生的频率。整个表达式可以表示为：

$$Y = Q_{C4}\,Q_{A4}\,Q_{D3}\,Q_{A3}\,Q_{C2}\,Q_{A2}\,Q_{A1}\cdot(\overline{Q_{D1}}\cdot CP_{500\text{Hz}} + Q_{D1}CP_{1\text{kHz}}) \qquad \text{式 6.3.1}$$

如果采用 2 输入端和 4 输入端的与非门来设计，可以参考图 6.3.16 进行设计。

考虑到设计的经济性，在计数器部分，使用了 74LS08 与门，在校时电路使用 74LS00 与非门，并且都还有结余的门电路，可以采用与门和与非门来实现整点报时电路。可以将式 6.3.1 变形为：

$$Y = Q_{C4}\,Q_{A4}\,Q_{D3}\,Q_{A3}\,Q_{C2}\,Q_{A2}\,Q_{A1}\cdot(\overline{\overline{\overline{Q_{D1}}\cdot CP_{500\text{Hz}}}\cdot\overline{Q_{D1}CP_{1\text{kHz}}}}) \qquad \text{式 6.3.2}$$

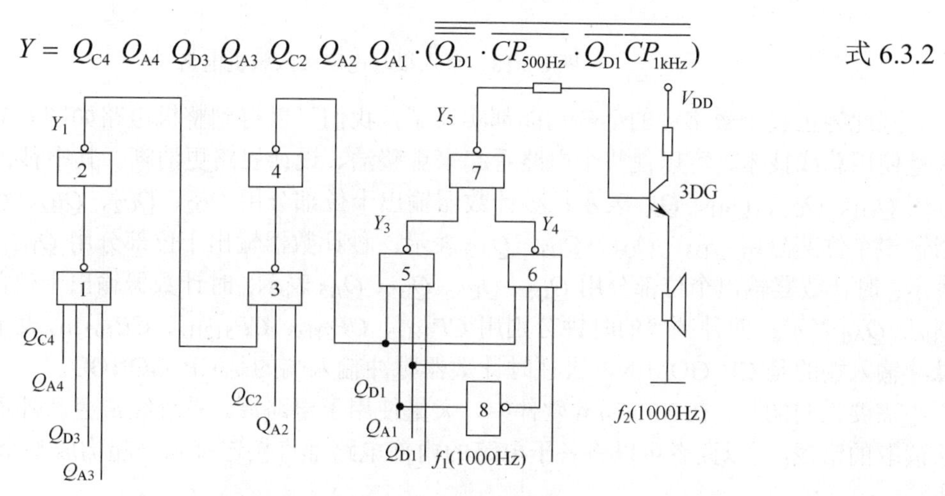

图 6.3.16　整点报时电路原理图

发声器件可以选择蜂鸣器，降低成本，简化设计。如图 6.3.17 所示是本部分的设计图，为简化电路使用了 74LS21（2-4 与门）和 74LS00（4-2 与非门）来设计，另外利用在计数器部分 74LS08 上空闲的一个与门。如图 6.3.18 所示是将整点报时电路接入整机电路的电路图，图中尽可能多地利用了总线以使电路清晰、整洁。整点报时控制电路的输出控制一个蜂鸣器，电路中使用三极管提高带负载能力。

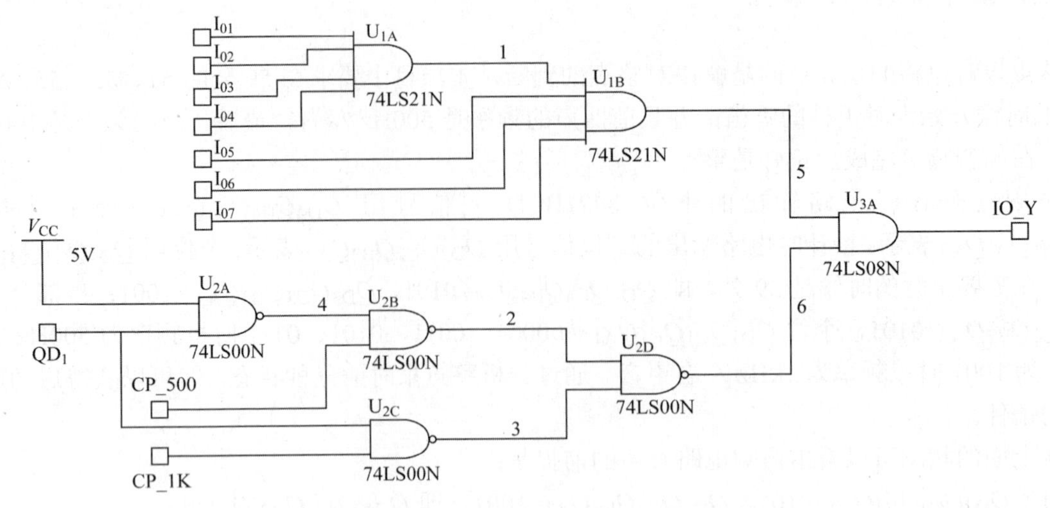

图 6.3.17　整点报时控制电路

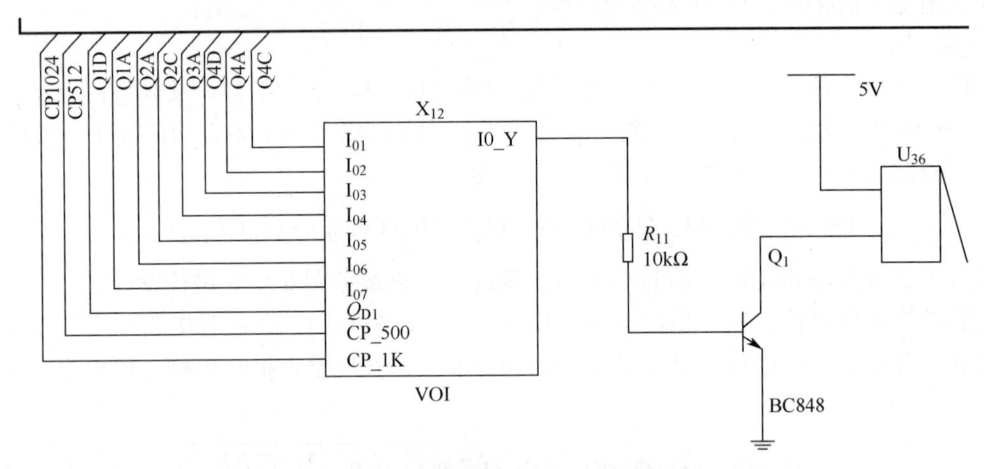

图 6.3.18　整点报时电路接入整机电路

到此为止整个数字钟的全部功能都实现了，我们可以得到整机电路如图 6.3.19 所示。电路中大量使用总线技术，可以使整个电路看起来更整洁、设计思路更清晰。其中秒计数器输出个位部分用 Q_{D1}、Q_{C1}、Q_{B1}、Q_{A1} 表示；秒计数器输出十位部分用 Q_{D2}、Q_{C2}、Q_{B2}、Q_{A2} 表示：分计数器输出个位部分用 Q_{D3}、Q_{C3}、Q_{B3}、Q_{A3} 表示；秒计数器输出十位部分用 Q_{D4}、Q_{C4}、Q_{B4}、Q_{A4} 表示；时计数器输出个位部分用 Q_{D5}、Q_{C5}、Q_{B5}、Q_{A5} 表示；时计数器输出十位部分用 Q_{D6}、Q_{C6}、Q_{B6}、Q_{A6} 表示：四种频率的时钟分别用 CP_{1Hz}、CP_{2Hz}、CP_{512Hz}、CP_{1024Hz} 表示；去往分计数器脉冲输入端的是 CP_GOMIN，去往时计数器脉冲输入端的是 CP_GOHOU。

需要说明的是，在 Multisim 软件中，大量使用子电路后，系统经常会意外退出并造成文件无法读取的错误，所以读者可以将各子电路的内部电路都直接连接到一起构成整个电路，如图 6.3.20 所示。

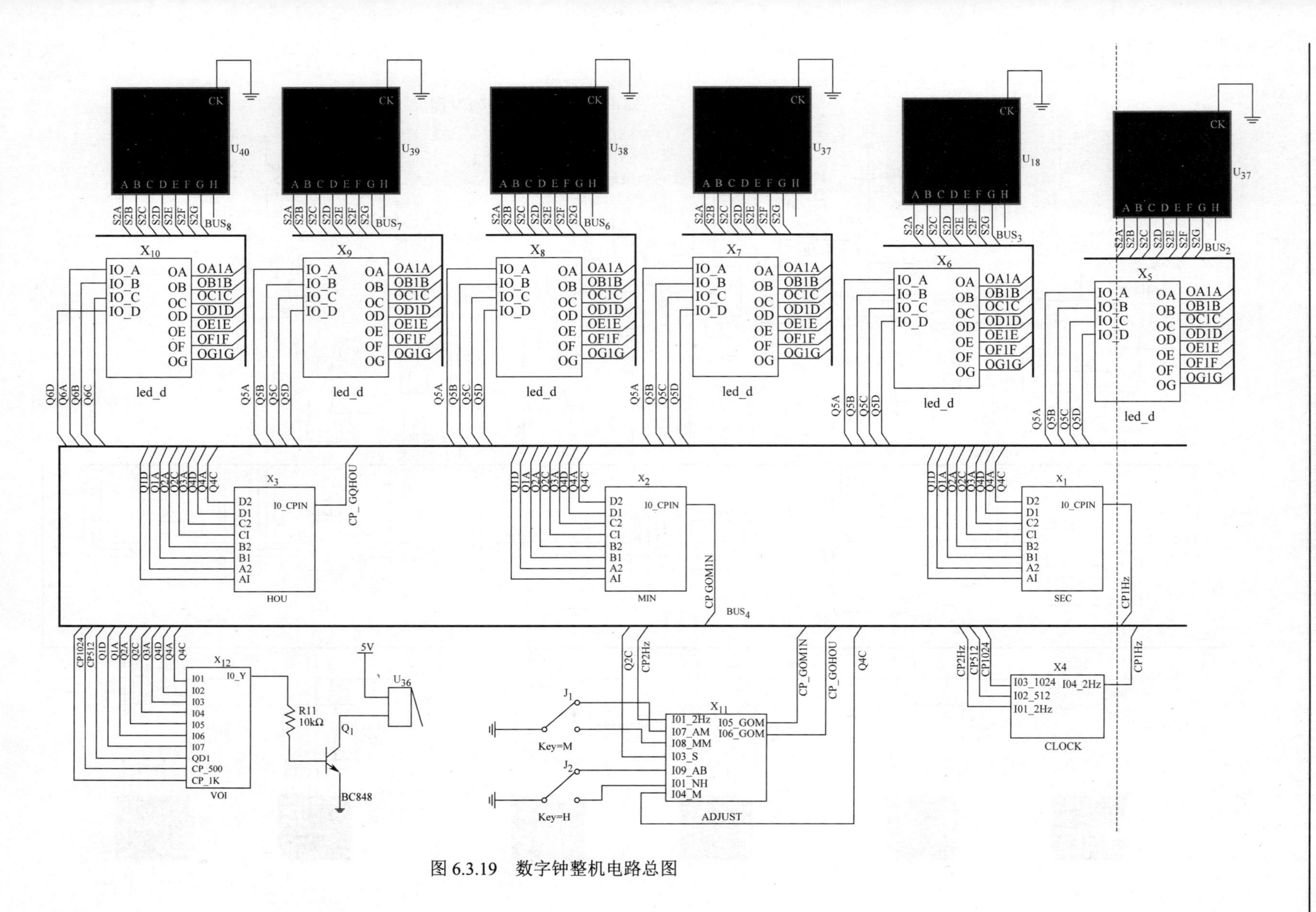

图 6.3.19　数字钟整机电路总图

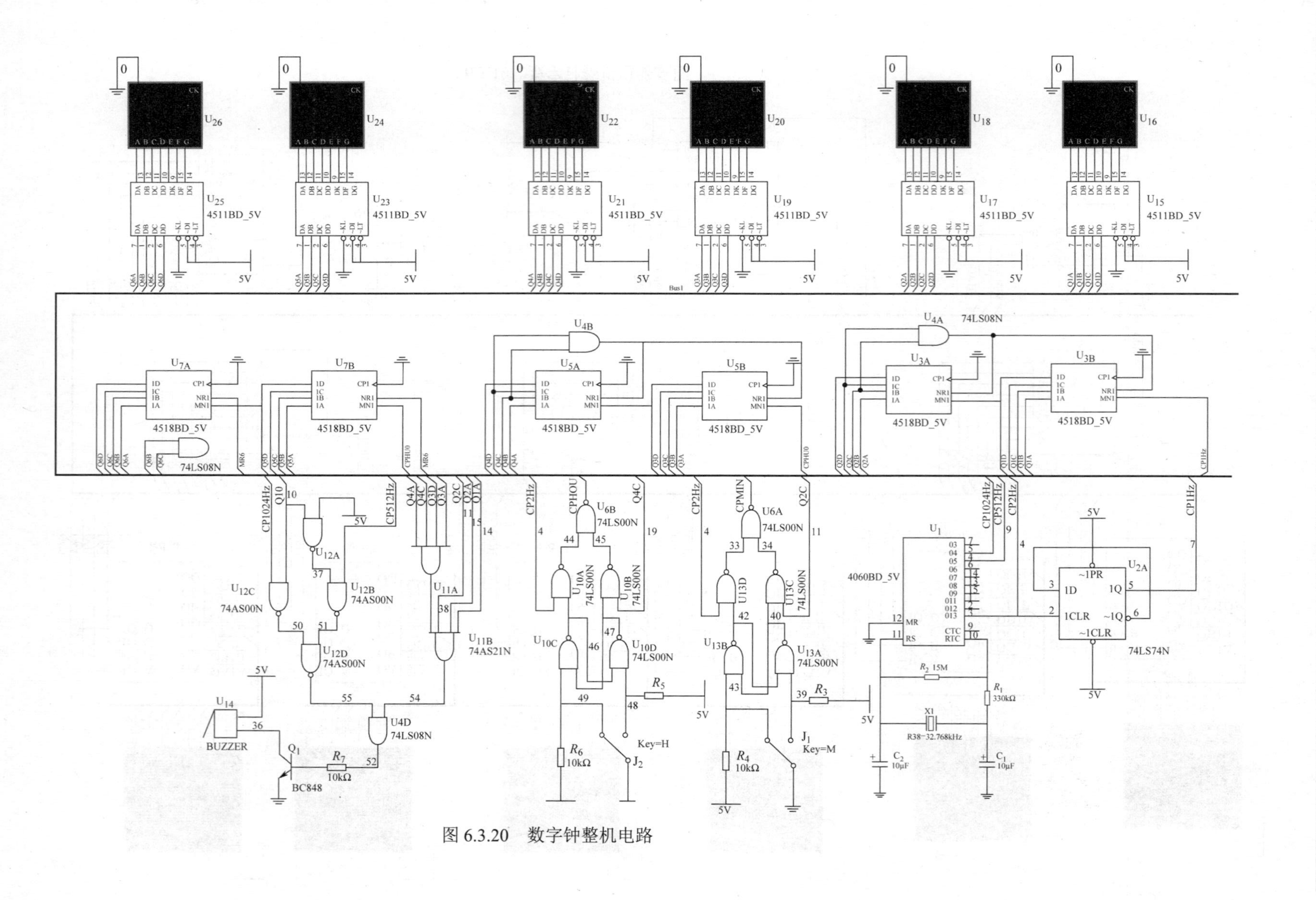

图 6.3.20　数字钟整机电路

■ 巩固与提高

1．知识巩固

1.1　CD4060集成分频器和32768Hz的石英晶体组成的振荡和分频电路，获得的最低频率是___Hz，在时钟设计时，需要将这个脉冲信号进行___分频获得1Hz信号，这个分频电路可以采用_____触发器设计。

1.2　将一个电路作为另一个电路的子电路，可以在子电路中选中所有的元器件使用_____命令，到主电路中使用_______命令，将子电路复制到主电路。

1.3　在数字钟电路中，秒电路是对1Hz脉冲信号的___分频，秒部分的复位信号作为_____信号给分钟部分作为计数脉冲，这个脉冲经分钟电路进行___分频后，作为___信号给小时部分作为计数脉冲。

1.4　CD4511集成块是驱动_____数码管的器件，可以有效显示数字___～___，输入8421BCD的伪码，输出端_______。

2．任务作业

请根据设计要求，完成各部分的电路设计和整机电路设计并进行仿真。设计中，读者可以发挥自己的创造力，独立设计单元电路和总电路，设计可以采用子电路的形式，也可以将各部分电路复制后连接成一个总电路。两种做法各有好处，采用子电路时整个电路的设计思路清晰，适合多人协作完成任务，有问题比较容易确定问题的范围；采用另一个方式在焊接电路时比较好确定电路走线。

任务四　数字钟电路的制作与调试

■ 技能目标

1．进一步掌握使用万能表进行电路焊接的技巧。
2．学会原理图电路到实际焊接电路的转换。
3．掌握电路制作的一般方法和步骤。
4．提高焊接技术和水平。

■ 知识目标

1．掌握原理图中集成块向实际集成芯片的转换，熟练读取原理图中的元器件。
2．掌握一般元器件的型号参数识读方法。

■ 实践活动与指导

本任务中学生在教师的指导下，根据自己设计的原理图，整理器件清单、准备耗材工具、购买电路板及元器件并进行电路焊接、测试及维修。

■ 知识链接与扩展

一、列写元器件清单

在完成原理图设计之后，制作电路之前，要列出元器件清单来，以便进行采购，如由于货源问题或是价格、时间等问题的制约，不能购齐元器件，就要根据实际情况调整设计，采用比较容易获得并且性价比符合要求的元器件，在这个过程中也能优化设计，充分利用各个芯片中包含的电路单元，尽量少用元器件。

列写元器件清单的方法主要有：（1）手工列清单，设计人员根据原理图的设计逐项统计元器件的基本信息和数量；（2）用软件统计。在 Multisim 软件中，有一个 Reports 菜单，如图 6.4.1（a）所示。其中 Bill of Materials 命令会列出元器件清单，如图 6.4.1（b）所示。元器件的清单确定后，就可以根据清单采购元器件了。

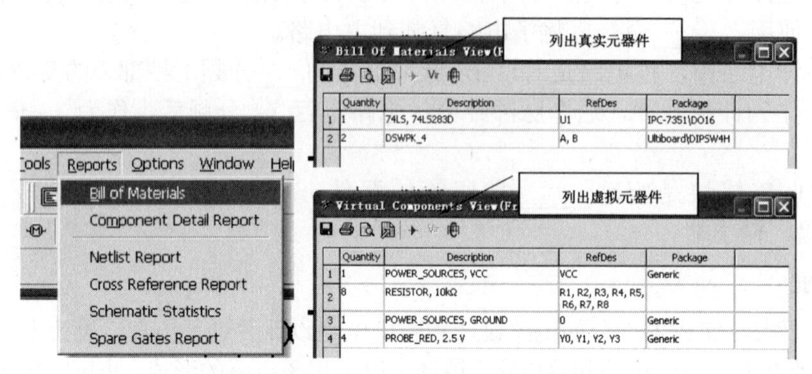

图 6.4.1　列出元器件清单的操作

使用 Reports 菜单下的 Netlist Report 还可以列出网络表，从网络表中可以清晰地看到电路中各个连接点的相互连接情况，如图 6.4.2 所示。在焊接电路时，通过读取网络表可以很方便地确定各个点的连接情况。

Netlist Report (From Document: 代码转换电路)

	Net	Page	Component	Pin
1	0	代码转换电路	B	5
2	0	代码转换电路	B	6
3	0	代码转换电路	GND	1
4	0	代码转换电路	GND	1
5	0	代码转换电路	B	8
6	0	代码转换电路	A	5
7	0	代码转换电路	A	6
8	0	代码转换电路	A	7

图 6.4.2　网络表

本设计中可以采用软件列写清单和手工整理清单相结合的形式进行。在列写的时候，要逐个子电路列写，然后汇总到一起再进行优化。也可以将各子电路的详细电路都复制到一个图纸中进行优化联线，尽量使用集成电路，然后在这个整机电路中用软件生成元器件列表。根据图 6.3.2 整机电路，软件生成的元器件清单如图 6.4.3 和图 6.4.4 所示。

	Quantity	Description	RefDes	Package
1	1	CMOS_5V, 4060BD_5V	U1	IPC-2221A/2222\SOT-74
2	1	CRYSTAL, R38-32.768kHz	X1	Generic\R38
3	1	74LS, 74LS74N	U2	IPC-2221A/2222\NO14
4	3	CMOS_5V, 4518BD_5V	U3, U5, U7	IPC-2221A/2222\SOT-74
5	2	SWITCH, SPDT	J1, J2	Generic\SPDT
6	1	74AS, 74AS21N	U11	IPC-2221A/2222\N14A
7	1	74AS, 74AS00N	U12	IPC-2221A/2222\N14A
8	1	BJT_NPN, BC848	Q1	IPC-7351\SOT-23
9	1	BUZZER, BUZZER 500 Hz	U14	Generic\BUZZER
10	6	CMOS_5V, 4511BD_5V	U17, U15, U19, U21, U23, U25	IPC-2221A/2222\SOT-74
11	1	74LS, 74LS08N	U4	IPC-2221A/2222\NO14
12	3	74LS, 74LS00N	U13, U10, U6	IPC-2221A/2222\NO14

图 6.4.3　整机电路的元器件（Real Components）清单

	Quantity	Description	RefDes	Package
1	1	RESISTOR, 330kΩ	R1	
2	1	RESISTOR, 15MΩ	R2	
3	2	CAP_ELECTROLIT, 10pF	C1, C2	
4	1	POWER_SOURCES, GROUND	0	Generic
5	1	POWER_SOURCES, VCC	VCC	Generic
6	5	RESISTOR, 10kΩ	R4, R3, R5, R6, R7	
7	6	SEVEN_SEG_COM_K	U18, U16, U20, U22, U24, U26	Generic
8	1	POWER_SOURCES, VDD	VDD	Generic

图 6.4.4　整机电路的元器件（Virtual Components）清单

除了列出元器件清单外，还要列出其他材料和辅料、工具清单，如万能板、焊条、助焊剂、电线、电烙铁等，并根据实际情况注明规格、参数等。

二、制作并测试电路

制作电路可以使用万能板作为实验产品，正式产品要使用印制电路板，需要用 PCB 设计软件设计电路板并送专业厂家进行生产。使用万能板焊接电路相对成本较低，容易获得材料，但是电路较复杂时会使整个电路的焊点较多、连线复杂凌乱，使得电路稳定性、美观度降低；使用印制电路板的成本相对较高，需要提前设计好 PCB 走线并送交专业厂家进行生产，对于个人爱好者和学生上课使用不太方便，但是在 PCB 板上焊接元器件要比万能板简单，而且焊接质量及美观度都较好，电路的稳定性也高。

电路焊接好之后，要进行通电测试和调试，保证电路的正常稳定工作。如出现工作错误要根据现象探寻原因，从电路连接、原理图设计等方面进行查询。

■　巩固与提高

1．知识巩固

1.1　在完成原理图设计之后，制作电路之前，要列出_______，以便进行采购。

1.2　在 Multisim 软件中，使用_______菜单中的______命令，可以列出元器件清单。

2．任务作业

以小组为单位，进行电路制作、调试并进行交流和展示，最好能录制视频，对操作进行详细解说。每人完成一份项目报告。

项目七　简单数字电压表的设计

请使用MC14433数模转换器设计一个简单的数字电压表，要求最大量程为2V，显示到小数点后3位，显示的电压范围是-1.999～1.999V，电路具有过压和欠压检测功能，测量的结果用七段数码管显示。

通过本项目的实施，达到如下目标。

1. 能认识A/D、D/A转换器件并能理解其工作意义。
2. 能学会一种A/D 或D/A转换器件的应用并能在将来遇到具体问题进行深入学习。
3. 能深入理解MC14433的工作特性和应用方法。
4. 能将A/D或D/A转换电路与前面学习的知识综合应用，构成实用电路。

任务一　A/D和D/A转换器件认识与交流

■ 技能目标

1. 能正确识别A/D和D/A转换器件并能理解其管脚含义。
2. 能借助工具书、网络等查询A/D和D/A转换器件的信息并能正确识读。

■ 知识目标

1. 掌握A/D和D/A的概念及主要参数指标。
2. 掌握1～2种A/D和D/A转换器件的应用方法。

■ 实践活动与指导

教师带领学生一起探讨A/D和D/A的概念及主要参数指标，并一起解读1到2种常用典型器件的技术参考文档。

■ 知识链接与扩展

一、A/D 和 D/A 转换的概念和应用领域

随着数字技术，特别是信息技术的飞速发展与普及，在现代控制、通信及检测等领域，为了提高系统的性能指标，对信号的处理广泛采用了数字技术。由于系统的实际监测或控制对象往往都是一些模拟量（如温度、压力、位移、图像等），要使计算机或数字仪表能识别、处理这些信号，必须首先将这些模拟信号转换成数字信号；而经计算机分析、处理后输出的数字量也往往需要将其转换为相应模拟信号才能为执行机构所接受。这样，就需要一种能在模拟信号与数字信号之间起桥梁作用的电路——模数和数模转换器。将模拟信号转换成数字信号的电路，称为模数转换器（简称 A/D 转换器或 ADC，Analog to Digital Converter）；将数字信号转换为模拟信号的电路称为数模转换器（简称 D/A 转换器或 DAC，Digital to Analog Converter）；A/D 转换器和 D/A 转换器已成为信息系统中不可缺少的接口电路。其工作示意如图 7.1.1 所示。

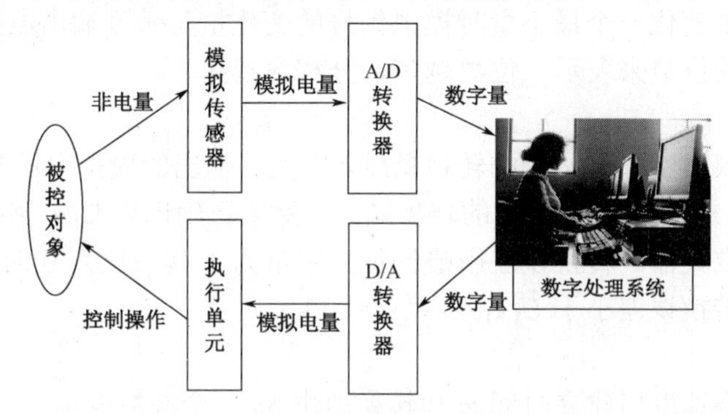

图 7.1.1　典型数字控制系统框图

为确保系统处理结果的精确度，A/D 转换器和 D/A 转换器必须具有足够的转换精度；如果要实现快速变化信号的实时控制与检测，A/D 与 D/A 转换器还要求具有较高的转换速度。转换精度与转换速度是衡量 A/D 与 D/A 转换器的重要技术指标。随着集成技术的发展，现已研制和生产出许多单片的和混合集成型的 A/D 和 D/A 转换器，它们具有越来越先进的技术指标。

二、D/A 转换器的基本工作原理和参数

1. D/A 转换器的基本工作原理

D/A 转换器由 5 个部分组成，即数码寄存器、模拟开关、权电阻网络、基准电源和运算放大器。数字量是用代码按数位组合起来表示的，对于有权码，每位代码都有一定的位权。为了将数字量转换成模拟量，必须将每 1 位的代码按其位权的大小转换成相应的模拟量，然后将这些模拟量相加，即可得到与数字量成正比的总模拟量，从而实现了数字量到模拟量的转换。数字量以串行或并行方式输入，存储于数字寄存器中，数字寄存器输出的各位数码，分别控制对应位的模拟电子开关，使数码为 1 的位在位权网络上产生与其权值成正比的电流值，再由求和电路将各种权值相加，即得到数字量对应的模拟量。这就是 D/A 转换器的基本原理。

D/A 转换器有 R-2R 倒 T 形电阻网络、权电阻网络型等多种。如图 7.1.2 所示是权电阻网络型 D/A 转换器，图中 S_{n-1}～S_0 是 n 个电子开关，受输入代码 d_{n-1}～d_0 控制，当某位的值为“1”时，开关将电阻接至参考电压源 V_{REF}；当该位为“0”时，开关将电阻接地。D/A 转换器利用电阻网络和模拟开关，将二进制数 D 转换为与之成比例的模拟量，n 位二进制数 D 可以写成：

$$U_o = -i_\Sigma \frac{R}{2} = -\frac{R}{2}\sum_{i=0}^{n-1} I_i = -\frac{V_{REF}}{2^n}\sum_{i=0}^{n-1} d_i \cdot 2^i$$

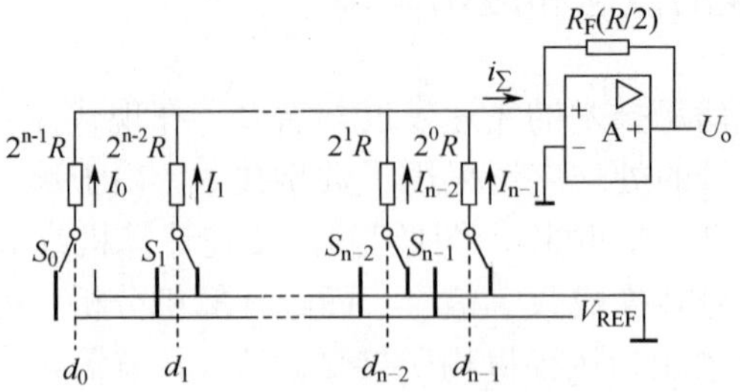

图 7.1.2　权电阻网络型 D/A 转换器原理图

2. D/A 转换器的主要参数

（1）分辨率（Resolution）

分辨率是指数字量变化一个最小量时模拟信号的变化量与满度输出电压之比。分辨率又称精度，通常以数字信号的位数来表示，位数越多，分辨率越高。

（2）转换精度

转换精度是指转换器实际能达到的转换精度，用实际输出的模拟电压与理论输出的模拟电压间的最大误差来表示。要获得较高精度的转换结果，除了正确选用 D/A 转换器外，还要选用低漂移高精度的求和运算放大器。转换误差用最低位数字量为 1 其余位为 0 时的输出电压值 U_{LSB} 的倍数表示。一般要求转换误差小于 $U_{LSB}/2$。

（3）转换速度

D/A 转换器的转换速度用建立时间 t_S 和转换速率 S_R 两个参数表示。

建立时间（Setting Time）是将一个数字量转换为稳定模拟信号所需的时间，也可以认为是转换时间。数模转换中常用建立时间来描述其速度，而不是模数转换中常用的转换速率。一般地，电流输出型的 D/A 转换器建立时间较短，电压输出型的 D/A 转换器的建立时间则较长。

3. 常用集成 D/A 转换器举例

D/A 转换器集成电路有多种型号。下面仅以 AD7524 和 DAC0832 为例来介绍集成电路 D/A 变换器。

AD7524 是 CMOS 低功耗 8 位 D/A 转换器，内部采用倒 T 形电阻网络结构。电源为+5V～+15V；D_0～D_7 为输入数据；V_{REF} 为参考电源；$\overline{CS}$ 是片选信号；$\overline{WR}$ 是写入信号；I_{out1} 和 I_{out2} 是模拟电流输出。AD7524 的示意图如图 7.1.3 所示，使用内部反馈电阻 R_{FB} 时输出电压：

$$U_o = -\frac{V_{REF}}{2^8}\sum_{i=0}^{7} d_i \cdot 2^i$$

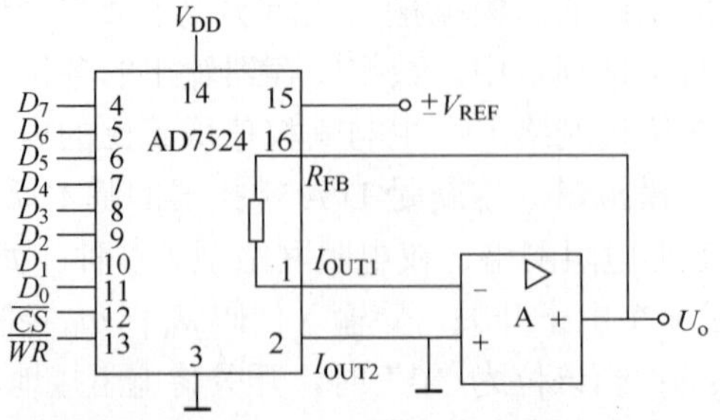

图 7.1.3　AD7524 示意图

如图 7.1.3 所示的 AD7524 单极性输出电压与输入数字量的关系如表 7.1.1 所示。

表 7.1.1　AD7524 单极性输出电压与输入数字量的关系表

输入								输出
D_7	D_6	D_5	D_4	D_3	D_2	D_1	D_0	U_o
1	1	1	1	1	1	1	1	$\pm V_{REF}\cdot 255/256$
1	0	0	0	0	0	0	1	$\pm V_{REF}\cdot 129/256$
1	0	0	0	0	0	0	0	$\pm V_{REF}\cdot 128/256$
0	1	1	1	1	1	1	1	$\pm V_{REF}\cdot 127/256$
0	0	0	0	0	0	0	1	$\pm V_{REF}\cdot 1/256$
0	0	0	0	0	0	0	0	0

在 EWB 中可以用图 7.1.4 仿真出 DAC 的一个应用，实现阶梯脉冲发生电路，其中的 DAC 相当于图 7.1.3 中的 D/A 转换器。其仿真出的波形图如图 7.1.5 所示。

在 Multisim 10 中也可以仿真出阶梯波形来，但是计数器每提供 2 个二进制代码，DAC 输出一个阶梯，所以波形中阶梯的数目少，请读者自行仿真测试。

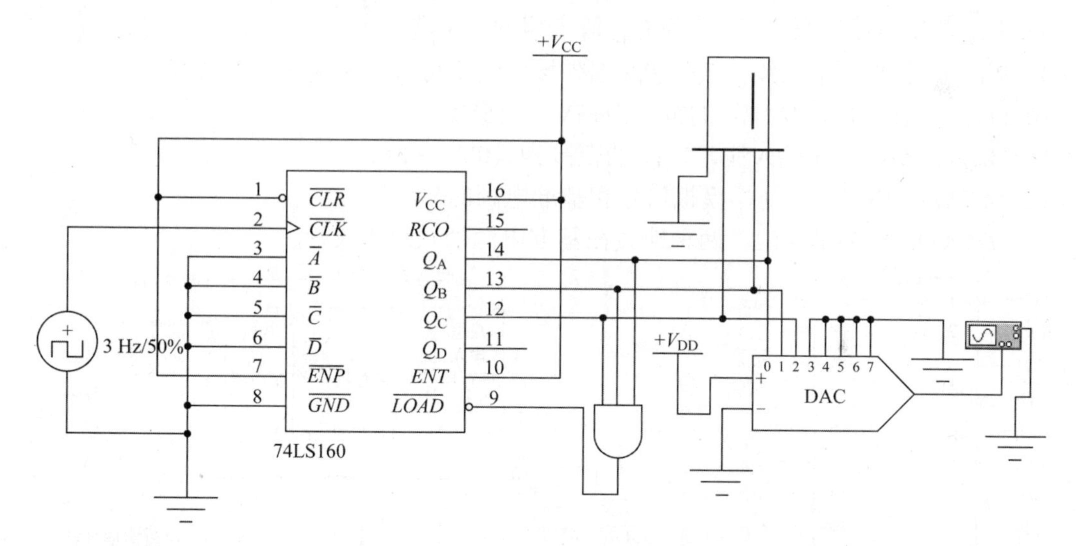

图 7.1.4　用 EWB 仿真的阶梯脉冲发生电路

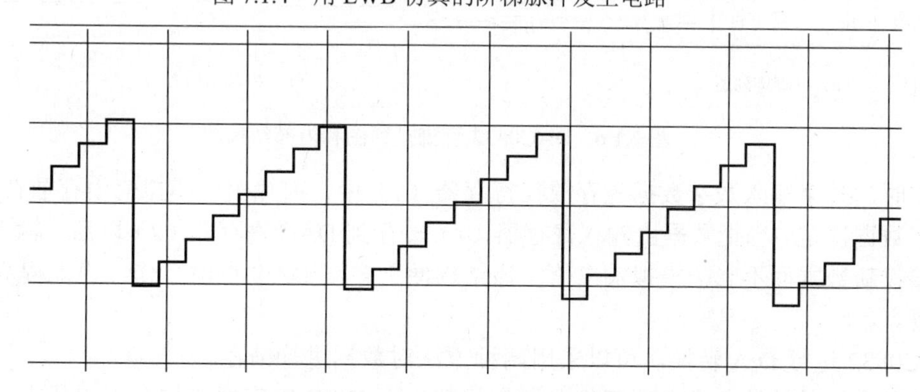

图 7.1.5　用 EWB 仿真的阶梯脉冲发生电路的输出波形

DAC0832 是 8 位分辨率的 D/A 转换集成芯片，即在对其输入八位数字量后，通过外接的运算放大器，可以获得相应的模拟电压值。DAC0832 与微处理器完全兼容，它以价格低廉、接口简单、转换控制容易等优点，在单片机应用系统中得到广泛的应用。它由 8 位输入锁存器、8 位 DAC 寄存器、8 位 D/A 转换电路及转换控制电路构成。如图 7.1.6 所示是它的封装管脚图和内部电路图。图（a）中各管脚的含义如下。

（1）D_0～D_7: 8 位数据输入线，TTL 电平，有效时间应大于 90ns（否则锁存器的数据会出错）。

（2）I_{LE}：输入数据锁存允许控制信号，高电平有效。

（3）$\overline{CS}$：片选信号输入线（选通数据锁存器），低电平有效。

（4）$\overline{WR_1}$：数据锁存器写选通输入线，负脉冲（脉宽应大于 500ns）有效。由 I_{LE}、$\overline{CS}$、$\overline{WR_1}$ 的逻辑组合产生 LE_1，当 LE_1 为高电平时，数据锁存器状态随输入数据线变换，LE_1 在负跳变时将输入数据锁存。

（5）$\overline{XFER}$：数据传输控制信号输入线，低电平有效，负脉冲（脉宽应大于 500ns）有效。

（6）$\overline{WR_2}$：DAC 寄存器选通输入线，负脉冲（脉宽应大于 500ns）有效。由 $\overline{WR_2}$、$\overline{XFER}$ 的逻辑组合产生 LE_2，当 LE_2 为高电平时，DAC 寄存器的输出随寄存器的输入而变化，LE_2 在负跳变时将数据锁存器的内容打入 DAC 寄存器并开始 D/A 转换。

（7）$\overline{I_{out1}}$：电流输出端 1，其值随 DAC 寄存器的内容线性变化。

（8）$\overline{I_{out2}}$：电流输出端 2，其值与 $\overline{I_{out1}}$ 值之和为一常数。

（9）R_{FB}：反馈信号输入线，改变 R_{FB} 端外接电阻值可调整转换满量程精度。

（10）V_{CC}：电源输入端，V_{CC} 的范围为+5V～+15V。

（11）V_{REF}：基准电压输入线，V_{REF} 的范围为-10V～+10V。

（12）$AGND$：模拟信号地，模拟信号和基准电源的参考地。

（13）$DGND$：数字信号地，两种地线在基准电源处共地比较好。

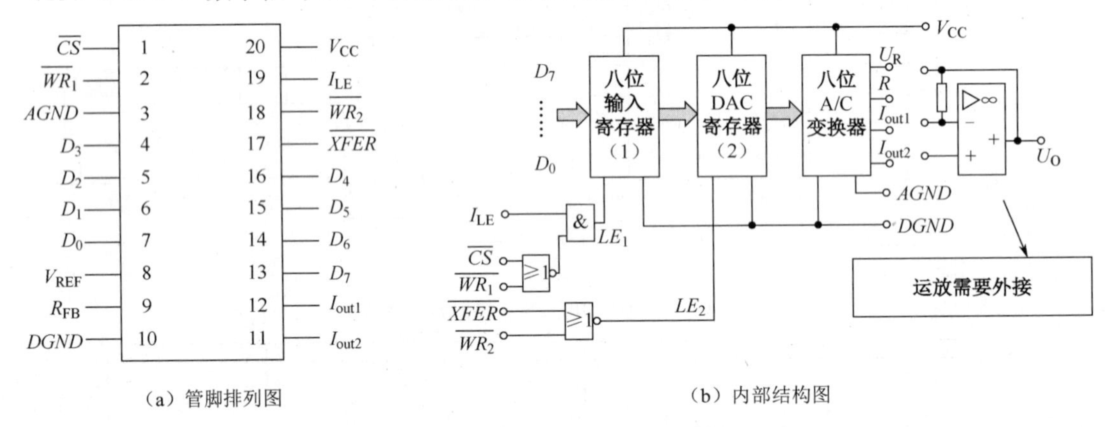

（a）管脚排列图　　（b）内部结构图

图 7.1.6　DAC0832 管脚排列图和内部结构图

工作时，外来输入数字数据先存放在寄存器（1）中，而输出的模拟值由存放在寄存器（2）内的数字数据决定。当把数据由输入寄存器（1）转存到 DAC 寄存器（2）以后，输入寄存器（1）就可以接收新数据而不影响模拟输出值。该结构便于多路 DAC 同时工作，也能提高整个电路的工作速度。

DAC0832 进行 D/A 转换，可以采用两种方法对数据进行锁存。

第一种方法是使输入寄存器工作在锁存状态，而 DAC 寄存器工作在直通状态。具体地说，就是使 $\overline{WR_2}$ 和 $\overline{XFER}$ 都为低电平，DAC 寄存器的锁存选通端得不到有效电平而直通；此外，使输入寄存器的控制信号 I_{LE} 处于高电平、$\overline{CS}$ 处于低电平，这样，当 $\overline{WR_1}$ 端来一个负脉冲时，就可以完成 1 次转换。

第二种方法是使输入寄存器工作在直通状态，而 DAC 寄存器工作在锁存状态。就是使 $\overline{CS}$ 和 $\overline{WR_1}$ 为低电平，I_{LE} 为高电平，这样，输入寄存器的锁存选通信号处于无效状态而直通；当 $\overline{WR_2}$ 和 $\overline{XFER}$ 端输入 1 个负脉冲时，使得 DAC 寄存器工作在锁存状态，提供锁存数据进行转换。

根据上述对 DAC0832 的输入寄存器和 DAC 寄存器不同的控制方法，DAC0832 有如下 3 种工作方式：

1）单缓冲方式。单缓冲方式是控制输入寄存器和 DAC 寄存器同时接收数据，或者只用输入寄存器而把 DAC 寄存器接成直通方式。此方式适用于只有一路模拟量输出或几路模拟量异步输出的情形。

2）双缓冲方式。双缓冲方式是先使输入寄存器接收数据，再控制输入寄存器的输出数据到 DAC 寄存器，即分两次锁存输入数据。此方式适用于多个 D/A 转换同步输出的情形。

3）直通方式。直通方式是数据不经两级锁存器锁存，即 $\overline{CS}$、$\overline{XFER}$、$\overline{WR_1}$、$\overline{WR_2}$ 均接地，I_{LE} 接高电平。此方式适用于连续反馈控制线路和不带微机的控制系统，不过在使用时，必须通过另加 I/O 接口与 CPU 连接，以匹配 CPU 与 D/A 转换。

如图 7.1.7 所示是 DAC0832 的单缓冲工作方式，采用第一种方法的电路示意图。$\overline{WR_2}$ 和 $\overline{XFER}$ 接地，当 $\overline{CS}$ 为 0 时，只要 $\overline{WR_1}$ 上出现有效低电平，输入的数据进入第一级寄存器，由于 $\overline{WR_2}$ 和 $\overline{XFER}$ 接地，LE_2 有效，数据从第一级寄存器进入第二级寄存器并进行转换，输出电流值，外接运放将电流值转换成电压值。

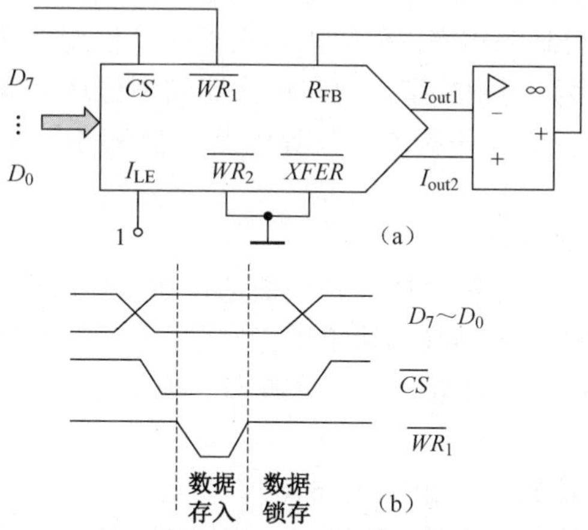

图 7.1.7　DAC0832 的单缓冲工作方式示意图

三、A/D 转换器的基本工作原理和参数

1. A/D 转换器的基本原理

模拟信号转换为数字信号，一般分为 4 个步骤进行，即取样、保持、量化和编码。前两个步骤在取样保持电路中完成，后两步骤则在 ADC 中完成。

在 A / D 转换中，因为输入的模拟量在时间上是连续的，而输出的数字信号是离散量，所以进行转换时只能在一系列选定的瞬间（亦即时间坐标轴上的一些规定点）对输入的模拟信号采样，然后再把这些采样值转换为输出的数字量，采样原理如图 7.1.8（a）所示。以 f_S 作为采样信号频率，以 f_{imax} 表示输入 U_i 信号的最大频率，为了保证能从采样信号中将原来的被采样信号恢复，必须满足：

$$f_S > 2f_{imax}$$

即采样信号频率要大于待转换信号最高频率的 2 倍，才能从采样后的信号中恢复出原先的信号。在实践中，采样和保持用一个电路实现，如图 7.1.8（b）所示是一种采样保持电路。

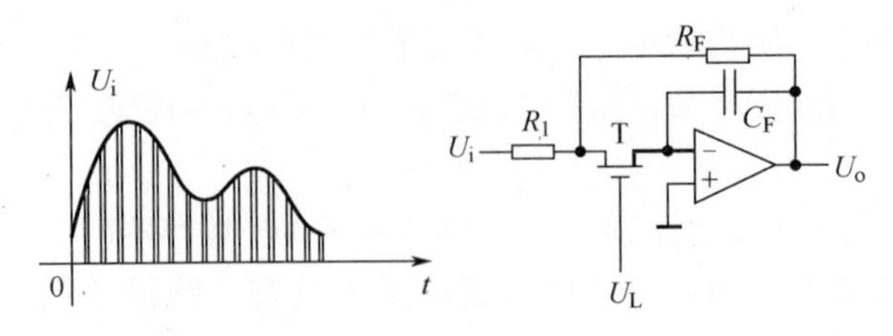

图 7.1.8　采样保持电路原理示意图

数字信号不仅在时间上是离散的，而且数值大小的变化也是不连续的。任何一个数字量的大小只能是某个规定的最小数量单位的整数倍。因此在进行 A/D 转换时也必须把采样电压化为这个最小单位的整数倍。这个转化过程称为“量化”，所取的最小数量单位称为量化单位，用“△”表示，数字信号最低有效位的 1 代表的数量大小就等于△。把量化的结果用代码（二进制或二一十进制）表示出来，就是“编码”。

常用的 ADC 有积分型、逐次逼近型、并行比较型/串并行比较型、Σ-△调制型、电容阵列逐次比较型及压频变换型。下面简要介绍常用的几种类型的基本原理及特点。

（1）积分型（如 TLC7135）

积分型 ADC 工作原理是将输入电压转换成时间或频率，然后由定时器/计数器获得数字值。其优点是用简单电路就能获得高分辨率，但缺点是由于转换精度依赖于积分时间，因此转换速率极低。初期的单片 ADC 大多采用积分型，现在逐次比较型已逐步成为主流。双积分是一种常用的 A/D 转换技术，具有精度高、抗干扰能力强等优点。但高精度的双积分 A/D 芯片价格较贵，增加了单片机系统的成本。

（2）逐次逼近型（如 TLC0831）

逐次逼近型转换器由一个比较器和 D/A 转换器通过逐次比较逻辑构成，从 MSB 开始，顺序地对每一位将输入电压与内置 D/A 转换器输出进行比较，经多次比较而输出数字值。其电路规模属于中等。其优点是速度较高、功耗低，在低分辨率（少于 12 位）时价格便宜，但高精度（多于 12 位）时价格很高。

（3）并行比较型/串并行比较型（如 TLC5510）

并行比较型转换器采用多个比较器，仅进行一次比较而实行转换，又称 Flash 型。由于转换速率极高，n 位的转换需要 2^n-1 个比较器，因此电路规模极大，价格也高，只适用于视频 A/D 转换器等速度特别高的领域。

2．A/D 转换器的参数

（1）分辨率（Resolution）

分辨率指数字量变化一个最小量时模拟信号的变化量。分辨率又称精度，通常以数字信号的位数来表示。位数越多，量化误差越小，转换精度越高。

（2）转换速率（Conversion Rate）

转换速率指完成一次从模拟量转换到数字量所需的时间的倒数。积分型 ADC 的转换时间是毫秒级，属低速转换器，逐次比较型 ADC 是微秒级，属中速转换器，全并行/串并行型 ADC 可达到纳秒级。采样时间则是另外一个概念，是指两次转换的间隔。为了保证转换的正确完成，采样速率（Sample Rate）必须小于或等于转换速率。常用单位是 ksps 和 Msps，表示每秒采样千/百万次（kilo / Million samples per second）。

（3）量化误差（Quantizing Error）

由于 A/D 的有限分辨率而引起的误差，通常是 1 个或半个最小数字量的模拟变化量，表示为 1LSB、1/2LSB。

（4）偏移误差（Offset Error）

输入信号为零时输出信号不为零的值，可外接电位器调至最小。

（5）满刻度误差（Full Scale Error）

满刻度输出时对应的输入信号与理想输入信号值之差。

（6）线性度（Linearity）

实际转换器的转移函数与理想直线的最大偏移，不包括以上三种误差。

3. 常用集成 A/D 转换器介绍

A / D 转换组件有多种型号可供选择，使用者可根据任务要求进行选择。下面以 ADC0804 为例，介绍集成电路 A / D 转换器。ADC0804 是分辨率为 8 位的逐次逼近型模数转换组件。如图 7.1.9 所示是 ADC0804 的管脚排列示意图和内部结构示意图，如图 7.1.10 所示是它的工作时序图。

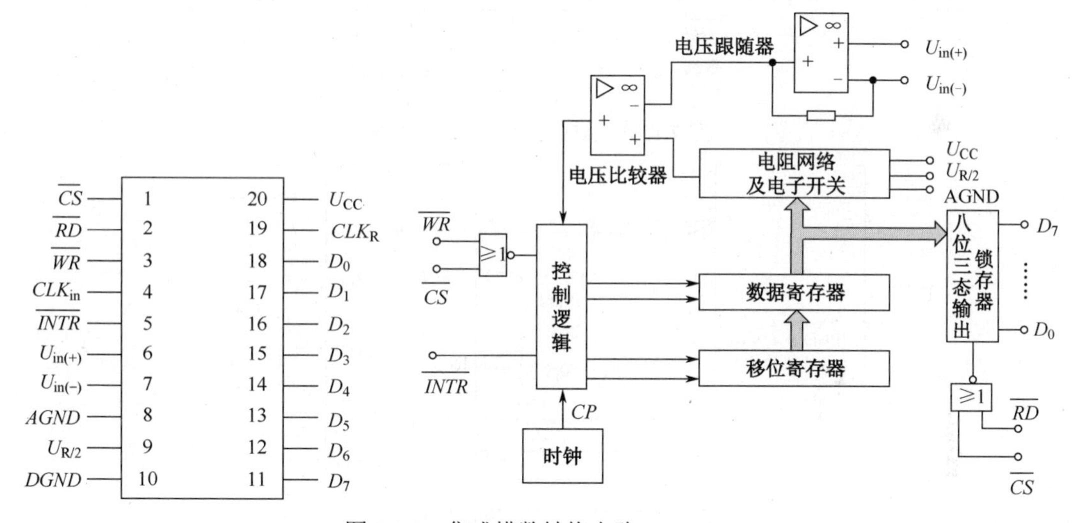

图 7.1.9　集成模数转换电路 ADC0804

ADC0804 芯片参数：

工作电压：+5V。

模拟输入电压范围：0～+5V。

分辨率：8 位，即分辨率为 1/2～1/256，转换值介于 0～255 之间。

转换时间：100μs（f_{CK}=640kHz 时）。

转换误差：±1LSB。

参考电压：2.5V，即 V_{REF}=2.5V。

结合图 7.1.11 中 ADC0804 的典型连接电路，可看出芯片各个管脚的作用：

D_0～D_7：八位数字量输出端。

CLK：为芯片工作提供工作脉冲，图 7.1.11 中时钟频率计算方式是：f_{CK}=1/（1.1×*R*×*C*）。

$\overline{CS}$：片选信号，低电平有效。

$\overline{WR}$：写信号输入端，低电平有效。

$\overline{RD}$：读信号输入端，低电平有效。

$\overline{INTR}$：转换完毕中断提供端，低电平有效。

V_{REF}：参考电压，一般为 2.5V。

U_{in+}，U_{in-}：差动模拟电压输入端。当输入单端正电压时，U_{in-}接地，当差动输入时，由 U_{in+}、U_{in-}直接输入。

CLK_{in}，CLK_R：时钟输入或接振荡元件 R、C。频率限制在 100k～1064kHz 之间。若使用 RC 振荡电路，则 $f = 1/(1.1RC)$。

D_0～D_7：8 位数据输出端。

从图 7.1.10 所示时序图可以看出，工作中，$\overline{CS}$ 低电平有效时，$\overline{WR}$=0 后开始进行转换，100 微秒将 V_x 转换成数字信号，转换结果写入寄存器并发出 $\overline{INTR}$=0 的有效中断申请信号，CPU 送来 $\overline{RD}$=0 的数据读取信号，将 8 位锁存器中的数据读出。

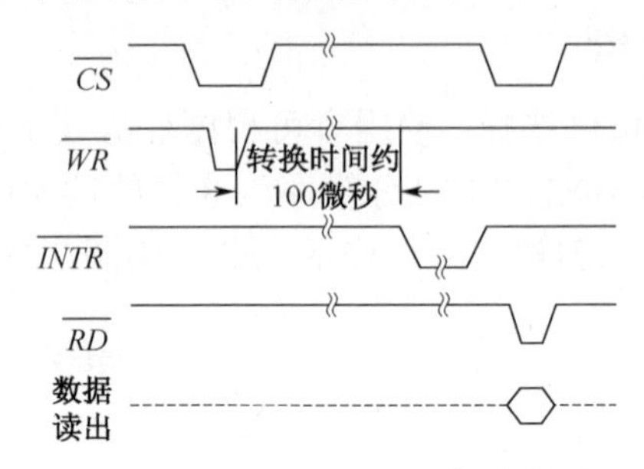

图 7.1.10　ADC0804 工作时序图

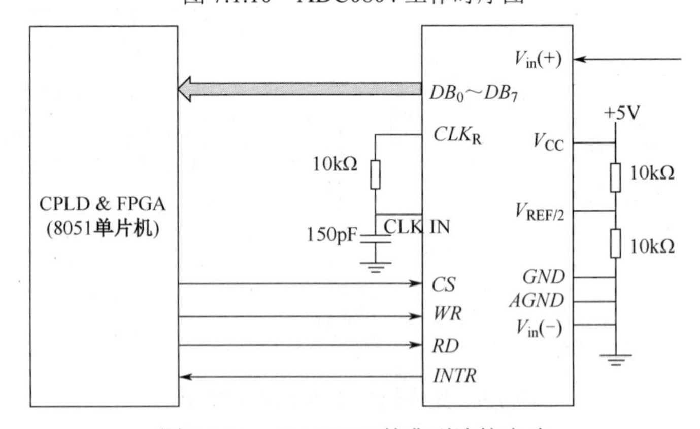

图 7.1.11　ADC0804 的典型连接电路

四、ADC 和 DAC 的发展趋势和应用前景

自电子管 ADC 面世以来，经历了分立半导体、集成电路数据转换器的发展历程。ADC 和 DAC 的生产已进入全集成化阶段，同时在转换速度和转换精度等主要指标上有了重大突破，还开发了一些具有与计算机直接接口功能的芯片。在集成技术中，又发展了模块、混合和单片机集成数据转换器技术。对高速 ADC 和 DAC 的发展策略是在性能不受影响的前提下尽量提高集成度，为最终用户提供产品的解决方案。对 ADC 和 DAC 的需求大量增加，而且要求性能指标有较宽覆盖面，以便适应不同场合应用的要求。ADC 主要的应用领域不断拓宽，广泛应用于多媒体、通信、自动化、仪器仪表等领域。对不同的领域的不同要求，例如接口、电源、通道、内部配置的要求，每一类 ADC 都有相应的优化设计方法。同时，用户不仅要考虑到 ADC 本身的工艺和电路结构，而且还应考虑到 ADC 的外围电路，如相应的信号调理电路等模拟电路的设计。

随着通信事业、多媒体技术和数字化设备的飞速发展，信号处理越来越趋向数字化，促进了高速 DAC 的长足进步，牵动着 DAC 制造商研制出许多新结构、新工艺及各种特殊用途的高速

DAC。高速 DAC 的应用领域主要有三个方面：数字化仪器，包括波形重建和任意波形发生器；直接数合成（DDS），包括接收器本机振荡器、跳频无线电设备、通信系统、正交调制（QAM）系统和雷达系统；图形显示系统，包括矢量扫描和光栅扫描。

数据转换技术是模拟信号和数字信号之间的重要桥梁，低电压、大电流、高效率、小尺寸、低成本是 ADC /DAC 发展的趋势。同时，ADC /DAC 的效率和密度也在不断增加。除此以外，通信与网络设备的集成化趋势需要 ADC /DAC 集成更多的功能，同时具有更宽的输出电压或多路输出。近年来转换器产品已达到数千种，ADC 和 DAC 的市场呈稳步增长的发展趋势，它们在现代军用和民用电子系统中均显示出其重要性。

■ 巩固与提高

1．知识巩固

1.1 在很多计算机控制系统中，外部的被检对象提供的信号是模拟信号，此时，需要将这些模拟信号转换成_____信号后，计算机才能接收和识别；计算机发出的控制信号是_____信号，很多被控对象识别模拟信号，此时要将____信号转换成模拟信号进行使用。

1.2 将模拟信号转换成数字信号的电路，称为___，简称___转换器或______；将数字信号转换为模拟信号的电路称为_____，简称____或_____。______与___是衡量 A/D 与 D/A 转换器的重要技术指标。

1.3 D/A 转换器由 5 个部分组成，即数码寄存器、_____、_____、基准电源和运算放大器。D/A 转换器有_____、______形电阻网络、权电流型。

1.4 D/A 转换器的分辨率又称___，通常以数字信号的____来表示，位数越多，分辨率越___。用实际输出的模拟电压与理论输出的模拟电压间的最大误差来表示 D/A 转换器的_____，一般要求转换误差小于______。

1.5 模拟信号转换为数字信号，分为___、_____、量化和编码 4 个步骤进行。为了保证能从采样信号将原来的被采样信号恢复，必须满足_____（以 f_S 作为采样信号频率，以 f_{imax} 表示输入被采样信号的最大频率）。

1.6 常用的 ADC 有____、______、并行比较型/串并行比较型、Σ-Δ 调制型、电容阵列逐次比较型及压频变换型。

1.7 A/D 转换器的主要参数有____、______、量化误差、偏移误差、满刻度误差、线性度。

2．任务作业

课下各学习小组利用图书资料和网络资料查找 3 种 ADC 和 3 种 DAC 芯片并研究其管脚功能、芯片的用法和应用实例。

任务二　设计数字式电压表

■ 技能目标

1．能解读 MC14433 的功能和使用方法。
2．能正确使用指定芯片进行电路设计。
3．能利用芯片的选通端进行扫描显示设计。
4．能深入理解数模和模数转换的含义并能应用到实际中。

■ 知识目标

1. 掌握 MC14433 的使用方法。
2. 掌握扫描显示的方法。
3. 掌握电压表外围电路的设计。
4. 掌握数模和模数信号转换的方法。

■ 实践活动与指导

教师组织学生以小组为单位进行数字电压表的设计和交流，从电压表的原理图设计开始，绘制电路原理图并仿真测试，最后设计电路板并制作出电路来。

■ 知识链接与扩展

一、MC14433 的基本情况

MC14433 是 Motorola 公司生产的低功耗三位半双积分式 A/D 转换器，由寄存器、比较器、计数器和控制电路组成，其管脚排列和内部结构如图 7.2.1 所示。使用 MC14433 时只要外接两个电阻（片内 RC 振荡器外接电阻和积分电阻 R_1）和两个电容（分别是积分电容 C_1 和自动调零补偿电容 C_0）就能执行三位半的 A/D 转换。

MC14433 内部模拟电路的作用：

① 提高 A/D 转换器的输入阻抗，使输入阻抗达到 100MΩ 以上。

② 和外接的 R_1、C_1 构成一个积分放大器，完成电压—时间转换。

③ 内含电压比较器，完成电压比较，将输入电压和零电压进行比较。

④ 与外接电容 C_0 构成自动调零电路。

MC14433 内部含有四位十进制计数器，对反积分时间进行三位半 BCD 码计数（0～1999），并锁存到三位半十进制代码数据寄存器中，在控制逻辑和实时取数信号（DU）作用下，实现 A/D 转换结果的锁存和存储。借助于多路选择开关，从高位到低位逐位输出 BCD 码 Q_0～Q_3，并输出相应的多路选通脉冲标志信号 DS_1～DS_4 实现三位半数码的扫描方式输出。MC14433 内部的控制逻辑是 A/D 转换的指挥中心，它统一控制各部分电路的工作。根据比较器的输出极性接通电子模拟开关，完成 A/D 转换各个阶段的开关转换，产生定时转换信号以及过量程等功能标志信号。在对基准电压进行积分时，控制逻辑令四位计数器开始计数，完成 A/D 转换。

MC14433 内部时钟发生器通过外接电阻构成反馈电路，并利用内部电容形成振荡电路，产生脉冲信号，使电路统一动作。这是一种施密特触发式正反馈 RC 多谐振荡器，当外接电阻为 360kΩ 时，振荡频率为 100kHz；当外接电阻为 470kΩ 时，振荡频率为 66kHz；当外接电阻为 750kΩ 时，振荡频率为 50kHz。如采用外时钟方式，则不需要外接电阻，时钟脉冲从 CP_1（10 号管脚）输入，时钟脉冲信号可以从 CP_0（11 号管脚）获得。若时钟为 66kHz，电容 C_1 一般为 0.1μF，R_1 的选取和量程有关，量程为 2V 时，R_1 选 470kΩ，量程为 200mV 时，R_1 选 270kΩ。选取 R_1 和 C_1 的公式为：

$$R_1 = \frac{U_{x(max)}}{C_1}\frac{T}{\Delta U_c}$$

式中：ΔU_c 为积分电容上充电电压幅度，$\Delta U_c = V_{DD} - U_{x(max)} - \Delta U$，$\Delta U$=0.5V。本设计中，量程为

2V，所以 $U_{x(max)}$=2V，$\Delta U_c=V_{DD}$-2.5。式中 $T=4000\times\frac{1}{f_{clk}}$。

MC14433 可以实现极性检测，来确定输入待测电压的正负极性。当输入电压超量程时，由过量程标志 *OR*（低电平有效）给出过量程信号。

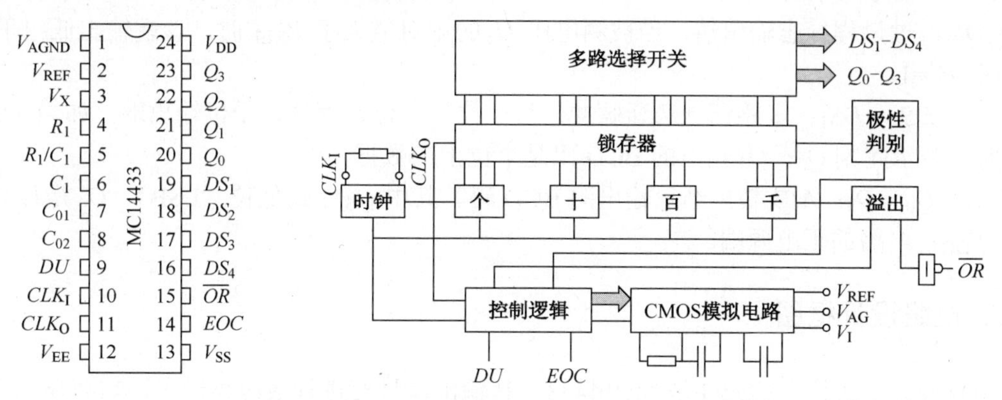

图 7.2.1 MC14433 的管脚排列和内部结构示意图

例如，假定 C_1=0.1μF，V_{DD}=5V，f_{clk}=66kHz，当 $U_{x(max)}$=2V 时，代入上式可得 R_1=480kΩ，可以取 R_1=470 kΩ。由于 MC14433 有自动调零电路，可以保证转换结果的精确性，其 A/D 转换周期约 16000 个脉冲，如果脉冲频率是 48kHz，每秒可以转换 3 次，如脉冲频率为 86kHz，每秒可以转换 4 次。如果想要很精确的脉冲，可以采用如图 7.2.2 所示的振荡电路。

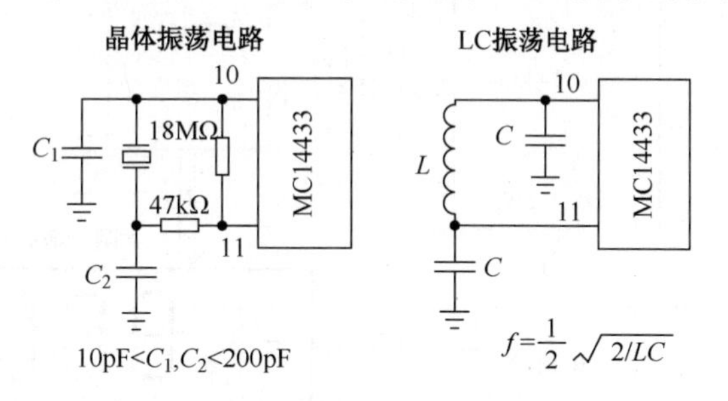

图 7.2.2 MC14433 外接振荡电路

MC14433 采用 24 引脚双列直插式封装，各引脚功能如下。

① V_{AG}：模拟接地，是高阻输入端，作为输入被测电压 U_x 和基准电压 V_{REF} 的参考零点。

② V_{REF}：外接基准电压输入端。

③ U_x：被测电压输入端。

④ R_1：外接积分电阻端。

⑤ R_1/C_1：外接积分电阻和电容的公共节点。

⑥ C_1：外接积分电容端，积分的波形由该端输出。

⑦ C_{01} 和 C_{02}：外接失调补偿电容端，推荐电容值为 0.1μF。

⑧ *DU*：实施控制输出端，用来控制转换结果的输出。当在转换周期的末期该端有正脉冲时，则该转换周期转换的数字结果将经寄存器和多路选择开关输出，否则，输出端保持上一个转换周期的数据。如该端经电阻和 *EOC*（转换结束标志）端连接，则每次转换的结果都输出。

⑨ CP_I（CLK_I）：时钟脉冲输入端。

⑩ CP_O（CLK_O）：时钟脉冲输出端。

⑪ V_{EE}：负电源端。它是整个电路的电源电压最低点，主要作为模拟电路部分的负电源，该

端的典型电流值为 0.8mA，所有输出驱动电路的电流不流经该端，而是流向 V_{SS} 端。

⑫ V_{SS}：电路的零参考点，接地端。

⑬ *EOC*：转换结束标志端，在每次 A/D 转换周期结束，*EOC* 端输出一个正脉冲，其脉冲宽度为时钟脉冲信号周期的 1/2。

⑭ $\overline{OR}$：过量程标志输出端，当被测电压 U_x 的绝对值大于 V_{REF} 时，该端输出低电平 0，正常量程时 $\overline{OR}$=1。

⑮～⑱ DS_4～DS_1：多路调制选通脉冲信号个位、十位、百位、千位输出端。如当 DS_4 输出高电平时，表示此刻 Q_0～Q_3 输出的 BCD 码是个位上的数据。

⑲～㉒ Q_0～Q_3：A/D 转换结果输出的 BCD 码，其中 Q_0 是最低位（LSB），Q_4 是最高位。

㉓ V_{DD}：电路的正电源端。

二、电路设计框图

本项目设计中最核心的元件是 MC14433，其输出信号要进行数码显示，还需要显示译码器，建议使用 CD4511。由于采用扫描方式显示结果，并且数码管需要用共阴极的，而扫描输出信号 DS_1～DS_4 是高电平有效，所以需要一个电平转换电路，建议使用 MC1413。设计的电路结构框图如图 7.2.3 所示。

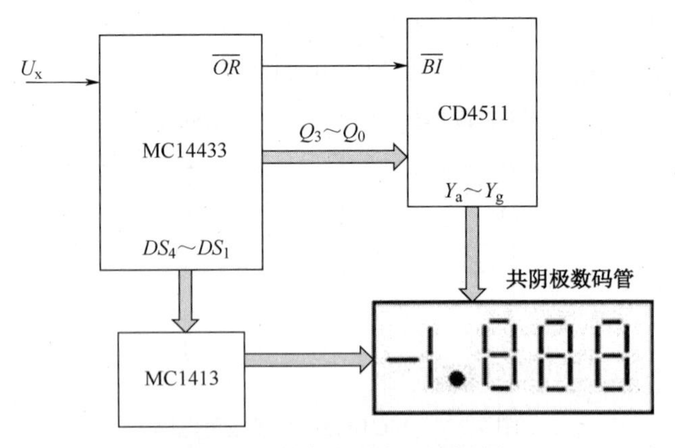

图 7.2.3　数字电压表设计框图

为了使之正常工作在 2V 的电压上，需要有一些外接电阻和电容，以及 *CP*、V_{REF} 等信号。电路需要稳定的参考电压 V_{REF}=2V，因此，可以使用一个稳压基准模块，如 MC1403。这里对 MC1413、MC1403 进行简单介绍，CD4511 在前面的项目已经多次使用，不再介绍。

MC1413 是摩托罗拉公司出品的高耐压、大电流达林顿阵列反向驱动器，由 7 个硅 NPN 达林顿管组成。MC1413 的每一对达林顿管都串联一个 2.7kΩ 的基极电阻，在 5V 的工作电压下它能与 TTL 和 CMOS 电路直接相连，可以直接处理原先需要标准逻辑缓冲器来处理的数据。MC1413 工作电压高，工作电流大，灌电流可以达到 500mA，并且能够承受 50V 的电压。管脚排列及外观图如图 7.2.4 所示。

MC1403 是美国摩托罗拉公司生产的高准确度、低温漂、采用激光修正的带隙基准电压源，国产型号为 5G1403 和 CH1403。它一般作为 8～12bit 的 D/A 芯片的基准电压等一些需要精准基准电压的场合，采用 DIP-8 封装低压基准芯片，其外观图、引脚排列图和连接示意图如图 7.2.5 所示，可以通过调节 R_P 来调整 V_o，获得 2V 电压。

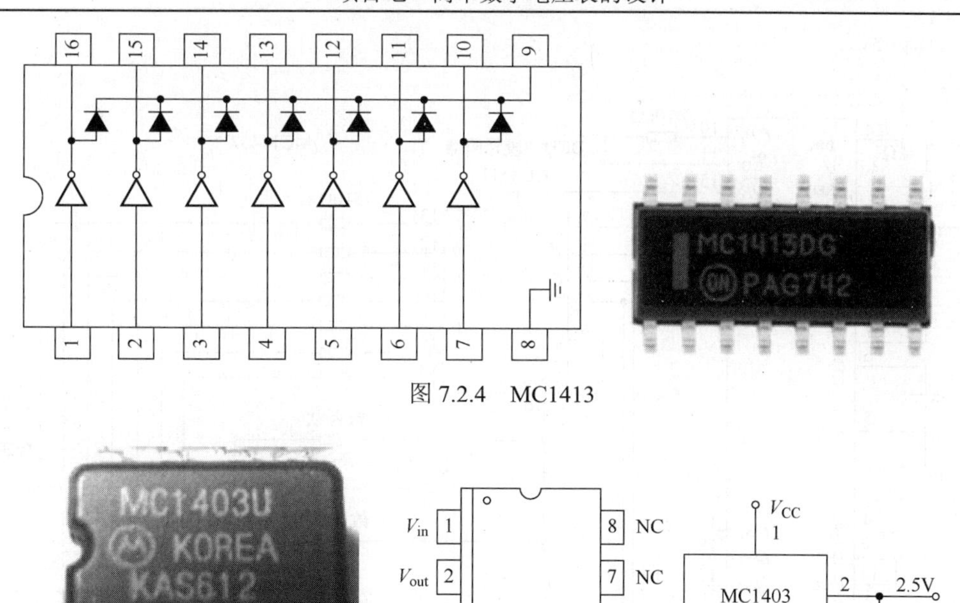

图 7.2.4　MC1413

图 7.2.5　MC1403

MC1403 的基本参数为：

输出电压：2.5 V（+/− 25 mV）

输入电压范围：4.5 V～40 V

输出电流：10 mA

因为 MC1403 的输出是固定的，所以电路很简单，1 号管脚 V_{in} 接电源输入，GND（3 号）接地，2 号管脚 V_{out} 加一个 0.1μF～1μF 的电容滤波就可以了。

三、三位半数字电压表的设计原理图

如图 7.2.6 所示是根据电路设计框图设计的原理图。图中 MC14433 的 4、5、6 号引脚连接积分电阻 R_1=470 kΩ 和电容 C_1=0.1 μF，显然 f_{clk}=66kHz；7 和 8 号引脚外接失调补偿电容，其值为 0.1μF；14 号引脚 EOC 接 9 号端 DU，每次转换完成即输出转换结果，使用内部时钟；10 和 11 号引脚之间接 470kΩ 电阻；16～19 号引脚（DS_1～DS_4 输出的选通信号）为高电平有效，连接至 MC1413 进行求反转换成低电平作为共阴极七段数码管的选通端；20～23 号引脚 Q_0～Q_3 输出的 BCD 码送给 CD4511 进行译码，生成 a～g 七段 LED 驱动信号至共阴极 LED 数码管；15 号引脚 $\overline{OR}$ 连接至 CD4511 的 $\overline{BI}$ 端，当输入的待测电压 U_x 超出量程时，$\overline{OR}$ 输出 0，使 CD4511 输出全为零，将 LED 数码管全灭掉。

电路的工作过程为：接入待测电压 U_x 后开始转换，每次转换完成将结果送入锁存器进行保存并由多路选择开关进行输出。输出时通过 DS_1～DS_4 进行动态扫描输出，当 DS_1 输出高电平时，表示此刻 Q_0～Q_3 输出的 BCD 码是千位上的数据；当 DS_2 输出高电平时，表示此刻 Q_0～Q_3 输出的 BCD 码是百位上的数据；以此类推。DS 选通脉冲高电平的宽度为 18 个时钟脉冲，两个相邻选通脉冲之间间隔 2 个时钟脉冲周期。在 EOC 输出高电平脉冲后，紧接着是 DS_1 输出高电平，然后依次是 DS_2、DS_3、DS_4。

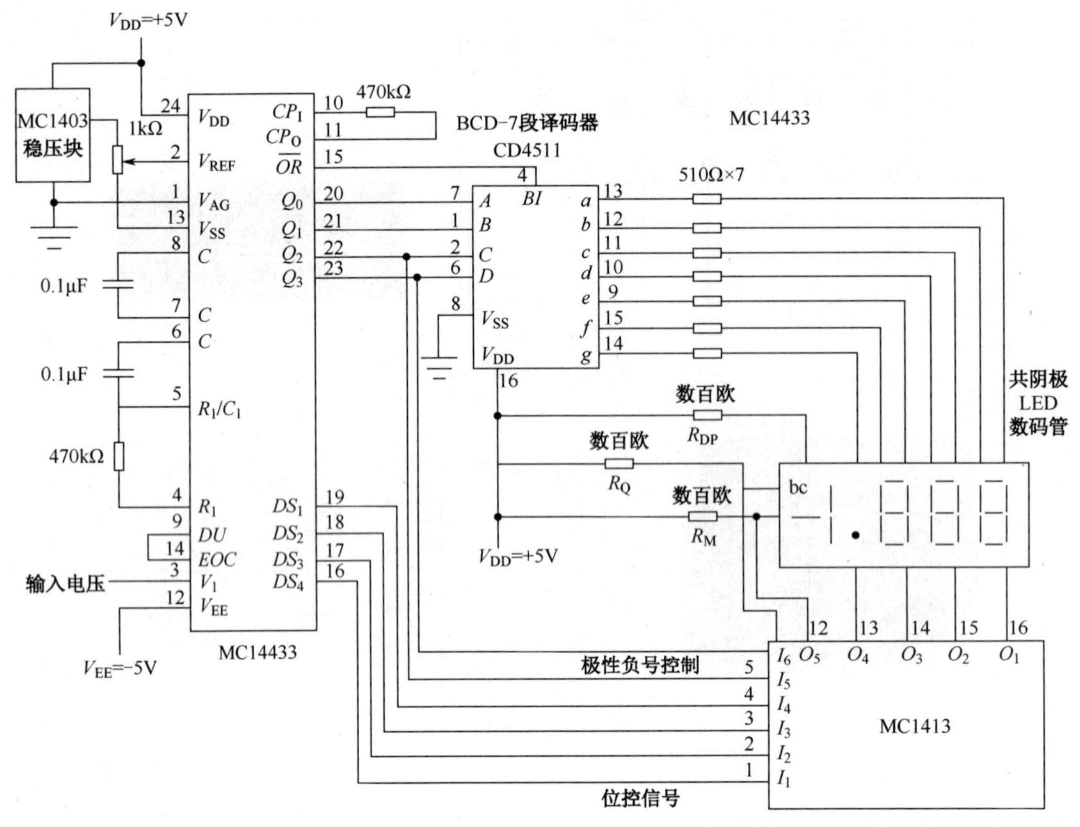

图 7.2.6　数字电压表的原理图

在 DS_2、DS_3、DS_4 为高电平的时间内，Q_0～Q_3 上是百、十、个位的 8421BCD 码；在 DS_1 为高电平的时间内，Q_0～Q_3 上输出的数据代表千位的半位数 0 或 1、超量程、欠量程、极性标志信号，如表 7.2.1 所示。

Q_3 表示千位数，Q_3=1 代表千位显示 0；Q_3=0 代表千位显示 1。

Q_2 代表 U_x 的极性，Q_2=1 表示 U_x>0V；Q_2=0 表示 U_x<0V。图中符号位“—”的阴极与千位的阴极接在一起，当 U_x 为负电压时，Q_2 输出 0，经过 MC1413 后变成 1，而使“—”亮，反之当 U_x 为正电压时，符号位“—”灭。

Q_0 代表是否超量程，Q_0=0 是在量程范围内；Q_0=1 是超量程，此时如 Q_3=0 是超量程，如 Q_3=1 是欠量程。

表 7.2.1　在 DS_1=1 时 Q_3~Q_1 输出二进制值的含义

DS_1	Q_3	Q_2	Q_1	Q_0	输出结果状态
1	1	×	×	0	千位数为 0
1	0	×	×	0	千位数为 1
1	×	1	×	0	输出结果为正
1	×	0	×	0	输出结果为负
1	0	×	×	1	输入信号过量程
1	1	×	×	1	输入信号欠量程

CD4511 的 16 号引脚 V_{DD}（5V）连接的 R_{DP}（数百欧）单独控制千位数码管的小数点，保持常亮；连接的电阻 R_M（数百欧）另一端接第一个 LED 数码管的 g 段，同时连到 MC1413 的 12 号端，控制中间的“—”，代表待测电压的极性。显然，当 MC1413 的 12 号端（O_5）输出为高电

平时，“—”是亮的，被测电压为负，当 12 号端输出为低电平时，“—”是灭的，测电压为正。而 $O_5=\overline{Q_2}$，显然当 Q_2=0 时“—”是亮的，Q_2=1 时“—”是灭的。16 号端脚 V_{DD}（5V）还连接了电阻 R_Q，其另一端连接了（千位）LED 的 b、c 两段和 MC1413 的 O_6 端，而 $O_6=\overline{Q_3}$，显然当 Q_3=0 时，千位 LED 的 b、c 两段亮，显示“1”；当 Q_3=1 时，千位 LED 的 b、c 两段不亮。

■ 巩固与提高

1．知识巩固

1.1 MC14433 是 Motorola 公司生产的低功耗__________式 A/D 转换器，由_____、比较器、计数器和控制电路组成。

1.2 MC14433 的多路选通脉冲标志信号 DS_1～DS_4 实现三位半数码的_____输出。

2．任务作业

请根据数字电压表的原理图，设计 PCB 板并购买元器件，制作数字电压表。

附录　常用集成电路逻辑符号对照表

电路名称	国标符号	惯用符号	国外符号
与门	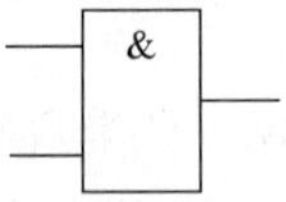 &	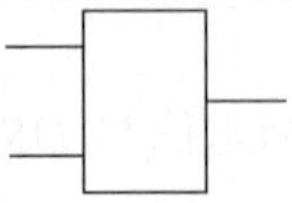	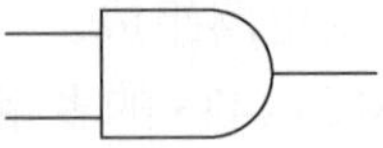
或门	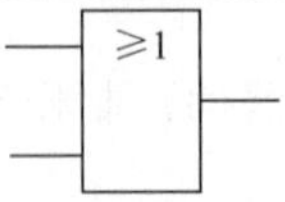 ≥1	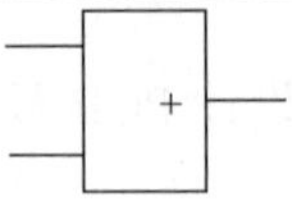 +	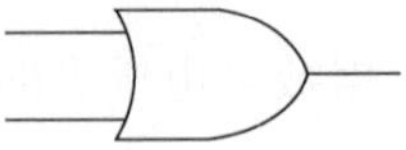
非门	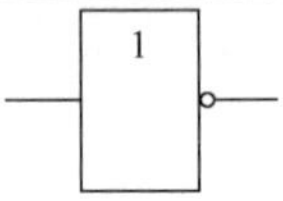 1	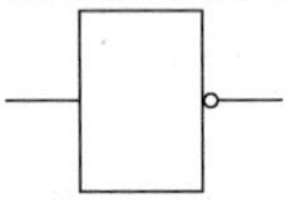	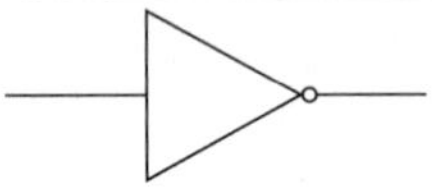
与门	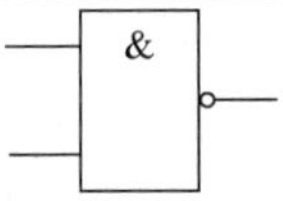 &	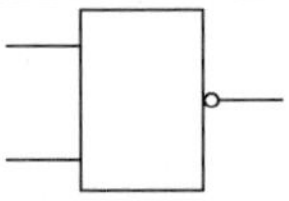	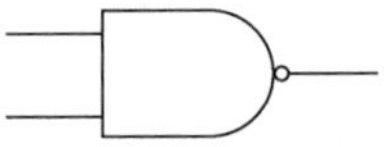
或非门	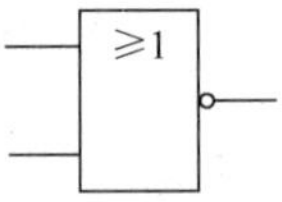 ≥1	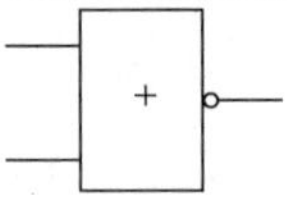 +	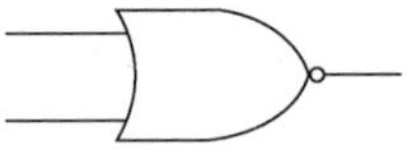
与或非门	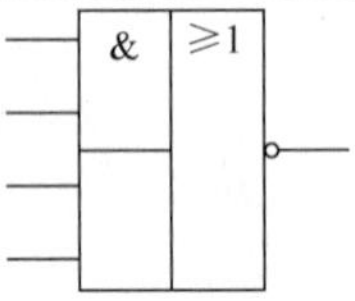 & ≥1	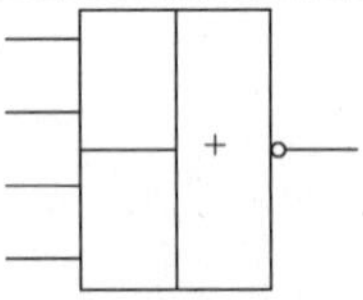 +	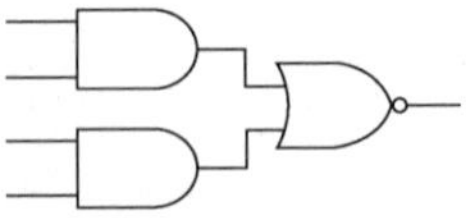
异或门	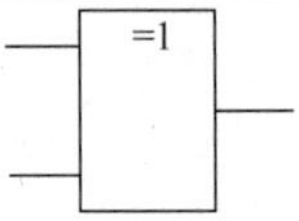 =1	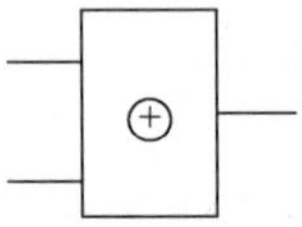 ⊕	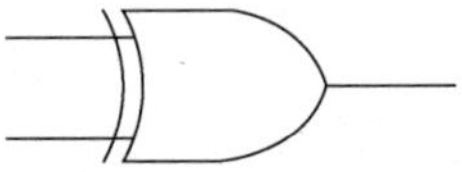
同或门	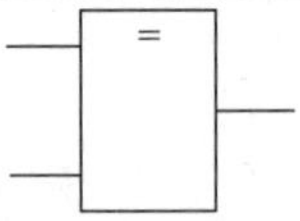 =	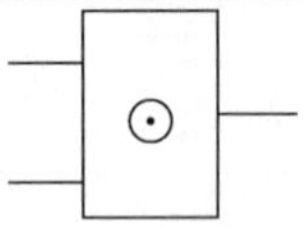 ⊙	
集电极开路与非门	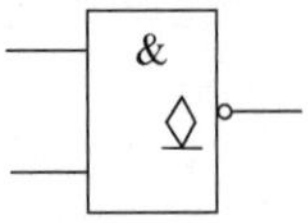 & ◇	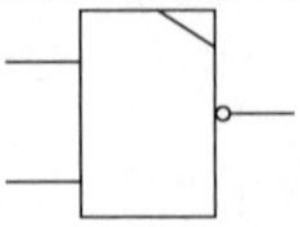	
三态输出与非门	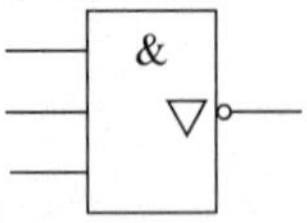 & ▽	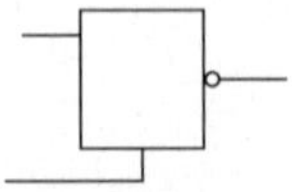	

续表

电路名称	国标符号	惯用符号	国外符号
传输门	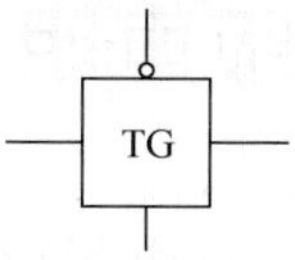 TG	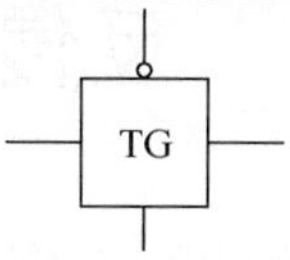 TG	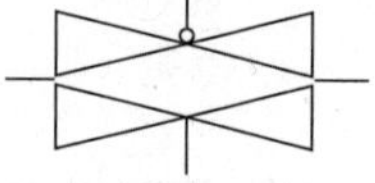
半加器	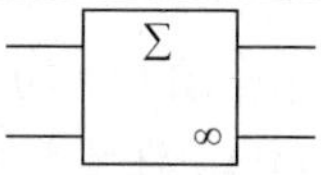 Σ ∞	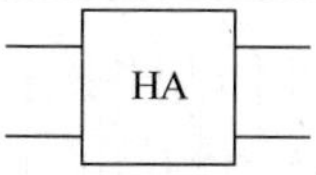 HA	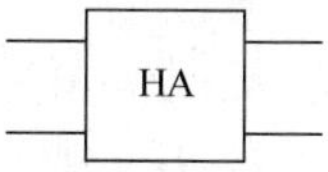 HA
全加器	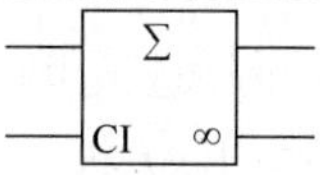 Σ CI ∞	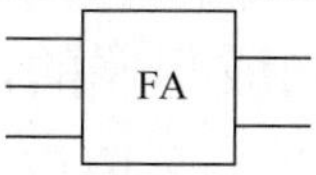 FA	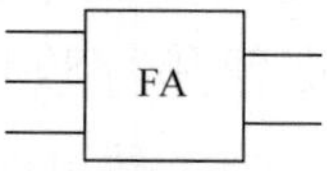 FA
基本 RS 触发器	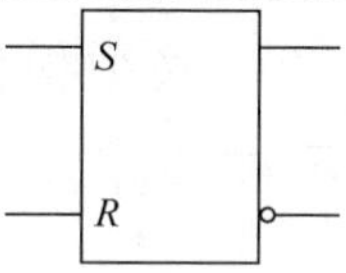 *S* *R*	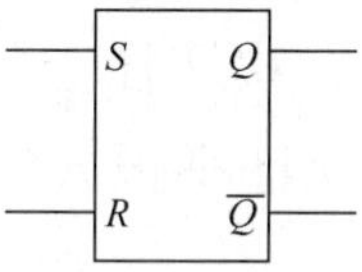 *S* *Q* *R* $\overline{Q}$	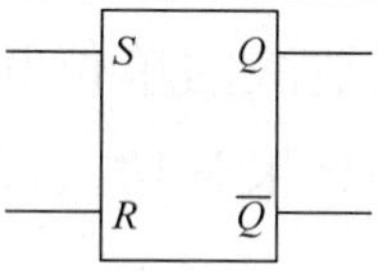 *S* *Q* *R* $\overline{Q}$
同步 RS 触发器	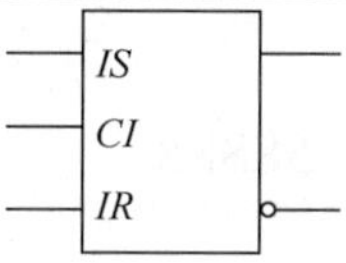 *1S* *C1* *1R*	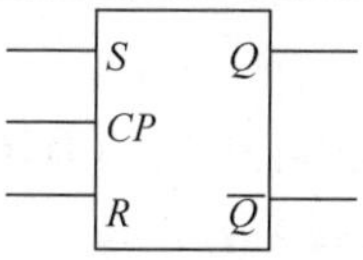 *S* *Q* *CP* *R* $\overline{Q}$	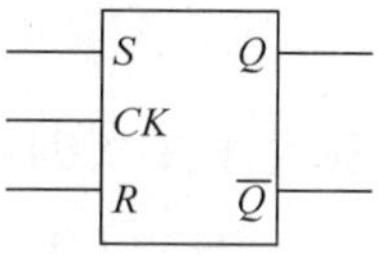 *S* *Q* *CK* *R* $\overline{Q}$
上升沿触发 D 触发器	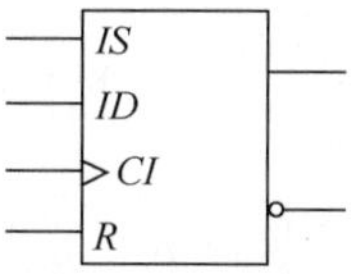 *1S* *1D* *C1* *R*	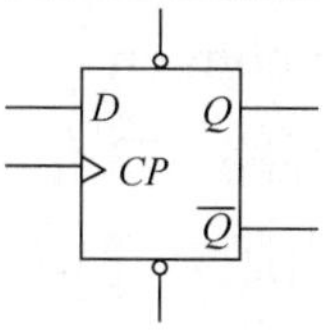 *D* *Q* *CP* $\overline{Q}$	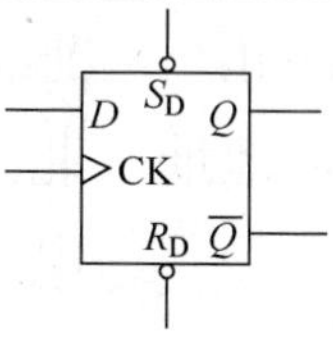 *D* S_D *Q* CK R_D $\overline{Q}$
下降沿触发 JK 触发器	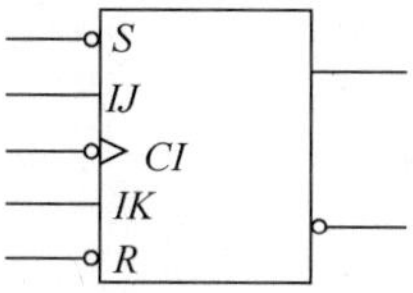 *S* *1J* *C1* *1K* *R*	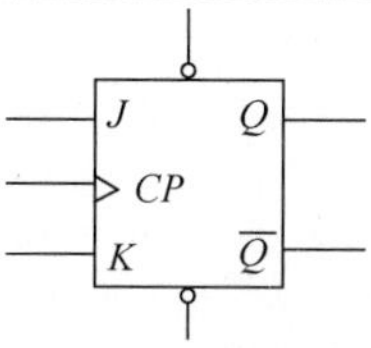 *J* *Q* *CP* *K* $\overline{Q}$	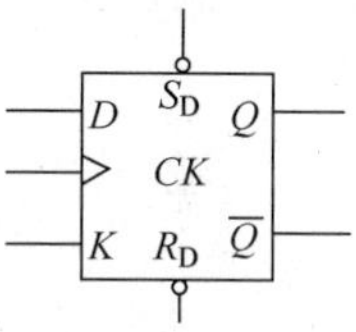 *D* S_D *Q* *CK* *K* R_D $\overline{Q}$
下降触发（主从）JK 触发器	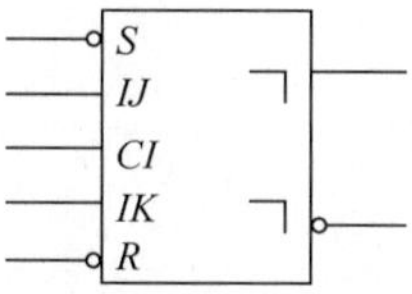 *S* *1J* *C1* *1K* *R*	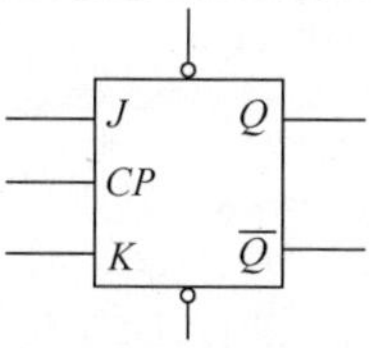 *J* *Q* *CP* *K* $\overline{Q}$	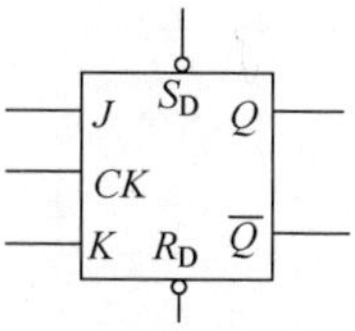 *J* S_D *Q* *CK* *K* R_D $\overline{Q}$
带施密特触发特性的与门	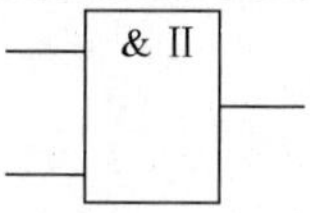 & Π	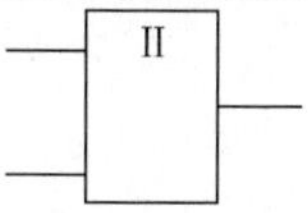 Π	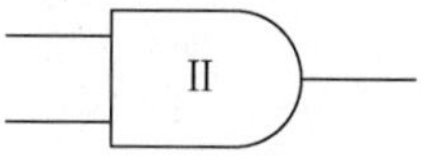 Π

反侵权盗版声明